U0347930

区域环境气象系列丛书

丛书主编：许小峰
丛书副主编：丁一汇　郝吉明　王体健　柴发合

珠三角
环境气象监测与预报

邓雪娇　麦博儒　邓　涛　等　著

气象出版社
China Meteorological Press

内 容 简 介

本书主要介绍了广东省气象局环境气象团队十多年来的研究成果。全书分为 8 章，内容包括：珠三角环境气象概述；珠三角大气成分观测站网简介；珠三角温室气体与反应性痕量气体的观测研究；珠三角能见度、霾与气溶胶的观测研究；珠三角气溶胶对能见度与地面臭氧变化的影响；华南区域大气成分业务数值预报模式系统 GRACEs 的研发；珠三角区域大气污染联防联控试验研究；珠三角区域碳源汇分布的数值模拟评估及分析。本书既考虑了珠三角环境气象学领域的研究动态与最新的科学研究成果，也兼顾了环境气象业务发展的社会需求与客观发展规律。

本书可为大气物理与大气环境等相关学科领域的科研和业务工作，以及高等院校的本科生和研究生学习提供参考，也可以为气象、环境和生态等学科的工作者参考。

图书在版编目（CIP）数据

珠三角环境气象监测与预报 / 邓雪娇等著. -- 北京：
气象出版社，2022.4
（区域环境气象系列丛书 / 许小峰主编）
ISBN 978-7-5029-7674-3

Ⅰ．①珠… Ⅱ．①邓… Ⅲ．①珠江三角洲－大气环境
－空气污染监测②珠江三角洲－大气环境－气象预报
Ⅳ．①X831②P457

中国版本图书馆CIP数据核字(2022)第042854号

审图号：GS（2022）1939 号

珠三角环境气象监测与预报

Zhusanjiao Huanjing Qixiang Jiance yu Yubao

出版发行：气象出版社

地　　　址：北京市海淀区中关村南大街 46 号　　邮政编码：100081
电　　　话：010-68407112（总编室）　　010-68408042（发行部）
网　　　址：http://www.qxcbs.com　　E-mail：qxcbs@cma.gov.cn
责任编辑：黄红丽　　　　　　　　　　终　审：吴晓鹏
责任校对：张硕杰　　　　　　　　　　责任技编：赵相宁
封面设计：博雅锦
印　　　刷：北京地大彩印有限公司
开　　　本：787 mm×1092 mm　1/16　　印　　张：21.5
字　　　数：550 千字
版　　　次：2022 年 4 月第 1 版　　　　印　　次：2022 年 4 月第 1 次印刷
定　　　价：220.00 元

丛书前言

打赢蓝天保卫战是全面建成小康社会、满足人民对高质量美好生活的需求、社会经济高质量发展和建设美丽中国的必然要求。当前，我国京津冀及周边、长三角、珠三角、汾渭平原、成渝地区等重点区域环境治理工作仍处于关键期，大范围持续性雾/霾天气仍时有发生，区域性复合型大气污染问题依然严重，解决大气污染问题任务十分艰巨。对区域环境气象预报预测和应急联动等热点科学问题进行全面研究，总结气象及相关部门参与大气污染治理气象保障服务的经验教训，支持国家环境气象业务服务能力和水平的提升，可为重点区域大气污染防控与治理提供重要科技支撑，为各级政府和相关部门统筹决策、适时适地对污染物排放实行总量控制，助推国家生态文明建设具有重要的现实意义。

面对这一重大科技需求，气象出版社组织策划了"区域环境气象系列丛书"（以下简称"丛书"）的编写。丛书着重阐述了重点区域大气污染防治的最新环境气象研究成果，系统阐释了区域环境气象预报新理论、新技术和新方法；揭示了区域重污染天气过程的天气气候成因；详细介绍了环境气象预报预测预警最新方法、精细化数值预报技术、预报模式模型系统构建、预报结果检验和评估成果、重污染天气预报预警典型实例及联防联动重大服务等代表性成果。整体内容兼顾了学科发展的前沿性和业务服务领域的实用性，不仅能为相关科技、业务人员理论学习提供有益的参考，也可为气象、环保等专业部门认识和防治大气污染提供有效的技术方法，为政府相关部门统筹兼顾、系统谋划、精准施策提供科学依据，解决环境治理面临的突出问题，从而推进绿色、环保和可持续发展，助力国家生态文明建设。

丛书内容系统全面、覆盖面广，主要涵盖京津冀及周边、长三角、珠三角区域以及东北、西北、中部和西南地区大气环境治理问题。丛书编写工作是在相关省（自治区、直辖市）气象局和环境部门科技人员及相关院所的全力支持下，在气象出版社的协调组织下，以及各分册编委会精心组织落实下完成的，凝聚了各方面的辛勤付出和智慧奉献。

丛书邀请中国工程院丁一汇院士（国家气候中心）和郝吉明院士（清华大学）、知名大气污染防治专家王体健教授（南京大学）和柴发合研究员（中国环境科学研究院）作为副主编，他们都是在气象和环境领域造诣很高的专家，为保证丛书的学术价值和严谨性做出了重要贡献；分册编写团队集合了环境气象预报、科研、业务一线专家约 260 人，涵盖各区域环境气象科技创新团队带头人和环境气象首席预报员，体现了较高的学术和实践水平。

丛书得到中国工程院院士徐祥德（中国气象科学研究院）和中国科学院院士张人禾（复旦大学）的推荐，第一期（8 册）已正式列入 2020 年国家出版基金资助项目，这是对丛书出版价值和科学价值的极大肯定。丛书的组织策划得到中国气象局领导的关心指导和气象出版社领导多方协调，多位环境气象专家为丛书的内容出谋划策。丛书编辑团队在组织策划、框架搭建、基金申报和编辑出版方面贡献了力量。在此，一并表示衷心感谢！

　　丛书编写出版涉及的基础资料数据量和统计汇集量都很大，参与编写人员众多，组织协调工作有相当难度，是一项复杂的系统工程，加上协调管理经验不足，书中难免存在一些缺陷，衷心希望广大读者批评指正。

许小峰

2020 年 6 月

　　许小峰，正高级工程师，博士生导师，中国气象局原副局长，现任中国气象事业发展咨询委员会常务副主任。

本书前言

作为学科意义上的环境气象，内涵丰富，且是一个正在发展中的学科。目前对"环境气象学"尚无统一的定义，可以把"环境气象学"理解为所有研究与人类生活息息相关的大气现象及其变化规律的学科，环境气象包括的内容十分广泛。近二十多年来，基于经济社会的发展、气象服务领域的拓展和公众服务需求的不断增加，广东省气象局环境气象团队从无到有建立了区域环境气象特种预报业务系统（1998 年），编著了我国首部《环境气象学与特种气象预报》一书（2001 年），开启了珠三角环境气象科研与业务蓬勃发展的历程。近十多年来，珠三角的大气环境突出问题由前期的能见度恶化、霾日多转变为 $PM_{2.5}$ 与 O_3 协同污染，且 O_3 污染不断上升的态势。目前减排降碳、"碳达峰""碳中和"纳入我国"十四五"的发展目标。在这样的背景下，广东省气象局环境气象团队以大气物理学、大气光学、大气化学与天气学的理论为基础，以区域大气成分为研究对象，以相关观测、评估与预报技术研发为重点，前沿研究结合业务体系建设，紧紧围绕国际前沿科学问题与地方经济发展需求，以新型城市群复合污染、能见度恶化与灰霾天气、臭氧光化学污染与国家低碳发展等科学热点问题与社会发展需求为科研突破口，通过观测试验与模式模拟，并结合卫星遥感资料分析研究区域大气环境、大气污染防治行动计划与低碳发展紧密相关的科学与技术问题，产生了一批科研与业务成果，为政府决策、环境气象业务与生态效应评估等提供技术支撑。

本书凝练了广东省气象局环境气象团队十多年来主要的科研与业务成果。全书分为 8 章，编写分工如下：第 1、5 章由邓雪娇编写；第 2 章由邓雪娇、邹宇、李菲编写；第 3 章由麦博儒、邹宇、殷长秦、李菲、朱迪、王刚编写；第 4 章由邓雪娇、李菲、麦博儒、刘礼编写；第 6 章由邓涛、李婷苑、陈懿昂编写；第 7 章由王楠、黄烨琪编写；第 8 章由麦博儒编写；全书由邓雪娇统稿、补充、整理和审校定稿。

本书是作者十多年来科研成果的沉淀与积累，希望本书的内容有助于环境气象学的学科发展，推动环境气象的科研进展与业务应用服务。由于学识水平及编写时间的限制，书中的内容和体系尚有不完善之处，敬请读者批评指正。

邓雪娇

2021 年 7 月

目 录

第1章　珠三角环境气象概述

经过二十多年的发展,我国环境气象领域积累了较好的科研、业务、服务基础,取得了一定的社会经济效益,为气象部门在国家生态文明建设中进一步发挥作用创造了条件。环境气象的科研与业务发展基于广博的理论体系、高瞻的服务理念和管理知识,以及丰富的实践经验,本书重点介绍广东省气象局近十多年来的珠三角环境气象监测与预报的发展概况,以推动我国与粤港澳大湾区环境气象的科研与业务发展。

1.1
环境气象的科学内涵

作为学科意义上的环境气象,内涵丰富,且是一个正在发展中的学科。经查阅国内外相关文献,以及《大气科学名词》《中国大百科全书》等权威工具书,目前对"环境气象学"尚无统一的定义。《环境气象学与特种气象预报》(吴兑 等,2001)一书中对环境气象学的内涵描述:所有研究与人类生活息息相关的大气现象及其变化规律的学科,称之为环境气象学。在人类的生活环境中,许多现象都与气象具有密切的关系。广而言之,环境气象包括的内容十分广泛,涉及空气质量、大气污染物扩散规律等大气边界层问题;酸雨、大气臭氧与紫外线辐射等大气化学问题;建设项目的大气环境评价、区域大气环境评价、住宅小区大气质量评估等污染气象学问题;温室气体引发的气候变暖问题、通过大气传播的传染病与特质性过敏症以及与大气参数相关联的医疗气象问题;大型户外活动的气象保障任务;在人工生态系统中日益突出的城市高层建筑、大型户外活动的气象保障任务等工程气象问题;高速公路、机场、港口面临受到浓雾严重影响的问题;及其人类通过人工手段抗击干旱、暴雨、冰雹、霜害、雾害、雷电等人工影响天气问题,均属于环境气象学研究的范畴。环境气象学的基础知识相当广泛,涉及气象学、气候学、大气物理学、大气化学、地理学、生态学、生物学、农学、林学、水利学、工程学、流行病学、环境卫生学、社会学、经济学、法学、民俗学、家政学等。

依据《中华人民共和国气象法释义》环境气象预报的定义,城市环境气象预报主要包括:空气污染气象条件预报、空气清洁度预报、紫外线强度预报、人体舒适度预报、医疗健康气象预报、花粉浓度预报等。综合考虑气象部门已形成的现代气象业务体系,现阶段环境气象业务定位是关注与人民健康直接相关、与人类活动密切联系的大气环境质量问题。

为了理解和把握环境气象学科内涵,进而为环境气象业务发展准确定位,有必要首先分析"环境""气象""气象学""大气科学"这样的基本概念内涵。广义的环境包括自然环境和社会环境,根据《中华人民共和国环境保护法》,自然环境是指影响人类生存和发展的各种天然和经过人工改造的自然因素的总体,包括大气、水、海洋、土地、矿藏、森林、草原、野生生物、自然遗迹、自然保护区、风景名胜区、城市和乡村等。更广义的自然环境还应包括外太空环境(如宇宙射线、紫外线、太阳风暴)。大气是自然环境中最重要、最活跃的部分,从气象学基础上发展而来的大气科学就是研究大气的各种现象、这些现象的演变规律(包括大气的成分、结构、现象及其物理、化学变化机制等)以及如何利用这些规律为人类服务的一门学科。大气科学在很长的历史发展过程中,先是以气候学、天气学、大气的热力学和动力学问题以及大气中的物理现象和比较一般的化学现象等方面为主要研究内容,传统称之为"气象学"。20世纪60年代后,由于人类活动对大气产生的影响,出现了较严重的大气污染,于是,大气化学引起人们广泛的注意。同时,随着大气化学研究的深入,加深了对气象的认识,气象由传统的研究天气现象和变化规律等的学科,逐步发展为以大气为研究对象,主要研究大气的成分、结构、现象及其物理、化学变化机制的大气科学。它的分支学科领域也日益丰富,有大气探测、气候学、天气学、动力气象学、大气物理学、大气化学、应用气象学等。

当前大气科学研究领域面临的根本性科学问题是认识大气成分以及与之紧密联系的大气环境特性和变化,及其与人类活动、生态系统等的相互作用,从而兴起了研究与人类生活息息相关的大气现象及其变化规律的学科"环境气象学"。从20世纪90年代末,国内外以气象部门为主逐步开展环境气象相关的业务体系建设,逐渐围绕大气成分开展系列的观测预报预警服务,如:加拿大各地气象预报业务中心从2011年起正式将空气质量预报作为中心的三大业务之一,与其他公众天气预报一起业务运行和进行管理。目前,世界气象组织(WMO)通过全球大气观测计划(Global Atmospheric Watch)统筹全世界的大气环境气象观测,并以制作更精准、及时和可靠的天气、气候、水和相关环境要素的预报和预警作为首要目标,并在战略规划中更加强调减轻相关的环境灾害风险和潜在影响的能力建设。

因此,从广义或根本上来看,环境气象学内涵其实应包括气象学(大气科学)以及研究气象与其他环境要素之间关系的学科。从学科基础上而言,发展环境气象关键是加强大气化学、大气物理学与大气环境等学科的发展,同时加强气象与环境、卫生结合的研究,丰富应用气象学内涵。借用周秀骥院士于2011年在大气科学前沿国际学术研讨会上讲的一句话:环境气象领军人才必须是能够同时通晓大气物理、大气化学、大气动力三方面的综合性人才。这或许可以提供一种较简明地理解环境气象学科内涵的方式。

1.2
珠三角环境气象的发展简况

1.2.1 发展背景

改革开放以来,我国经济社会取得了长足发展,人民生活水平得到极大提高,公众对生活质量、环境质量与健康的要求越来越高。随着我国重工业的快速发展和机动车的快速增长,我国以灰霾(细颗粒物)、臭氧光化学烟雾污染和酸雨为特征的二次污染日益加剧。为适应社会发展的需要,切实保护环境,保障人体健康,防治大气污染,中国共产党第十八次全国代表大会上提出,建设生态文明,是关系人民福祉、关乎民族未来的长远大计;坚持节约资源和保护环境的基本国策,着力推进绿色发展、循环发展、低碳发展;以解决损害群众健康突出环境问题为重点,强化水、大气、土壤等污染防治;同国际社会一道积极应对全球气候变化。2019 年 2 月 18 日,中共中央、国务院印发的《粤港澳大湾区发展规划纲要》(以下简称《规划纲要》)正式发布。《规划纲要》指出,粤港澳大湾区是中国开放程度最高、经济活力最强的区域之一,在国家发展大局中具有重要战略地位。建设粤港澳大湾区将大力推进生态文明建设,树立绿色发展理念,坚持节约资源和保护环境的基本国策,实行最严格的生态环境保护制度,坚持最严格的耕地保护制度和最严格的节约用地制度,推动形成绿色低碳的生产生活方式和城市建设运营模式,为居民提供良好生态环境,促进大湾区可持续发展。创新绿色低碳发展模式,挖掘温室气体减排潜力,采取积极措施,主动适应气候变化。

珠三角城市化发展进程很快,但相当部分经济增长是靠高投入、高消耗、高排放和高污染来支撑。近二十多年来,工业化和城市化进程加快、机动车数量迅速增加,大气污染防治问题凸显,能源结构亟待转型,但能源的使用也隐含大气环境污染事件应急气象服务问题,致使区域空气质量与环境生态形势面临着巨大挑战和隐忧。由于污染物高强度、集中性排放,加上地形、天气等因素影响,这些大气污染物在区域内积聚、相互输送、相互影响和关联,并发生着化学反应,一些发达国家工业化百年来分阶段出现、分阶段解决的大气污染问题,珠三角区域在近二十年的发展历程中集中地出现,导致区域大气成分发生了明显变化,气候极端灾害性天气事件频发,空气质量问题也日益突出,各级政府面临极大的气候、环境与生态压力。为了广东社会、经济的可持续发展,广东省人民政府出台了一系列的措施。2011 年 11 月,中共广东省委、广东省人民政府《关于进一步加强环境保护,推进生态文明建设的决定》,提出珠江三角洲地区率先建立与国际接轨的空气质量评价体系和大气污染预报预警体系,明确气象部门参与的任务包括:①完善区域联防联控机制,推进珠江三角洲地区环保一体化,着力解决跨界水污染和区域性大气污染问题;②实施清洁空气行动计划,积极防治酸雨、光化学烟雾等大气复合污染;③积极应对气候变化,建立温室气体监测评估体系,控制温室气体排放。

广东是经济发达省份,也是耗能大省和温室气体排放集中地区之一。国家发改委于 2010 年 7 月发布《关于开展低碳省区和低碳城市试点工作的通知》,国家发改委将广东列为五个低碳省区试点之一,充分体现了国家在新形势下对广东低碳发展的大力支持,并希望广东省在促进经济发展与控制温室气体减排双赢方面探索经验和发挥示范作用。国务院已决定把单位国内生产总值二氧化碳排放指标纳入国民经济和社会发展规划并作为约束性目标,逐步建立和完善有关温室气体排放的监测统计和分解考核体系,切实保障实现控制温室气体排放行动目标。国家"十四五"规划明确了我国二氧化碳排放力争 2030 年前达到峰值,力争 2060 年前实现"碳中和"的目标。今后在国际气候谈判中遇到的问题在省与省、市与市之间也有可能发生,这些减排指标最终要落实到省、市。低碳发展是以较低(更低)温室气体排放为基础的发展模式。是否"低碳",就需要开展碳(温室气体)排放的监测。低碳发展是一种以低耗能、低污染、低排放为特征的可持续发展模式,对经济和社会的可持续发展具有重要意义。可持续发展是科学发展的内在要求,发展低碳经济有利于"资源节约型、环境友好型"的两型社会建设,达到人与自然和谐相处。

珠三角社会经济的可持续且低碳发展的需求,推动了珠三角环境气象监测与预报的蓬勃发展。必须认识到,环境气象的发展最终目的是服务于人的健康与社会的可持续发展,根本性的科学问题是认识大气成分以及与之紧密联系的大气环境特性和变化,及其与人类活动、生态系统等的相互作用。

1.2.2 发展历程

1.2.2.1 第一阶段

1998 年 10 月以来,基于气象服务领域的拓展和公众服务需求的增加,中国气象局广州热带海洋气象研究所(简称热带所)下属科级单位的前身"大气物理研究室",于 1998 年改称为环境气象中心,2001 年改称环境气象预报中心,开始试探性地研制一些环境气象特种预报方法,并定期在报纸和电视等媒体向公众发布。在短短两年时间里,从无到有,建立了广东省环境气象特种预报业务系统。2000 年 7 月 1 日开始试运行环境气象业务预报,同年 10 月 1 日开始业务运行。环境气象预报每日两次发布广州、深圳、珠海、汕头、湛江 5 市的空气质量预报(API指数预报)指导产品;每日还通过电视、电台、内部网、公众网、报纸、声讯台等媒体多次发布的预报产品有空气污染气象条件预报、空气质量预报(API 指数预报)、紫外线辐射指数预报、负离子浓度预报、人体舒适度预报、风寒指数预报、穿衣指数预报、中暑指数预报、城市火险预报、霉变指数预报 10 种预报产品(表 1.1);以及随时更新的紫外线辐射指数观测实况、过去 6 天的紫外线辐射指数日变化图等产品。在指定目录、省长网、政府网、公众网、局域网上每天提供 10 种产品(表 1.2,表 1.3),广东省环境气象与特种气象预报业务水平总体上处于全国领先水平。

表 1.1 珠三角环境气象业务预报产品清单与开始在网上发布的时间表

产 品	使 用 方 法	发布时间
空气污染气象条件预报	天气分型与统计方法	2000-07-01
空气质量预报	3 种统计模型、平流扩散箱格模式、烟团模式	2000-07-01
紫外线辐射指数预报	气候方法与统计订正方法	2000-07-01
负离子浓度预报	统计模型	2001-05-31
人体舒适度预报	统计模型	2000-07-01
穿衣指数预报	统计模型	2001-01-15
中暑指数预报	统计模型	2001-06-26
风寒指数预报	统计模型	2001-11-21
霉变指数预报	统计模型	2001-02-20
城市火险预报	统计模型	2000-07-01
紫外线辐射指数观测实况	实时更新	2001-04-14
紫外线辐射指数日变化图	过去 6 天	2001-11-26

表 1.2 在各种媒体开始发布环境气象特种预报的时间表

开始发布时间	发布媒体
1998 年 10 月	羊城晚报
1999 年 7 月	广州有线电视台
2000 年 9 月	广州电视台
2000 年 9 月	广东电视台
2000 年 7 月	省气象局局域网

续表

开始发布时间	发布媒体
2000 年 7 月	广东气象公众网
2000 年 7 月	广东省政府网
2000 年 7 月	广东省省长网
2001 年 10 月	九运会气象服务网站
2001 年 9 月	121 声讯台、广播电台、广州日报

表 1.3　环境气象特种预报品种变动时间表

时间	品种	内容
2000-07-01	5 种	空气污染气象条件与空气质量预报、紫外线辐射指数预报、人体舒适度预报、城市火险预报
2001-01-15	6 种	增加穿衣指数预报
2001-02-20	7 种	增加霉变指数预报
2001-04-14	8 种	增加随时更新的紫外线辐射指数实况分布图
2001-05-31	9 种	增加中暑指数预报
2001-06-26	10 种	增加负离子浓度预报
2001-11-21	10 种	用风寒指数替换中暑指数
2001-11-26	10 种	增加过去 6 天紫外线辐射指数分布历史图,用城市火险预报替换霉变指数

2001 年 6 月 5 日起,为了贯彻《中华人民共和国大气污染防治法》及《中华人民共和国气象法》的有关规定,更好地为各级人民政府和广大人民群众提供环境质量信息服务,国家环境保护总局和中国气象局决定联合开展城市环境空气质量预报工作,在中央电视台共同发布 47 个环境保护重点城市环境空气质量预报。城市环境空气质量预报实行联合制作、统一发布制度。空气质量预报发布的内容与当时空气质量日报的内容相同,即包括污染指数、首要污染物和环境空气质量等级。自此,空气质量预报成为珠三角环境气象业务预报的重点工作,也是气象部门与生态环境部门合作的工作重点。

2003 年前后,由于城市群复合污染,能见度恶化与灰霾天气问题的出现,中国气象局指导全国气象部门开展大气成分轨道业务,这次大气成分轨道业务的开展措施是从无到有开始建设大气成分要素观测站。广东省气象局以此为契机,在国内首次建立珠三角城市群大气成分观测站网,其中,广州番禺大气成分观测站被列入中国气象局的 30 个基本大气成分观测站之一。2008 年后站网逐步投入业务运行,并进一步推动区域大气成分观测站的规划与建设,观测要素从气溶胶、反应性气体逐步拓展到能见度、温室气体的观测,珠三角的大气成分观测站网的建设呈现蓬勃发展的势头。为了有效推进相关科研的发展,发挥科技的引领作用,2008 年始,热带所亦开始建设珠三角大气成分化学实验室。该实验室定位于科学研究的基础观测平台,观测侧重于次微米级气溶胶物理/化学/光学特性、二次气溶胶、臭氧及其前体物、光化辐射通量的观测。业务观测站网与实验室所积累的大量气溶胶物化特性、气态污染物、辐射通量、能见度等参数是当今气候与环境前沿研究的关键参数,也是区域城市群空气质量、灰霾天气预报研究的基础。

随着政府、公众对区域灰霾天气高度广泛的关注,环境气象业务增加了灰霾天气的预报预警工作。广东省气象局向全省发布了一系列的业务规范,灰霾天气的预报预警业务从广州—

珠三角—全省逐渐纳入正常日常业务。首先,规范了全省霾天气现象的观测发报标准,由于对霾天气现象缺乏统一的认识,在台站的观测记录中也缺乏统一的记录标准,广东省气象局于2005年5月对全省气象台站做了关于《全省气象台站观测轻雾和霾天气现象标准的调查》,根据调查中各台站观测员对轻雾和霾天气现象观测标准不统一的情况,制订了《广东省观测雾、轻雾、霾的观测标准》。同期,广东省人大立法通过了灰霾预警信号的发布规定,2006年6月1日广东省正式开始发布灰霾预警信号,这是我国首次向公众发布的与污染密切相关的灰霾预警信号。2009年2月,广东省人民政府通过了《广东省珠江三角洲大气污染防治办法》,规定了省人民政府气象主管部门应当开展对影响大气污染物输送、扩散和变化的天气气候条件现状的评估,建立区域灰霾天气监测、预测、预警体系。这是地方政府赋予气象局部门新的职责。中国气象局2012年1月6日下发了《关于加强雾霾监测预报服务工作的通知》,要求各地加强雾霾监测预报服务工作,3月2日广东省气象局下发了《广东省灰霾天气预报预警发布业务规范的通知》。至此,广东省各级台站全面开展灰霾天气预报预警的常规业务。

可见,第一阶段环境气象的发展建立了多种面向公众的预报预警服务产品,初步建设了珠三角城市群大气成分观测站网,与生态环境部门合作开展常态化的空气质量预报,经广东省人大立法发布了灰霾天气预警信号,标志着环境气象业务预报迈进了正常日常业务轨道。

1.2.2.2　第二阶段

第一阶段的发展初步建立了环境气象业务服务体系与观测站网,但作为核心技术支撑的环境气象数值预报体系尚未根本建立。在2010年亚运会环境空气质量预报服务与灰霾天气应急服务重大需求的推动下,由广东省环境专项、亚运专项、省科技厅项目支持,中国气象局广州热带海洋气象研究所环境气象团队牵头,组织区域科学研究团队(广东省环境科学研究院、华南理工大学等)移植了美国国家环境保护局(EPA)的空气质量模式(包括中尺度气象模式MM5、城市多尺度空气质量化学模式(CMAQ)、源排放处理模式(SMOKE))进行本地化研发。充分利用了本地区逐时网格化的排放源数据,耦合我国自主研发的中尺度气象模式GRAPES系统,结合常规和非常规的气象资料,建立了三重嵌套的区域空气质量数值预报系统(称为"华南区域大气成分业务数值预报模式系统",命名为GRACEs:Guangzhou Regional Atmospheric Composition and Environment Forecasting System,其中的"G"取义于本系统牵头研发单位与华南区域气象中心位于"广州",而"GRACE"有"优雅与体面"之意,意涵这一区域业务模式系统是为人们"优雅与体面"地生活为服务宗旨的)。GRACEs系统提供$PM_{2.5}$、臭氧、能见度与灰霾指数等13种要素的客观定量数值预报,从物理化学光学等方面深入模拟、分析珠三角地区灰霾过程、光化学过程等极端空气污染事件,对机动车和大型污染源的限行减排进行了深入的研究,在广州亚运期间以及深圳大运期间为多家单位引进应用,系统提供精细化的场馆预报与区域面预报产品,成为亚运和大运空气质量(灰霾天气)预报的主要工具,在亚运和大运空气质量保障中发挥了重要的作用,于2011年11月该系统获得了广东省气象局的业务准入运行,2016年6月该系统获得了中国气象局的业务准入运行。目前该模式系统已成为珠三角开展大气成分(空气质量、霾/雾)预报的技术支撑系统,是华南地区率先实现业务化应用的空气质量(灰霾天气)数值预报系统。

借鉴国外环境气象业务和服务发展思路,结合我国环境气象业务现状和发展趋势,中国气象局于2013年4月印发了新一轮的《环境气象业务发展指导意见》,部署的环境气象业务包含①突发大气环境事件应急气象服务(核泄漏应急气象预报、有毒(害)气体扩散应急预报、区域大气污染联防);②低能见度类监测预报预警(霾监测预报预警、沙尘暴监测预报预警、雾监测预报预警);③大气质量监测评估预报预警(空气质量预报、污染气象条件预报、酸雨监测评估);④光化学烟雾(地面臭氧浓度、紫外线强度)监测预警;⑤温室气体监测评估;⑥健康气象(花粉浓度、大气负离子浓度、医疗气象)预报预警。这些业务的全面开展需要强大的科研基础与技术支撑为后盾。为此,广东省气象局于 2014 年 12 月成立了"广东省生态气象中心",全面承担新一轮的环境气象业务体系建设。广东新一轮的环境气象业务流程部署与传统的天气预报业务流程完全一致,基本形成了传统气象业务与环境气象业务流程"一体化"的新格局。另外,自 2011 年 10 月起成立了广东省气象局环境气象创新团队,由中国气象局广州热带海洋气象研究所牵头组织创新团队,为新一轮的环境气象发展提供科技支撑。在新的环境气象业务发展背景下,广东特别是珠三角环境气象的发展逐渐具有鲜明的优势与地方特色。

近十年来,珠三角的霾日与 $PM_{2.5}$ 浓度已呈明显的下降趋势,2015 年起臭氧超过 $PM_{2.5}$ 成为广东首要污染物,臭氧呈明显的上升态势,珠三角的臭氧上升态势最明显,臭氧污染问题成为当前珠三角环境气象科研与业务的重点。

当前,全球变化正在逐步深入地影响着世界经济秩序、政治格局和国际关系,成为举世瞩目的重大问题。在导致气候变化的各种温室气体中,6 类主要大气成分(包括二氧化碳、甲烷、氧化亚氮、氢氟碳化物、全氟化碳和六氟化硫)对全球直接辐射强迫的贡献高达 96%,其中大气二氧化碳(CO_2)扮演着决定性作用。在这一背景下,世界各国以全球协约的方式减排温室气体。从 2016 年开始,我国已经取代美国成为全球最大的温室气体排放大国,在气候变化和 CO_2 减排问题上面临着巨大的国际压力。目前,国家"十四五"规划中提出 2030 年前二氧化碳的排放不再增长,达到峰值之后再慢慢减下去(即"碳达峰");到 2060 年,针对排放的二氧化碳,通过采取植树、节能减排等各种方式全部抵消掉,即"碳中和"。国务院已决定把单位 GDP 的 CO_2 排放指标纳入国民经济和社会发展规划并作为约束性目标,逐步建立和完善有关温室气体排放的监测统计和分解考核体系,切实保障实现控制温室气体排放行动目标已成当务之急。

自 2011 年以来,在广东省发改委低碳专项、中国气象局低碳专项等项目的支持下,由中国气象局广州热带海洋气象研究所环境气象团队牵头开展了以下几方面的相关技术攻关:①引进世界气象组织(WMO/GAW)溯源的温室气体标气系列(CO_2/CH_4/N_2O 等)的制备—标定—分级传递的集成技术体系,设计了广东省温室气体观测系统的检测和订正方法流程,掌握了适用于本地区气候特点的温室气体监测标校关键技术,建立温室气体分析标校系统的流程与规范,填补了广东省温室气体监测标校技术的空白;②研建了温室气体的本底、非本底筛分技术,建立了温室气体的长距离输送及潜在源区分析技术方法;③建立了广东省温室气体监测与标校示范系统,设计的 CO_2/CH_4/N_2O 制备—标定—分级传递的集成技术与瓦里关全球大气本底站的技术体系一致,此观测标校系统的技术方法与国际接轨,为搭建华南区域本底站的温室气体分析标校集成系统以及温室气体分析标校中心提供技术支撑。该示范系统在珠海、东莞、河源、深圳等单位的温室气体监测业务中得到推广应用,为卫星遥感监测区域温室气体时空分布建立了高精度的地基校准平台。

自 2013 年以来,中国气象局广州热带海洋气象研究所环境气象团队移植并降尺度改进了国际上比较先进的碳源汇数值模式系统(CarbonTracker),掌握了用于大气制图的扫描成像吸收光谱仪(SCIAMACHY)卫星监测 CO_2 柱浓度的方法,建立了应用于广东的 CO_2 反演和监测方法体系。利用多种典型生态系统代表站的碳通量资料全面验证了 CarbonTracker、SCI-AMACHY 卫星在广东地区的反演和监测性能;评估分析了区域碳源汇的时空分布,估算了不同生态系统的碳汇特征及其贡献,解决了温室气体人为源和自然汇相对贡献率计算的关键技术问题。为进一步突破我国高分辨率碳源汇数值评估技术瓶颈,利用耦合和嵌套技术研发了高分辨率(4 km)的华南区域碳源汇数值模式系统(GHGs),研建了 1 km 分辨率的 8 种植被类型植被指数和土壤水分指数反演算法,建立了植被光合呼吸关键参数的优化技术。发现珠三角城市地区植被呼吸作用排放的 CO_2 远高于光合作用的吸收量;人为源是区域 CO_2 的主要贡献者,其中电厂和工业源是主要决定因素,机动车排放源是 CO_2 日变化的主要驱动因子。目前 GHGs 模式系统已具备准业务运行条件,能提供逐月的 CO_2 总浓度、化石燃料燃烧及野火灾情的 CO_2 浓度(碳源)、植被过程和海洋的 CO_2 浓度(碳汇)等评估产品,具备不同地域级别(包括区域、省、市)的低碳减排评估能力,将全面对标国家"碳达峰"及"碳中和"的低碳评估技术需求。

2021 年 5 月,广东省气象局成立了中国气象局温室气体及碳中和监测评估中心广东分中心,相应地广东省气象局新一届环境气象科技创新团队更名为"温室气体及碳中和监测评估"。该创新团队的重点任务是建立区域高分辨率碳源汇数值评估模式业务系统,定量评估粤港澳大湾区温室气体分布特征,实现珠三角碳源汇评估业务,提交区域碳源汇分析年(季)评估报告,为区域碳源汇格局与低碳减排及生态效益评估提供技术支撑。

从上述可见,珠三角环境气象各个阶段的发展地方特色显著,始终从政府、公众的需求为出发点,紧紧围绕国际前沿科学问题与地方经济发展需求,以新型城市群复合污染,能见度恶化与灰霾天气、臭氧光化学污染与国家低碳发展等科学热点问题与社会发展需求为科研突破口,始终以科研为先导,作为业务的核心引领,以公众热点问题为科研重点,以政府、公众为服务对象,使得广东的环境气象在数值预报技术方法、监测与预报业务体系建设等方面呈现蓬勃生机的发展势头,继往开来,推动珠三角环境气象的科研与业务发展,大力推进粤港澳大湾区—广东—我国的生态文明建设。

第2章　珠三角大气成分观测站网简介

本章主要介绍珠江三角洲大气成分观测站的建设目的和意义,观测站的布局、观测要素、观测规范与运行管理。

2.1 建设目的与意义

珠江三角洲地区特殊的地理环境及经济地位,城市化、人类活动造成了珠三角大气成分本底改变等诸多环境问题。珠三角有关大气环境、空气质量的研究一直以来是国际、国家和部门研究的热点地区之一,在科研、经济等方面均有不可替代的特殊地位。在珠三角开展大气成分的观测,可为我国大气科学和环境科学等相关学科的发展提供野外观测平台,获取在全球存在突出大气污染的、东亚地区主要经济圈之一的珠三角经济圈大气化学成分与大气环境的第一手资料,为我国的大气成分观测、预测、预报,为气候预测、预估以及国家气候与环境外交谈判、区域大气污染控制以及低碳可持续发展等提供科学依据。

2.2 世界气象组织观测体系下的大气成分要素

按照世界气象组织(WMO)观测体系,大气成分观测的主要目标是监测温室气体、反应性痕量气体、大气气溶胶、常规气象要素、大气辐射、干湿沉降等大气成分要素的演变过程与特征(表2.1)。广州番禺大气成分野外科学试验基地是珠三角大气成分观测站网的主站(即广州番禺大气成分观测站或广州大气成分主站),也是中国气溶胶遥感观测网(CARSNET)在珠三角区域的代表站。

表2.1　世界气象组织大气成分观测要素

项目	序号	观测要素
温室气体	1	二氧化碳 CO_2
	2	甲烷 CH_4
	3	氧化亚氮 N_2O
	4	六氟化硫 SF_6
	5	氟氯烃类 CFCs
	6	稳定同位素

项目	序号	观测要素
反应性痕量气体	7	地面臭氧
	8	臭氧总量及廓线
	9	一氧化碳 CO
	10	二氧化硫 SO$_2$
	11	二氧化氮 NO$_2$
	12	挥发性有机物 VOCs
大气气溶胶	13	离子成分
	14	元素碳 EC 和有机碳 OC
	15	元素成分
	16	物理特性 PM$_{10}$、PM$_{2.5}$、PM$_1$
	17	光吸收特性
	18	光散射特性
	19	光学厚度
	20	能见度
气象要素	21	风、温度、气压、湿度
	22	降水
大气辐射	23	总辐射(含直接辐射、散射辐射)
	24	反射辐射
	25	长波辐射
	26	紫外辐射
干湿沉降	27	湿沉降的酸度、电导率
	28	湿沉降的化学成分
	29	湿沉降的稳定同位素
	30	干沉降

2.3
广州番禺大气成分野外科学试验基地

2.3.1 发展概况

中国气象局广州热带海洋气象研究所于 2003 年开始建设"广州番禺大气成分野外科学试验基地"(GPACS)。广州番禺大气成分野外科学试验基地位于珠三角腹地的广州市番禺区南村镇大镇岗山山顶(113°21′E,23°00′N),海拔高度为 140 m,西面为肇庆、佛山市,东面为东莞市,南面为中山市和江门市,北面为广州市中心,直线距离大约 23 km,观测资料代表了珠江三角洲经济圈大气成分均匀混合的平均特征(吴兑 等,2009)。观测站属南亚热带海洋性气候,光照充足,雨量充沛,全年分为干季(秋、冬季)和湿季两种季节(春、夏季),其中在干季经常出现严重的大气污染过程,年平均风速为 1.63 m/s。主导风以正北风、正南风和北西北风为主,风向频率分别为 27.0%、19.5% 和 14.2%,年平均风速分别为 2.14、1.32 和 2.00 m/s。全年平均气温为 (26.71±6.11)℃。各个季节的气温分布为夏季((33.10±2.78)℃)>秋季((27.04±3.98)℃)>春季((24.87±5.28)℃)>冬季((18.15±4.20)℃)。

广州番禺大气成分野外科学试验基地由两部分组成,一是大气物理与大气化学实验室(位于雷达基地 3 号楼二楼,常规土砖建筑),定位于支撑科研基础的野外观测试验,始建于 2008 年,由气溶胶观测室、气体观测室与综合观测室构成。二是大气成分业务观测站(位于大镇岗山的次峰山顶,为钢架平台结构,观测室为集装箱),由气溶胶观测室与气体观测室构成(图 2.1)。该业务站日常按中国气象局观测司的业务要求进行考核评估,如颗粒物(PM)、黑碳(BC)与气溶胶膜采样样品按中国气象局业务规范执行。除中国气象局业务考核观测要素外,该站准业务观测涵盖 6 种类的空气质量要素,以及能见度、气溶胶光学厚度与紫外辐射等。实验室与业务站有机构成了广州番禺大气成分野外科学试验综合基地,在珠三角与华南的大气成分观测中起着引领与示范的作用。

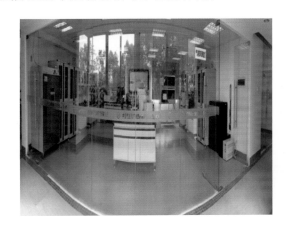

图 2.1　广州番禺大气成分野外科学试验基地(左:实验室;右:业务站)

2.3.2　观测要素

广州番禺大气成分野外科学试验基地以气溶胶和光化学污染相关观测要素为基础,逐步完善大气成分观测要素,开展科研仪器的自主搭建并调试运行,具备一定的先进科研仪器研发能力。目前观测项目主要包括气溶胶物理特性(质量浓度 PM_{10}/$PM_{2.5}$/PM_1、数浓度谱、吸收/散射/消光等光学特性、吸湿性/挥发性、云凝结核 CCN、垂直廓线)、气溶胶化学特性(水溶性离子成分、EC/OC、单粒子碳成分)、气体特征分析(二氧化碳、甲烷、氧化亚氮、二氧化硫、二氧化氮、一氧化碳、臭氧、挥发性有机物 VOCs、过氧乙酰硝酸酯 PAN)、辐射特性(紫外总辐射、光化辐射谱、光解率)、气象要素(能见度、风/温/湿/压)等方面,是目前国内少有的观测要素齐全,并具有相当科学前瞻观测能力的综合观测基地(表 2.2)。自 2007 年始依托该基地业务站的观测数据每年发布《广东省大气成分公报》,2013 年改称为《广东省灰霾天气公报》。广州番禺大气成分野外科学试验基地经过十几年的发展,积累了较好的科研、业务、服务基础,取得了一定的社会经济效益,使气象部门在生态文明建设中发挥了重要作用。

表 2.2　广州番禺大气成分野外科学试验基地仪器设备清单(5 万元以上)

序号	设备名称	型号	产地	价格(万元)	资金来源	启用年份
1	温室气体观测系统(CO_2、CH_4、H_2O)	Picarro G2301	美国	50	中国气象局(科技部修缮项目)	2009
2	温室气体观测系统(N_2O)	Picarro G5105	美国	93	中国气象局(科技部修缮项目)	2009
3	微量振荡天平法$PM_{10}/PM_{2.5}$双通道颗粒物监测仪	Thermo TEOM1405DF	美国	60	中国气象局(科技部修缮项目)	2009
4	微量振荡天平法PM_1颗粒物监测仪	Thermo TEOM1405F	美国	52	中国气象局(科技部修缮项目)	2009
5	颗粒物质量浓度测量仪	GRIMM180	德国	25	中国气象局(科技部修缮项目)	2009
6	扫描电迁移率粒径谱仪(0.010~1 μm)	TSI 3936	美国	60	中国气象局(科技部修缮项目)	2009
7	空气动力学粒径谱仪(0.5~20 μm)	TSI 3321	美国	45	中国气象局(科技部修缮项目)	2009
8	吸收光度计	Magee AE-31	美国	20	广州热带所修缮购置项目	2009
9	黑碳气溶胶监测仪	Thermo 5012-B1 WPECA MAAP	美国	15	广州热带所修缮购置项目	2009
10	3 波长气溶胶浊度仪	TSI 3563	美国	50	广州热带所修缮购置项目	2009
11	积分式浊度计	Ecotech M9003	澳大利亚	10	广州热带所修缮购置项目	2009
12	有机碳/元素碳分析仪	DRI Model 2001A	美国	55	中国气象局(科技部修缮项目)	2009
13	在线式水溶性成分分析仪	Metrohm MARGA ADI2080	瑞士	105	中国气象局(科技部修缮项目)	2009
14	云凝结核计数器	DMT CCN-100	美国	65	中国气象局(科技部修缮项目)	2009
15	气溶胶吸湿特性测量仪	HTDMA	中国	105	中国气象局(科技部修缮项目)	2011
16	气溶胶挥发性吸湿性测量系统	H/VTDMA	中国	100	中国气象局(科技部修缮项目)	2014

续表

序号	设备名称	型号	产地	价格（万元）	资金来源	启用年份
17	化学发光法 NO-NO$_2$-NO$_x$ 分析仪	Thermo 42i	美国	8	中国气象局（科技部修缮项目）	2009
18	化学发光法 NO-NO$_y$ 分析仪	Thermo 42iY	美国	16	中国气象局（科技部修缮项目）	2009
19	脉冲荧光法 SO$_2$ 分析仪	Thermo 43i	美国	7	中国气象局（科技部修缮项目）	2009
20	气体滤光相关法 CO 分析仪	Thermo 48i	美国	8	中国气象局（科技部修缮项目）	2009
21	气体滤光相关法 CO$_2$ 分析仪	Thermo 410i	美国	6	中国气象局（科技部修缮项目）	2009
22	甲烷—非甲烷碳氢分析仪	Thermo 55i	美国	20	中国气象局（科技部修缮项目）	2009
23	气体标校系统	Thermo 146i,111-B2R	美国	30	中国气象局（科技部修缮项目）	2009
24	臭氧前体物连续监测系统 VOC(C2-C12)	AMA GC5000	德国	122	中国气象局（科技部修缮项目）	2009
25	光化通量和光解速率光谱仪	Metcon	德国	120	中国气象局（科技部修缮项目）	2009
26	在线 PAN 粒子色谱分析仪	Metcon,PAN	德国	80	中国气象局（科技部修缮项目）	2009
27	单粒子黑碳仪	DMT SP-2D	美国	136	中国气象局（科技部修缮项目）	2009
28	吸收光度计	Magee AE-33	美国	37	中国气象局（科技部修缮项目）	2009
29	浊度仪	Ecotech Aurora1000	澳大利亚	10	中国气象局（科技部修缮项目）	2009
30	微波辐射计	Radiometrics TP/WVP-3000	美国	180	中国气象局（科技部修缮项目）	2008
31	微脉冲激光雷达	Sigma Space MPL-4B	美国	150	省局大探中心	2008
32	风廓线雷达	二十三所 WP-3000	中国	250	中国气象局（科技部修缮项目）	2008
33	颗粒物质量浓度测量仪	GRIMM180	德国	25	中国气象局下发仪器	2005
34	吸收光度计	Magee AE-31	美国	15	中国气象局下发仪器	2005

续表

序号	设备名称	型号	产地	价格（万元）	资金来源	启用年份
35	吸收光度计	Magee AE-31	美国	20	中国气象局（基础设施建设）	2004
36	积分式浊度计	Ecotech M9003	澳大利亚	10	中国气象局（基础设施建设）	2004
37	紫外线辐射计	UV-S-AB-T	荷兰	8	中国气象局（基础设施建设）	2004
38	二氧化碳/水汽脉动仪	LI-7500	美国	15	中国气象局（基础设施建设）	2004
39	臭氧气体分析仪	Ecotech EC9810B	澳大利亚	9	自筹经费	2006
40	二氧化硫气体分析仪	Ecotech EC9850B	澳大利亚	9	自筹经费	2006
41	氮氧化物气体分析仪	Ecotech EC9841B	澳大利亚	9	自筹经费	2006
42	一氧化碳气体分析仪	Ecotech EC9830B	澳大利亚	9	自筹经费	2008
43	自动追踪太阳光度计（室外）	Cimel CE-318	法国	35	广州市气象局（地方经费）	2006
44	能见度仪	Belfort M6000	美国	6	广州市气象局（地方经费）	2006
45	自动站	WP3103	中国	7	中国气象局（小型基建项目）	2014
46	自动站	VAISALA-AWS	荷兰	12	自筹经费	2008
47	超声风温仪	Licor-CSAT3	美国	10	中国气象局（基础设施建设）	2004
48	颗粒物化学组成在线监测仪	ACSM	美国	160	中国气象局（科技部修缮项目）	2015
49	大气臭氧激光雷达	LIDAR-G-2000	中国	270	中国气象局（科技部修缮项目）	2016
50	大气稳定度仪	SM200	瑞典	45	中国气象局（科技部修缮项目）	2016
51	气溶胶单次散射率测量仪	CAPS-ALB	日本	56	中国气象局（科技部修缮项目）	2016
52	傅里叶变换红外光谱仪	IFS 125HR	德国	330	中国气象局（科技部修缮项目）	2017
53	地基多轴差分吸收光谱仪	MAX-DOAS 3D	中国	390	中国气象局（科技部修缮项目）	2017
54	质子传递反应飞行时间质谱仪	PTR-TOF 4000	奥地利	365	中国气象局（科技部修缮项目）	2018

续表

序号	设备名称	型号	产地	价格（万元）	资金来源	启用年份
55	光解光谱仪	UF-CCD	德国	58	中国气象局（科技部修缮项目）	2018
56	大气臭氧探测激光雷达	O_3 Finder	中国	250	中国气象局（科技部修缮项目）	2019
57	臭氧探空系统	MODEM-O_3	中国	40	中国气象局（科技部修缮项目）	2019
58	多波段微型黑碳仪	MA200	美国	14	中国气象局（科技部修缮项目）	2019
59	光解光谱仪	PFS-100	中国	45	中国气象局（科技部修缮项目）	2019
60	光声气溶胶吸收光谱仪	PAAS-3λ	德国	90	中国气象局（科技部修缮项目）	2020
61	扫描电迁移粒径谱仪	3938L52	美国	70	中国气象局（科技部修缮项目）	2020
62	离心式微粒质量筛分仪	CPMA	英国	54.5	中国气象局（科技部修缮项目）	2020
63	挥发性有机物在线色谱监测仪	GC5000	德国	152	中国气象局（科技部修缮项目）	2020
64	反应性气体分析系统（除 CO 和 SO_2）	Thermo Scientific	中国	46	中国气象局（科技部修缮项目）	2020

2.4
珠三角大气成分观测站网

　　珠江三角洲位于中国南部,是由广州、香港、佛山、东莞、深圳和澳门等城市组成的超级大城市群地区。由于人类活动和飞速城市化进程,该地区产生大量的大气污染物。为了更好地研究该区域大气污染物的特性,华南区域气象中心从 2003 年开始在该区域逐渐建设大气成分观测业务站网,该业务站网目前已包括一个主站和十多个子站。主站即为"广州番禺大气成分野外科学试验基地"。目前,深圳气象局、珠海气象局、中山气象局等部门均建设了大气成分观测站,与天气站、气候站网协同构成综合的大气成分观测站网(图 2.2)。另外,深圳气象局于 2016 年建成的深圳气象梯度观测塔,高 356 m,是亚洲第一高的气象塔,塔上共设 35 个观测平台,是我国华南沿海地区唯一能实现边界层中下部物理结构和大气成分垂直结构直接观测的气象塔。

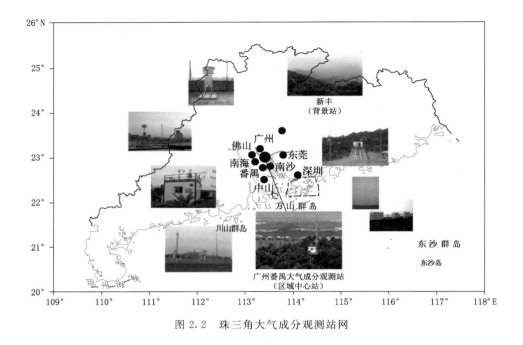

图 2.2　珠三角大气成分观测站网

2.5
珠三角大气成分观测站网的运行和管理

广州番禺大气成分科学试验基地以中国气象局广州热带海洋气象研究所作为依托单位和管理单位,实行"开放、流动、联合、竞争"的运行机制,开放自身优势科技资源,以合作为框架,发展"项目—人才—基地"科技创新发展模式。提高科技资源共享与利用水平,逐步形成资源配置优化、运行管理规范、共享服务高效的科学实验基地开放共享体系,建设具备聚集培养优秀科技人才、配备先进科研装备、产出高水平科研成果等能力的重要科研基地。

随着我国应对气候变化和各地气象服务工作的深入,大气成分观测已成为气象工作的一项重要内容。为规范和指导大气成分观测业务工作的开展,从 2010 年开始,中国气象局综合观测司组织开展了《大气成分观测业务规范》编制工作,结合国家和地方气象事业发展和服务需求出发,依据世界气象组织《全球大气观测指南》(Global Atmosphere Watch Measurements Guide)的基本技术要求,在总结多年来大气成分观测业务和科研活动的运行、管理和技术经验的基础上,2013 年编写完成了《大气成分观测业务规范》,珠三角大气成分观测站网各建设单位参照执行。

第3章 珠三角温室气体与反应性痕量气体的观测研究

本章主要介绍温室气体与反应性痕量气体的基本概念,基于广州番禺大气成分野外科学试验基地和珠三角大气成分观测站网的观测资料开展的相关分析研究。

3.1 温室气体

温室气体是指任何会吸收和释放红外线辐射并存在大气中的气体。它们的作用是使地球表面变得更暖,类似于温室截留太阳辐射,并加热温室内空气的作用。这种温室气体使地球变得更温暖的影响称为"温室效应"。水汽(H_2O)、二氧化碳(CO_2)、甲烷(CH_4)、氧化亚氮(N_2O)、氟利昂等是地球大气中主要的温室气体。京都议定书中规定控制的 6 种温室气体为:二氧化碳(CO_2)、甲烷(CH_4)、氧化亚氮(N_2O)、氢氟碳化合物(HFCs)、全氟碳化合物(PFCs)、六氟化硫(SF_6)。

20 世纪 50 年代末以来,各国相关机构相继在不同经纬度地区建立本底站,开展大气 CO_2 的长期监测,并积累了大量的基础观测资料(赵玉成 等,2006;浦静姣 等,2012)。大气本底监测的主要目的是测量典型地域具有代表性的各类大气参数,分为"全球本底(baseline)"和"区域本底(background)"。全球本底一般表现为与全球气候直接相关的大尺度和长期变化,浓度值不受局地和区域源汇的影响;区域本底代表某一区域混合均匀不受局地源汇影响的浓度值。20 世纪 80 年代以来,我国在青海瓦里关、北京上甸子、浙江临安和黑龙江龙凤山等地建立了 7 个全球/区域大气本底站,目前已基本实现长期、定点、连续观测(周凌晞 等,2007;刘立新 等,2009;浦静姣 等,2012;Fang et al.,2014;栾天 等,2014)。城市生态系统 CO_2 的排放量是全球碳收支的一个重要组成部分,对全球增温以及区域气候变化具有非常重要的作用。因此,人们除了关注全球/区域背景地区 CO_2 浓度的特征之外,非常有必要了解城市群温室气体的本底特征及其潜在源区分布,掌握其对全球气候变化的作用。

目前,国内外关于高分辨率温室气体观测数据的本底值筛分及源汇信息提取已开展了大量研究。这些方法包括:基于稳健局部近似回归的筛分方法(REBS)(Ruckstuhl et al.,2012)、基于地面风、日变化等的筛分法(SWDV)(Bousquet et al.,1996)、CO 示踪法(Tsutsumi et al.,2006)以及傅里叶变换法(FTA)(Masarie et al.,1995)。栾天等(2015)利用黑龙江龙凤山站的 CO_2 观测资料对 REBS 和 SWDV 进行了比对研究,表明 SWDV 法会将白天一些受西南污染气流影响的 CO_2 浓度误筛分为本底浓度,REBS 法会将个别在静稳天气条件下受局地影响大的 CO_2 观测值误筛分为本底浓度。张芳等(2015)发展了一种新的大气 CO_2 源汇及本底信息提取方法——平均移动过滤法(MAF)。他们利用瓦里关站高分辨 CO_2 观测资料比较分析了 MAF、REBS 和 FTA 的性能,表明 MAF 可实现大气 CO_2 源汇及本地信息的有效准确提取。

到目前为止,不同领域学者对碳源和汇的变化趋势、强度以及区域分布的研究结果差异显著,不确定性较大(Stephens et al.,2007;Le Quere et al.,2009;Piao et al.,2009)。基于大气 CO_2 长期连续观测资料所提取的源汇信息,可实时反映区域源汇的动态变化,结合大气反演模型可准确估算区域尺度上碳源汇大小(Prinn et al.,2000;Reimann et al.,2005)。还可以利用高分辨率的在线观测资料,结合同化气象资料,应用后向轨迹模式获得污染物的长距离输送特征,得到区域尺度上的源汇特征(张芳 等,2013)。

本节利用平均移动过滤法(MAF)对 2014—2016 年期间广州番禺大气成分观测站高分辨率的 CO_2 在线观测资料进行了本底、非本底筛分,分析了本底浓度的季节分布和日分布特征,采用 72 h 后向轨迹聚类研究大气 CO_2 的长距离输送特征,结合潜在来源贡献算法分析区域 CO_2 的潜在源区分布。研究结果将揭示珠三角城市群温室气体本底值特征以及排放源区分布,为碳源汇模式估算及全球气候变化相关领域的深入研究奠定基础。

3.1.1 CO_2 浓度特征及其与气象因子的作用

3.1.1.1 广州番禺大气成分观测站 CO_2 的变化特征

(1)CO_2 的日变化特征

自 2014 年 10 月以来,广州番禺大气成分观测站利用基于光腔衰荡光谱技术(CRDS)的 Picarro 温室气体观测系统对大气 CO_2 进行了观测研究。在计算 CO_2 日变化平均值时,滤除一天中 CO_2 观测数据不全的天数,这样算出的各时刻平均浓度才能更好地表现一天中 CO_2 浓度的变化趋势。在观测期间,春(MAM)、夏(JJA)、秋(SON)、冬(DJF)四季共分别收集了 85、81、137 和 159 天的观测数据。近地面大气 CO_2 浓度一般受到区域源/汇和中短距离传输两方面影响(Artuso et al.,2009)。由图 3.1 可见,观测站 CO_2 浓度的日变化分布在 4 个季节基本为单峰形态,均表现为夜间高、日间低的特征。CO_2 浓度最低值出现在下午 13:00—15:00(北京时,以下未标注世界时的均为北京时)时段内,此后浓度值不断上升,在 19:00 以后浓度上升速度有所减缓,直至次日早上 07:00 左右达到最高值。之后,随着太阳辐射增强以及大气对流输送逐渐增大,大气 CO_2 浓度也开始下降。由于午后时分大气对流输送条件较好,同时太阳辐射最强,植被的光合碳汇吸收在一天中达到最高值,因此,大气 CO_2 最低。傍晚受到稳定边界层较弱垂直输送过程及植物呼吸作用的影响,大气 CO_2 浓度逐渐累积升高,在日出前后出现峰值(栾天 等,2014)。

从不同季节的分布来看,夏季的大气 CO_2 振幅最大,达 21.01 ppmv[①],秋季次之,为 15.01 ppmv,春季和冬季较弱,分别为 12.63 ppmv 和 10.25 ppmv。夏季较高的振幅主要受到了该区域植被在白天较强的光合碳汇吸收和湍流输送、夜间气温较高引起的植被 CO_2 呼吸释放的影响(栾天 等,2014),冬季较低的振幅与气温较低有关(Fang et al.,2014,2016)。可见,广州番禺大气成分观测站 CO_2 浓度的日变化幅度较大,高于青海瓦里关站、上甸子以及临安站等全球/区域本底站观测结果,其原因可能是广州番禺大气成分观测站所在的珠三角地区

① 1 ppmv$=10^{-6}$,下同。

相比于上述背景地区空气污染相对较重,能源消耗高,空气中累积了大量的CO_2。同时,该区域为南亚热带季风气候,温湿多雨,太阳辐射比其他区域强,植被四季常青,有利于光合作用,尤其在夏季气温高,太阳辐射强,使得夏季CO_2日变化幅度更大。值得关注的是,尽管广州番禺大气成分观测站处于珠三角腹地,但海拔较高(140 m),较好地反映了区域大气均匀混合的状态,受到人为源排放的影响相对较小,大气CO_2浓度的日变化振幅远低于深圳竹子林站,同时也未出现早晚高峰现象。因此,可以考虑将该站作为珠三角区域城市群大气本底代表站。

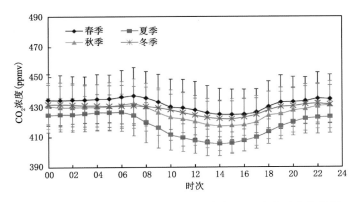

图 3.1　广州番禺大气成分观测站的大气 CO_2 浓度日变化特征

(2)CO_2 的季节分布特征

图 3.2a 为观测期间广州番禺大气成分观测站大气 CO_2 浓度的季节分布。春季的 CO_2 浓度最高,为(432.15±17.47) ppmv,冬、秋季相当,分别为(428.79±13.53) ppmv 和(426.13±16.46) ppmv,夏季最低,为(417.62±12.89) ppmv。这种变化趋势与卫星遥感观测的结果一致(麦博儒 等,2014c)。全年来看,观测站大气 CO_2 浓度年均值为(426.64±15.76) ppmv,明显高于北京上甸子站、青海瓦里关(方双喜 等,2011)、浙江临安站(浦静姣 等,2012)以及黑龙江龙凤山(栾天 等,2015)等观测的结果。这与珠三角区域能源消耗量大,温室气体排放集中有关。而上述区域、全球本底站的大气 CO_2 浓度主要受到植被下垫面以及太阳辐射的强烈影响(栾天等,2014)。夏季光照最强,植被的光合碳汇吸收达到最高值,同时夏季主要以正南风和南东南风为主,海洋清洁气团稀释了大气 CO_2 浓度,再加上夏季气温最高有助于 CO_2 垂直输送。上述因素导致大气 CO_2 浓度在夏季达到最低值。秋季,太阳辐射逐渐降低,植被的光合碳汇吸收减弱,同时秋季的主导风为正北风,高纬度地区高浓度 CO_2 跨界输送有助于观测区域 CO_2 累积,因此秋季的 CO_2 较高。冬季,太阳辐射最弱、气温最低,北风的风速更强,同时由于冬季供暖能源的消耗,大气中 CO_2 浓度达到较高值,比秋季增加了 2.66 ppmv。春季,尽管太阳辐射逐步增强使得植被的光合碳汇吸收上升,同时南风主导风也有利于降低大气 CO_2 浓度,但不足以抵消冬季累积的 CO_2 的影响,春季正北风较强也带来了高纬度地区的高浓度 CO_2,导致大气 CO_2 达到最高值。

从 CO_2 出现频率的季节分布来看(图 3.2b),夏季,大气 CO_2 浓度主要集中在 400~420 ppmv 之间,相应的出现频率为 23.78%~31.34%,以 410 ppmv 的频率最高。夏、秋和冬季大气 CO_2 浓度的出现频率主要集中在 410~430 ppmv 之间(20%~29%)。其中,春季未出现明显的频率峰值,秋、冬季的最高频率均在 420 ppmv,分别为 27.11% 和 29.28%。值得关注的是,在清洁条件下(<400 ppmv),夏季大气 CO_2 浓度的出现频率明显高于其他季节,与之对应的是,在污染条件下(>440 ppmv),夏季浓度的出现频率显著高于其他季节,其原因可能与夏季降雨量大、空气的水平对流和垂直输送剧烈有利于大气 CO_2 浓度扩散有关。

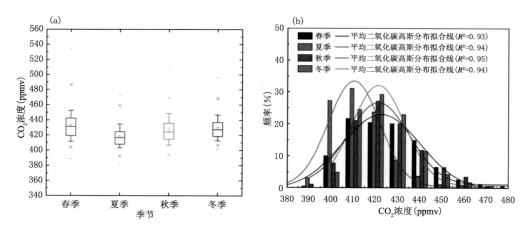

图 3.2 广州番禺大气成分观测站的大气 CO_2 浓度的季节(a)和频率(b)分布

目前,香港京士柏站和鹤咀站均开展了温室气体的长期在线观测,两个站为 WMO/GAW 观测网络的部分。按照美国国家标准与技术研究院(NIST)标准,采用非分散红外线技术(NDIR)测量大气中 CO_2 的体积分数,标气可溯源至 NOAA;同时也是泛珠三角区域技术比较成熟的完全采用 WMO/GAW 标准的观测站,观测资料与 WMO/GAW 共享。广州番禺大气成分观测站与香港京士柏站、鹤咀站均同属于南亚热带海洋季风气候区,且均位于城市核心区,香港京士柏站、鹤咀站均位于广州番禺大气成分观测站的东南部,直线距离分别为大约100 和 120 km。由于纬度一致,气候相同,下垫面植被类型及其分布相似,可反映珠三角城市群大气 CO_2 的分布特征,因此,这三个站大气 CO_2 本底浓度应该具有一定的可比性。

图 3.3 表示了广州番禺大气成分观测站观测的大气 CO_2 浓度与香港京士柏站、鹤咀站的比较。香港京士柏站、鹤咀站下载数据的时间分辨率为日均值,在本节研究期间仅能获得2015 年 12 月以前的结果。在 2014—2015 年期间,三个站点大气 CO_2 浓度的逐月变化趋势较

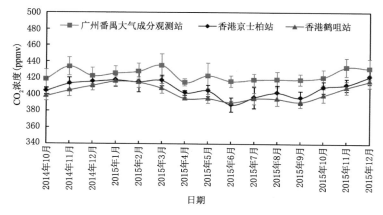

图 3.3 2014—2015 年期间广州番禺大气成分观测站观测的大气 CO_2 浓度与香港京士柏站、鹤咀站的比较

一致,以广州番禺大气成分观测站的最高,为 423.92 ppmv,香港京士柏站和鹤咀站的观测值较接近,分别为 407.68 ppmv 和 402.55 ppmv。从观测值的标准差来看,广州番禺大气成分观测站观测的 CO_2 浓度波动较大,而其他两个站的标准差较小。广州番禺大气成分观测站较高的 CO_2 浓度可能与广东地区工业发达,能源消耗大,CO_2 浓度排放量高有关,较高的标准差则表明 CO_2 浓度来源及其影响因素更加复杂。相对而言,香港地区主要以轻工业、服务业和金融业为主,大气中 CO_2 的影响因素相对简单,平均浓度比广州番禺大气成分观测站低了 18.81 ppmv。

3.1.1.2　风对大气 CO_2 浓度的影响

当风向为非主导风且风速较弱时,大气传输缓慢会引起 CO_2 累积,相反,主导风向且风速较大时会有利于大气输送,因此,CO_2 浓度降低。图 3.4 表示了不同风向上 CO_2 距平浓度(ppmv)的季节分布,可以看出,风向对观测站 CO_2 浓度有显著的影响。春季,导致 CO_2 浓度升高的地面风主要来自西—北—东南(W—N—SE)方向,平均距平浓度上升了 12.39 ppmv,尤其以 NW 方向上的抬升浓度最高,达 37.71 ppmv。SSE—WSW、NNE—N 方向则使得 CO_2 浓度降低,平均下降了 7.65 ppmv,以 S 方向的降低最多,为 −12.71 ppmv。夏季,导致 CO_2 浓度升高的风向为 WNW—NW 和 SE—NE,距平浓度均值为 6.06 ppmv,S—WSW、NNE—

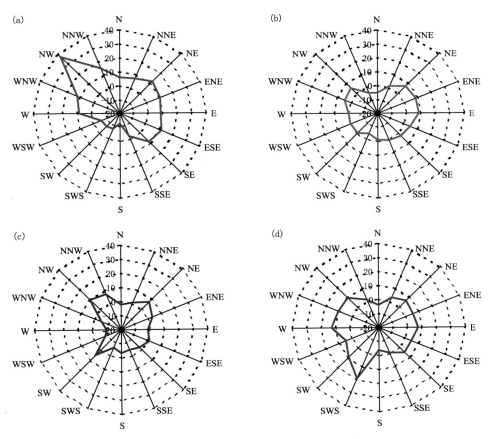

图 3.4　不同风向上 CO_2 距平浓度(ppmv)的季节分布

(a)春季;(b)夏季;(c)秋季;(d)冬季

NNW 方向则使 CO_2 浓度下降了 2.56 ppmv。秋季,NW—NNW、NNE—ENE 以及 SE 方向会使 CO_2 浓度上升,最高值出现在 NW 方向,为 10.26 ppmv,其他方向则使浓度下降了 4.90 ppmv,其中 W 方向的下降达 10.22 ppmv。冬季,除了 SSE—S 和 N 方向外,其余风向都能显著提升 CO_2 浓度,距平均值为 7.81 ppmv,以 SWS 的抬升浓度最高,为 10.28 ppmv。SSE—S 和 N 方向导致 CO_2 浓度下降了 2.88 ppmv。春、夏季主要以南风为主导风,且风速较大,使得相应的 CO_2 浓度下降明显,其余非主导风向的风速较弱,大气 CO_2 浓度出现大量累积。在秋、冬季,尽管主导风为北风,且风速较大,但对观测站 CO_2 的稀释相当有限,可能与该风向为广州主城区,局地高浓度 CO_2 输送未能起到清除作用有关。值得关注的是,NW 和 NE—ENE 风向在四季中均能显著提升 CO_2 浓度,说明存在潜在的 CO_2 排放源。

秋季,W 风向为非主导风向,同时风速较弱,但大气 CO_2 浓度明显降低,其原因可能与该方向的风向高频率有关。不同风向上 CO_2 距平浓度的季节分布反映了各方向 CO_2 浓度的相对大小,但未能反映风向频率对浓度的作用。为了进一步探讨这个问题,计算了 16 个风向 CO_2 浓度载荷对各季节 CO_2 浓度水平的贡献(各风向出现的频数乘以该风向上所有 CO_2 距平浓度的总和)。图 3.5 表示了广州番禺大气成分观测站不同季节各风向对大气 CO_2 浓度水平的贡献。可以看出,春季,NW—ENE 风向平均贡献了 0.7 ppmv,以 NNW 方向最高,为

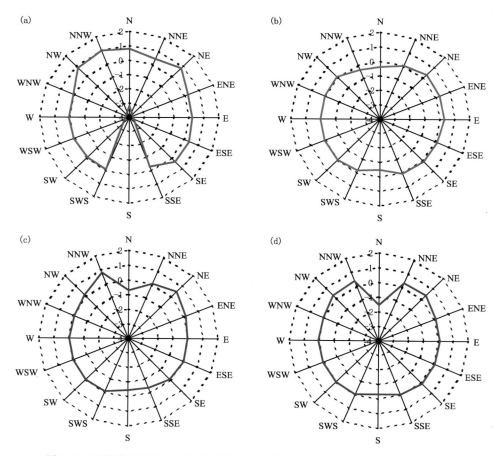

图 3.5 不同季节各风向对广州番禺大气成分观测站的 CO_2 浓度(ppmv)的贡献
(a)春季;(b)夏季;(c)秋季;(d)冬季

1.03 ppmv,S 风向为 CO_2 的汇区,贡献了 -4.79 ppmv。夏季,N—NNW 和 S 分别贡献了 -0.35 ppmv 和 -0.48 ppmv,NE—ENE 方向贡献了 $0.24\sim0.34$ ppmv,其余风向对 CO_2 浓度基本无影响。秋、冬季的情况比较相似,N 风向分别贡献了 -0.7 和 -0.156 ppmv,SSE— SWS 风向分别贡献了 -0.29 和 -0.11 ppmv,且均以 S 风向的贡献最高。NW—NNW 风向的贡献载荷分别为 0.50 ppmv 和 0.36 ppmv,NNE—ENE 风向的载荷贡献较小,分别为 0.26 ppmv、0.27 ppmv。由上可知,在考虑风向频率的条件下,广州番禺大气成分观测站的 S 风向在春季存在强的汇区,而其余季节则为弱的汇区,N—NNW 除春季为源区外,其余季节均为弱的汇区。NW—NNW 和 NNE—ENE 在四季中均为弱的 CO_2 源区。综上可见,广州番禺大气成分观测站的 CO_2 浓度的分布会受到人类活动的显著影响,不同季节地面风向对 CO_2 浓度的影响存在差异。

大量研究表明,风速对大气 CO_2 浓度有显著的影响,风速越大,越有利于 CO_2 扩散输送,因此,浓度越低(周凌晞 等,2002;栾天 等,2014)。图 3.6 表示了四个季节中风速对 CO_2 浓度的作用(a,c,e,g)以及风速的频率分布(b,d,f,h)。可以看出,广州番禺大气成分观测站风速主要分布在 $0.5\sim4.5$ m/s 之间,大约 $80\%\sim95\%$ 的出现频率分布在 $0.8\sim2.2$ m/s 的风速区间。除冬季外,其余季节的频率峰值均出现在 1.3 m/s,以春季的频率最高,为 35.5%,秋季最低,为 30.2%。尽管冬季的频率峰值较低(25.12%),但相应的风速较高(1.7 m/s),这与冬季平均风速较高有关。从风速对 CO_2 浓度的作用来看,广州番禺大气成分观测站的 CO_2 浓度的分布随地面风速的增加而降低。风速的影响可用线性方程进行描述,拟合的复相关系数(R^2)超过了 0.86,冬季的 R^2 高达 0.97。地面风速导致 CO_2 浓度平均下降了 19.28 ppmv,其中夏季的下降幅度最高,为 25.08 ppmv,秋季的降幅最低,为 11.38 ppmv。可见,当风速较小时,大气层结相对更为稳定,易造成 CO_2 堆积,导致 CO_2 浓度值较高;随着风速的增大,大气输送扩散条件转好,CO_2 浓度出现下降。夏季大气 CO_2 浓度的日变化幅度最高,从而使得夏季的浓度随风速增加的降幅较其他季节更为明显。

3.1.1.3　气温对 CO_2 浓度的影响

在研究期间,广州番禺大气成分观测站的气温分布在 $(17.15\pm4.26)\sim(33.32\pm2.64)$℃ 之间,年平均气温为 (26.71 ± 6.11)℃。图 3.7 表示了观测期间日间、夜间气温对大气 CO_2 浓度的影响。可以看出,日间、夜间大气 CO_2 浓度均随着气温的增加呈先上升后下降的变化趋势。由于夜间气温较低,大气层结稳定不利于 CO_2 扩散,同时白天植被的光合作用强有利于碳汇吸收,因此,夜间的 CO_2 浓度比日间高,增幅为 5.13 ppmv。对比各个季节浓度峰值的分布可以看出,春季峰值均出现在 $17\sim22$℃ 之间,夏季均出现在 30℃,秋季均出现在 $22\sim26$℃ 之间,冬季出现在 $17\sim21$℃ 之间。气温是影响植被和土壤呼吸的关键因子。气温越高,植被、土壤呼吸作用越强,释放的 CO_2 越多。气温除了影响植被和土壤呼吸之外,还会影响大气稳定度,近地层气温越高,大气层结就越趋向于不稳定,空气垂直对流运动越活跃,有利于 CO_2 在垂直方向上的扩散输送,进而导致 CO_2 浓度出现下降。因此,在这两种作用的共同影响下,CO_2 浓度极高值出现的温度范围在不同季节会存在差异。

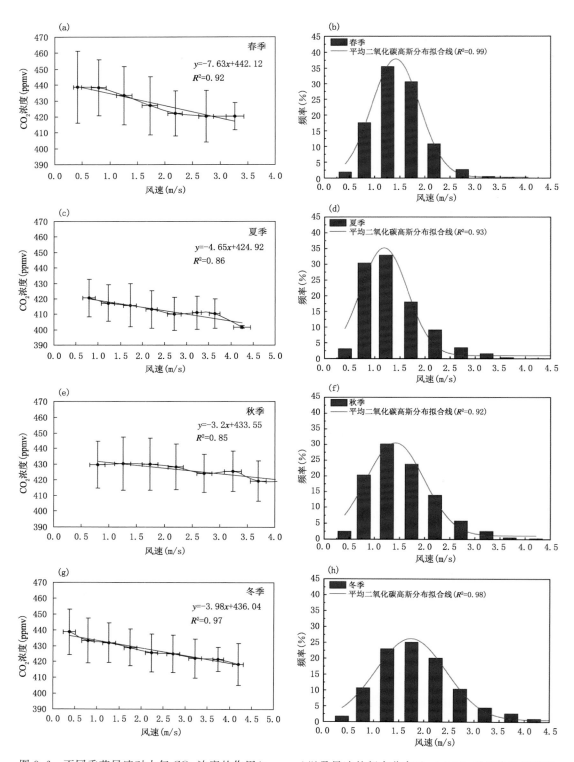

图 3.6　不同季节风速对大气 CO_2 浓度的作用(a,c,e,g)以及风速的频率分布(b,d,f,h),误差线为标准差

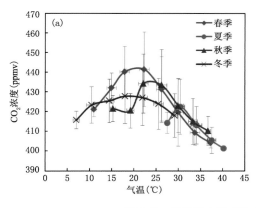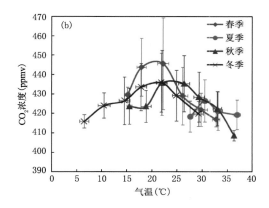

图 3.7 气温对大气 CO_2 浓度的影响,误差线为标准差

(a)白天;(b)夜间

3.1.2 CO_2 浓度本底特征及其潜在源区分析

3.1.2.1 CO_2 浓度本底值筛分

本节所涉及的本底浓度是指大气混合均匀,且不受区域或局地污染源影响时所观测的 CO_2 的浓度值,可反映其长期变化趋势和季节变化特征。图 3.8 为研究期间广州番禺大气成分观测站观测的 CO_2 本底、排放源和吸收汇浓度的时间序列。有效的 CO_2 小时平均数据为 10321 个,经筛分后的本底数据为 6877 个、污染源数据为 1990 个、吸收汇的数据为 1454 个,分别占总有效数据的 66.63%、19.28% 和 14.09%。瓦里关全球本底站 CO_2 本底浓度数据约占有效数据的 70%(张芳 等,2015),黑龙江龙凤山区域站 CO_2 本底浓度数据占有效数据的比率在 30.7%~58.9% 之间,与筛选的方法有关(栾天 等,2015),考虑到广州番禺大气成分观测

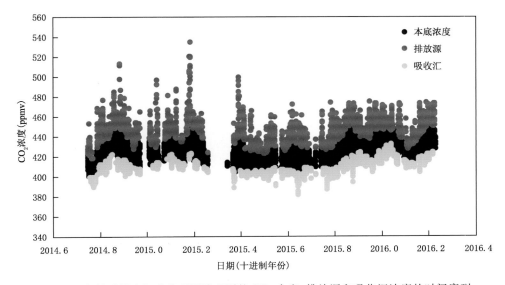

图 3.8 广州番禺大气成分观测站观测的 CO_2 本底、排放源和吸收汇浓度的时间序列

站处于珠三角城市群的核心区,CO_2的来源复杂,本底浓度样本数超过了有效数据的60%,表明观测站具有较好的区域代表性。CO_2本底浓度均值为(424.12 ± 10.12) ppmv,污染源和吸收汇的浓度均值分别为(447.83 ± 13.63) ppmv 和(408.83 ± 7.75) ppmv。未经筛分的大气CO_2浓度波动大,小时浓度的振幅达到了 153.68 ppmv,大气CO_2本底浓度波动小(约 56.17 ppmv),表明在珠三角地区大气受到较强的区域或局地排放源和吸收汇的影响(Mai et al.,2020,2021)。

3.1.2.2 CO_2本底浓度的时间分布特征

图 3.9 表示了广州番禺大气成分观测站CO_2本底浓度的季节分布,可以看出春季最高$((427.99\pm10.85)$ ppmv),冬季次之$((426.66\pm8.55)$ ppmv),秋、夏季最低,分别为(423.71 ± 10.37) ppmv 和(416.07 ± 6.80) ppmv。夏季的浓度最低与前人在青海瓦里关站、黑龙江龙凤山站、浙江临安站以及北京上甸子站等全球/区域本底站的研究结果一致(方双喜 等,2011)。考虑到珠三角区域纬度偏低,同时受到南亚热带海洋季风气候的影响,CO_2本底浓度在夏季最低主要与以下因素有关:①夏季植被丰茂,光合碳汇最强;②盛行南风,海洋清洁气团有助于稀释高浓度CO_2;③气温高,空气的垂直对流和水平输送频繁,有助于CO_2扩散。一般认为,冬季供暖能源消耗大、植被光合作用最弱会导致大气CO_2浓度在一年中最高(方双喜 等,2011;栾天 等,2014)。然而,本节中春季大气CO_2本底浓度最高,与上甸子站的观测结果一致(方双喜 等,2011)。其原因可能与珠三角区域春季出现的"回南天"现象有关。在"回南天"期间,风速弱、水汽含量高,静稳天气不利于高浓度CO_2的扩散输送。此外,春季除湿的能源消耗较高,一定程度上也增加了大气CO_2累积。尽管春季植被复苏,光合碳汇吸收作用逐步增强,但不足以抵消高浓度CO_2累积的影响,因此,春季的浓度在一年中达到最高值。表3.1 显示了广州番禺大气成分观测站CO_2本底值的季节平均及月振幅与全球/区域本底站观测的浓度的比较。可以看出,珠三角地区CO_2本底浓度远高于全球/区域本底值,且月振幅最大,这与珠三角城市群CO_2来源复杂、排放量高有关。

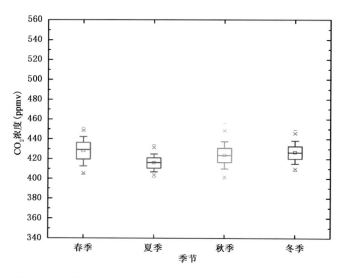

图 3.9 广州番禺大气成分观测站 CO_2 本底浓度不同季节分布

表 3.1　广州番禺大气成分观测站 CO_2 本底值季节平均及月振幅与全球/区域本底浓度的比较

季节	浓度（ppmv）				
	GPACS	WLG	LFS	LA	SDZ
春季	427.99	391.13	398.09	407.93	399.68
夏季	416.06	383.81	377.70	400.04	390.50
秋季	423.71	386.22	393.75	404.10	394.24
冬季	426.66	388.66	400.65	408.97	397.85
月脉动值	20.91	9.89	28.19	10.52	17.03

注：WLG：瓦里关站；LFS：龙凤山站；LA：临安站；SDZ：上甸子站。

　　图 3.10 表示了广州番禺大气成分观测站不同季节 CO_2 本底浓度的日变化。可以看出，14:00—16:00 期间 CO_2 本底浓度最低，17:00 后总体抬升，至第二天 05:00 达到最高值，之后逐步下降。CO_2 这种变化的原因可能是午后太阳直射，温度升高，空气对流增强，CO_2 由地面向高空的扩散加快，导致白天大气 CO_2 浓度降低，并在 16:00 出现最低值；傍晚之后大气边界层比较稳定，近地面温度比高空低，这种逆温效应使得 CO_2 不易向高空扩散并大量累积，因此，夜间的浓度较高。早上日出后植被的光合作用逐步增强，同时空气对流增强，导致 CO_2 浓度下降。从日变化的振幅来看，除夏季外，其他季节的日变化比较平缓，振幅在 4.54～6.95 ppmv 之间。这是由于珠三角区域植被四季常青，除夏季外光合作用相对缓和，同时观测站海拔较高，大气混合比较均匀，因此，CO_2 本底浓度的日变化振幅较小。夏季的振幅最大（11.50 ppmv）主要与夏季气温高，空气对流强烈，同时光合作用最强有关。

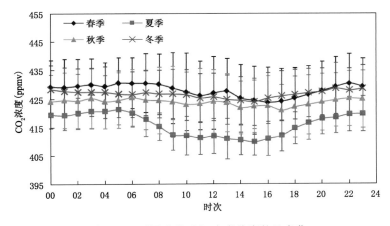

图 3.10　不同季节 CO_2 本底浓度的日变化

　　图 3.11 表示了广州番禺大气成分观测站与香港京士柏站、鹤咀站观测的逐日 CO_2 浓度的比较。可以看出，三个观测站的浓度变化趋势基本一致，但广州番禺大气成分观测站本底浓度均值比上述两站分别高了 13.06 ppmv 和 21.06 ppmv（图 3.11a）。从日均值的变化幅度来看，广州番禺大气成分观测站的浓度变幅最低（44.89 ppmv），其他两站较高（87.50 ppmv 和 52.20 ppmv），这是由于广州番禺大气成分观测站反映了区域大气 CO_2 浓度的本底状况。从图 3.11b 和图 3.11c 可以看出，广州番禺大气成分观测站与香港京士柏站、鹤咀站观测的逐日 CO_2 浓度拟合的复相关系数（R^2）在 0.36～0.39 之间，表明广州番禺大气成分观测站本底浓度至少反映了香港地区 30% 的 CO_2 特征。

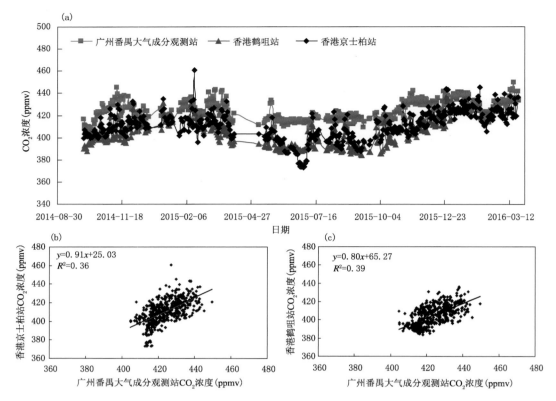

图 3.11　广州番禺大气成分观测站 CO_2 本底浓度与香港京士柏站、鹤咀站的比较

(a)三个观测站的 CO_2 本底浓度对比;(b)广州番禺大气成分观测站与香港京士柏站的相关性;

(c)广州番禺大气成分观测站与香港鹤咀站的相关性

3.1.2.3　CO_2 聚类分析

　　将 2014 年 10 月—2016 年 3 月期间到达广州番禺大气成分观测站的气流计算 72 h 后向轨迹,再采用轨迹聚类分析的 Ward's 最小方差法(Sirois et al.,1995),将多条轨迹按照空间代表性进行分类,用于研究污染气团通过大气远距离输送对观测点大气 CO_2 浓度的影响。研究期间,春、夏、秋和冬季分别有 306、310、514 和 618 条轨迹参与了聚类分析。图 3.12 表示了不同季节广州番禺大气成分观测站轨迹聚类特征。图中数字代表轨迹聚类类型,百分数表示该类轨迹所占总轨迹的百分比。春、夏、秋和冬季的轨迹类型分别为 6、5、5、6 种,表明观测站在不同季节均受到了复杂的气流影响。春季,有超过 40% 的轨迹(第 2 类、第 5 类)来自越南南部、南海地区,来自粤西(第 1 类)和经过台湾东部回绕至珠三角地区(第 4 类)的轨迹比率分别为 19.9% 和 16.9%,仅有极少的轨迹数(低于 10%)属于第 3 类和第 6 类。夏季,有超过 60% 的轨迹来自越南南部、南海地区(第 1 类、第 3 类),来自珠江口东南部(第 2 类)和江西、湖南交界地区(第 4 类)的输送轨迹比率分别为 18.2% 和 16.0%,第 5 类轨迹数所占的比例可以忽略不计。可见,在春、夏季,广州番禺大气成分观测站主要受到了来自越南南部以及南海地区的气流远距离输送的影响,与地面观测的主导风场特征一致。秋季,气流输送轨迹以第 3 类、第 2 类为主,其中前者来自粤东沿海地区,路径很短,占了总轨迹数的 39.0%,后者来自安徽、江西的地区,占总轨迹数的 34.3%。来自北部湾还与经过琼州海峡的气团(第 4 类)和来

自台湾东部海域经过台南到达珠三角(第 1 类)的轨迹比率分别为 12.2% 和 13.2%。冬季,气流轨迹以第 1 类、第 5 类和第 3 类为主,其中第 1 类由江西、湖南交界地区输送到广州番禺大气成分观测站,占了总轨迹数的 30.0%,第 5 类由广西南部、粤西地区短距离输送到观测点,轨迹比例为 24.5%,第 3 类由台湾南部海域迂回至珠江口,轨迹比例为 12.0%。其余轨迹(第 2 类、第 6 类)主要来自西北地区气流的远距离输送,其轨迹数极少(均低于 10%)。可见,在春、夏季,影响广州番禺大气成分观测站的气流轨迹主要来自越南南部以及南海地区气团的远距离输送,而在秋、冬季,气流轨迹为来自湖南、江西地区以及广西南部、粤东沿海地区的短距离输送。除夏季外,经过台湾南部海域迂回至珠江口地区的轨迹比例在各季节中均超过 10%。

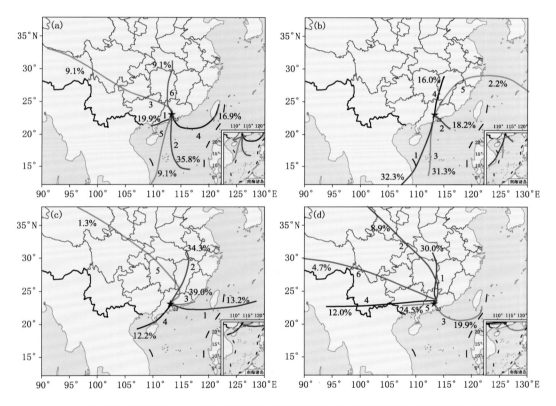

图 3.12　不同季节广州番禺大气成分观测站轨迹聚类特征,每条聚类的轨迹的数字代表轨迹序列,百分数表示该类轨迹所占总轨迹的百分比
(a)春季;(b)夏季;(c)秋季;(d)冬季

　　根据大气 CO_2 浓度时间序列及本底值筛分结果,取各个季节的平均本底浓度作为判断某一时刻的观测值为污染浓度或本底浓度的临界值(春、夏、秋和冬分别为 427.99 ppmv、416.06 ppmv、423.71 ppmv 和 426.66 ppmv,表 3.1),目的是为了反映大气输送对本底浓度的影响,再进行聚类统计分析。表 3.2 为不同季节轨迹聚类统计分析结果。可以看出不同季节各类轨迹团对应的污染浓度比本底浓度高出 9.34~12.67 ppmv,说明 CO_2 排放源的长距离输送具有显著的影响。对污染状况而言,春季,来自第 4 类轨迹的气团使 CO_2 浓度显著抬升,同时标准差也最大。该轨迹源自台湾东部迂回珠江口再到广州番禺大气成分观测站,气团经过的区

域可能存在 CO_2 潜在源区。第 5 类、第 2 类轨迹气团的 CO_2 浓度也较高,说明源自越南南部、南海地区气团的远距离输送对 CO_2 浓度也有较大的影响。夏季,第 4 类轨迹的 CO_2 浓度最高,其标准差也最大,说明来自江西、湖南交界地区人为排放的影响最大。第 3 类和第 2 类轨迹的 CO_2 浓度也较高,其中前者来自南海地区的远距离输送,后者来自珠江口东南部,可能与海上运输、渔船发动机排放以及海上石油开采等活动有关,但各类轨迹的 CO_2 平均浓度明显低于其他季节。秋季,来自粤东沿海地区的第 3 类轨迹气团的 CO_2 浓度最高,轨迹数量最多,对 CO_2 浓度贡献最大,是重要的潜在源区。第 5 类和第 1 类轨迹的 CO_2 浓度相当,然而后者的轨迹数相当于前者的 10 倍,因此,对 CO_2 浓度的影响较强,可能是气团途经区域排放源的长距离输送的结果。值得关注的是,尽管第 2 类轨迹的 CO_2 浓度较低,但轨迹所占比例较高,对 CO_2 浓度的贡献也较大。冬季,第 3 类轨迹 CO_2 浓度最高,主要是来自台湾南部海域迂回至珠江口区域的气团的影响,是高浓度 CO_2 的潜在源区。来自广西南部、粤西地区短距离输送的第 5 类轨迹 CO_2 浓度也很高,表明该区域人为活动对 CO_2 的影响很大。第 2 类轨迹和第 1 类轨迹对应的 CO_2 浓度较高,分别主要来自青海、甘肃、陕西、湖北、湖南地区气团的远距离输送,以及来自湖北、湖南地区人为活动的影响。上述两类轨迹数最多,代表了高纬地区高浓度潜在污染源区。综上所述,对珠三角地区大气 CO_2 浓度抬升的轨迹在各个季节差别很大。春季、夏季主要受到了来自越南南部、南海以及珠江口东南部海域污染气团的影响,秋季以来自粤东沿海地区人为排放的污染气团影响最大,冬季,以经过湖北、湖南高纬度地区的污染气团影响最明显,除夏季外,其他季节来自台湾东南部海域迂回至珠江口的气团的影响较高,是重要的潜在源区。

表 3.2　不同季节广州番禺大气成分观测站大气 CO_2 浓度轨迹聚类统计分析结果

季节	轨迹簇	区域背景浓度值			污染浓度值		
		轨迹数	CO_2 平均值（ppmv）	标准差（ppmv）	轨迹数	CO_2 平均值（ppmv）	标准差（ppmv）
春季	1	39	433.68	6.97	44	440.29	8.31
	2	81	424.45	10.52	42	442.49	11.99
	3	15	434.21	7.79	14	438.24	6.69
	4	35	431.38	9.31	38	450.94	23.1
	5	19	421.21	10.19	16	446.21	17.52
	6	10	430.31	5.09	7	433.08	2.9
夏季	1	58	418.09	6.02	57	425.04	8.12
	2	41	418.13	5.46	45	426.82	8.49
	3	55	417.3	6.2	56	427.6	10.16
	4	32	415.2	6.89	25	429.31	12.43
	5	4	419.24	6.28	4	425.88	7.09
秋季	1	52	427.14	8.36	45	438.21	13.12
	2	123	419.34	8.97	72	435.47	11.34
	3	110	426.27	9.66	120	441.06	13.46
	4	43	426.4	9.79	35	438.57	10.32
	5	3	426.68	2.73	4	433.67	14.15

续表

季节	区域背景浓度值				污染浓度值		
	轨迹簇	轨迹数	CO₂平均值（ppmv）	标准差（ppmv）	轨迹数	CO₂平均值（ppmv）	标准差（ppmv）
冬季	1	127	424.56	7.8	76	437.15	8.37
	2	32	422.13	9.57	14	439.71	12.3
	3	70	426.97	9.32	72	443.39	11.96
	4	58	428.08	7.49	40	436.35	8.92
	5	103	428.85	7.3	99	439.24	10.03
	6	23	431.78	8.49	18	436.38	4.48

3.1.2.4　CO_2 源区分布概率特征

图 3.13 表示了 2014 年 10 月—2016 年 3 月期间,不同季节大气 CO_2 的源区分布概率 (WPSCF:weighted potential source contribution funtion)特征。图中颜色的深浅代表了排放源分布的概率大小。某地区颜色越深,说明该地区是强的 CO_2 排放源的概率越高,反之,概率越低。春季,WPSCF 较大值(黄色到深红色)覆盖区呈东南向西北方向分布,其中由台湾东南部经过珠江口东南部折回珠三角区存在 WPSCF 高值带,从琼州海峡经过粤西到珠三角地

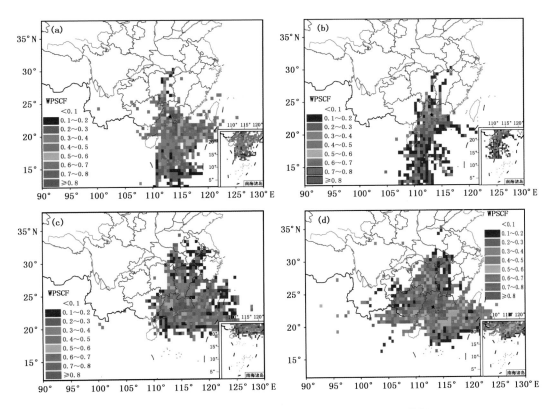

图 3.13　不同季节大气 CO_2 的源区分布概率(WPSCF)特征

(a)春季;(b)夏季;(c)秋季;(d)冬季

区存在第二个 WPSCF 高值区。此外,由湖北、湖南进入珠三角地区的 WPSCF 值逐渐增大,是 CO_2 的另一个潜在源覆盖区,与聚类分析的结果吻合。夏季,WPSCF 的覆盖范围明显收缩,呈由南向北的分布特征,且均值在四个季节中最低,较高值(黄色到深红色)覆盖区主要集中于湖南、粤北,以及粤东至珠江口一带,是夏季 CO_2 排放的潜在源区。秋季,CO_2 潜在源区主要集中粤东沿海地区,表明该区域人为排放的影响最大,在湖北、湖南、粤北一带地区存在 WPSCF 第二个高值区。此外,台湾以南海域、珠江口东南海域以及珠江口地区还存在 WP-SCF 第三个高值区,可能与船舶海运、捕鱼以及石油开采等活动有关。冬季,WPSCF 较高值覆盖的区域向西部、北部和东南部明显扩散,存在三大 WPSCF 高值中心:一是湖北、湖南至珠三角一带;二是广西、粤西到珠三角一带;三是珠江口东南海域、珠江口至珠三角地区。这 3 个高值中心的覆盖面最广,WPSCF 值最高,说明这些区域成为 CO_2 的强源区的概率极高。

全年来看,湖北、湖南至珠三角一带在四季中均存在 WPSCF 高值区,表明观测站受到了由高纬地区输送的人为排放 CO_2 的显著影响。除夏季外,其他季节在台湾海峡以南至珠江口东南部海域存在 CO_2 的强源区,可能与海上人类活动排放源有关;粤东、珠江口至珠三角地区的 WPSCF 值最高,是很强的 CO_2 潜源区。

3.1.3 卫星遥感广东 CO_2 柱浓度的时空变化特征

美国、日本和欧洲等发达国家和地区相继发射了 CO_2 观测卫星,通过卫星遥感的方法探测全球不同区域的温室气体浓度水平和碳源汇分布状况,给我国减排和国际气候谈判带来了极大的压力。利用欧空局 ENVISAT 卫星的 SCIAMACHY 温室气体资料,分析了广东省不同温室气体敏感区对流层 CO_2 柱浓度水平、时空分布特征及其影响因素,为节能减排,为我国应对气候变化的能力建设提供理论和数据支持。分析表明 SCIAMACHY 卫星产品在一定程度上能反映珠三角地区对流层 CO_2 分布状况(麦博儒 等,2014)。2003—2009 年期间广东地区对流层 CO_2 柱浓度年均值和年增长率分别为 384.84 ppmv 和 1.53 ppmv/a(图 3.14),大于全球和我国同期的地面观测值。粤东、粤西、粤北和珠三角区域代表站的柱浓度在春、冬季均显著高于夏季、秋季,相同季节内各站点之间的差异不显著。各区域浓度增长率为粤西>珠三角>

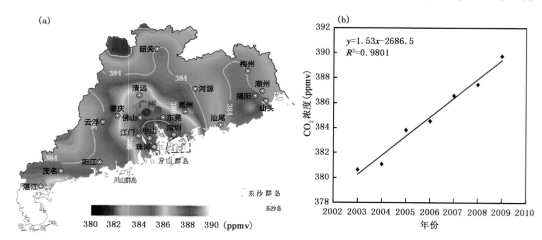

图 3.14　2003—2009 年广东地区对流层 CO_2 柱浓度的年平均分布(a)及区域平均的逐年变化(b)

粤东＞粤北。粤西代表站 CO_2 柱浓度的年增长率最高,为 1.82 ppmv/a,珠三角和粤东代表站相当,分别为 1.65 和 1.64 ppmv/a,粤北的年增长率最低,为 1.61 ppmv/a(Mai et al.,2014)。

3.2 反应性痕量气体

反应性痕量气体是形成气溶胶、酸雨与光化学烟雾等环境问题的重要前体物,主要有二氧化硫(SO_2)、臭氧(O_3)、氮氧化物(NO_x)、挥发性有机物(VOCs)、一氧化碳(CO)等气态物质。

3.2.1　SO_2

SO_2 是痕量气体的一种,是全球硫循环中的重要成分,是人类活动产生的主要含硫大气污染物,SO_2 的产生主要有自然源和人为源。大气中的 SO_2 浓度过高,其本身或通过化学反应参与生成的细粒子会危害人类身体健康。SO_2 在日照条件下,与氢氧自由基(OH)发生气相氧化生成硫酸(H_2SO_4)蒸汽,也可与超氧化氢(HO_2)、甲基过氧自由基(CH_3O_2)等物质发生气相氧化反应;SO_2 溶于液态水,在云、雾中或在高湿度环境下的颗粒物表面经液相氧化生成硫酸,并随雨水降落到地面;由 SO_2 气相反应生成的 H_2SO_4 气体通过均相成核过程,或在粒子表面通过非均相凝结过程转化为硫酸和硫酸盐粒子,经干、湿清除过程(云、雨等)返回地面。20 世纪 70 年代,欧洲监测与评价计划(European Monitoring and Evaluation Programme,EMEP)在官方网站(http://www.emep.int/)上公开发布由 95 个国家的上百个站点组成的站网地面观测结果,以及模式评估的结果。除地面站点之外,从垂直方向探测 SO_2 等要素以获取垂直方向上的综合特征。Molina 等(2010)在大城市驱动的局地和全球研究观测计划(Megacity Initiative: Local and Global Research Observations,MILAGRO)大型综合观测项目的综述里提到了 SO_2 通量和浓度的观测系统,运用 SO_2 和 Aura-OMI 卫星资料反演进行相关模式评估和各种排放源影响的分析研究以及气溶胶颗粒物中关于硫酸盐的研究工作。在我国,针对酸雨的大规模监测工作始于 20 世纪 70 年代末,1982 年国家环保管理部门建立了全国酸雨监测网,用于调查研究我国酸雨的分布状况。1989 年起中国气象局也建立了相应的酸雨监测网,由于监测点设置不同,对环保监测网起到了积极有益的补充,并用于全国各地的 SO_2 地面浓度时间变化趋势和特征,从排放源的角度出发讨论治理措施等分析。除了业务布网,SO_2 地面观测站点广泛布设和相关科研项目逐步开展,国内也开始飞机和利用百米以上的高塔梯度观测,研究结果包括 SO_2 在内的各种要素的垂直分布特征。

3.2.1.1　广州番禺大气成分观测站 SO_2 的变化特征

(1)广州番禺大气成分观测站 SO_2 的年际变化特征

广州番禺大气成分观测站采用澳大利亚 Ecotech 公司出产的 EC9850B(紫外荧光法)分析仪观测 SO_2,数据分辨率:5 min。仪器观测期间,在每日的零点检测,定期地更换滤膜、做零点、跨度检测校准,已知局地源排放以及对仪器内部系统定期清洁维护等操作的对应过程中的资料均不作为观测数据参与统计。仪器定期的检测标定结果显示,仪器在正常观测阶段相邻两次的线性漂移量在 $0.4\%\sim3.2\%$ 之间。从图 3.15 可以看出，2006—2008 年的地面 SO_2 平均值的高值较多，2009 年以后出现较少，SO_2 地面统计日平均体积分数的波动程度低于2006—2008 年。图 3.15b 中显示的是 2006 年 10 月—2010 年 12 月的地面 SO_2 体积分数的小时均值，每个月分上、中、下旬统计均值（每月样本量达到标准的情况下）得到的变化特征；图3.15c 是每个月分上、中、下旬统计日均值变化图；其中空白部分是由于仪器故障，不作为正常观测数据参与统计作图而缺失部分。结合表 3.3 中的结果，2006—2008 年，SO_2 年均值逐年增长；2009、2010 年则开始下降，尤其是 2010 年，SO_2 年平均值和中值是 5 年内的最小值，均低于 5 年的平均水平，不过该年的最大值较高，仅次于 2007 年；2008 年的年平均值和中值则是 5 年中最高，由于有效数据量较少的原因，该数值仅作为参考。地面 SO_2 年度平均状况的变化可能与排放源的变化相关：2007 年政府开始规划的产业园区转移，企业陆续迁移至北边的清远市；全球经济危机引发的珠江三角洲各类企业紧缩减产；"十五""十一五"国家发展计划中强调节能减排，相关部门对作为主要排放源的发电厂等采取的发电煤耗降低改革措施和脱硫新技术、关闭小火电和锅炉排放源限制、淘汰落后水泥、钢铁、造纸产能等结构减排、钢铁

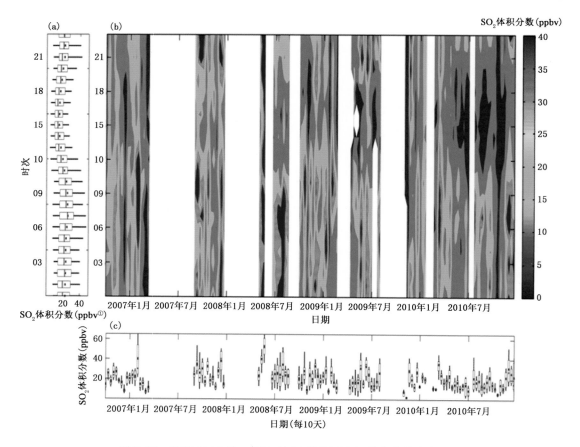

图 3.15　2006 年 10 月—2010 年 12 月地面 SO_2 体积分数变化特征
（a）观测期间总平均的日变化；（b）小时值按旬统计均值的时序变化；（c）日均值（按旬统计均值）的时序变化

① 1 ppbv$=10^{-9}$，下同。

厂烧结烟气脱硫减排等手段,使得珠三角地区的能源结构在逐渐改变,源排放中硫排放量减少;而且由于 2010 年第 16 届亚运会在广州举办,周边城市协助提供赛场,为保障环境空气质量,实施机动车辆单双号限行,采取区域性源排放限制等方案可能也对 SO_2 地面浓度年均值降低起到一定贡献。结合表 3.4 对地面 SO_2 高值取不同阈值统计出现频率显示,虽然 2010 年地面 SO_2 的最大值仍较高,但同年 25 ppbv 以上高值出现的频率均为 5 年中的最低。这说明 2010 年的高值污染事件还是依然存在,但出现频度较前几年有所减少,可能与未知的局地性源排放和气象条件等其他因素相关(李菲 等,2015b)。

表 3.3　珠江三角洲 2006—2010 年 SO_2 体积分数年度特征(ppbv)

	2006 年	2007 年	2008 年	2009 年	2010 年	5 年平均
平均值	19.4	23.5	25.3	20.0	17.8	21.2
标准差	17.3	23.4	23.9	19.7	18.9	20.6
中值	12.7	15.4	17.4	13.8	11.7	14.2
最大值	103.2	244.8	225.8	205.3	230.8	202.0

表 3.4　珠江三角洲 2006—2010 年 SO_2 体积分数高值出现频率统计

	2006 年	2007 年	2008 年	2009 年	2010 年
高值 1(≥25 ppbv)	26.2	29.4	33.9	24.0	19.5
高值 2(≥50 ppbv)	7.3	10.8	12.1	7.2	6.2
高值 3(≥100 ppbv)	0.2	1.6	1.9	1.1	0.6
高值 4(≥180 ppbv)	—	0.4	0.3	0.1	0.1

(2)广州番禺大气成分观测站 SO_2 的季节变化特征

结合图 3.15b 和表 3.5 分析各年内地面 SO_2 的季节变化特征:由季度统计特征值分析,2006—2009 年的地面 SO_2 季度有效小时数量不足理论小时总数的 75%,因此,主要讨论分析 2010 年四季的变化特征,地面 SO_2 体积分数的春、冬季均值明显高于夏、秋季,夏、秋季均值还低于年均值((17.8 ±18.9) ppbv)。由于珠三角地区特殊的气候特征,雨热同季,干湿季明显。所以如果将 2010 年的资料按干、湿季统计(干季为该年 1—3 月和 10—12 月,湿季为该年 4—9 月),得到结果分别为(19.1 ±21.2) ppbv、(16.6 ±16.3) ppbv,干季高于湿季。统计的季节性变化可能与大气边界层高度、太阳辐射量、风向风速、相对湿度等气象因素的季节变化密切相关。出现相对较低值的夏、秋季,大气边界层高度相对较高,使得 SO_2 地面浓度向垂直方向扩散稀释得更充分;太阳辐射也相对冬、春季较强,更有利于光化学反应产生,SO_2 气体快速与大气中的 OH 等自由基、臭氧等发生复杂氧化反应转化为硫酸盐,以及植物生长茂盛、生物质排放增加,都对 SO_2 参与各种大气化学反应,起到更多消耗作用;春季珠三角地区的近地面的逆温现象,冬季冷空气过境前后的静小风稳定天气形势,经常造成水平和垂直方向不利的扩散条件,可能造成地面 SO_2 体积分数的偏高。珠三角地区的湿季,前汛期和雨季期间,频繁受热带风暴、台风等天气系统影响,使得降水次数较多和降水量较大(统计得 2010 年湿季的总降水量达 1472.6 mm,干季的为 133.6 mm),可看出湿季对于 SO_2 气体的湿清除起主要作用,也可能是湿季地面 SO_2 体积分数相对较低的原因。

表 3.5　珠江三角洲 2010 年地面 SO_2 体积分数季节特征(ppbv)

年份	春季			夏季			秋季			冬季		
	min	max	mean	min	max	mean	min	max	mean	min	max	mean
2010	0.0	162.3	20.2	0.0	170.5	15.2	0.0	154.9	15.0	0.0	230.8	27.8

注:春季为 3—5 月,夏季为 6—8 月,秋季为 9—11 月,冬季为 1、2、12 月;min 为最小值,max 为最大值,mean 为平均值。

(3)广州番禺大气成分观测站 SO_2 的日变化特征

从图 3.15 中可看出,地面 SO_2 体积分数的日变化呈类似余弦型,00:00—23:00 的总平均值在 15.0~25.4 ppbv 之间波动,从 00:00 的(22.1±21.7) ppbv 开始逐渐增大,至 07:00 达到日最高值(25.4±26.8) ppbv,维持约 25 ppbv 至 10:00,之后 SO_2 体积分数随时间逐渐减少,至 15:00 到日最小值(15.0±14.3) ppbv,持续约 15 ppbv 至 18:00 之后再随时间回升至 21 ppbv 左右。各小时最大值的极大值为 236.6 ppbv,出现在 10:00,各小时中位值在 10.0~16.3 ppbv 间波动,最小值 10.0 ppbv 出现在下午 15:00。统计的日变化特征与珠三角地区的大气边界层高度日变化、人们工作生活规律,以及太阳辐射的综合关系密切:一般情况下,凌晨大气边界层高度较低且稳定,大气中前一天积累的 SO_2 体积分数较高,07:00 日出后,随着大气边界层高度的不断发展,SO_2 气体随着大气整体逐渐向垂直方向混合扩散,原本近地面的 SO_2 应该得到稀释,不过由于 08:00—10:00 是珠三角地区的工厂企业开始工作产生源排放,特别是高架源等排放的 SO_2,伴随着大气边界层的垂直演变下传到近地面,使得地面的 SO_2 体积分数维持,变化不大;午后虽然同时有人为源的不断排放,但由于太阳辐射达到日间最强,大气中的各种反应物增多,随之带来复杂光化学的反应剧烈,可以大量消耗 SO_2 气体,导致地面浓度快速下降;17:00 以后,迎来晚高峰期,对于地面 SO_2 有一定累积,至夜间光化学反应减弱,日间的源排放不断积聚,大气边界层高度也随时间降低,使得地面 SO_2 体积分数增加。

图 3.16 是 2010 年地面 SO_2 体积分数按照干湿季及全年平均得到的日变化特征图。发现 2010 年地面 SO_2 体积分数的平均值与 2006—2010 年总平均值的年变化特征,稍有差别:在早上 07:00 最高峰值前,凌晨浓度缓慢上升过程中,在 02:00 开始下降到 04:00(地面 SO_2 体积分数为(20.5±19.8) ppbv);之后浓度恢复上涨,到 07:00 达日最高值(24.5±28.0) ppbv,略小于 2006—2010 年总平均值在该时的峰值;在 10:00 前,SO_2 地面浓度迅速下降,至下午

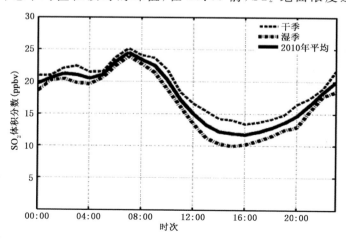

图 3.16　2010 年地面 SO_2 体积分数干湿季均值与年均值日变化

16:00 达日最低值（（11.8±11.5）ppbv），夜晚 23:00 回升至（20.0±22.6）ppbv。大气中的双元自由基 CH_3CHOO 可在无日照的情况下与 SO_2 反生反应，凌晨时段大气中地面 SO_2 体积分数较高，易于发生反应消耗一部分 SO_2，可能因此造成短时间的降低。干、湿季的平均日变化与全年均值相仿，均在 07:00 达到日最高值，可说明珠三角地区的 SO_2 源总量高值全年变化不大；不过可以看到，位于黑实线年平均值上方的干季平均曲线，全日都大于年均值，与之相反，湿季平均值则全日小于年平均值；干湿季均值对应时间的差值 $[SO_{2(干)}—SO_{2(湿)}]$ 在 0.8～4.2 ppbv 之间波动，在午后 13:00 差值达到最大；干季均值的日变化幅度小于湿季均值日变化；这些都明显反映出干湿季的季节因素对于 SO_2 的沉降清除能力的强弱程度不同。而干季均值开始下落时间是在 03:00，比湿季均值晚一个小时，但干湿季均值恢复上升时间都是在04:00；在达到峰值下落的过程中，湿季均值达到最低值的时间在 15:00，相对干季均值的16:00 提前一个小时。珠三角地区湿季的日照强度和长度均大于干季，而且大气边界层高度的演变程度和时间段的差异可能是造成干湿季日变化极值出现时间不一致的原因，需要结合边界层、辐射等资料进一步分析。

（4）广州番禺大气成分观测站 SO_2 的概率分布

统计珠三角地面 SO_2 体积分数的概率分布来了解 SO_2 浓度的总体分布情况。图 3.17 展示的是 2010 年全年的地面 SO_2 资料进行概率统计的结果：以 10 ppbv 为间隔分档，0～100 ppbv 的概率分布情况。0～10 ppbv 出现的概率最高，达 42.3%，而 10～20 ppbv 出现的概率也达 31.8%。综合来看，0～40 ppbv 的地面 SO_2 体积分数发生概率，约占全年的 90%，其余体积分数发生概率随着浓度升高而降低。说明珠三角地区 2010 年地面 SO_2 的污染水平主要在 0～40 ppbv。

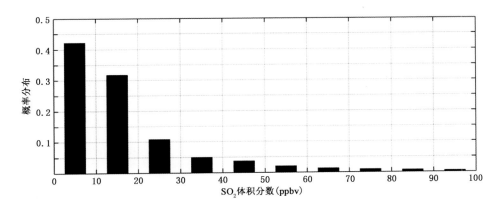

图 3.17　2010 年珠江三角洲地面 SO_2 体积分数概率分布

图 3.18 是 2010 年珠三角地区地面 SO_2 体积分数按月统计的概率分布图。与年总概率分布不同的是，以 5 ppbv 分档，SO_2 概率分布各月有不同。5～10 ppbv 这档基本是各月频率的最高值，相对来说，1、2、10 月的 5～10 ppbv 出现频率较高，基本在 40% 以上，其余各月该值基本在 20%～30%，从 0～20 ppbv 各档发生概率来看，其中 6～9 月的分布形势大略相同，大致以 5～10 ppbv 以内的发生概率占主导，10～15 ppbv 档概率高于 0～5 ppbv 档，20 ppbv 之上的体积分数概率基本在 1% 以下，谱型分布类似，说明这几个月大气中的 SO_2 相对稳定且维持在较低的浓度，可能与夏季的降水等干湿沉降相关。而 1、10、11、12 月，除 5～10 ppbv 出现频

率相当高之外,30 ppbv 以上的几档所占份额相对较大,说明该时期地面 SO_2 体积分数波动较大,且高浓度事件较频繁发生,特别是 1 月和 11 月,40～70 ppbv 各档位的概率值较高;3—5月,30 ppbv 以下各档概率分布比较平均,5～10 ppbv 的频率也基本在 30%以下,但是 10～30 ppbv 的概率分布较 6—8 月高,说明 3—5 月春季大气中的平均 SO_2 水平略高于夏天,这可能与珠三角地区的"倒春寒""回南天"等近地面逆温较强,不利于 SO_2 的扩散有关。

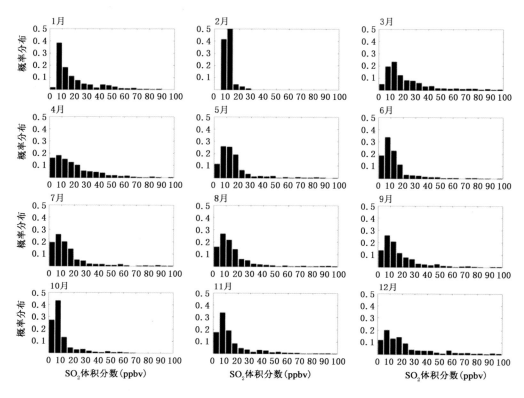

图 3.18　2010 年珠三角地面 SO_2 体积分数概率分布月统计

3.2.1.2　卫星遥感广东 SO_2 的时空变化特征

卫星遥感技术是污染气体 SO_2 监测的重要手段之一,但具有空间分辨率低等局限性。利用亚像元信号增强技术,首次获取了 2005—2016 年更高分辨率(2 km×2 km)的广东省 SO_2 柱浓度数据,与地面国控站点 SO_2 年均值验证,相关性高达 0.95。分别与国家级、区域级污染源清单交叉检验,结果显示空间分布区域特征一致,细节特征吻合度高。基于此对珠三角 SO_2 浓度新精细时空变化特征和城市群减排效果进行了分析。结果表明,珠三角 SO_2 污染分布呈现由早期传统的高浓度聚合型(中心首圈层为广佛为高污染中心的密集区)转变为现在的低浓度分散式型(大部分沿着行政交界线分布)。如图 3.19 所示,2006 年珠三角为高浓度聚合型污染区域,粤西、粤北、粤东片区对应有三个低浓度分散式污染小区域,与珠三角相比,污染强度显著低、区域影响范围明显小。为了迎接 2010 年广州亚运会,2009 年珠三角试行了联动污染控制措施,包括污染企业的搬迁、脱硫、整改,从排放源上开始逐步改变珠三角 SO_2 聚合型污染分布特征。如图 3.19 所示,2009 年珠三角聚合型污染强度开始明显减弱,聚合型污染区域开始逐渐分散。2013 年珠三角聚合型污染强度和区域进一步明显减弱,到了 2016 年广东省珠三角高浓度聚合型污染区域消失,珠三角地区与粤北、粤东、粤西三个片区一起成为广东四个低浓度分散式污染小区域。

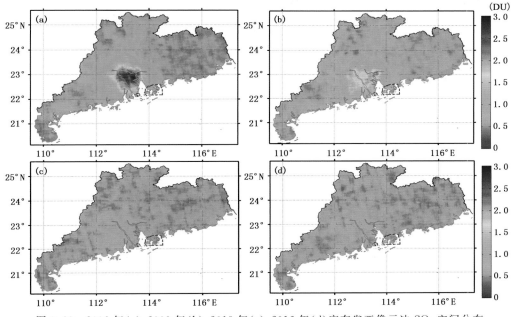

图 3.19　2006 年(a)、2009 年(b)、2013 年(c)、2016 年(d)广东省亚像元法 SO₂ 空间分布

从分布图 3.20 上看,2006 年珠三角地区具有高浓度聚合型污染分布特征,以颜色划分呈现两个圈层,一个位于广州、佛山两市的高浓度污染汇聚形成的中心"首圈层",一个在中心"首圈层"外围,与周边交界的东莞西部、中山、江门北部、肇庆南部较高浓度污染形成的带状环绕的"次圈层"。2009 年通过产业结构调整和污染区域联防控制,珠三角高浓度污染首圈层和次

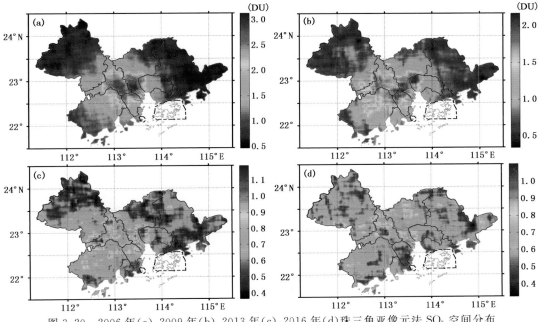

图 3.20　2006 年(a)、2009 年(b)、2013 年(c)、2016 年(d)珠三角亚像元法 SO₂ 空间分布

圈层强度显著减弱,但区域范围基本没变化。2013年珠三角污染强度再次明显下降,且区域分布特征发生根本性变化,由原聚合型转变为分散型,原污染首圈层与次圈层结构分布特征,转变为以广州—东莞、佛山—肇庆、佛山、肇庆行政交界处的区域污染分布以及沿着其他行政交界处的分散式点状和带状分布特征。2016年珠三角污染强度减弱不明显,但污染区域分布特征再次变化,行政交界处的区域污染分布特征消失,整个珠三角转变为在行政交界处的分散式点状和条带状污染分布特征。

3.2.1.3 珠三角九个地级市 SO_2 减排效果评估

为研究珠三角九个地级市 SO_2 污染长时间序列减排趋势规律,基于卫星遥感资料利用亚像元法分别获得九个地级市 SO_2 高分辨率数据,计算三年的平均作为中间年份的年均值,例如计算2005—2007年的平均作为2006年的年均值,最终获取2006—2016年时间序列的珠三角九个地级市 SO_2 减排趋势。从图3.21a可以看出,2006—2016年九个地级市逐年 SO_2 减排趋势一致,基本呈现逐年减少的变化规律。从总体减少幅度看,2011年做中间节点年份,2006—2011年降幅显著,2011—2016年降幅趋缓。从地级市差异来看,2006年地级市之间 SO_2 差异很大,较大(前三名)的依次是佛山、中山、广州,较小(后二名)的是肇庆和惠州,最低惠州是最高佛山的一半。通过十年减排后,2016年地级市 SO_2 浓度差异明显减小,趋于一致。从定量降幅力度来看,中山、佛山和广州出现显著下降,降幅分别为71%、65%、57%。肇庆和惠州降幅力度相对偏小,降幅仅分别为37%和25%。因此,从降幅力度排名来讲,广州、佛山和中山减排效果最明显,肇庆和惠州地区减排效果相对较缓。

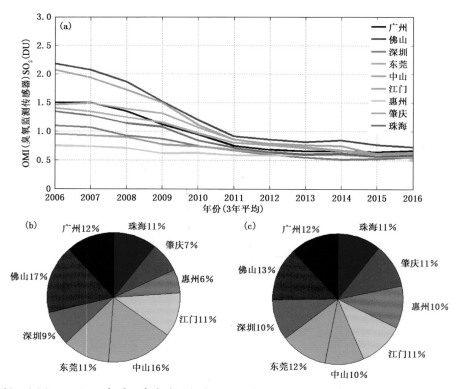

图3.21 (a)2006—2016年珠三角九个地级市 SO_2 逐年变化曲线;(b)2006年地级市 SO_2 在珠三角区域的贡献率;(c)2016年地级市 SO_2 在珠三角区域的贡献率

为了定量比较每个地级市 SO_2 在珠三角区域的比重,在此专门定义珠三角区域地级市 SO_2 贡献率,即该地级市 SO_2 年均值分别占珠三角九个地级市 SO_2 年均值之和的比重叫作该地级市 SO_2 对珠三角的贡献率。从图 3.21b 可以看出,2006 年珠三角地级市 SO_2 贡献率前三名分别为佛山 17%、中山 16%、广州 12%,后三名分别为惠州 6%、肇庆 7%、深圳 9%。经过十年后,图 3.21c 显示 2016 年珠三角地级市贡献率前三名为佛山 13%、广州和东莞 12%,后三名为中山、惠州、深圳 10%。从上述数据可以计算出,2006—2016 年来九个地级市 SO_2 在珠三角的贡献率出现显著变化,有两个地级市贡献率显著下降,中山由 16% 下降到 10%,佛山由 17% 下降到 13%,有两个地级市 SO_2 贡献率因减排幅度相对缓慢而导致有所上升,肇庆由 7% 上升到 11%,惠州由 6% 上升到 10%。地级市 SO_2 的减排力度以及在珠三角贡献率变化说明政府在产业结构调整、限产减排和脱硫污染控制效果是显著有效的,尤其是大气污染防治十条措施的实施促使珠三角空气质量得到显著改善。

3.2.2　O_3 与过氧乙酰硝酸酯（PAN）

O_3 是地球大气中的一种重要的痕量气体和温室气体,O_3 大部分集中在 $10 \sim 30$ km 的平流层,并在 $20 \sim 30$ km 高度上出现浓度的极大值,对流层 O_3 仅占 10% 左右。不同于平流层 O_3 对全球生态系统的巨大贡献,由于对流层是人类及生物圈的主要活动范围,对流层 O_3 直接威胁人类的生存环境。对流层 O_3 是衡量光化学污染的重要指标。在化学上,它是一种强氧化剂和化学活性气体,参与大气中的光化反应过程,其光解产生的氧原子与水汽反应生成 OH 自由基,是对流层大气中 OH 自由基的初始来源,控制着对流层大量物质的主要化学反应过程。因此,O_3 浓度的分布和变化直接影响其他化学物质和自由基的浓度和寿命,影响对流层化学的循环和平衡,在许多大气污染物转化过程中起着重要作用,能促进 SO_2 的氧化以及 NO_x 的转化,可能造成云雨水的酸化,导致酸雨危害。在有氮氧化物（NO_x）和阳光存在的条件下,对流层 O_3 产生于碳氢化合物和一氧化碳的氧化过程。NO_x 和挥发性有机化合物（VOC）是 O_3 重要的前体物。NO_2 具有光解特性,在紫外光照射下离解产生 O 原子,O 原子和 O_2 分子结合形成 O_3 分子,生成的 O_3 分子具有强氧化性,可以使 NO 向 NO_2 转化。而 VOC 的氧化（与 O_3、OH 自由基、O 原子等反应）生成 HO_2、RO_2 等活性自由基,这些自由基也可以使 NO 向 NO_2 转化,进一步提供了生成 O_3 的 NO_2 源。NO_x 和 VOC 对 O_3 生消的影响是高度非线性的。例如,在高 NO_x 浓度下,VOC 浓度的增加有利于 O_3 的产生,而在低 NO_x 浓度下,VOC 浓度的增加则可能会抑制 O_3 的产生。此外,大气中 CO 也是 O_3 的一个重要的前体物,CO 的氧化（与 OH 自由基反应）生成 HO_2 自由基,HO_2 可以使 NO 向 NO_2 转化。总的来说,NO_x、VOC、CO 等物质都是对流层 O_3 的前体物,它们对对流层 O_3 的光化学过程有着重要作用。对流层 O_3 是光化学烟雾的主要成分之一,其本身就是一种重要的二次污染气体。

OH 自由基形成的主要化学反应:

$$O_3 + h\nu \rightarrow O(^1D) + O_2 \qquad J[O_3] \text{光解波长}:305 \sim 320 \text{ nm} \qquad (3.1)$$

$$O(^1D) + H_2O \rightarrow 2OH \qquad (3.2)$$

$$HNO_2 + h\nu \rightarrow NO + OH \qquad J[HNO_2] \text{光解波长}:310 \sim 396 \text{ nm} \qquad (3.3)$$

$$H_2O_2 + h\nu \rightarrow 2OH \qquad J[H_2O_2] \text{光解波长}:190 \sim 350 \text{ nm} \qquad (3.4)$$

$$CH_2O + h\nu \rightarrow H + HCO \qquad J[CH_2O] \text{光解波长}:301 \sim 356 \text{ nm} \qquad (3.5)$$

$$H + O_2 \rightarrow HO_2 \tag{3.6}$$

$$HO_2 + NO \rightarrow OH + NO_2 \tag{3.7}$$

O_3 形成的主要化学反应：

$$OH + CO \rightarrow HO_2 + CO_2 \tag{3.8}$$

$$OH + HC \rightarrow RO_2 + H_2O \tag{3.9}$$

$$RO_2 + NO \rightarrow NO_2 + RO \tag{3.10}$$

$$HO_2 + NO \rightarrow OH + NO_2 \tag{3.11}$$

$$NO_2 + h\nu \rightarrow NO + O \qquad J[NO_2]光解波长：202 \sim 422 \text{ nm} \tag{3.12}$$

$$O + O_2 \rightarrow O_3 \tag{3.13}$$

可见，O_3 的形成始于 OH 自由基对 CO 与 HC（hydrocarbon，VOC）的氧化反应，O_3 的日变化形态与 OH 自由基的日变化形态相似，OH 自由基的产生由光化学反应过程式（3.1）—式（3.7）所控制。由式（3.1）—式（3.13）可得到 O_3 生产率的大小与紫外辐射的强弱密切相关（Sillman，1995）：

$$d[O_3]/dt \sim [OH] \sim [UV] \tag{3.14}$$

在 OH 自由基与 O_3 形成的过程中，紫外辐射（UV，ultraviolet radiation，100~400 nm）的光起着重要的作用，特定谱段的光可使得特定物质发生解离作用，如臭氧形成过程中重要的光解波长是 202~422 nm 的光谱。式（3.14）说明影响紫外线辐射的因子将同样影响 O_3 的生成产率。

过氧乙酰硝酸酯（peroxyacetyl nitrate，PAN）是大气光化学反应产生的痕量二次含氮污染物，具有氧化性，其分子式为 $CH_3C(O)O_2NO_2$，分子量为 121。在标准温度和大气压下，纯净的 PAN 呈无色液体状，其熔点 -48.5 ℃，沸点为 87 ℃，难溶于水，易溶于有机溶剂，其溶解度不随溶剂酸性的改变（pH=3~7 之间）而改变，却随温度的变化而变化。污染大气环境中的 PAN 对公众健康以及植物生长具有重要的影响，即使当 PAN 浓度低于 5 ppbv，也会产生高植物毒性，对眼睛具有刺激性，甚至诱发皮肤癌等。为此，世界卫生组织（WHO）制定了 PAN 的 8 h 大气质量标准值 5 ppbv。

大气环境中的 PAN 无天然源，只能通过人为排放的 VOCs、NO_x 等经过光化学反应而产生。因此，PAN 可作为大气光化学污染的指示剂。通常来说，在太阳紫外光和 O_2 的参与下，VOCs 和 OH 自由基发生氧化反应，生成 $CH_3C(O)OO$（PA 自由基），然后再与 NO_2 反应而生成，其中乙醛是 PAN 最重要的 VOCs 前体物。此外，除了乙醛外，部分 VOCs 组分也能被氧化生成 PA 自由基，其结构式如表 3.6 所示，主要包括烷烃、烯烃、芳香烃、酮类等。

表 3.6　大气中形成 PAN 的前体物 VOCs 物种

羰基化合物	烷烃	烯烃	芳香烃
乙醛丙酮	分子结构式为：	分子结构式：	
甲基乙基甲酮	$CH_3CH_2\text{-}R$；	$CH_3CH=CR1R$	
甲基乙烯基酮	$CH_3CH\text{-}R1R2$	$(CH_3)_2C=CR1R2$	CH_3-含芳香烃基团
丙酮醛	$CH_3CH(\text{-}R)CH_3$	2-甲基-1-丁烯	
二乙酰基甲基丙烯醛	$CH_3CH(\text{-}R)C_2H_5$	异戊二烯	

PAN 的形成可归纳为以下几个方程式：

$$VOCs + OH \rightarrow CH_3CHO \tag{3.15}$$

$$CH_3CHO + OH \rightarrow CH_3C(O) + H_2O \tag{3.16}$$

$$CH_3C(O) + O_2 \rightarrow CH_3C(O)OO \tag{3.17}$$

$$CH_3C(O)OO + NO_2 + M \rightarrow CH_3C(O)O_2NO_2 + M \tag{3.18}$$

因此，PAN 的生成速率主要取决于上述反应的反应速率。$CH_3C(O)OO(PA)$ 自由基除了与 NO_2 反应以外，还可以和 NO 发生反应：

$$CH_3C(O)OO + NO \rightarrow CH_3C(O)O + NO_2 \tag{3.19}$$

$$CH_3C(O)O \rightarrow CH_3 + CO_2 \tag{3.20}$$

$$CH_3 + O_2 \rightarrow CH_3O_2 \tag{3.21}$$

$$CH_3O_2 + NO \rightarrow CH_3O + NO_2 \tag{3.22}$$

$$CH_3O + O_2 \rightarrow HCHO + HO_2 \tag{3.23}$$

由于在化学反应过程中，反应式(3.19)与反应式(3.18)竞争反应，因此，PAN 的生成速率与方程式(3.18)、(3.19)的反应速率常数 $k_{3.18}$、$k_{3.19}$ 有着密切相关的关系，已有实验研究证实 $k_{3.18}/k_{3.19}$ 的值约介于 $1.5 \sim 2.0$ 之间。

PAN 具有低温稳定性，在温度较低的夜间或冬天，其可进行长距离的迁移扩散，在气温较高时发生热分解，产生 PA 自由基及 NO_2。因此，PAN 可作为氮氧化合物的贮存库，通过它在输送过程中的化学作用，可将 NO_2 带到世界各地，对区域性、全球性的大气化学作用产生重要的影响；还会造成排放源外的 NO_2、过氧乙酰基（PA 自由基）污染，对区域性 O_3 的生成产生潜在影响。由于其复杂的光化学过程，PAN 还和大气中的颗粒物、二次有机气溶胶（SOA）等污染物存在着密切的关系。

自从 1956 年 PAN 在洛杉矶被首次发现后，除了污染区外，清洁地区，甚至南、北极地区都观测到 PAN 的存在，由此表明 PAN 具有全球性的存在。由于南、北极地区人为污染极少，而观测到 PAN 的存在则说明其长距离输送是一个值得关注的问题。Roberts 等（2004）研究发现，PAN 的浓度随高度上升的变化不明显，说明 PAN 在大气圈，尤其在对流层范围内广泛存在。因此，PAN 可能存在全球性大尺度的传输路径。尽管如此，对 PAN 长距离输送过程的认识仍然不足，尤其是其长距离输送对外地的影响。Mills（2007）对南极地区 PAN 的观测结果进行气团后向轨迹分析，发现 PAN 高于 140% 的平均浓度对应的 8 h 后向气团轨迹与 PAN 低于 60% 的平均浓度时对应的 8 h 后向气团轨迹没有明显的区别。这说明了向南极地区输送的 PAN 除了路径影响外，还与整个大气圈多相扩散有关。

由于 PAN 的非天然源，除了可作为人为污染源的大气光化学污染的敏感指示剂外，也可作为评估城区大气污染的关键物种。PAN 和 O_3 同为大气中的二次污染物，两者具有较为相似的成因机理，因此，许多研究发现两者在大气环境中具有较好的正相关性。但是，由于实际大气环境中的 PAN、O_3 并不一定具有同源性，其来源情况十分复杂，也有研究发现两者并没有相关性。与 O_3 不同的是：对流层大气 O_3 的前体物包括 VOCs、CO、NO_x 等化合物，而 PAN 的前体物仅仅是那些可以产生乙醛基 CH_3CO 或者 PA 自由基（$CH_3C(O)O_2$）的 VOCs 及 NO_2。

在某些条件下，PAN 可通过和 OH 自由基反应和自身的热、光降解反应而从大气中除去，已有研究证实在太阳辐射存在的情况下，PAN 可以发生光解效应，其辐射吸收特征光谱已得到证实。大气中 PAN 的转化过程和赋存还受到湿度、VOCs/NO_x 等影响。PAN 的汇主要有三个:表面反应、热分解和沉降过程,其中热分解是 PAN 最重要的汇,而 PAN 与 Cl 的反应则是对流层高层 PAN 的重要汇。当温度超过 20 ℃时,PAN 发生复杂的动力学降解反应;温度越高,PAN 的热降解速率越快。因此,热传输效率会对 PAN 的生成和转化产生重要影响。PAN 在大气中的寿命与高度、温度密切相关。不同的温度、高度下其寿命长短不一样。在低海拔高温情况下,其寿命较短,仅为 3.5 天左右;高海拔低温下其寿命较长,最长可达 150 天。此外,在对流层高层中,由于温度及 OH 自由基浓度较低,PAN 的化学寿命较长。上述表明 PAN 的大气寿命因条件的不同而发生改变。

近年,虽然广东地区的灰霾日呈明显的下降趋势,但臭氧却呈明显的上升态势,2015 年起臭氧超过 $PM_{2.5}$ 成为广东首要污染物(图 3.22)。很多研究也表明珠三角 O_3 自 2000 年以来呈现出明显上升的态势(Wang et al.,2009;Zhong et al.,2013a)。由广东省环保厅的观测资料(图 3.23)表明,广东省(全省共计有 21 地市)的 $PM_{2.5}$、NO_2 和 O_3-8 h 2017 年与 2016 年同比,臭氧已经成为首要污染物(NO_2:15 市上升,全省上升 7.4%,珠三角上升 5.7%;$PM_{2.5}$:15 市上升,全省上升 3.1%,珠三角上升 6.2%;O_3-8 h:21 市上升,全省上升 10.9%,珠三角上升 9.3%,臭氧成为上升最快的污染物),意味着区域光化学污染愈发严重。可见,珠三角区域污染尤其是大气臭氧污染日趋明显,对人们的生产生活与生态系统产生了严重的威胁,将对人体健康与区域生态系统产生重要的影响。为了促进社会经济的可持续发展,响应《粤港澳大湾区发展规划纲要》建设美丽湾区,着力提升生态环境质量的号召,污染物质量演变规律和影响机制的相关研究亟待加强。

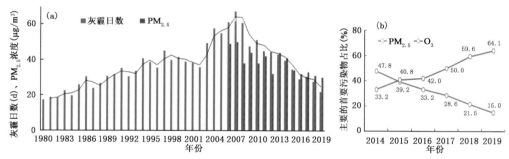

图 3.22　广东灰霾日、$PM_{2.5}$(a)与 $PM_{2.5}$、O_3(b)的变化趋势

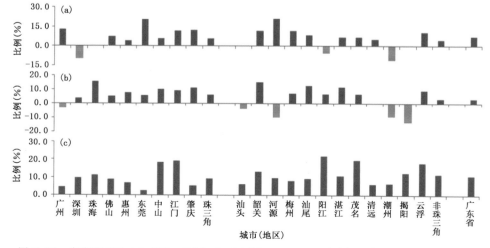

图 3.23　广东省 NO_2(a)、$PM_{2.5}$(b)和 O_3-8 h(c)2016—2017 年同比(臭氧成为首要污染物)

3.2.2.1　广州番禺大气成分观测站 O_3 的变化特征

地面臭氧对于人体健康和空气质量都有很重要的作用。臭氧最重要的两个前体物是氮氧化物和挥发性有机物(Sillman et al.，1990)。由于人类活动的影响,中国地区的氮氧化物的排放在近几年经历了显著的变化,这些变化可以从自下而上的排放清单估计(Liu et al.，2016)以及卫星观测(Zhang et al.，2007；Gu et al.，2013；Hilboll et al.，2013)中看出。理解臭氧的长期变化趋势对于解决中国地区的污染问题有很重要的作用(Wang et al.，2017)。

以往研究多通过卫星观测资料分析对流层臭氧趋势。Xu 等(2011a)的研究表明,珠三角区域的臭氧在 1979—2005 年间有显著的下降趋势,且该趋势和南方涛动相关。通过 SCIAM-ACHY 和 GOME 卫星观测到的甲醛和 NO_2 柱浓度发现,尽管从 2011 年开始 NO_x 排放减少,但 2003—2015 年间中国中东部的夏季臭氧仍呈上升趋势(Sun et al.，2016b)。另外,通过分析飞机和激光雷达数据也可以帮助了解低对流层光化学过程对臭氧趋势的影响(Ding et al.，2008；Wang et al.，2012b)。

中国香港地区的地面臭氧连续观测从 20 世纪 90 年代开始,而中国内地地区目前发表的地面臭氧数据可以追溯到 20 世纪 20 年代。这些观测表明了人为活动对臭氧的影响。Wang 等(2009)指出,1994—2007 年间,中国南部一个背景站点臭氧的上升是由于上风向的人为排放造成的。Ma 等(2016)和 Tang 等(2009)通过 2003—2015 年间臭氧与 NO_2 的低相关性推测 VOC 排放的重要性。Zhang 等(2014)通过北京地区的 NO_x 和 VOC 观测计算总氧化产物,从而更好地解释了区域臭氧趋势的变化。除此之外,季风带来的高云量和高湿空气会影响光化学生成,进而对对流层臭氧产生显著影响。在珠三角区域,有研究表明,臭氧从 6 月到 8 月随着季风的减弱而增加(Safieddine et al.，2016)。

广州位于珠三角区域,受亚热带季风气候影响,加上该区域复杂的人为活动,这些因素使得臭氧趋势变化有很大不确定性。本节分析广州番禺大气成分观测站 2008—2013 年(P_1)的连续地面臭氧观测。2013 年底,国家空气质量监测网络的 950 个站点的数据开始对外实时发布(Zhang et al.，2015b)。因而,挑选了距离广州番禺大气成分观测站 6 km 左右的番禺中学站点 2014—2018 年(P_2)的观测数据进行对比分析(Yin et al.，2019a,2019b)。

(1)数据和方法

P_1 的观测站点是广州番禺大气成分观测站,位于珠三角腹地的广州市番禺区南村镇大镇岗山山顶(23.00 °N,113.21°E),海拔高度为 140 m,距离广州城区 15 km 左右。前人研究(Zou et al.，2015；Qin et al.，2017)指出,站点周围没有显著的人为影响。EC9810B 臭氧分析仪(Ecotech 公司,澳大利亚)用来观测臭氧。P_2 的观测点位于广州番禺中学站(GPMSS,22.94°N,113.36°E),距离广州番禺大气成分观测站站点 6 km 左右,设置在一个七层楼的楼顶。该站点使用热电公司的臭氧分析仪器(型号:49i,美国)观测臭氧,使用的 NO_2 分析仪型号为 42i。香港塔门背景站的资料被用来和广州的资料进行对比。这个站点的详细介绍可以在香港环保署的网站查看(https://www.epd.gov.hk/epd)。气象数据从中国气象局国家气象信息中心下载(http://data.cma.cn)。本节主要讨论最大 8 h(MDA8)臭氧的变化。定义 q_1 和 q_3 为 25% 和 75% 分位数,那些大于 $q_3 + 1.5 \times (q_3 - q_1)$,小于 $q_3 - 1.5 \times (q_3 - q_1)$ 的 MDA8 臭氧被认为是离群值,并剔除。为了分离出气象要素对臭氧的影响,本节引入了柯莫可夫(Kolmogorov-Zurbenko,KZ)滤波方法(Rao et al.，1994),它可以通过滑动平均分解时间序列为短期变化、季节变化和长期变化。滤波器 $KZ_{m,n}$ 是 m 个点进行 n 次迭代滑动平均后

的结果,滑动平均可以用下式表示:

$$Y_i = \frac{1}{m}\sum_{j=-k}^{k} X_{i+j} \tag{3.24}$$

式中,$m = 2k + 1$,$X_{i,j}$ 是原始序列,Y_i 是下次迭代滑动平均的时间序列。Rao 等(1997)指出,$KZ_{15,5}$ 可以得到基线(baseline,bl)变化(季节变化和长期变化之和),$KZ_{365,3}$ 可以认为是长期变化,因而原始时间序列可以分解为三部分:

$$W(t) = O(t) - KZ_{15,5} \tag{3.25}$$

$$S(t) = KZ_{15,5} - KZ_{365,3} \tag{3.26}$$

$$e(t) = KZ_{365,3} \tag{3.27}$$

式中,$O(t)$ 是原始序列,$W(t)$ 是短期变化,$S(t)$ 是季节变化,$e(t)$ 是长期变化。长期变化趋势可以通过对 $e(t)$ 进行线性拟合得到。

为了过滤气象因子的影响,需要对 MDA8 臭氧和 Met 气象因子的基线变化($KZ_{15,5}$)进行回归分析:

$$MDA8_{KZ_{15,5}} = aMet_{KZ_{15,5}} + b + \varepsilon_{bl(t)} \tag{3.28}$$

式中,a 和 b 是回归参数,$\varepsilon_{bl(t)}$ 表示基线的回归残差。短期变化也用相同的方法进行回归:

$$MDA8_{W(t)} = cMet_{W(t)} + d + \varepsilon_{W(t)} \tag{3.29}$$

对残差项之和进行 $KZ_{365,3}$ 滤波后可以得到独立于气象因子的臭氧趋势变化。对于多个气象要素的情况,公式(3.28)、(3.29)需要拓展为多因子回归。以日总太阳辐射(DGSR)、日最大温度(TMAX)、日平均相对湿度(DARH)和日平均风速(DAWS)的组合为例,回归关系可以表达为:

$$MDA8_{KZ_{15.5}} = aDGSR_{KZ_{15,5}} + bTMAX_{KZ_{15,5}} + cDARH_{KZ_{15,5}} + dDAWS_{KZ_{15,5}} + e + \varepsilon_{bl(t)} \tag{3.30}$$

$$MDA8_{W(t)} = fDGSR_{W(t)} + gTMAX_{W(t)} + hDARH_{W(t)} + iDAWS_{W(t)} + j + \varepsilon_{W(t)} \tag{3.31}$$

式中,$\varepsilon_{W(t)}$ 表示短期的回归残差。

为了把残差项的值转化为"真实"浓度,需要在残差项的长期变化的基础上加上 MDA8 长期变化的平均值(Wise et al.,2005a)。

(2)臭氧的总体趋势分析

图 3.24 应用 Wu 等(2018)提供的工具箱给出了 2008—2018 年的 MDA8 臭氧的箱线图。由于两个时间段的臭氧使用不同的仪器观测,为了避免系统性偏差,臭氧的趋势分析分两个阶段进行讨论。P_1 阶段臭氧均值上下变化,最大值为 49.6 ppbv,出现在 2009 年。P_2 阶段的平均浓度先降到 2016 年的最低值(45.0 ppbv),随后又升高。P_1 阶段 MDA8 臭氧的总体趋势为 (0.63 ± 3.32) ppbv/a($R^2 = 0.06$,$p = 0.63$),P_2 阶段的为 (0.66 ± 3.66) ppbv/a($R^2 = 0.10$,$p = 0.61$)。MDA8 臭氧中位数的变化和平均值的变化类似,在 P_1 阶段的 2009 年出现最大浓度 43.5 ppbv,在 P_2 阶段的 2016 年出现最小值 40.1 ppbv。Lee 等(2014)通过珠三角空气质量监测网络 2006—2010 年的数据发现臭氧月均值程序增加趋势。由于 CO 和 NO_2 的变化不足以解释臭氧的增加,他认为反应性 VOCs 是臭氧增加的主要原因。然而,他也指出气象要素的影响也需要考虑。

(3)臭氧的短期、季节和长期分量趋势分析

KZ 滤波方法被广泛应用于获取气体(Ma et al.,2016;Botlaguduru et al.,2018)和气溶

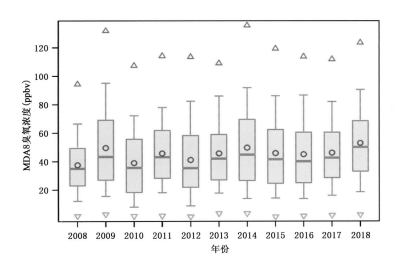

图 3.24 广州地区 2008—2018 年 MDA8 臭氧箱线图

(箱子代表 25%~75%分位数,横线表示中位数,胡须线表示 10%和 90%分位数,

空心圆表示平均值,三角形表示最大和最小值)

胶(Wise et al.,2005b;Sa et al.,2015)的独立于气象条件的长期趋势研究。另外,KZ 滤波方法能提供比其他统计方法高 10 倍的可信度(Ma et al.,2016)。由于前文根据年均值计算的趋势不能通过显著性检验,需要使用 KZ 滤波方法来进行趋势分析。图 3.25 给出了 KZ 滤波方法分离的因子,其中 P_1(P_2)阶段短期、季节和长期分量分别占总变化的 59.3%(66.6%)、33.2%(27.6%)和 0.2%(0.4%),剩余协方差项仅为 7.3%(5.4%)。这个方法很有效地分离了 MDA8 臭氧的三个分量。如图 3.25a 所示,MDA8 臭氧的原始时间序列(去除了离群值)在 P_1 阶段的 2009 年的秋季早期达到最大值 132.0 ppbv,在 P_2 阶段的 2014 年的冬季达到最大值 133.0 ppbv。MDA8 臭氧的最大值在 2008、2011、2016 和 2017 年也出现在了春季,这表明

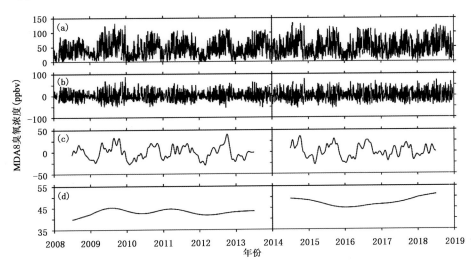

图 3.25 广州番禺大气成分观测站在 2008—2013 年及广州番禺中学站在 2014—2018 年的 MDA8 臭氧分解分量

(a)原始序列;(b)短期变化;(c)季节变化;(d)长期变化

了该区域臭氧的季节变化有很强的不一致性。图 3.25c 展示的分离出的季节变化也表现出很强的波动,一年中有多个峰值出现。Ma 等(2016)指出,中国东部偏北区域的臭氧在 6 月和 9 月分别有两个峰值,可能是由于 7、8 月的季风降水造成的。由于珠三角区域受东亚夏季风影响,季风带来的云量和降水要比北方更多(Ding et al.,2005)。因而臭氧的季节变化的不一致性可以归结于季风带来的云量和降水的不确定性。分离出短期和季节变化后,长期变化显得很清晰。如图 3.25 所示,MDA8 臭氧的长期变化在 P_1 阶段波动变化。在 P_2 阶段从 2014 年开始下降,到 2016 年达到最低,随后又上升。可以看出 MDA8 臭氧的长期值在 2013 年和 2014 年之间有 5 ppbv 的差距,这进一步表明,由于观测站点高度不同,使用的仪器不同,两个站点的趋势分析需要单独展开讨论。

通过对长期变化分量进行线性拟合得到,P_1 阶段的总体趋势为(-0.06 ± 0.04)ppbv/a($R^2=0.00$,$p<0.05$),P_2 阶段的趋势为(0.51 ± 0.08)ppbv/a($R^2=0.11$,$p<0.05$)。虽然得到的趋势通过了显著性检验,但 R^2 值偏低,这表明 MDA8 臭氧的长期变化是非线性的。以往研究表明,中国南部地区背景站点的臭氧月均值在 1994—2007 年间呈现 0.58 ppbv/a 的增长(Wang et al.,2009)。通过香港塔门背景站的 MDA8 臭氧计算得到 P_1 阶段的臭氧趋势为(0.03 ± 0.04)ppbv/a($R^2=0.00$,$p=0.13$),P_2 阶段的为(0.16 ± 0.03)ppbv/a。因此,广州地区 P_1 阶段臭氧的不显著趋势和 P_2 阶段的增长趋势与区域背景站的臭氧趋势有可比性。

(4)辐射的短期、季节和长期分量趋势分析及其与臭氧的关系

Botlaguduru 等(2018)指出,休斯敦地区由于受湿亚热带气候影响,辐射相比于其他气象因子对于臭氧的变化有更强的作用。然而,在韩国南部(Seo et al.,2014)、中国东部偏北地区的上甸子(Ma et al.,2016),温度对于臭氧的影响更强。广州位于低纬度高湿区域,太阳短波辐射的强度在云和降水的影响下每天有很剧烈的变化。因此,需要对广州地区的总太阳短波辐射进行 KZ 滤波分解。

在 P_1(P_2)阶段,短期、季节和长期变化分量分别占总变化的 69.9%(70.9%)、26.2%(26.4%)和 1.0%(0.2%),表明这三个分量被有效分离开。如图 3.26a 所示,广州地区的最大 DGSR 为 27.08 MJ/m^2。MDA8 臭氧和 DGSR 的原始序列的皮尔逊相关系数在 P_1(P_2)阶段为 0.47(0.51),然而对于季节分离,这个系数增加为 0.65(0.69)。如图 3.26c 所示,DGSR 的季节分量和 MDA8 臭氧一样,在每一年都有很多峰值。MDA8 臭氧和 DGSR 的基线分量的变化较相似(图 3.27)。Xia(2010)指出,云量是制约地表短波辐射最关键的因子。DGSR 的季节变化进一步证明臭氧季节变化的不一致性是因为受到季风带来的云量的影响。DGSR 在 P_1 阶段的长期变化为(0.22 ± 0.02)MJ/(m$^2\cdot$a)($R^2=0.26$,$p<0.05$),在 P_2 阶段为(0.04 ± 0.01)MJ/(m$^2\cdot$a)($R^2=0.04$,$p<0.05$)。长期变化在 2010 年有突然的降低。DGSR 在 2010 年的降低对应于臭氧在 2010 年的增加。Li 等(2018)指出,2010 年是季风"弱"年,在中国东南部的向下短波辐射会下降。尽管 DGSR 和 MDA8 臭氧的原始序列和季节分量有很好的相关,但他们的长期变化分量的 R^2 仅为 0.14($p<0.05$),表明有其他因素在影响臭氧的长期变化。

前人研究表明,KZ 滤波可以部分分离气象要素和排放的影响。表 3.7 展示了 P_1 和 P_2 阶段去除了气象要素影响的 MDA8 臭氧趋势。其中 DARH 和 DAWS 与 MDA8 臭氧的基线分量的皮尔逊相关系数很小,因而其对臭氧趋势的影响可以被忽略。

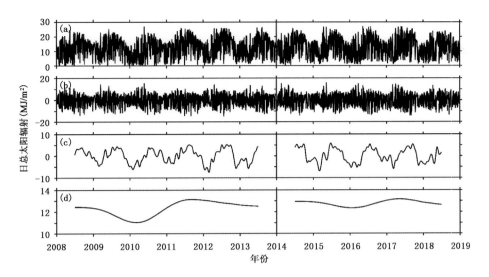

图 3.26　和图 3.25 类似,但为日总太阳辐射(MJ/m²)的分解分量

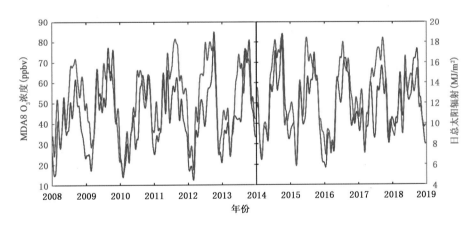

图 3.27　2008—2018 年广州地区日总太阳辐射和 MDA8 臭氧的基线分量

表 3.7　**P₁ 和 P₂ 阶段去除了气象要素影响的 MDA8 臭氧趋势**

时间	要素	与 MDA8 臭氧的相关			趋势(ppbv/a)
		原始数据	本底值	短期	
2008—2013 年	无	—	—	—	-0.06 ± 0.04 ($R^2=0.00$)
	日总太阳辐射	0.47	0.59	0.43	-0.74 ± 0.08 ($R^2=0.15$)
	日最大温度	0.29	0.47	0.22	0.04 ± 0.04 ($R^2=0.00$)
	日平均相对湿度	0.17	0.06	0.25	0.42 ± 0.03 ($R^2=0.28$)
	日平均风速	0.05	0.06	0.06	-1.03 ± 0.05 ($R^2=0.44$)
	考虑上述所有因子	0.58	0.71	0.51	0.29 ± 0.05 ($R^2=0.06$)

续表

时间	要素	与 MDA8 臭氧的相关			趋势（ppbv/a）
		原始数据	本底值	短期	
2014—2018 年	无	—	—	—	0.51 ± 0.08 ($R^2=0.11$)
	日总太阳辐射	0.51	0.66	0.45	0.40 ± 0.06 ($R^2=0.09$)
	日最大温度	0.32	0.55	0.26	0.46 ± 0.07 ($R^2=0.12$)
	日平均相对湿度	0.17	0.02	0.26	0.40 ± 0.05 ($R^2=0.12$)
	日平均风速	0.00	0.04	0.02	0.85 ± 0.04 ($R^2=0.49$)
	考虑上述所有因子	0.60	0.76	0.53	-0.17 ± 0.03 ($R^2=0.09$)

辐射的作用在臭氧变化中是最强的,因为 DGSR 和 MDA8 臭氧的 R^2 在四个气象要素中是最大的。去除辐射影响后,P_1（P_2）阶段臭氧的趋势为（-0.74 ± 0.08）ppbv/a（（0.40 ± 0.06）ppbv/a）。TMAX 和臭氧的基线分量的相关系数在 P_1 阶段为 0.47,P_2 阶段为 0.55。这个值在上甸子为 0.83（Ma et al.，2016）,在美国新泽西州的克利夫赛德帕克地区为 0.93（Rao et al.，1994）。考虑四个气象要素后,P_1 阶段的相关系数增加为 0.71,P_2 阶段的增加为 0.76。由于珠三角区域的植被主要是亚热带常绿林,该区域异戊二烯等自然源的排放要强于北京（Situ et al.，2013，and references therein）。因此,除了 Ma 等（2016）指出的人为排放的影响外,自然源的变化可能也是该区域臭氧和气象要素相关性较低的重要原因。和原始的趋势比,独立于气象要素的臭氧趋势在 P_1 阶段为（0.29 ± 0.05）ppbv/a,在 P_2 阶段为（-0.17 ± 0.03）ppbv/a 的下降趋势。R^2 较小,表明该区域排放对臭氧趋势的影响是非线性的。

（5）独立于气象要素的臭氧长期变化趋势及排放的潜在影响

如图 3.28 所示,独立于气象要素的臭氧长期变化和原始序列的长期变化相似,但独立于气象要素的臭氧长期变化在 2010 年并未减少。这进一步证明 2010 年辐射的减少对于区域臭氧生成的显著影响。2011 年臭氧的减少可以认为是和 2010 年签署的广州区域的排放控制策

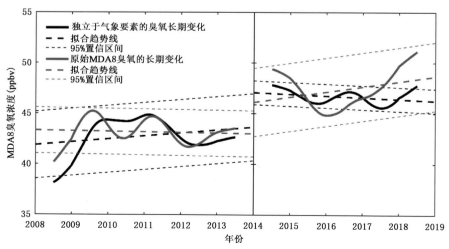

图 3.28　广州地区 2008—2018 年原始 MDA8 臭氧的长期变化（蓝线）,独立于气象要素的臭氧长期变化（较粗的虚线为拟合趋势线,较细的虚线为 95% 置信区间）

略《广东省珠江三角洲清洁空气行动计划》有关。除此之外,独立于气象要素的臭氧长期变化在 P_2 阶段的幅度要大于 P_1 阶段。结合气象要素与 MDA8 臭氧的相关性在 P_2 阶段更高,说明气象要素在 P_2 阶段有更重要的作用。

图 3.29 展示了排放影响的臭氧和 NO_2 的长期分量。NO_2 的长期变化幅度在 1 ppbv 范围内,表明近几年 NO_x 排放保持稳定。通过清华大学的中国多尺度排放清单模型(MEIC)排放清单(http://www.meicmodel.org)计算得到的广东省 2014 和 2016 年 NO_x 排放量也支持这个结果。忽略 VOC 的变化,图 3.29 中 NO_2 和臭氧的反相关只可能在 VOC 控制区出现。根据卫星资料获取的地面臭氧敏感区因子表明(Jin et al., 2015,2017)广州在冷季为 VOC 控制,在暖季由于 NO_x 的持续排放,控制区从 2005 年的 VOC 控制转换为 2013 年的过渡区。

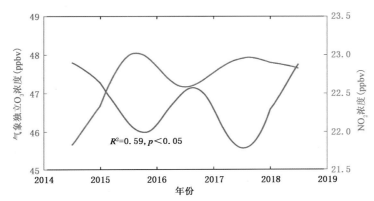

图 3.29　广州地区 2014—2018 年独立于气象要素的 MDA8 臭氧长期变化和 NO_2 长期变化

Li 等(2018)指出中国区域颗粒的减少会降低过氧自由基的沉降,加速臭氧的生成,因而对臭氧的趋势也有很重要的影响。对于广州番禺中学站站点,$PM_{2.5}$ 呈 $(-1.87\pm0.03)\mu g/(m^3 \cdot a)$ $(R^2=0.92, p<0.05)$ 的夏季趋势。因此,在扣除颗粒物减少对臭氧趋势的影响后,前体物减排的作用可能才会体现。

为了验证 KZ 滤波方法的可靠性,将气象要素影响的 MDA8 臭氧趋势和距离广州 119 km 外的香港塔门背景站的臭氧趋势进行对比。气象要素影响的臭氧长期变化可以通过原始时间序列与独立于气象要素的臭氧长期变化的差值得到。由于塔门站点是背景站点(Hagler et al., 2006),其长期变化可以看成是受气象要素的影响,如图 3.30 和图 3.31 所示,两个地区的长期变化分量在 P_1 和 P_2 阶段都有很高的相关性,其中 P_1 阶段为 0.79,P_2 阶段为 0.85。鉴于塔门站距离广州较远,受到的排放源影响也不同,他们之间长期变化分量的高相关性表明 KZ 滤波方法很好地分离出了气象要素和排放对臭氧长期变化的影响,这个结果也表明广州番禺大气成分观测站和广州番禺中学站的臭氧趋势是有可比性的,尽管两个站点的数据存在系统性偏差。广州地区气象要素对臭氧影响的变化幅度在 $-2\sim3$ ppbv。排放的影响(图 3.28)在 P_1 阶段变化幅度为 $38\sim45$ ppbv,在 P_2 阶段为 $45\sim48$ ppbv。显然,P_1 阶段排放的影响要更显著。总体而言,在广州地区排放和气象要素对长期变化的影响是相当的。

本节通过 KZ 滤波方法,结合连续的气象要素和臭氧观测,对广州地区 2008—2018 年间的臭氧趋势进行了分析。其中广州地区的观测在两个站点分别开展,其中 2008—2013 年在广州番禺大气成分观测站站点观测,2014—2018 年在广州番禺中学站站点观测。结果表明 KZ 滤波方法可以有效地分离时间序列的短期、季节和长期变化,在 P_1(P_2)阶段的剩余协方差项

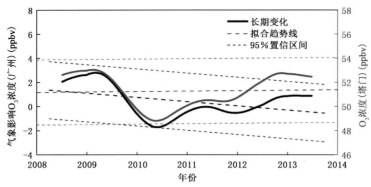

图 3.30　2008—2013 年广州地区受气象要素影响的 MDA8 臭氧长期变化(黑线)和塔门站点
臭氧长期变化(蓝线)(较粗的虚线为拟合趋势线,较细的虚线为 95% 置信区间)

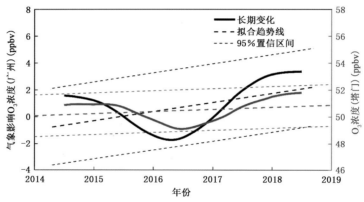

图 3.31　同图 3.30,但时间为 2014—2018 年

仅占总变化的 7.3%(5.4%)。通过对长期变化进行线性拟合得到 P_1 阶段的趋势为(-0.06
± 0.04)ppbv/a($R^2 = 0.00$,$p < 0.05$), P_2 阶段的趋势为(0.51 ± 0.08)ppbv/a($R^2 = 0.11$,$p <$
0.05)。由于气象要素和 MDA8 臭氧的基线变化具有很高的相关性,气象要素的影响也可以
通过 KZ 滤波方法提取。受气象要素的影响臭氧长期变化和香港塔门背景站的臭氧长期变化
有很高的一致性,这表明 KZ 滤波方法对于提取气象要素的影响是很成功的。除此之外,排放
和气象要素对长期变化的影响在 P_1 和 P_2 阶段都是相当的。对比了 P_2 阶段 NO_2 的长期变化
及受排放影响的臭氧长期变化,两者之间的反相关表明广州地区仍主要处于 VOC 控制区。

3.2.2.2　广州番禺大气成分观测站 PAN 的变化特征

(1)PAN 及其他污染物的基本特征

广州番禺大气成分观测站采用德国 Metcon 公司生产的测量过氧乙酰硝酸酯的仪器
(Metcon-PAN)在线分析仪于 2012 年 1—12 月对广州大气中的 PAN 进行连续的在线实时监
测。仪器由色谱软件、校准单元等组成,分析原理基于气相色谱分离法(GC)和电子捕获器
(ECD),完成一次分析过程需要 10 min,本节分析使用的时均值则是基于每小时六次的测量平
均值。仪器的最低检测限为 50 pptv[①],在最优条件下可达到 30 pptv,总的误差在 ±15% 左右。

———————————

① 　1 pptv = 10^{-12},下同。

　　PAN 及其前体物 2012 年的观测结果如图 3.32。广州番禺大气成分观测站大气环境中 $NO_x(NO_x=NO_2+NO)$、非甲烷碳氢化合物（NMHCs）等光化学污染前体物的总体浓度水平高，光化学反应产物 PAN、O_3 也较高，其中 NO_2、NO、NO_x 和 NMHCs 的平均浓度分别为 (31.2 ± 15.9) ppbv、(13.7 ± 20.2) ppbv、(44.9 ± 29.4) ppbv 和 (38.07 ± 24.84) ppbv，PAN、O_3 则分别为 (0.84 ± 0.64) ppbv 和 (40.5 ± 32.9) ppbv。PAN 的小时浓度介于 $0.07\sim12.0$ ppbv 之间，全年超过 5 ppbv 的天数为 32 天，占了总监测天数的 10.3%，主要出现在秋季，且集中在 10 月。相比于 WHO 设定的 PAN 健康标准限值（5 ppbv），观测的 PAN 浓度水平可对公众健康产生潜在风险。

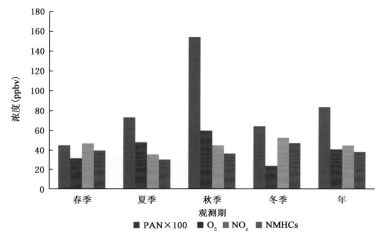

图 3.32　2012 年广州番禺大气成分观测站 PAN 及其他污染物的季节变化

　　对广州番禺大气成分观测站典型时段 PAN 及其前体物的浓度时间变化规律进行了分析比较。从图 3.33 可以看出：PAN 的浓度峰宽变化介于早上 08:00 到晚上 19:00 之间，而 NO、NO_2、总的非甲烷碳氢化合物（TNMHCs）等前体物的浓度峰宽变化则不一样。NO、TNMHCs 呈双峰日变化特征，其浓度最大值出现在早上 08:00—10:00，这与交通早高峰的排放有关；NO_2 浓度的上升是在太阳辐射增强及 NMHCs、NO 下降时，而 PAN 浓度的上升则是在 NO_2 下降时，表明 NO_2 和 PAN 是在日光照射下由光化学光化学反应产生，而 PAN 的生成又消耗了部分 NO_2。

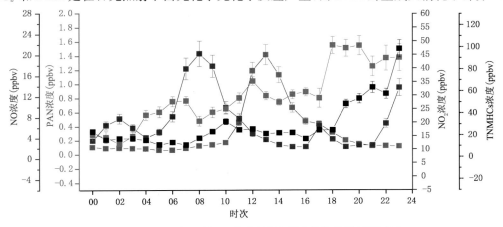

图 3.33　2012 年 4 月 13 日 PAN 及其前体物的浓度日变化

　　由于夜间气象条件已不足以发生光化学反应,同时仍有污染物的排放,导致 NO、NO$_2$、TNMHCs 等前体物浓度出现积累,因而它们的浓度在夜间出现高值。由于 PAN 的低温稳定性,在凌晨 00:00—06:00,PAN 浓度变化较为稳定。早上 07 时之后,随着交通高峰期的到来和太阳辐射的增强,PAN 的浓度逐步上升,并在午后 13:00 左右达到峰值,其浓度峰值滞后于日照强度峰值 1 h 左右,可能与光化学反应需要时间有关。在无光化学反应的夜晚,PAN 主要发生热分解,使得其浓度逐渐下降。需要指出的是:在白天期间,当 PAN 的浓度出现峰值时,NO、NO$_2$、TNMHCs 等前体物浓度却处于较小值。

　　由图 3.34 可见,在 7—10 月,PAN 浓度逐渐升高,并在 10 月达到最大值,而 5 月浓度则最低。PAN 在 8—10 月的浓度高于其年均值,而 3—5 月则低于其年均值。PAN 的最高月均值并不出现在太阳辐射最强的夏季(6—8 月)。

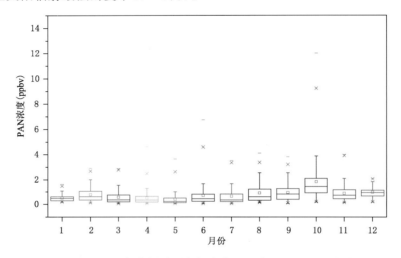

图 3.34　2012 年广州番禺大气成分观测站 PAN 的逐月变化

　　2012 年广州 PAN 的最大值、年均值分别为 12.46 ppbv、0.84 ppbv,观测的 PAN 最大值低于北京、河滨、罗马、墨西哥城与台北等城市,但高于世界卫生组织(WHO)设定的 PAN 健康标准限值(5 ppbv);年均值高于部分城市、城郊和极地等多数地区(表 3.8),与兰州的观测结果相当。7 月 PAN 的白天时均值为 0.95 ppbv,相比于 2006 年的观测结果(Wang et al., 2010),PAN 浓度水平较为明显的上升,同期相比的平均浓度增长率达到 26.3%,表明广州地区大气中 PAN 的污染浓度程度较为严重。

表 3.8　本研究和不同研究中 PAN 的浓度水平对比

站名	站类型	观测期	最大 PAN	平均 PAN	高度[b]	纬度,经度	参考出处
广州	城市	2012 年 1—12 月	12.46	0.84	141	23.07°N,113.43°E	本研究
北京	城市	2007 年 8 月	17.80	3.79	15	39.99°N,116.31°E	Zhang,2012
北京	城市	2010 年 1—3 月	3.51	0.70	58	39.95°N,116.32°E	韩丽 等,2012
韩国首尔	城市	2011 年	5.03	0.64	25	37.32°N,126.50°E	Lee et al.,2013
韩国大学	城市	2005 年 5—6 月	10.40	0.80	46	37.32°N,127.05°E	Lee et al.,2008
智利圣地亚哥	城市	2002 年 9—12 月	5.83	3.3			Rubio et al.,2005

续表

站名	站类型	观测期	最大PAN	平均PAN	高度b	纬度,经度	参考出处
美国洛杉矶	城市	2010 年 5—6 月	0.95				Pollack et al.,2013
河滨市	城市	1967 年 8—12 月	58.0				Taylor,1969
罗马	城市	2007 年 4 月	30.3	3.9	37	41.54°N,12.30°E	Movassaghi et al.,2012
柏林	城市	1998 年 8 月	2.50		324	52.65°N,13.30°E	Rappenglück et al.,2003
墨西哥城	城市	2003 年 4—5 月	34.0			19.36°N,99.07°W	Rappenglück et al.,2003
雅典	城市	2000 年 7—8 月	6.60				Liu et al.,2010
台北	城市	1992 年 7 月—1993 年 4 月	27.0		26	25.05°N,121.54°E	Sun et al.,1995
兰州	城郊	2006 年 6—7 月	9.13	0.76	1631	36.13°N,103.69°E	Zhang et al.,2009
休斯敦	城郊	2000 年 8—9 月	6.50	0.48		26.67°N,95.06°W	Roberts et al.,2001
纳什维尔	城郊	1999 年 6—7 月	2.51	0.67	10	36.19°N,86.70°W	Gaffney et al.,1993
瓦里关	背景站	2006 年 6—7 月	1.40	0.44	3816	36.19°N,86.70°E	Zhang et al.,2009
埃克斯特罗姆冰架	南极	1999 年 2 月	0.05	0.01	32		Mills et al.,2007
布伦特冰架	南极	2004 年 7 月—2005 年 1 月	0.05	0.009	32	75.6°S,26.6°W	Mills et al.,2007
查尔斯顿	海滨	2002 年 7—8 月	2.79	0.36		71.00°N,42.5°W	Roberts et al.,2007
大西洋	海洋边界层	1998 年 5—6 月	1.09	0.01	32		Jacobi et al.,1999
白杨	海洋边界层	2010 年 8 月—2011 年 4 月	2.47	0.38	150	37.95°N,124.51°E	Lee et al.,2012
里西里岛	海岛	1999 年 6 月		0.15	35	45.07°N,141.12°E	Tanimoto et al.,2002

注:浓度单位均为 ppbv;b 的单位为 m(海平面高度)。

　　虽然表 3.8 给出了部分城市 PAN 的观测结果,但是没有时间同步性,不能很好地分析比较同时间不同城市 PAN 的光化学差异性。因此,选取位于鹤山超级站同时期观测的 PAN 做对比。超级站地理位置适中,位于珠三角地区大气二次反应比较活跃的下风向区域,距离广州市城区 80 km,距离佛山和江门市城区分别为 50 km 和 30 km,站点周围无明显的污染源,可体现长距离输送对 PAN 的影响。分析对比结果如图 3.35 所示,总的来说,两地的 PAN 变化规律较为一致,但广州地区 PAN 总的水平比鹤山超级站的要高。值得注意的是,8 月 9、10、12 日三天广州地区出现较为明显的 PAN 浓度峰值,而鹤山地区却没有此现象,并且两者的温度较为一致,这说明 PAN 的光化学反应具有地域差异性。8 月 6、16 日两天鹤山地区 PAN 浓度峰值大于广州地区,原因可能是鹤山超级站位于珠三角地区大气二次反应比较活跃的下风向区域,在大气输送影响下,珠三角城区较高浓度的 PAN 前体物及其产物在鹤山地区汇聚,造成鹤山超级站观测到的 PAN 浓度偏高。

　　(2)高臭氧日条件下 PAN 的污染特征

　　近年来广州大气中的臭氧浓度不断上升,臭氧污染天气出现频率快速增加,导致了该地区的大气复合污染问题日趋严重。一般来说,PAN 浓度的最大值应和 O_3 浓度最大值出现的规律相一致。为了分析不同状况下 PAN 的浓度变化特征,将 PAN 的观测数据分为高臭氧日和低臭氧日两个时段。根据国家环境标准,将监测期间臭氧数据日最大 1 h($>160\ \mu g/m^3$)和最

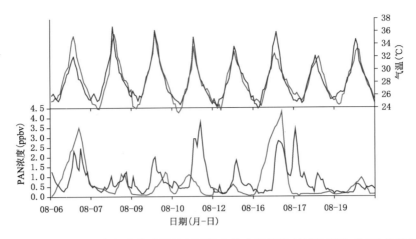

图 3.35　广州番禺大气成分观测站(蓝线)和鹤山超级站(红线)气温、PAN 的对比

大 8 h 平均浓度(>200 $\mu g/m^3$)都超过国家标准的监测日定义为高臭氧日,反之为低臭氧日。根据监测数据,2012 年出现高臭氧日共 23 天。图 3.36 给出了监测期间高 O_3 和低 O_3 日下 PAN 的时均浓度变化。和预期一样,PAN 的最大值在高 O_3 日下比低臭氧日增加较大,平均达到 120.9%,最大达到 281.3%。这可能受较为丰富的前体物及稳定的气象因素影响。值得注意的是,高 O_3 日的 00:00—08:00 之间 PAN 的浓度比低 O_3 日高约 59.2%,这可能说明在高 O_3 时段,PAN 的本底浓度处于相对较高的水平。

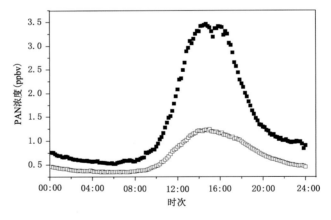

图 3.36　观测点高 O_3(■)和低 O_3(□)日下 PAN 的浓度日变化

　　基于以上现象,进一步分析了 PAN 浓度在高、低 O_3 日条件下的差异性原因。由于 PAN 和 O_3 同为大气中光化学二次污染物,且两者具有较为相似的成因机理,一般情况下呈现高 O_3 浓度、高 PAN 浓度变化。因此,对比了高臭氧时段其他珠三角城市的 O_3 浓度(图 3.37a),发现该时段内其他城市也出现高臭氧浓度现象,其中浓度较高的有惠州、东莞、香港、珠海、佛山等,该时段广州高 O_3 平均浓度为 0.101 mg/m^3,高于同期珠三角其他城市。对该时段的风向统计表明(图 3.37b),东北(NE)、北北东(NNE)、南南西(SSW)等风向占主导地位,而在这些主导风向上则是工业较为发达的东莞、佛山等地。这可能表明这些来向的风向含有较为丰富的光化学产物,导致了 PAN 在高 O_3 时段的本底浓度较高,在无光化学反应的夜晚更为突出。

同时,观测点高 O₃ 时段白天光化学反应 PAN 的生成量较大,而且比其夜晚的消耗量大,导致 PAN 在高 O₃ 时段夜晚出现较大的累积量。这两个原因导致了在 00:00—08:00 PAN 的浓度在高 O₃ 日比低 O₃ 日约高 59.2%。

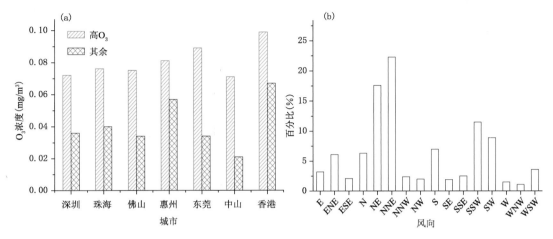

图 3.37　高 O₃ 时段珠三角其他城市的 O₃ 浓度平均水平(a)及该时段采样点风向频率(b)

　　由于 PAN 对周围温度较为敏感,高温使得 PAN 的热分解加快,在地处亚热带的广州,其较高的环境温度可能会降低 PAN/O₃ 的比值。但是有研究证实,温度和 PAN 浓度的日最大具有较好的相关性,同理,O₃ 同样具有此特征。因此,温度对降低 PAN/O₃ 比值的影响较小。在本节中,高 O₃ 水平条件下 PAN/O₃ 比值最大值为 0.162,最小值为 0.006,平均值为 0.032,这与温度较低的北京和圣地亚哥(Santiago)地区基本持平(Rubio et al.,2007;Zhang et al.,2012,2015)。早晚交通高峰排放的 NO 消耗了部分 O₃ 以及较低的 PAN 热解速率导致了早上和下午出现了较大的 PAN/O₃ 比值。

3.2.3　氮氧化物(NO$_x$)与挥发性有机物(VOCs)

　　氮氧化物(NO$_x$)主要是一氧化氮和二氧化氮气体污染物。来源之一是人为原因产生,主要来自于高温燃烧时空气中大量的氮气参与化学反应生成的,以及燃煤、燃油、木材燃烧、天然气燃烧以及汽车尾气产生;另一个主要源是自然界打雷造成的氮氧化物。人为原因只占天然原因的 1/10 弱,可是人为原因产生的氮氧化物比较集中在局部地区,多发生在近地层,对人和环境的影响比较大。特别是二氧化氮能吸收太阳紫外辐射形成光化学反应,是光化学烟雾的重要组成部分。

　　大气挥发性有机物(VOCs)作为大气重要的微量组分,指的是标准的状态下和蒸汽压在 0.1 mmHg 以上,沸点在 50～260 ℃范围内,常温下极容易挥发的有机化合物。因为甲烷的化学寿命很长,化学性质比较稳定,所以 VOCs 的研究中不包括甲烷,故将 VOCs 也指非甲烷碳氢化合物(NMHCs)。VOCs 在大气中广泛分布,虽然在空气中的含量不高,但是 VOCs 的物种非常复杂,不同物种之间的浓度水平和化学活性不尽相同。对流层中的臭氧是光化学烟雾标志性的物质,它是由一次污染物 VOCs 和 NO$_x$ 在光照条件下发生一系列复杂化学反应而生成的。VOCs 是参与光化学反应的重要物种,许多研究表明,VOCs 在城市大气光化学反应中起到决定性作用。目前,大气中的 VOCs 污染问题日益突出,不仅浓度呈现增加趋势而且组分越来越复杂,因此,研究 VOCs 对光化学烟雾的控制有重要意义。

3.2.3.1 广州番禺大气成分观测站 NO_x 的变化特征

广州番禺大气成分观测站 NO_x 监测采用 Ecotech 氮氧化物分析仪,通过化学发光法进行测量。该分析仪为单通道仪器,工作时交换地将样气绕过或通过催化剂,在反应室里对 NO 进行测定,催化剂可使气体中的 NO_2 转化为 NO,交换测量后得到 NO 值及 NO_x 值,而二者之差即为 NO_2 值。由于 NO_2 经过钼炉还原成 NO 时,部分其他含氮氧化性物质可能会被一起还原成 NO,造成 NO_x 的监测值比实际值大。

(1)广州番禺大气成分观测站 NO、NO_2 和 NO_x 的季节变化特征

NO_x 的季节变化特征如图 3.38 所示,2010 年春、夏、秋、冬季 NO 浓度分别为 15.73 ppbv、10.61 ppbv、5.20 ppbv 和 24.25 ppbv,NO_2 浓度分别为 22.85 ppbv、18.20 ppbv、25.29 ppbv 和 34.99 ppbv;2011 年春、夏、秋、冬季 NO 浓度分别为 7.01 ppbv、4.80 ppbv、6.54 ppbv 和 9.27 ppbv,NO_2 浓度分别为 20.04 ppbv、19.51 ppbv、24.40 ppbv 和 29.34 ppbv;2012 年春、夏、秋、冬季 NO 浓度分别为 19.58 ppbv、4.14 ppbv、4.16 ppbv 和 14.00 ppbv,NO_2 浓度分别为 27.52 ppbv、22.30 ppbv、22.99 ppbv 和 25.68 ppbv;与二次产物 O_3 的季节变化相反,NO_x 浓度冬季高,夏季低,这是由于虽然 NO 作为还原剂大量滴定 O_3 产生 NO_2,但是夏季光照辐射较强,NO_2 作为 O_3 前体物迅速大量光解导致浓度降低。

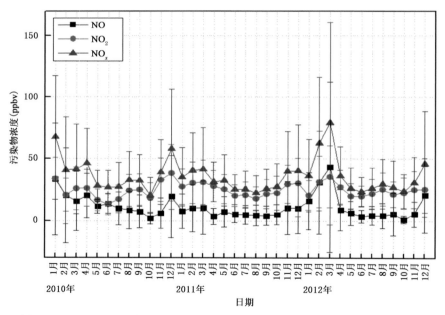

图 3.38　2010—2012 年广州番禺大气成分观测站 NO、NO_2 和 NO_x 的逐月变化

(2)广州番禺大气成分观测站 NO、NO_2 和 NO_x 的日变化特征

2010—2012 年广州番禺大气成分观测站 NO、NO_2 和 NO_x 的日变化特征如图 3.39 所示,NO 和 NO_2 呈双峰变化规律,由于受上班早高峰影响,在早晨 06:00 左右,机动车排放大量NO,导致 NO 浓度上升,在早晨 08:00 左右达到最大值,此时 NO 浓度分别增加到 21.58 ppbv、13.29 ppbv 和 17.47 ppbv(2010、2011 和 2012 年),2010 年 NO 受机动车影响远大于 2011 年。

同时,NO 作为还原物质不断消耗 O_3,NO_2 浓度也逐渐上升,在早晨 08:00 左右,NO_2 浓度达到最大值,分别为 23.45 ppbv、24.78 ppbv 和 23.47 ppbv(2010、2011 和 2012 年)。在早晨 08:00 之后,太阳辐射逐渐增强,NO_2 浓度开始大量光解,O_3 浓度开始积累,NO_2 浓度开始下降,在中午 14:00 左右达到最低值。在下午 18:00 左右,下午晚高峰排放大量 NO,导致 NO 浓度上升,直到 23:00 左右达到最大值,而同时 NO 开始滴定 O_3,导致 NO_2 浓度也上升。NO 早晨峰值高于夜晚,而 NO_2 则相反,这是由于早晨上班高峰的 O_3 浓度很低,而下午晚高峰 O_3 浓度高,机动车排放 NO 对 O_3 化学滴定作用强弱不同导致。

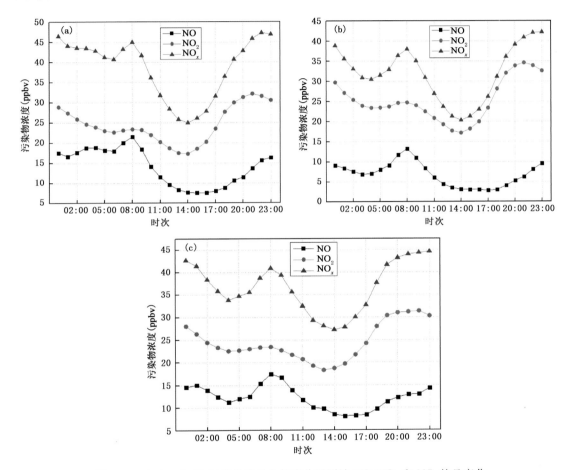

图 3.39　2010—2012 年广州番禺大气成分观测站 NO、NO_2 和 NO_x 的日变化
(a)2010 年;(b)2011 年;(c)2012 年

3.2.3.2　广州番禺大气成分观测站 VOCs 的变化特征

VOCs 是由许多物种组成,VOCs 排放源在排放 VOCs 过程中会存在时间上的差异,而且气象因素对 VOCs 浓度有很重要的影响,所以 VOCs 的组成特征和浓度在时间上存在明显差异(邓雪娇 等,2010a)。由于 VOCs 物种的浓度与其对臭氧的生成并不是呈一一对应关系,各 VOCs 物种的化学结构不相同,导致它们的反应速率与大气反应机理各有不同,所以它们对臭氧的生成贡献也不相同。最有效地控制臭氧的办法是控制那些对臭氧生成潜力大的 VOCs 物种,减少排放源对它们的排放,所以对不同 VOCs 物种进行臭氧潜力的评估非常有意义。

广州番禺大气成分观测站采用德国 AMA 公司研发设计的 GC5000 臭氧前体物（C_2—C_{12}）在线监测系统，对大气中挥发性有机物能够自动采样并进行连续的测量。该系统主要是由 GC5000VOC 和 GC5000BTX 两个分系统组成，此外还包括 DIM200 校准模块及其他一些辅助设备组成，分别测量 C_2—C_6 范围的低沸点挥发性有机物和 C_6—C_{12} 范围的高沸点挥发性有机物。该系统可以检测沸点低于 200 ℃ 的挥发性有机物，共 56 物种，其中烷烃、烯烃加炔烃和芳香烃分别为 29 种、11 种和 16 种。系统的技术指标符合美国和欧盟 EPA 对大气中的挥发性有机物监测规范要求。

（1）VOCs 的组成特征分析

利用 2011 年 6 月—2012 年 12 月期间，在广州番禺大气成分观测站对空气中的 VOCs 进行自动采集和连续观测的数据，分析空气中的 VOCs 的组成特征、浓度时间变化规律、VOCs 的大气化学活性和臭氧生成潜力以及气象因素对 VOCs 浓度的影响（邹宇 等，2013，2015，2017；Zou et al.，2015，2019a，2019b）。从 VOCs 组成特征上看（图 3.40），烷烃所占比例最高，全年所占比例平均为 58%，不同季节所占比例在 50%～67% 之间，冬季所占比例最高，夏季最低。芳香烃所占比例次之，全年所占比例平均为 26%，不同季节所占比例在 16%～32% 之间，夏季所占比例最高，冬季最低。烯烃所占的比例最低，全年所占比例平均为 16%，不同季节所占比例在 14%～18% 之间，夏季所占比例最高，春季最低。VOCs 的组分特征随季节变化所占不同，这是由于气象条件、不同污染源造成的。为了进一步了解采样点 VOCs 的组成特征，通过与世界各城市比较，发现采样点 VOCs 的组分特征与首尔相似，以炼油和石化为主的休斯敦在所有城市中的烯烃比例最大，而全球最大的制造业基地之一东莞的芳香烃比例最大（图 3.41）。

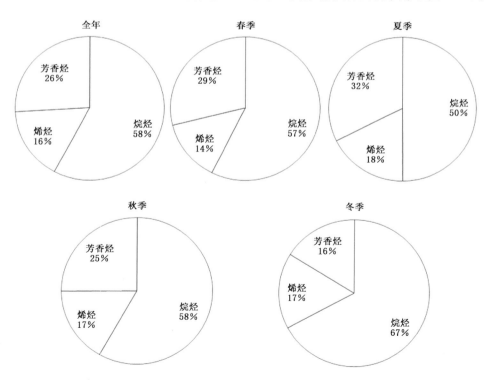

图 3.40　2011 年 6 月—2012 年 5 月广州番禺大气成分观测站 VOCs 的组分特征

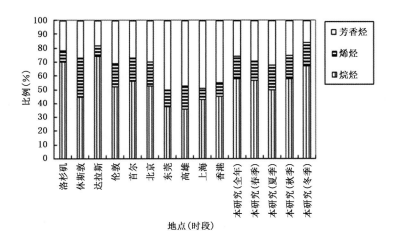

图 3.41 广州番禺大气成分观测站与其他城市的 VOCs 组成比较

（2）VOCs 浓度的时间变化规律

①VOCs 的月变化规律

在全年（2011 年 6 月—2012 年 5 月）VOCs 总浓度的月均值为 48.10 ppbv，变化范围是 40.99～65.40 ppbv，2012 年较 2011 年整体浓度水平偏低（图 3.42）。从整个变化趋势分析，冬季的 VOCs 浓度高，夏季低，这可能是由于区域大气物理扩散或传输和混合层高度有关，与 Ho 等（2004）在香港地区研究的结果相符。由于采样点受到台风影响，2011 年 9 月期间大部分时间有雨水，对流作用与雨水冲刷导致 VOCs 浓度在该月在 2011 年 6 月—2012 年 5 月期间出现最低值。而 2011 年和 2012 年 11 月出现高值的原因主要是由于珠三角的典型气象条件所致，即在秋天由于地表面高压脊、热带环流和海陆风频繁发生导致风速较低，有利于 VOCs 的积累。

②VOCs 的工作日和非工作日的变化规律

从总体特征而言，采样点的大气 VOCs 浓度在工作日（星期一至星期五）稍高于双休日（星期六和星期天），约高出 6.4%，其中芳香烃浓度在工作日高于双休日约 12.4%（图 3.43），由于采样点拥有独特的地理位置，位于广州城区和郊区的结合部位，主导风向 SW 和 NE 在采样点交替变化，因此，在该采样点可以观测到不同情景下的 VOCs 浓度变化规律。本章分别选取主导风向为 SW 的 7 月和主导风向为 NE 的 12 月，分析采样点不同情景下大气 VOCs 浓度在工作日与双休日的变化规律。

在 7 月，采样点的主导风向为 SW，污染物从郊区传输到采样点，导致采样点没有周末效应，大气 VOCs 的浓度在双休日比工作日高出约 5.3%，其中烷烃、烯烃和芳香烃分别高出 5.5%、7.4% 和 4.0%。而在 12 月，采样点的主导风向发生变化，以 NE 风向为主，污染物从城区传输到采样点，导致采样点的周末效应显著，大气 VOCs 的浓度在工作日比双休日约高出 82.0%，其中烷烃、烯烃和芳香烃分别高出 76.5%、102.8% 和 86.2%（图 3.44），这与许多城区的研究结果相似。

为了进一步研究采样点工作日和非工作日大气 VOCs 的变化规律，选取特殊时间段，分别为 2011 年国庆放假前（9 月 26—30 日）、国庆长假（10 月 1—7 日）和国庆放假后（10 月 8—12 日）和 2012 年国庆放假前（9 月 24—29 日）、国庆长假（9 月 30 日—10 月 7 日）和国庆放假后

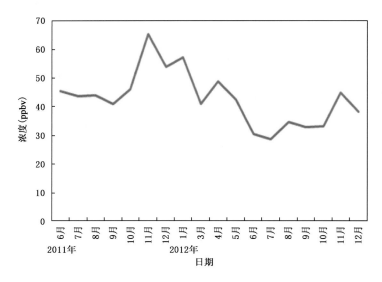

图 3.42 2011 年 6 月—2012 年 12 月广州番禺大气成分观测站 VOCs 浓度的逐月变化
（因仪器故障,2 月无观测资料）

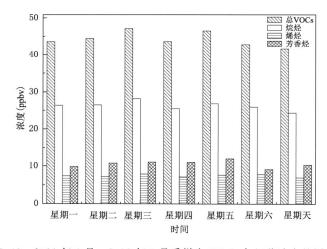

图 3.43 2011 年 6 月—2012 年 5 月采样点 VOCs 各组分浓度的周变化

(10 月 8—12 日)三段时间进行了对比研究(图 3.45)。研究发现,在 2011 年国庆长假期间的大气 VOCs 浓度比国庆节放假前、后均有大幅度降低,降幅分别达到 39.3% 和 56.7%。其中,与国庆节放假前相比,国庆节期间的烷烃、烯烃和芳香烃分别下降了 19.5%、44.3% 和 64.5%;而与国庆节放假后相比,国庆节期间的烷烃、烯烃和芳香烃分别下降了 47.8%、59% 和 71.2%。在 2012 年国庆长假期间的大气 VOCs 浓度比国庆节放假前、后均有大幅度降低,降幅分别达到 23.7% 和 45.5%,其中,与国庆节放假前相比,国庆期间的烷烃、烯烃和芳香烃分别下降了 14.7%、20.4% 和 48.8%;而与国庆假放假后相比,国庆节期间的烷烃、烯烃和芳香烃分别下降了 43.3%、18.3% 和 64.6%。可见,城区机动车数量及工厂排放减少对国庆节长假空气质量改善起了重要作用。

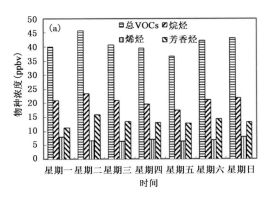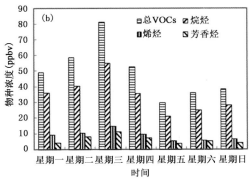

图 3.44　2011 年 6 月—2012 年 5 月广州番禺大气成分观测站 VOCs 各组分浓度的周变化
(a)7 月；(b)12 月

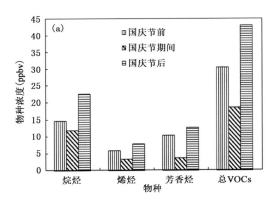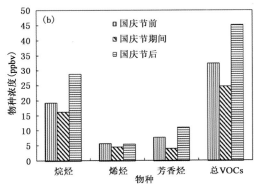

图 3.45　2011 年(a)和 2012 年(b)国庆节前后广州番禺大气成分观测站 VOCs 的浓度变化

③VOCs 的日变化特征

该采样点的 VOCs 日浓度均值变化范围是 35.10～59.13 ppbv,呈现双峰值变化规律,峰值分别出现在 09:00 和 24:00(图 3.46)。晚上的峰明显高于早上的峰,这可能是由于区域大气物理扩散或传输和混合层高度有关。早上上班交通高峰导致 VOCs 浓度峰值出现,随后由于光化学反应逐渐加强而导致 VOCs 浓度峰值缓慢降低,至 15:00 左右 VOCs 浓度降至谷底,18:00 左右由于下班高峰导致 VOCs 浓度又逐渐上升,至深夜 24:00 达到最高值。图 3.46 表明臭氧与 VOCs 的浓度变化呈现负相关,而 NO_x 则表现出与 VOCs 一致的变化规律,能反映出光化学反应对该采样点大气 VOCs 的影响过程。因为各 VOCs 物种的组成比例不同,而且各 VOCs 物种的大气化学活性存在差异,导致每种 VOCs 物种的时间所对应的浓度变化差别很大,每种 VOCs 物质都具有各自的日变化规律。比如异戊二烯的日变化呈现单峰的变化规律,在下午 14:00 达到最大值,表明异戊二烯受当地植物排放影响较大。

(3)VOCs 污染的气象影响因素分析

大气中 VOCs 浓度不仅与排放源有关,还与气象条件有着密切的联系。在采样点长年盛行风向的影响下,当风向为 NNE、NE 和 SSW 时,风速较大,污染物 VOCs 的浓度较低;当风向为 ENE 和 WNW 时,风速较小,污染物 VOCs 的浓度反而较高,风速与污染物 VOCs 的浓度呈负相关(图 3.46)。而不同风向下 BTEX 的浓度特征更加明显,在风向为 E 和 W 方向下,BTEX 的浓度比较高(图 3.47),这除了与采样点的风速影响相关外,也可能与污染物的传输有关。由于采样点独特的地理位置,东部和西部分别为东莞和佛山,这两个工业城市污染物的传输对采样点 BTEX(苯(benzene)、甲苯(toluene)、乙基苯(ethylbenzene)三种二甲基苯的异构体的合称)浓度影响较大(http://www1.dg.gov.cn/)(http://www.foshan.gov.cn/)。温度主要影响溶剂使用过程中的 VOCs 排放和植物排放污染物 VOCs。大多数溶剂使用主要包

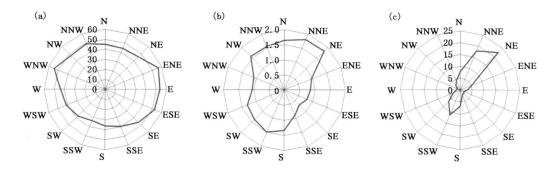

图 3.46　2011 年 6 月—2012 年 5 月风速风向对 VOCs 浓度变化的影响分析
(a)VOCs 浓度(ppbv);(b)风速(m/s);(c)全年频数(%)

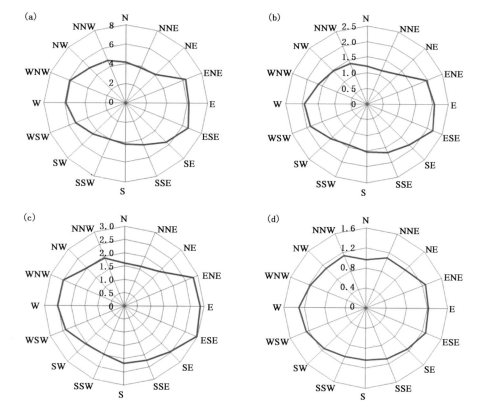

图 3.47　2011 年 6 月—2012 年 5 月不同风向下 BTEX 的浓度(ppbv)
(a)甲苯;(b)乙苯;(c)二甲苯;(d)苯

括甲苯、乙苯和间,对二甲苯等苯系物(BTEX)成分,他们的浓度与温度基本呈正相关。由于夏季和冬季的平均温度变化显著,造成他们的浓度在夏季明显高于冬季,约高出 55.7%。因此,在夏季应加强对珠三角地区溶剂使用所排放的 VOCs 污染物的控制。而由植物排放的异戊二烯对温度的变化更为敏感,由植物排放的异戊二烯的浓度在夏季明显高于冬季,这是由于夏季的光照和温度较高,植物进行光合作用,排放的异戊二烯增加。值得注意的是,采样点春季和秋季的温度相似,但异戊二烯的浓度差异较大,说明植物排放异戊二烯不仅受到温度单一因素的影响(图 3.48)。

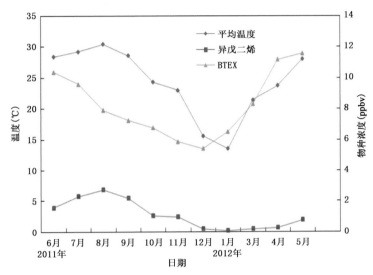

图 3.48　2011 年 6 月—2012 年 5 月气温对异戊二烯和 BTEX 浓度变化的影响分析
(因仪器故障,2 月无观测资料)

为了进一步说明气象因素对 VOCs 浓度和组成特征的影响,选取特殊时间段 2011 年 8 月 13—19 日进行分析。图 3.49 反映不同的气象条件下(风速、风向和温度),VOCs 浓度的变化规律。在 8 月 13—17 日 VOCs 处于较低的浓度,在 8 月 18 日开始升高,最后在 8 月 19 日浓度达到最高。前五天风向主要是 S 和 SSW 风向为主,到了第六天风向变为了 SW、SSW 和 NE 风向为主,最后一天风向则变为 ENE 和 SW 风向为主。从风速来看,前六天的风速相对较大,而最后一天风速较低。而温度与 VOCs 浓度呈负相关。因此,气象因素影响着 VOCs 浓度的变化。当温度较低、风速较小并且风向为 ENE 和 SW 时,采样点 VOCs 浓度较高。为了进一步分析气象条件对 VOCs 组成特征的影响,选取典型的时间段(2011 年 8 月 13—19 日)进行研究。将前五天分为第一时间段,第七天为第二个时间段。两段时间的烷烃:烯烃:芳香烃的比例分别为 53:23:24 和 53:22:25。总 VOCs 在第二阶段比第一阶段增加了 79%,芳香烃增加最为明显,增加了 82%,其中苯、甲苯、乙苯和间,对二甲苯增加了 101.43%;其次是烷烃,增加了 80%,其中与液化石油气(LPG)相关的物种增加了 105.52%;烯烃增加了 74%。

本节的分析表明,从广州番禺大气成分观测站 VOCs 组成特征上看,烷烃、烯烃和芳香烃全年平均所占比例分别为 58%、16% 和 26%,VOCs 的组分特征随季节变化所占不同,烷烃在冬季所占比例最高,夏季最低;芳香烃在夏季所占比例最高,冬季最低;烯烃在夏季所占比例最高,春季最低。广州番禺大气成分观测站全年(2011 年 6 月—2012 年 5 月)的大气 VOCs 含量

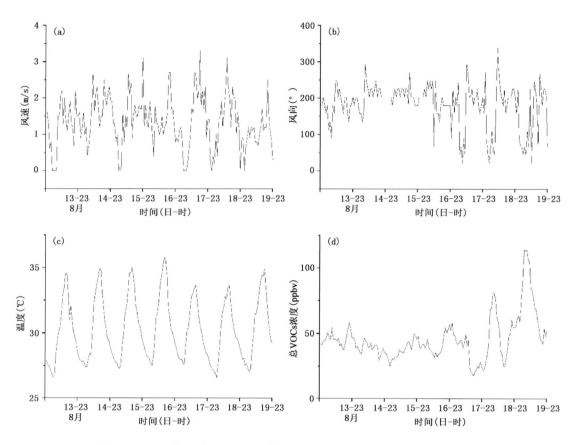

图 3.49　2011 年 8 月 13—19 日采样点的气象数据及 VOCs 浓度逐日变化
(a)风速;(b)风向;(c)温度;(d)总 VOCs 浓度

水平较高,VOCs 总浓度的月均值为 48.10 ppbv,变化范围是 40.99~65.40 ppbv,冬季 VOCs 浓度高于夏季。在 7 月,污染物从乡村传输到采样点,导致采样点没有周末效应。而在 12 月,污染物从市中心区传输到采样点,导致大气 VOCs 的浓度在工作日高出双休日约 82.0%,其中烷烃、烯烃和芳香烃分别高出 76.5%、102.8% 和 86.2%。在 2011 年国庆长假期间的大气 VOCs 浓度比国庆节放假前、后均有大幅度降低,降幅分别达到 39.3% 和 56.7%。在 2012 年国庆长假期间的大气 VOCs 浓度比国庆节放假前、后均有大幅度降低,降幅分别达到 23.7% 和 45.5%。广州番禺大气成分观测站总 VOCs 浓度呈现明显的早晚双峰变化规律,晚上的峰浓度比早上高。但是异戊二烯呈现为单峰的日变化规律,在 14:00 达到最大值,说明异戊二烯主要来源于当地的植物排放。广州番禺大气成分观测站 VOCs 日小时均值体积混合比浓度大约为 43.63 ppbv,平均含碳量浓度大约为 224.74 ppbc[①],采样点 VOCs 主要由烷烃和芳香烃组成。芳香烃和烯烃是对臭氧生成潜力贡献较大的两个组分。其中,甲苯、间,对二甲苯和 1,3,5-三甲苯在芳香烃中最为重要,总共对臭氧产生潜力贡献约为 51.9%。值得注意的是,植物排放的异戊二烯的浓度虽然不是很高,但对臭氧的贡献非常大。广州番禺大气成分观测站

---

① 　1 ppbc＝10^{-9},下同。

VOCs 浓度受珠三角的风速和气温等气象因素影响明显,VOCs 浓度与风速呈负相关性。当风向为 NNE、NE 和 SSW 时,一般风速较大,VOCs 的浓度较低。当风向为 WNW 和 ENE 时,一般风速较低,VOCs 浓度较高。在风向为 E 和 W 时,BTEX 的浓度一般较大,除了和采样点的风向有关外,也可能与污染物的传输关系密切。温度影响溶剂使用过程中的 VOCs 排放和植物排放 VOCs。夏季气温高使溶剂挥发性和植物光合作用增强,导致 BTEX 和异戊二烯的浓度在夏季明显高于冬季。

3.3
光化学污染观测研究

随着快速的经济发展和城市化进程,珠江三角洲已成为中国严重的污染地区之一。与京津冀和长三角洲地区以颗粒物为主要污染物的大气污染现状不同,由于独特的地理位置和气候以及由工业活动和机动车数量增长导致的臭氧前体物 VOCs 和 NO_x($NO+NO_2$)排放迅速增加,高臭氧事件频繁发生成为珠江三角洲地区非常突出的大气污染问题。

3.3.1　VOCs 和 NO_x 对 O_3 生成的影响分析

对流层臭氧是 VOCs 和 NO_x 在光照条件下发生光化学反应产生的二次污染物,然而 VOCs 和 NO_x 对臭氧的生成并不是线性关系,他们对臭氧生成的影响可以用 VOCs 控制区和 NO_x 控制区进行描述。虽然具体的实际情况不同,但通常认为当 VOCs/NO_x 比率超过 8:1 时,臭氧的形成处于 NO_x 控制区域,而当 VOCs/NO_x 比率小于 8:1 时,臭氧的形成处于 VOCs 控制区域。因此,掌握臭氧光化学过程能对当地臭氧有效控制提供科学的依据。

珠江三角洲地区大气臭氧和 NO_x 已经有了较为系统的长期观测数据,而 VOCs 未被列入日常观测的范畴,基本都是短期加强观测或非连续性长期观测。因此,不能全面揭示 VOCs、NO_x 和臭氧三者关系,掌握珠江三角洲地区 VOCs 和 NO_x 对臭氧生成的影响。为了更好地认识珠江三角洲臭氧污染问题,在广州番禺大气成分观测站对 VOCs、NO_x 和臭氧进行为期一年(2011 年 6 月—2012 年 5 月)的连续观测,重点分析 NO/NO_2 比值和 VOCs 组分对臭氧生成的影响。此外,对珠江三角洲臭氧生成的问题已有大量的研究,表明珠江三角洲地区的臭氧生成处于 VOCs 控制区域,但仅有少数学者对珠三角地区臭氧生成在日变化过程中的控制区进行分析。为了控制广州地区高臭氧浓度事件的发生,对春、夏、秋、冬四个情景下的臭氧生成日变化的控制区进行探讨,为广州地区臭氧的控制提供科学依据。

3.3.1.1　O_3、NO_x 和 VOCs 的特征

臭氧、VOCs 和 NO_x 的季节日变化特征如图 3.50 所示。臭氧的季节变化特征比较明显,臭氧季节浓度变化呈现明显的春季和冬季低、夏季和秋季高的季节变化规律,而且夏末初秋的增加幅度远大于其他时间,这主要是由于光照和气温等气象因素在各个季节不同产生的。臭氧前体物浓度的季节变化与臭氧浓度变化相反,NO_x 浓度在春季和冬季浓度较高,在夏季和秋季较低,VOCs 浓度在冬季较高,夏季较低。臭氧的日浓度变化呈现单峰变化规律,在下午

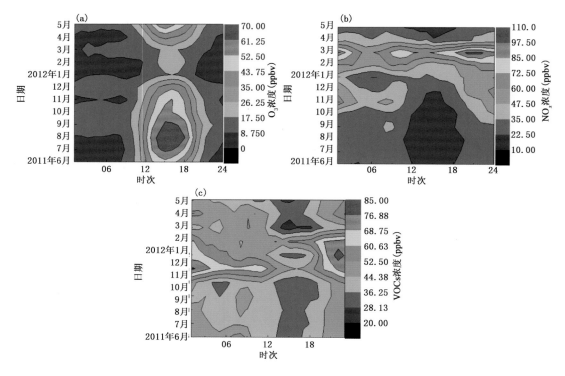

图 3.50 2011 年 6 月—2012 年 5 月广州番禺大气成分观测站臭氧(a)、NO_x(b) 和 VOCs(c)
浓度的季节和日变化

14:00 达到最大值,而臭氧前体物 VOCs 和 NO_x 的日浓度变化呈双峰变化规律,在上下班高峰期出现峰值,三者日浓度变化表现出与大气光化学反应规律相一致的特点。为了进一步了解臭氧的浓度变化情况,揭示光化学反应变化规律,有必要对臭氧的变化趋势进行分析。臭氧的变化趋势公式如下:

$$d[O_3] = O_3[t+1] - O_3[t] \qquad (3.32)$$

式中,$O_3[t]$ 代表在 t 时刻臭氧浓度,$O_3[t+1]$ 代表 t 时刻下一个小时臭氧的浓度。臭氧浓度变化出现负增长表明臭氧的化学损失对臭氧的浓度变化起主导作用,相反则表明臭氧的光化学反应生成起关键作用。结果表明,在晚上不发生光化学反应,臭氧的生成量接近为 0,因此,臭氧的浓度趋势出现负增长变化,说明夜晚基本没有光化学反应,臭氧的浓度变化主要取决于臭氧的传输。中午光化学反应强烈,臭氧的浓度趋势呈现正增长,臭氧的光化学生成大于臭氧的化学损失(图 3.51)。

3.3.1.2 NO_2/NO 比值对臭氧生成影响

大气中 NO_2 和 NO 参与了光化学反应主要包括:

$$O_3 + NO \rightarrow NO_2 + O_2 \qquad (3.33)$$

$$O(3P) + O_2 + M \rightarrow O_3 + M \qquad (3.34)$$

$$NO_2 + h\nu \rightarrow NO + O(3P) \qquad (3.35)$$

这三个反应也被称作稳态反应,它们三者之间的关系被称为光稳态关系。如果在大气中没有其他反应干预的条件下,臭氧的浓度主要受 NO_2/NO 比值的影响。各季节的 NO_2/NO

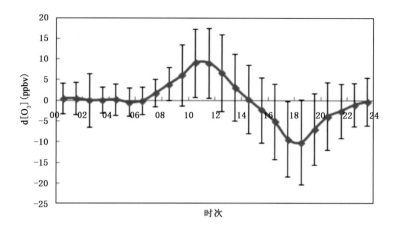

图 3.51　2011 年 6 月—2012 年 5 月广州番禺大气成分观测站臭氧日趋势变化

比值和臭氧的关系如图 3.52 所示。在夏季、秋季和冬季早晨 09:00 左右,臭氧浓度随着 NO_2/NO 比值升高而升高。在 15:00 左右,臭氧的浓度达到最大值,在高浓度的臭氧情况下,NO 迅速通过光化学反应式(3.33)生成 NO_2,NO_2/NO 比值随后达到最大值。在 19:00 左右,随着排放源排放 NO 增加和光化学反应式(3.33)消耗 NO 减小,NO_2/NO 比值随之降低。这种规律变化在春季不明显,这可能是由于春季气象因素导致。但在实际的大气中,臭氧的浓度还受到 VOCs、CO 等臭氧前体物的影响,当他们浓度比较高时,会对稳态循环有影响。

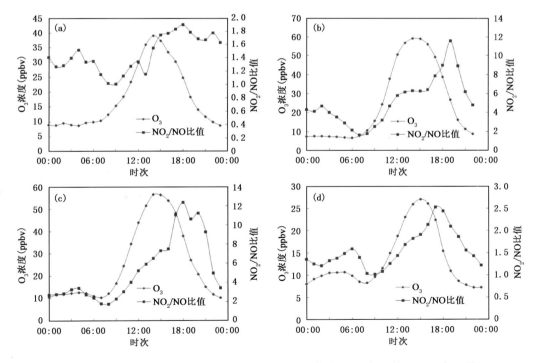

图 3.52　不同季节的 NO_2/NO 比值与臭氧的变化关系(2011 年 6 月—2012 年 5 月)

(a)春季;(b)夏季;(c)秋季;(d)冬季

3.3.1.3　VOCs 对 O₃ 生成潜力的影响

VOCs 种类繁多,不同的 VOCs 物种的光化学反应活性不同,其产生臭氧的潜力也不同。对臭氧的控制,主要是控制臭氧生成潜力大的物种是最为经济有效的。VOCs 对臭氧的生成潜力主要有三个因素:含碳数浓度(ppbc)、动力学活性和机理活性,因此有必要通过臭氧生成的三个因素对 VOCs 组分进行分析。

对于动力学活性,采用等效丙烯浓度($C_{PE(i)}$, propy-equiv concentration)法,表达式为:

$$C_{PE(i)} = C_i K_{OH(i)} / K_{OH(C_3H_6)} \tag{3.36}$$

式中,i 代表 VOCs 的某种物种,C_i 代表该 VOCs 物种所含的碳数浓度(ppbc),$K_{OH(i)}$ 和 $K_{OH(C_3H_6)}$ 分别代表该 VOCs 物种和丙烯、OH 自由基反应的化学反应速率常数。

对于机理活性,采用最大增量反应活性(MIR)因子加权法,表达式为:

$$C_{MIR(i)} = MIR \times C_{ppbv(i)} \times M_i / M_{ozone} \tag{3.37}$$

式中,M_i 和 M_{ozone} 分别代表 VOCs 物种 i 和臭氧的相对分子质量,$C_{ppbv(i)}$ 代表了 VOCs 物种 i 的实际体积混合比,$C_{MIR(i)}$ 代表 VOCs 物种 i 能够产生的臭氧浓度的最大量。通过不同的 VOCs 的最大臭氧浓度可以比较它们的相对臭氧产生潜力,MIR 系数如表 3.9 所示。

表 3.9　VOCs 的光化学特性及其平均浓度(GPACS)(2011 年 6 月—2012 年 5 月)

物种	MIR	$K_{OH} \times 10^{12}$	体积浓度 (ppbv)	含碳浓度 (ppbc)
烷烃				
乙烷	0.25	0.27	3.66	7.31
丙烷	0.46	1.15	4.34	13.02
异丁烷	1.18	2.34	2.67	10.68
正丁烷	1.08	2.54	3.07	12.28
环戊烷	2.24	5.16	0.15	0.77
异戊烷	1.36	3.9	1.72	8.61
正戊烷	1.22	3.94	1.37	6.86
甲基环戊烷	1.46	5.1	0.32	1.94
2,3-二甲基丁烷	1.07	6.3	0.13	0.76
2-甲基戊烷	1.4	5.6	0.88	5.29
3-甲基戊烷	1.69	5.7	0.75	4.51
正己烷	1.14	5.6	1.43	8.56
2,4-二甲基戊烷	1.11	5.7	0.37	0.41
环己烷	1.14	7.49	1.65	9.90
2-甲基己烷	1.09	6.9	0.58	4.04
2,3-二甲基戊烷	1.25	5.1	0.26	1.82
3-甲基己烷	1.5	5.1	0.52	3.66
2,2,4-三甲基戊烷	1.2	3.68	0.22	1.79
正庚烷	0.97	7.15	0.32	2.24
甲基环己烷	1.56	10.4	0.26	1.81
2,3,4-三甲基戊烷	0.97	7	0.12	0.96
2-甲基庚烷	1.12	8.3	0.08	0.66
3-甲基庚烷	0.8	8.6	0.08	0.68

续表

物种	MIR	$K_{OH}\times10^{12}$	体积浓度 （ppbv）	含碳浓度 （ppbc）
正辛烷	0.68	8.68	0.19	1.54
正壬烷	0.59	10.2	0.35	3.18
正癸烷	0.52	11.6	0.03	0.29
正十一烷	0.47	13.2	0.17	1.92
正十二烷	0.38	14.2	0.14	1.65
烯烃				
乙烯	7.4	8.5	2.99	5.97
丙烯	11.57	26.3	1.32	3.96
反式-2-丁烯	15.2	64	0.28	1.14
1-丁烯	9.57	31.4	0.44	1.77
顺-2-丁烯	14.26	56.4	0.22	0.86
反式-2-戊烯	10.47	67	0.03	0.15
1-戊烯	7.07	31.4	0.05	0.23
顺-2-戊烯	10.28	65	0.19	0.97
异戊二烯	10.48	101	1.14	5.72
1-己烯	—	—	0.67	3.99
芳香烃				
甲苯	3.93	5.96	4.59	32.10
乙苯	2.96	6.96	1.48	11.81
间,对二甲苯	8.54	20.5	1.41	11.24
苯乙烯	1.66	58	0.41	3.25
邻二甲苯	7.58	13.6	0.66	5.28
异丙苯	2.45	6.6	0.10	0.86
正丙苯	1.96	5.7	0.23	2.05
间甲乙苯	7.39	18.6	0.25	2.22
对乙基甲苯	4.39	11.8	0.21	1.89
1,3,5-三甲苯	11.75	56.7	0.21	1.86
邻乙基甲苯	5.54	11.9	0.27	2.47
1,2,4-三甲苯	8.83	32.5	0.21	1.92
1,2,3-三甲苯	11.94	32.7	0.15	1.32
二乙基苯	7.08	15	0.12	1.25
对二乙苯	4.39	10	0.11	1.05

注：MIR：maximum incremental reactivity 最大增量反应活性（Carter，1994）。

K_{OH}：挥发性有机化合物在 298K 下与羟基自由基反应的速率常数（Atkinson et al.，2003）。

图 3.53 给出了采用体积混合比浓度（ppbv）、含碳数浓度（ppbc）、等效丙烯浓度（ppbc）和最大增量反应活性（MIR）因子加权浓度（ppbv）方法得到采样点的 VOCs 组分特点。从体积

混合比浓度(ppbv)来看,烷烃类的比重最大,占总 VOCs 浓度的 59%,低碳化合物(小于 5 个碳原子)在烷烃中占主导地位,约占 41.2%。其次是芳香烃占 24%,最小是烯烃占 17%。从含碳量浓度(ppbc)来看,烷烃比重最大为 53%,芳香烃的比重上升为 36%,烯烃最小为 11%。这说明当采用体积混合比浓度时,低碳烷烃化合物的重要性会被高估。从等效丙烯浓度和 MIR 因子加权浓度来看,烯烃和芳香烃占主导地位,两物种合计分别占 73% 和 83%,最后是烷烃。总等效丙烯浓度大约占总含碳浓度的一半,说明采样点 VOCs 主要成分的活性低于丙烯。总而言之,在监测期间,从 VOCs 的体积混合比浓度和含碳数浓度来看,烷烃和芳香烃是该采样点大气中最主要的构成成分。但是,从臭氧产生潜力上看,芳香烃和烯烃是贡献最大的两个物种。烷烃含量高,但是由于反应活性低,对 VOCs 的反应活性和臭氧产生潜力的贡献不大。而烯烃浓度虽然比烷烃低,但是其反应活性高,从而其对臭氧的贡献比烷烃大。表 3.10给出了等效丙烯浓度法和 MIR 因子法计算得到的 VOCs 物种臭氧产生潜力排名,可以看出用这两种方法的结果既有一致的地方,又存在差异。在排名前 10 的物种,其中有 8 个物种完全相同,只是排名的顺序不同。这说明采用两种方法都可以在一定程度上反映 VOCs 各物种的臭氧生成潜力,尤其是那些对臭氧产生贡献较大的物种的描述一致性较好。然而,由于这两种计算方法在原理上存在差异,因此,计算得到的臭氧产生潜力排名也存在着差异。仅仅考虑动力学活性的等效丙烯浓度法忽略过氧自由基和 NO 反应的机理活性差异,因此,在评估臭氧产生潜力时,可能会高估 OH 反应速率快的物种,比如异戊二烯。MIR 因子法虽然同是考虑到了动力学和机理活性,但其依赖的 MIR 因子出于自身可能的不确定性及一些物种 MIR 因子数据的缺少使得 MIR 因子法不能单独作为可靠的臭氧产生潜力评估方法。综上所述,在采样点反应活性最高的物种主要是芳香烃,其次是烯烃。芳香烃在环境大气中有很高的含碳量浓度,而且本身的活性也比较高。在芳香烃中以反应活性较高的甲苯、间,对二甲苯和 1,3,5-三甲苯最为重要,总共对臭氧产生潜力贡献约为 31.61%,这些物质主要来源于大型工厂和工业活动。工业城区东莞位于采样点的东部,并且 EN 风向为采样点秋冬季的主导风向,可以推测在秋冬季东莞对采样点 VOCs 有一定贡献。另外,异戊二烯的浓度虽然不是很高,但是在 OH 活性和 MIR 排名中分别排到第 1 位和第 3 位,故在采样点的绿化过程中,对绿化物种的选择上应该考虑植物异戊二烯的排放。

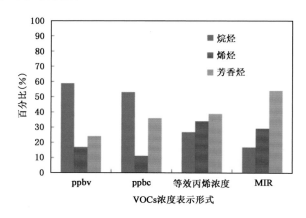

图 3.53　2011 年 6 月—2012 年 5 月广州番禺大气成分观测站 VOCs 各类别
在 4 种表示方法下的百分比

表 3.10　2011 年 6 月—2012 年 5 月广州番禺大气成分观测站 VOCs 等效丙烯浓度和
臭氧产生潜力排名前 10 的物种

OH 活性排名		MIR 排名	
物种	百分比(%)	物种	百分比(%)
异戊二烯	19.97	甲苯	16.26
m,p-二甲苯	7.97	m,p-二甲苯	12.48
甲苯	6.62	异戊二烯	7.99
苯乙烯	6.51	丙烯	6.30
1,3,5-三甲苯	3.82	乙烯	6.07
丙烯	3.60	邻二甲苯	5.21
乙苯	2.85	乙苯	4.54
环己烷	2.56	1,3,5-三甲苯	2.87
反式-2-丁烯	2.51	反式-2-丁烯	2.37
邻二甲苯	2.48	1,2,4-三甲苯	2.22

3.3.1.4　O_3 生成的敏感区

如果大气中只是发生稳态反应,臭氧就没有净生成量。但在实际的大气中,臭氧的生成还受到 VOCs 等前体物的影响。

$$OH + RH \rightarrow R + H_2O \tag{3.38}$$
$$R + O_2 + M \rightarrow RO_2 + M \tag{3.39}$$
$$RO_2 + NO \rightarrow RO + NO_2 \tag{3.40}$$
$$RO + O_2 \rightarrow R'CHO + HO_2 \tag{3.41}$$
$$HO_2 + NO \rightarrow OH + NO_2 \tag{3.42}$$

式(3.40)和式(3.42)生成的 NO_2 可以产生臭氧,式(3.41)和式(3.42)重新生成的自由基可以激发下一个循环。在对流层臭氧的形成中 VOCs 和 NO_x 与自由基的反应起到重要作用。可以看出,臭氧的生成依赖 VOCs/NO_x 比值。VOCs 和 NO_x 对光化学二次产物臭氧的生成并不是线性关系,他们对臭氧生成的影响可以用 VOCs 控制区和 NO_x 控制区进行描述。当 VOCs/NO_x 比值大于 8 时,臭氧的产生更依赖于 NO_x,此时改变 VOCs 的浓度对臭氧的生成影响不大,控制 NO_x 则能达到控制臭氧的效果;当 VOCs/NO_x 比值小于 8 时,臭氧的产生受 VOCs 控制,对 VOCs 排放进行控制可以达到控制臭氧的目的。

对监测期间各季节臭氧浓度与 VOCs/NO_x 比值的日变化规律进行分析(图 3.54),发现在高浓度臭氧事件易发生的夏季和秋季,在早晨(07:00—08:00),VOCs/NO_x 比值小于 8,臭氧的生成处在 VOCs 控制区,降低 VOCs 浓度有助于进一步降低臭氧浓度。而当中午臭氧浓度出现峰值时,VOCs/NO_x 比值大于 8,臭氧的生成处在 NO_x 控制区,应当通过控制 NO_x 的排放达到控制高浓度臭氧事件发生的目的,这与 Li 等(2013)在珠江三角洲地区的研究结果相似。而在春季和冬季,VOCs/NO_x 比值总是小于 8,臭氧的生成长期处在 VOCs 控制区,由于这两个季节臭氧浓度均相对比较低,虽然控制 NO_x 的排放能增加臭氧浓度,但不会出现高臭氧浓度事件发生。因此,对于当地臭氧的控制,除了对 VOCs 控制以外,控制 NO_x 浓度更能减少高臭氧浓度,防止高臭氧浓度事件的发生。

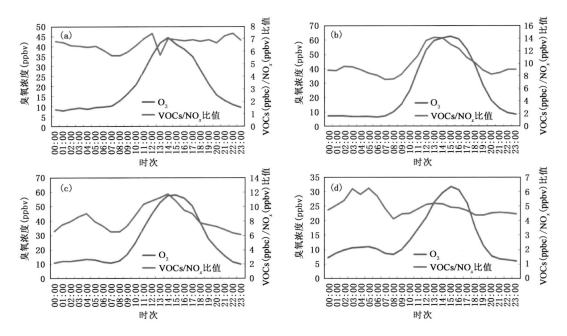

图 3.54　广州番禺大气成分观测站 VOCs/NO$_x$ 比值和臭氧浓度在各季节的变化
(a)春季;(b)夏季;(c)秋季;(d)冬季

由于高浓度的臭氧会严重危害人体健康,为了进一步研究高浓度臭氧下臭氧的控制策略,选取在监测期间高浓度臭氧日进行分析(高浓度臭氧日是指当天臭氧小时值超 93 ppbv)。由图 3.55 可知,在中午高臭氧浓度情况下,NO$_x$ 浓度控制能够短暂地降低高臭氧浓度峰值,而在早晨和夜晚,臭氧浓度相对较低时,NO$_x$ 浓度的控制能够短暂升高臭氧浓度。因此,在高臭氧浓度发生时,更加注意控制 NO$_x$ 排放源的排放,从而达到控制高浓度臭氧事件发生的目的。

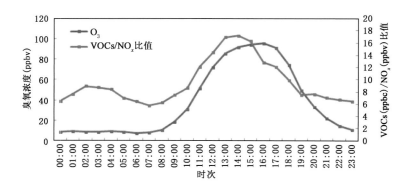

图 3.55　广州番禺大气成分观测站 VOCs/NO$_x$ 比值和臭氧浓度在高浓度臭氧日的变化

在广州番禺大气成分观测站对近地面臭氧及其前体物 VOCs、NO$_x$ 进行了 1 年的连续观测,分析表明臭氧季节浓度变化呈现明显的春季和冬季低、夏季和秋季高的季节变化,前体物 VOCs 和 NO$_x$ 季节变化与臭氧相反;臭氧的日浓度变化呈现单峰变化规律,在 14:00 达到最大值,而臭氧前体物 VOCs 和 NO$_x$ 的日浓度变化呈双峰变化规律,在上下班高峰期达到最大值;夜晚基本没有光化学反应,臭氧的浓度趋势出现负增长变化,主要取决于臭氧的传输,中午光化学反应强烈,臭氧的浓度趋势呈现正增长,臭氧的光化学生成大于臭氧的化学损失。对 NO_2/NO 比值与臭氧浓度关系的分析中发现在夏季、秋季和冬季早晨 09:00 左右,臭氧浓度随着 NO_2/NO 比值升高而升高,NO_2/NO 比值在臭氧浓度出现峰值后达到最大值,在春季 NO_2/NO 比值表现与以上三个季节不同,这可能是由于春季气象因素导致。分析 VOCs 组分对臭氧生成的影响,发现从 VOCs 的体积混合比浓度和含碳数浓度来看,烷烃和芳香烃是该采样点大气中最主要的构成成分。而从臭氧产生潜力上看,芳香烃和烯烃是贡献最大的两个物种。其中,甲苯、间、对二甲苯和 1,3,5-三甲苯在芳香烃中最为重要,总共对臭氧产生潜力贡献约为 31.6%。值得注意的是,植物排放的异戊二烯的浓度虽然不是很高,但对臭氧的贡献非常大。通过各个季节的臭氧浓度和 VOCs/NO_x 比值的日变化规律分析,发现在高浓度臭氧事件易发生的夏季和秋季,在早晨(07:00—08:00)时,臭氧的生成处在 VOCs 控制区,降低 VOCs 浓度有助于进一步降低臭氧浓度。而当中午臭氧浓度出现峰值时,臭氧的生成处在 NO_x 控制区,应当通过控制 NO_x 的排放达到控制高浓度臭氧事件发生的目的。而在春季和冬季,臭氧的生成长期处在 VOCs 控制区,由于这两个季节臭氧浓度均相对比较低,虽然控制 NO_x 的排放能增加臭氧浓度,但不会出现高臭氧浓度事件发生。通过进一步对高浓度臭氧日进行分析,发现在高臭氧浓度发生时,应更加注意控制 NO_x 排放源的排放。

3.3.2　PAN 生成与 NO_x 和 VOCs 的关系

3.3.2.1　VOCs/NO_x 比值对 PAN 生成的影响

根据 PAN 在大气中的化学过程,NMHCs、NO_x 是 PAN 光化学反应的重要前体物,化学活性较高的 VOCs 在光化学反应中起着至关重要的作用。由于 OH 自由基与 VOCs 反应是大气光化学链式反应的开始,而在此过程中,VOCs 与 NO_x 争夺 OH 自由基。这对光化学反应产物产生重要影响,对 O_3 与 VOCs/NO_x 比值的研究表明:VOCs/NO_x 比值较小时,O_3 生成对 VOCs 浓度比较敏感;在 VOCs/NO_x 比值较大时,O_3 生成对 NO_x 浓度比较敏感。而 PAN 与 O_3 同为光化学反应的产物,有着相似的成因机理,因此有必要对 VOCs/NO_x 比值与 PAN 生成的关系进行分析。但是由于没有观测含氧的 VOCs(OVOCs),因此,只考虑观测到的 56 种 NMHCs 物种。图 3.56 给出了观测期间白天和夜晚 PAN 小时浓度与 TNMHCs/NO_x 的关系。TNMHCs/NO_x 比值介于 0.06~10.63 之间(以 ppbv 计),平均值为 1.6±1.08,相比于其他 PAN 浓度值较高的城区,观测到的 TNMHCs/NO_x 比值偏低,这可能与当地政府控制 NMHCs 的排放有关。在白天期间,PAN 的峰值浓度主要出现在 TNMHCs/NO_x 比值为 0.5~3.0 之间。较低的 TNMHCs/NO_x 的比值,却有较高的 PAN 浓度,说明除了本地光化学反应外,还存在其他过程对 PAN 造成影响。

3.3.2.2　PAN 与 VOCs-NO_x 比值的量化关系

作为 PAN、O_3 的前体物,TNMHCs、NO_x 对 PAN、O_3 的浓度变化起着重要的作用。从化学平衡的角度看,生成物与(PAN、O_3)与反应物(NMHCs、NO_x)之间必然存在某种关系,因此,从 PAN、O_3 与 NMHCs、NO_x 比值的角度探讨了生成物与反应物之间的关系,如图 3.57 所示,可以看出 PAN 与 PAN/TNMHCs 比值、PAN/NO_x 比值和 O_3 与 O_3/TNMHCs 比值、O_3/NO_x 比值呈现出明显的正相关性,其相关系数(R^2)分别为:0.88、0.86、0.75、0.76,但 O_3 与

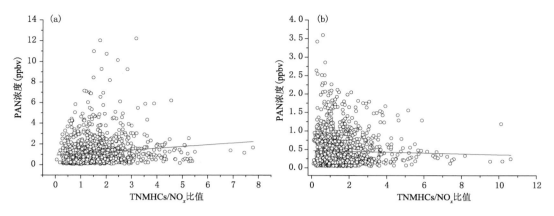

图 3.56　PAN 与 TNMHCs/NO$_x$ 比值的关系

（a）：白天；（b）晚上

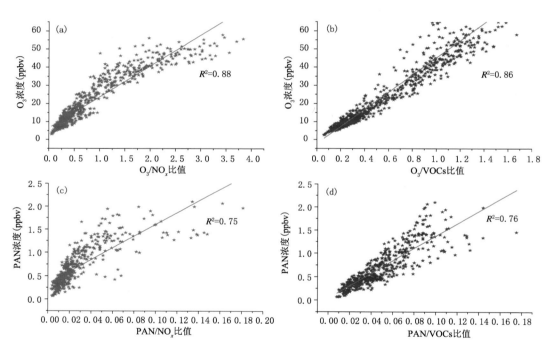

图 3.57　PAN-O$_3$ 与 VOCs-NO$_x$ 之间的量化关系（VOCs 为等效丙烯浓度）

NMHCs、NO$_x$ 的相关性比 PAN 要明显。一方面可能与化合物自身的性质有关。由于 PAN 的降解速率常数比 O$_3$ 的大（表 3.11），同等条件下 PAN 的降解更快。

表 3.11　不同大气温度下 PAN 和 O$_3$ 的降解速率常数

温度（℃）	20	30	40	50
$10^4 K_{O_3}$（s^{-1}）	1.35	1.85	2.42	3.7
$10^4 K_{PAN}$（s^{-1}）	3.0	3.1	3.7	4.3

另一方面，NO$_x$ 除参与到 PAN 的生成外，还参与 PPN、PBN 等含氮有机物的生成，化学过程复杂。此外，该图从另一方面也可以说明 NMHCs、NO$_x$ 减少对 PAN、O$_3$ 的影响。例如，在

图 3.57a 和图 3.57b 中,当 O_3 由 50 ppbv 降到 40 ppbv(20%),O_3/NO_x 比值减少 0.9,$O_3/TNMHCs$ 比值减少 0.2。同理,在图 3.57c 和 3.57d 中,当 PAN 由 2.0 ppbv 降到 1.5 ppbv (25%)时,PAN/NO_x 比值减少 0.039,$PAN/TNMHCs$ 比值减少 0.03,两者的值较为接近。

3.3.2.3 PAN-O_3 与 VOCs-NO_x 协同变化的量化关系

根据 PAN 和 O_3 的大气化学过程,为了分析光化学反应生成物与反应物之间的定量关系,引入了 K 值分析,并将 K 值定义为 PAN、O_3 浓度变化量乘积与 VOCs、NO_x 浓度变化量乘积的比值。根据污染物浓度日变化特征,将 PAN、O_3、VOCs 浓度变化量取自中午前后污染物达到的最大值与早上 06:00 浓度值的差值,NO_x 则为早上 06:00 浓度值与中午前后最小值的差值,分别用 ΔPAN、ΔO_3、$\Delta VOCs$、ΔNO_x 表示,即 K 值表达式为:

$$K = \frac{\Delta PAN \times \Delta O_3}{\Delta VOCs \times \Delta NO_x} \tag{3.43}$$

由于广州地处亚热带地区,季节变化不明显,但降雨集中,有明显的雨季(4—9 月)、旱季(10 月—次年 3 月)之分。因此,本节分别讨论广州地区雨季、旱季的 K 值变化,这与前面的季节及月份分析讨论并不相悖。如图 3.58 所示,旱季过程的 K 值约为 1,而雨季过程 K 值约为 0.8;这说明了旱季过程光化学反应生成物与反应物之间的定量关系比雨季过程较为明显。原因是旱季过程气候干燥、太阳辐射强,有利于光化学反应的发生,而雨季过程频繁发生沉降过程天气,这对污染物的浓度变化产生重要的影响;另一方面,雨季过程基本上都是观测点大气温度最高的时段(如夏季),这使得 PAN 的热分解加快,而旱季平均气温则较低,PAN 的热分解较弱。尽管探讨了 K 值变化,但是由于只考虑 VOCs 中的 NMHCs,并没有考虑 OVOCs 的影响,而 OVOCs 则是光化学反应重要的 VOCs 前体物。此外,CO,PM 等对光化学反应亦产生重要的影响,已有研究证实 PAN 与 PM 等存在很好的正相关关系(Lee et al.,2013),因此进一步的 K 值分析需考虑到这些因素的影响。

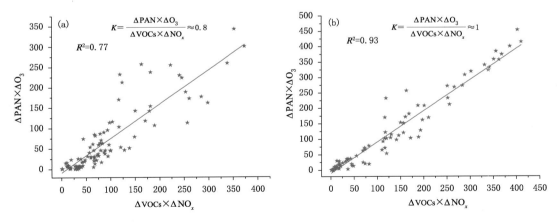

图 3.58　$\Delta PAN \times \Delta O_3$ 与 $\Delta VOCs \times \Delta NO_x$ 乘积散点图

(a)雨季;(b)旱季

3.3.2.4 VOCs、NO_x 浓度变化对 PAN 生成的敏感性分析

经典的 O_3 生成经验动力学模式方法(emipirical kinetic modeling approach,EKMA)曲线表明:O_3 的生成分为 VOCs 和 NO_x 控制区,并随着条件的不同两个控制区相互交替着。而 PAN 同为光化学反应产物。因此,认为 PAN 的生成也像 O_3 一样,存在 VOCs 和 NO_x 控制区。

为了讨论 TNMHCs、NO_x 对 PAN 生成的敏感性,对 1—5 月早上 08:00—10:00 观测的 PAN、TNMHCs、NO_x 小时浓度及其对应的温度进行了回归分析,回归方程如下:

$$PAN = 0.5412 - 0.0012 \times TNMHCs + 0.0049 \times NO_x - 0.0174 \times T \qquad (3.44)$$

式中,PAN、TNMHCs、NO_x 的浓度单位为 ppbv,T 的单位为℃;$R = 0.6$,$p < 0.001$。用此回归方程估算了 PAN 的浓度,并和实测的 PAN 浓度进行了对比,如图 3.59 所示,估算的 PAN 浓度和观测到的具有较好的线性相关性,也就是说两者具有如下关系:

$$PAN_{计算} = (0.15 \pm 0.02) + (0.61 \pm 0.05)PAN_{测量} \qquad (3.45)$$

式中,回归方程计算的 PAN 与测量的相关系数 R 为 0.71($p < 0.001$,样本数为 146)。说明估算的 PAN 的值具有一定的参考价值。如果没有其他因素影响,式中的斜率应该等于 1,然而,式(3.45)中的斜率仅为 0.61,显然存在其他未被考虑的因素对 PAN 的观测产生重要影响,例如太阳辐射。实际上,太阳辐射强能加快羟基自由基的生成速率,提高光化学氧化剂的水平,加快光化学反应速率,进而提高 PAN 的浓度。另一方面,太阳辐射强会加快 NO_2 的光分解及 PAN 的热分解,进而对回归估算 PAN 的浓度造成误差。

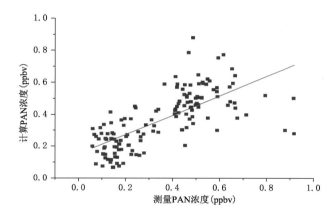

图 3.59　回归计算和实测的 PAN 浓度值散点图关系

采用 PAN 和 TNMHCs、NO_x 的线性回归讨论了该时段 TNMHCs 和 NO_x 浓度变化对 PAN 生成的相对重要性,如表 3.12 所示,所有的回归方程都通过 95% 的置信水平检验。

表 3.12　**PAN 和 TNMHCs、NO_x 的线性回归分析**

回归方程	R^2
$PAN = 0.5412 - 0.0012 \times TNMHCs + 0.0049 \times NO_x - 0.0174 \times T$	0.359
$PAN = 0.059 + 0.0055 \times NO_x$	0.231
$PAN = 0.21 + 0.0012 \times TNMHCs$	0.014

式中的 R^2 说明因变量随自变量变化的百分比变化,即是说 PAN 和 TNMHCs 的回归表明在早上 08:00—10:00 之间仅 1.4% 的 PAN 浓度变化是由 TNMHCs 水平引起的,而由 NO_x 造成的浓度变化为 23.1%。PAN 和 TNMHCs、NO_x 的多元线性则表明有 35.9% 的 PAN 受到 TNMHCs、NO_x 浓度变化的共同影响。这表明由 NO_x 浓度变化引起的 PAN 浓度变化比 TNMHCs 引起的变化要多,也就是说在早上 08:00—10:00 之间 PAN 的浓度变化更依赖于 NO_x 的浓度变化,即 PAN 的生成对 NO_x 浓度变化敏感。

通过 VOCs 和 NO$_x$ 的比值与 PAN 的关系发现,较低的 VOCs/NO$_x$ 的比值,对应较高的 PAN 浓度。PAN 的峰值浓度主要出现在 VOCs/NO$_x$ 比值为 0.5～3.0 之间。由于受气象及其他物理或化学过程的影响,旱季雨季过程的 K 值不一样,这表明在不同的季节影响光化学反应的因素不完全一样。PAN-O$_3$ 与 VOCs-NO$_x$ 之间良好的量化关系,值得作进一步的研究。对前体物(NO$_x$、VOCs)浓度变化与 PAN 生成的敏感性研究发现,PAN 的生成对 NO$_x$ 浓度变化较 VOCs 敏感,特别是在早上 08:00—10:00 期间,减少 NO$_x$ 将抑制 PAN 的生成。

3.3.3　VOCs 对 O$_3$ 与 SOA 的生成潜势

挥发性有机物(VOCs)是对流层臭氧的重要前体物,它是以臭氧为特征的城市光化学污染发生的关键控制性物质,同时也会造成二次有机气溶胶污染,其光化学氧化过程对城市臭氧和灰霾等复合型大气污染的形成非常重要。大气中 VOCs 的种类繁多,各物种的化学结构各异,这决定了它们参与大气复合污染的贡献。目前研究 VOCs 对臭氧生成潜势通常采用最大增量活性(MIR)因子加权法和等效丙烯浓度法。两种方法各有优劣,MIR 因子加权法不仅考虑了不同 VOCs 的动力学活性,还考虑了不同 VOCs/NO$_x$ 比例下同一种 VOCs 对臭氧生成的贡献不同,即考虑了机理活性,而等效丙烯浓度法只考虑了动力活性。同时,基于实际观测数据的 SOA 生成潜势的方法主要是基于 Grosjean 等(1989)、Grosjean(1992)烟雾箱实验提出的气溶胶生成系数(FAC)以及利用 OC/EC 比值法测算 SOA 的生成潜势,FAC 方法计算简单,能从 VOCs 的排放清单或实测的环境浓度直接估算出 SOA 的量,并且可以反映各 SOA 前体物的贡献,比如吕子峰等(2009)对北京市 2006 年夏季二次有机气溶胶进行了估算,检测到的 70 种 VOCs 中可产生 8.48 $\mu g/m^3$,崔虎雄(2013)对上海春季市区和郊区的二次有机气溶胶进行估算,检测到的 50 种 VOCs 中城区和郊区可产生 SOA 生成潜势量分别为 2.04 $\mu g/m^3$ 和 4.04 $\mu g/m^3$。值得注意的是,异戊二烯具有较强的化学反应活性,易与大气中的 OH 自由基和 NO$_3$ 自由基以及 O$_3$ 进行反应,生成的产物包括一些醛酮类物质,但是因为这些反应产物的挥发性较高,所以早期的研究认为异戊二烯并不是 SOA 的前体物,因此,Grosjean 的烟雾箱实验当时并没有给出异戊二烯的气溶胶生成系数 FAC,国内许多学者在基于 Grosjean 的烟雾箱实验基础上,采用 FAC 估算大气中 VOCs 对 SOA 生成潜势也没有将异戊二烯考虑进去。与大多数形成二次氧化产物的前体物不同,异戊二烯主要来源于植物排放,广州处于亚热带地区,高温和光照辐射给植被排放异戊二烯提供了有利条件。通过对广州番禺大气成分观测站的历史观测数据进行分析,发现在 P$_1$(2011 年 9 月 2—5 日)和 P$_2$(2012 年 6 月 12—15 日)期间发生典型灰霾过程并伴有高臭氧(O$_3$)浓度事件的发生(邹宇 等,2017)。分析 2011 年 6 月—2012 年 5 月在广州番禺大气成分观测站的异戊二烯的观测发现,它全年日均浓度为 1.12 ppbv,与其他亚热带地区(如香港、休斯敦和台北)相比要高,而这些亚热带地区的异戊二烯浓度与温带地区(如北京、伦敦和苏黎世)相比明显高出很多。鉴于此,本节采用 Grosjean 在大量烟雾箱实验数据和大气化学动力学数据的基础上提出的 FAC 值外,增加了吕子峰等(2009)关于异戊二烯的 FAC 值,从而对广州地区异戊二烯的二次有机气溶胶贡献进行估算。

3.3.3.1　VOCs 对 SOA 生成潜势方法

基于 Grosjean 等(1989)、Grosjean(1992)的烟雾箱实验,采用 FAC 估算大气中 VOCs 对 SOA 生成潜势公式如下:

$$SOAp = VOCs_0 \times FAC \tag{3.46}$$

式中，SOAp 是 SOA 生成潜势，$\mu g/m^3$；$VOCs_0$ 是排放源排出的初始浓度，$\mu g/m^3$；FAC 是 SOA 的生成系数。考虑到受体点测的 VOCs 往往是经过氧化后的浓度 $VOCs_t$，它与排放源排出的初始浓度 $VOCs_0$ 之间的关系可通过如下公式表示：

$$VOCs_t = VOCs_0 \times (1 - FVOCr) \tag{3.47}$$

式中，FVOCr 为该 VOCs 物种中参与反应的分数。

按 Grosjean 等(1989)、Grosjean(1992)的假设，SOA 的生成只在白天(08:00—17:00)发生且 VOCs 只与 OH 自由基发生反应。VOCs 生成 SOA 的产率是固定的，不随环境条件而变化，根据烟雾箱实验提出气溶胶生成系数 FAC，来反映 SOA 与初始 VOCs 浓度间的关系，并对多种 VOCs 的气溶胶生成系数进行测定，计算用到的 FAC 和 FVOCr 由烟雾箱实验获得(表 3.13)。由于早期的研究认为异戊二烯并不是 SOA 的前体物，Grosjean 的烟雾箱实验当时并没有给出异戊二烯的气溶胶生成系数，采用了吕子峰等(2009)使用的异戊二烯的 FAC 值(2%)计算得到 $VOCs_0$，从而计算得到异戊二烯对气溶胶的生成潜势。

$$VOCs_t = \frac{VOCs_0 \times \int_0^{8h} e^{-K_{OH} \times [OH] \times t} dt + (1 + e^{-K_{OH} \times [OH] \times 8h}) \times (24h - 8h)/2}{24h} \tag{3.48}$$

式中，假设大气中的 OH 自由基浓度不变，参考吕子峰等(2009)采用的 OH 自由基浓度值(5.7×10^7 个$/cm^3$)，t 为光化学反应持续时间，K_{OH} 为 VOC 组分与 OH 自由基反应速率常数。

表 3.13 采用的 FAC 和 FVOCr 系数(%)

物种	FAC	FVOCr	物种	FAC	FVOCr
甲基环戊烷	0.17	10	苯	2	10
环己烷	0.17	14	甲苯	5.4	12
正庚烷	0.06	14	乙苯	5.4	15
甲基环己烷	2.7	20	间,对二甲苯	4.7	34
2-甲基庚烷	0.5	10	邻二甲苯	5	26
3-甲基庚烷	0.5	10	异丙基苯	4	13
正辛烷	0.06	17	正丙基苯	1.6	12
正壬烷	1.5	20	间乙基甲苯	6.3	31
正癸烷	2	22	对乙基甲苯	2.5	21
正十一烷	2.5	25	邻乙基甲苯	5.6	23
1,3-二乙苯	6.3	47	1,3,5-三甲苯	2.9	74
1,4-二乙苯	6.3	47	1,2,4-三甲苯	2	58
1,2,3-三甲苯	3.6	51			

3.3.3.2 复合污染过程期间污染物及能见度的时间序列

选取两次典型污染过程 P_1 和 P_2 的污染物(PM_1、$PM_{2.5}$、VOCs、NO_x、O_3)以及能见度的资料进行比对分析。由图 3.60a 可知，观测点在 P_1 时段发生典型灰霾过程，日平均能见度变化范围为 $5.78 \sim 6.91$ km，PM_1 和 $PM_{2.5}$ 与能见度的变化趋势呈反相关，$PM_{2.5}$ 在 2011 年 9 月 4 日最大 1 h 浓度达到 93.9 $\mu g/m^3$。臭氧前体物 VOCs 和 NO_x 在 2011 年 9 月 4 日上午突然升高,最高 1 h 浓度分别达到 98.71 ppbv 和 116 ppbv,导致在 2011 年 9 月 4—5 日期间连续发生高浓度臭氧事件,1 h 臭氧的最大值分别为 131.5 ppbv 和 122.7 ppbv,最大 8 h 臭氧浓度分别为 92.14 ppbv 和 86.81 ppbv。此外,臭氧浓度的升高可能导致大气氧化性增强,加速了 VOCs 氧化产生 SOA,从而增加了颗粒物的浓度并最终引起大气能见度的下降和空气质量恶化,导致在 2011 年 9 月 4 日的日平均能见度达到最低值。由图 3.60b 可以看出,在 P_2 时段广州地区又经历了一次典型灰霾过程,日平均能见度变化范围为 5.60～9.25 km,颗粒物浓度在 2012 年 6 月 13 日开始突然升高,1 h 浓度均值达到 89.7 $\mu g/m^3$,接下来两天时间,颗粒物 $PM_{2.5}$ 浓度保持较高,日均值分别为 58.99 $\mu g/m^3$ 和 56.50 $\mu g/m^3$。臭氧前体物 VOCs 和 NO_x 在 2012 年 6 月 14 日上午突然升高,造成高浓度臭氧事件,臭氧 1 h 浓度达到 115.9 ppbv。从这两次典型过程的分析可知,由于颗粒物的浓度较高,可能导致颗粒物对辐射衰减比较多,从而影响大气光化学反应的能量驱动,但是由于臭氧前体物 VOCs 和 NO_x 的升高加速了大气光化学反应进程,导致在灰霾过程中也可能发生高臭氧浓度事件。而大气氧化性的增加在一定程度上促使 VOCs 氧化形成 SOA,可能会进一步引起能见度的恶化。

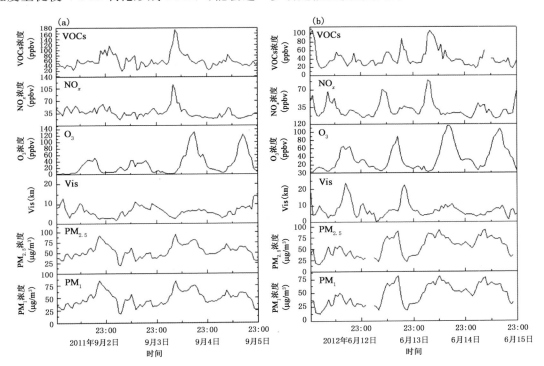

图 3.60　观测期间 P_1(a)和 P_2(b)广州番禺大气成分观测站大气中的 VOCs、NO_x、O_3、PM_1、$PM_{2.5}$ 浓度以及能见度(Vis)的变化

3.3.3.3　复合污染过程中 O_3 与 SOA 的生成潜势

大气中 VOCs 的种类繁多,各个物种的化学结构不同,决定了它们参与大气化学反应的能力和对复合型大气污染的贡献。本节使用等效丙烯浓度法和最大增量反应活性评估 P_1 和 P_2 两次污染过程 VOCs 对臭氧的生成贡献。图 3.61a 显示了 P_1 时段 VOCs 各组分的特征,从体积混合比浓度来看,烷烃类的比重最大,占总 VOCs 浓度的 57%,低碳化合物(小于 5 个碳原子)在烷烃中占主导地位,约占总 VOCs 浓度 29.34%。其次是芳香烃占 24%,烯烃最小为

19％。从含碳浓度来看,烷烃比重最大为50％,芳香烃的比重上升为36％,烯烃最小为14％。这说明当采用体积混合比浓度时,低碳烷烃化合物的重要性会被高估。从等效丙烯浓度和MIR因子加权浓度来看,烯烃和芳香烃占主导地位,两物种合计分别占41％、39％和28％、54％,最后是烷烃。图3.61b显示P₂时段VOCs各组分特征,从体积混合比浓度来看,烷烃类的比重最大,占总VOCs浓度的57％,其次是芳香烃占31％,烯烃最小为12％。烯烃和芳香烃虽然在体积混合比浓度所占比重较小,但是在VOCs活性的比重却很大,从等效丙烯浓度和MIR因子加权浓度来看,烯烃和芳香烃两物种分别占35％、46％和22％、61％。就排名前10名的VOCs物种而言,两个污染过程(表3.14和表3.15)分别有8个物种和9个物种完全相同,只是排名顺序不同,对臭氧产生重要贡献的物种有异戊二烯、甲苯、乙苯、间,对二甲苯、邻二甲苯和1,2,4-三甲苯。这说明采用这两种方法可以在一定程度上反映VOCs各物种的臭氧生成潜力,尤其对那些臭氧产生贡献较大的物种的描述上一致性较大。由于这两种计算方法在原理上存在差异,造成采用这两种方法对臭氧生成潜势的评估中会有不同。进一步将这两种方法估算的臭氧生成潜势与观测期间臭氧浓度进行比较分析(图3.62),发现在P₁和P₂时段,MIR和等效丙烯浓度具有很好的一致性,估算臭氧生成潜势的峰值在一定程度反映观测的臭氧峰值,臭氧生成潜势较大,臭氧峰值浓度也较高,尤其在高臭氧浓度事件中表现更加明显(如2011年9月4日和2012年6月14日)。观测臭氧峰值与估算潜势峰值在时间上不能完全对应,这可能是实际VOCs光化学反应产生臭氧需要一定的反应时间和臭氧异地输送等因素所致。总之,采样点监测臭氧浓度除了与局地光化学反应有关,还与气象因素有很大关系,这对用臭氧生成潜势来表征实际观测臭氧浓度带来不确定性,但是臭氧生成潜势方法仍能够较好地说明局地光化学反应特征(邹宇 等,2017)。

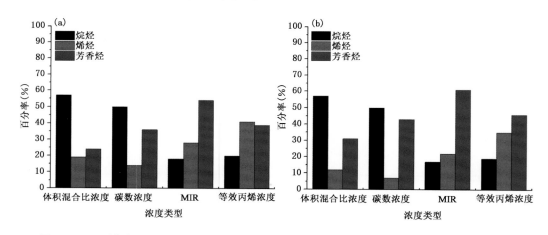

图3.61　观测期间P₁(a)和P₂(b)广州番禺大气成分观测站VOCs各物种的浓度与活性比例

表3.14　观测期间P₁采用等效丙烯浓度和MIR因子加权的臭氧生成贡献的前10 VOCs物种排名

等效丙烯浓度排名		MIR因子加权排名	
物种	百分率(％)	物种	百分率(％)
异戊二烯	30.06	甲苯	16.58
甲苯	7.06	异戊二烯	11.49
间,对二甲苯	7.00	间,对二甲苯	10.47

续表

等效丙烯浓度排名		MIR 因子加权排名	
物种	百分率（%）	物种	百分率（%）
苯乙烯	5.08	乙烯	5.88
乙苯	3.85	乙苯	5.87
1,2,4-三甲苯	3.54	丙烯	5.36
1,3,5-三甲苯	3.48	邻二甲苯	4.72
丙烯	3.22	1,2,3-三甲苯	3.48
邻二甲苯	2.36	1,3,5-三甲苯	2.61
正壬烷	2.15	异戊烷	2.47

表 3.15　观测期间 P_2 采用等效丙烯浓度和 MIR 因子加权的臭氧
生成贡献的前 10 VOCs 物种排名

等效丙烯浓度排名		MIR 因子加权排名	
物种	百分率（%）	物种	百分率（%）
异戊二烯	21.81	间,对二甲苯	22.56
间,对二甲苯	16.32	甲苯	20.56
甲苯	9.47	异戊二烯	7.71
苯乙烯	8.75	邻二甲苯	8.21
顺-2-戊烯	6.78	乙苯	5.18
邻二甲苯	4.44	乙烯	4.63
环己烷	3.83	顺-2-戊烯	3.76
乙苯	3.67	丙烯	3.10
1,2,4-三甲苯	2.36	1,2,4-三甲苯	2.14
丙烯	2.01	环己烷	2.04

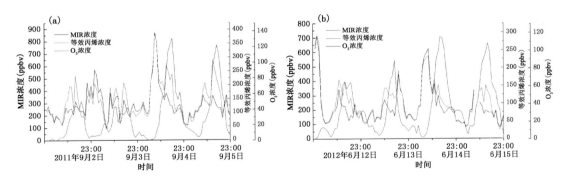

图 3.62　观测期间 P_1(a)和 P_2(b)广州番禺大气成分观测站大气中的臭氧生成潜势与观测臭氧浓度的变化

　　VOCs 不仅是臭氧生成的前体物,也是 SOA 的前体物,而 SOA 是细颗粒物重要组成部分,它是挥发性或者半挥发性有机物经过氧化和气粒分配产生的,由于 VOCs 物种不同,反应速率也不尽相同。因此通过在广州地区这两次典型污染过程 P_1 和 P_2 的 VOCs 对 SOA 的生成潜势进行估算有重要意义。本节是基于 Grosjean 等(1989)的烟雾箱实验和吕子峰等(2009)提出的气溶胶生成系数(FAC)对 SOA 的生成潜势进行评估。在监测的 55 种 VOCs 中对 SOA 具有潜势的物种共有 26 种,其中烷烃有 10 种,烯烃有 1 种,芳香烃有 15 种。图 3.63a 表明污染过程 P_1 的 SOA 生成量为 1.88 $\mu g/m^3$,其中烷烃、烯烃和芳香烃 SOA 的生成量分别占 13.2%、21.4% 和 65.4%,对 SOA 生成贡献最大的物种分别为甲苯、异戊二烯、乙苯、间,对二甲苯、甲基环己烷等。图 3.63b 表明污染过程 P_2 的 SOA 生成量为 1.49 $\mu g/m^3$,其中烷烃、烯烃和芳香烃 SOA 的生成量分别占 4.6%、13.8%、81.6%,芳香烃对 SOA 的生成贡献的所占比重较前一次污染过程有较大提升,对 SOA 生成贡献最大的物种与前一次污染过程相同。进一步将估算的 SOA 生成潜势与观测的 $PM_{2.5}$ 浓度比较分析(图 3.64),发现估算 SOA 生成潜势与观测的 $PM_{2.5}$ 浓度变化具有较好的一致性,说明估算 SOA 生成潜势在一定程度上很好地反映出 $PM_{2.5}$ 中 SOA 生成的大致量级。需要指出的是,由于本节测得的 SOA 前体物偏少,

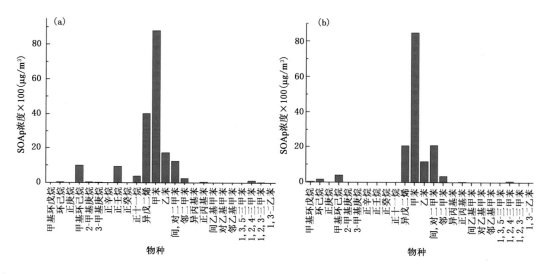

图 3.63 观测期间 P_1(a)和 P_2(b)广州番禺大气成分观测站 VOCs 关键物种的二次有机气溶胶生成潜势(SOAp)

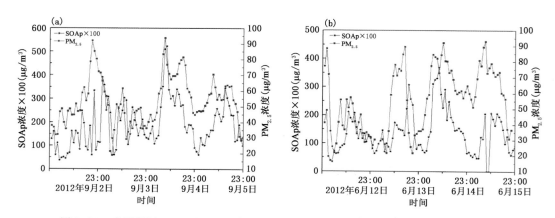

图 3.64 观测期间 P_1(a)和 P_2(b)广州番禺大气成分观测站大气中的二次有机气溶胶生成潜势与观测 $PM_{2.5}$ 浓度的变化

而且 Grosjean 等(1989)、Grosjean(1992)假设 SOA 的生成只在白天(08:00—17:00)发生,且 VOCs 只与 OH 自由基发生反应,但实际 VOCs 的生成 SOA 的途径还包括与 NO_3 自由基和 O_3 的反应。因此,FAC 法估算的 SOA 生成潜势会比实际值偏低。此外,实际环境中 SOA 的生成还与气温、湿度、酸度、辐射强度、大气压力有关,用一个固定的 FAC 值来表示 SOA 的产率会出现较大的偏差,但是通过 FAC 计算得到的 SOA 生成潜势仍能给出一些 SOA 的重要信息,比如 SOA 生成的大致量级,以及各前体物的相对贡献等,FAC 方法测算结果对判断复合型大气污染防控重点仍然具有非常重要指导意义。

3.3.3.4　复合污染过程气象要素对污染物的影响

大气中的污染物与气象因素关系密切,气象因素不仅对一次前体污染物的排放有重要影响,还影响着一次污染向二次光化学生成转换,在不利条件的诱发下,往往容易形成严重的大气光化学污染和大气灰霾现象。如图 3.65a 和图 3.66a 所示,在污染过程 P_1 中,日相对湿度变化范围为 77.29%~83.46%,较高的相对湿度是导致能见度恶化并最终发生大气灰霾现象的重要原因。2011 年 9 月 3 日早晨盛行东北风向,臭氧前体物 VOCs、NO_x 和颗粒物(PM_1 和 $PM_{2.5}$)从城区吹来,且 1 h 风速最高不超过 1.5 m/s,这有利于污染物的累积。在中午时,低湿高温且光照强烈,使光化学反应加强,导致臭氧大量生成并且积聚,从而发生高臭氧事件。在 2011 年 9 月 4 日早晨,由于风向的变化,前体物 VOCs 和 NO_x 浓度相对较低,但是中午的低湿高温且光照强烈,仍使臭氧浓度保持比较高。如图 3.65b 和图 3.66b 所示,在污染过程 P_2 中,日相对湿度变化范围为 78.92%~86.42%,相对湿度与能见度呈反相关,较高相对湿度导致能见度降低从而发生大气灰霾现象。与上一次典型污染过程类似,2012 年 6 月 14 日早晨由于受污染物传输和静小风的共同影响,导致观测站污染物(VOCs、NO_x、PM_1 和 $PM_{2.5}$)的浓度升高,中午在有利的气象条件下,臭氧大量生成从而引发此次灰霾过程的高臭氧事件。

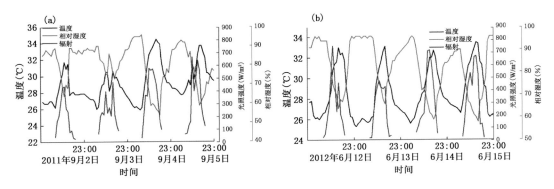

图 3.65　观测期间 P_1(a)和 P_2(b)广州番禺大气成分观测站的温度、湿度和辐射的连续时间变化序列

广州番禺大气成分观测站在 P_1(2011 年 9 月 2—5 日)和 P_2(2012 年 6 月 12—15 日)期间出现低能见度与高臭氧的复合污染现象,日能见度变化范围分别为 5.78~6.91 km 和 5.60~9.25 km;1 h 臭氧的最大值分别为 131.5 ppbv 和 115.9 ppbv,最大 8 h 臭氧浓度分别为 92.14 ppbv 和 91.29 ppbv。在污染过程 P_1 期间,烷烃、烯烃、芳香烃的体积分数分别占 VOCs 的 57%、24%、19%。烯烃和芳香烃活性最高,对等效丙烯浓度和最大臭氧浓度的贡献分别为 41%、39% 和 28%、54%。在污染过程 P_2 期间,烷烃、烯烃、芳香烃的体积分数分别占 VOCs

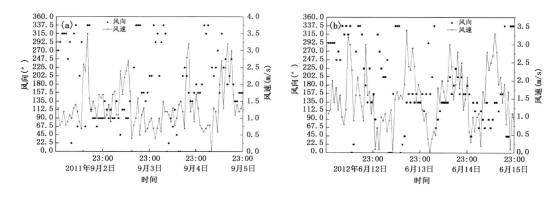

图 3.66　观测期间 P_1(a)和 P_2(b)广州番禺大气成分观测站的风向及风速的连续时间变化序列

的 57％、31％、12％。烯烃和芳香烃的活性最高,对等效丙烯浓度和最大臭氧浓度的贡献分别为 35％、46％和 22％、61％。两个污染期间都对臭氧产生重要贡献的物种有异戊二烯、甲苯、乙苯、间,对二甲苯、邻二甲苯和 1,2,4-三甲苯。

利用 FAC 估算 SOA 的生成潜势发现,监测的 55 种 VOCs 物种中对 SOA 的生成潜势的物种有 26 种,其中烷烃、烯烃和芳香烃分别有 10 种、1 种和 15 种。在污染过程期间 P_1,烷烃、烯烃和芳香烃对 SOA 的生成潜势分别占 13.2％、21.4％ 和 65.4％,而在污染过程期间 P_2,烷烃和芳香烃分别占 4.6％、13.8％、81.6％。两个污染过程期间 VOCs 对 SOA 生成贡献较大的物种有甲苯、异戊二烯、乙苯、间,对二甲苯、甲基环己烷。这两次灰霾过程同时伴有高臭氧浓度事件发生的共同原因:早晨以东北风为主,观测站点的污染物从中心城区吹来,臭氧前体物 VOCs 和 NO_x 浓度升高,中午在高温低湿且光照强烈的气象条件下发生光化学反应产生。

3.3.4　一次典型光化学污染过程 PAN 和 O_3 分析

PAN 和 O_3 是大气中的重要二次污染物,同时也是大气光化学污染的重要指示剂。但是二者的来源不尽相同,对流层 O_3 来源主要是平流层输送和对流层光化学反应,除少量由平流层 O_3 向近地面输送外,由人类活动排放的 VOCs 和 NO_x 经过大气光化学产生的二次污染是对流层 O_3 的主要来源;而 PAN 没有天然源,只有人为源,即全部由污染产生,绝大多数 VOCs 都能作为 O_3 的前体物,但是 PAN 的前体物 VOCs 则为能够产生 $CH_3C(O)OO(PA$ 自由基)的那部分 VOCs。二者去除过程也不同,NO 对 O_3 的化学滴定是去除 O_3 的主导因素,而 PAN 在受 NO 影响的同时,更多与温度有关。PAN 是对流层 NO_x 的重要储库,它在低温条件下稳定,随气团进行远距离传输并通过热分解产生 NO_2,由此影响对流层 O_3 和 OH 自由基的分布,从而影响不同地区的大气光化学污染水平。高浓度的 PAN 和 O_3 加重空气污染,同时对人体健康造成诸多不利影响。

目前国内对 O_3 的监测较多,从 20 世纪 90 年代中期至 2010 年,珠江三角洲地区 O_3 年平均浓度以 $1.0 \sim 1.6 \ \mu g/(m^3 \cdot a)$ 的速度增长(Lee et al.,2014)。结合近几年来广州番禺大气成分观测站的历史观测数据,广州地区在 2010—2016 年期间共发生高值臭氧日(日最大臭氧 8 h 超过 80 ppbv,并且持续 4 h)174 天,且多发生在夏、秋季。这是由于夏季光照强烈、气温较高,而秋季则可能是盛行北风,气团来自污染的大陆地区,再加上广州、佛山地区的一次排放,整个区域都出现较为严重的 O_3 污染。相比光化学二次产物 O_3,国内对 PAN 的研究起步较晚,由于 PAN 物质的不稳定性特点,对它的监测比较困难,导致国内 PAN 监测数据十分有限。国内首先是 Zhang 等(1994)在北京城区对 PAN 进行了第一次监测,之后相继在甘肃、青海、上海以及广东等地进行监测,相关城市的研究发现 PAN 与 O_3 的变化规律较为一致,并显示出一定的相关性。然而这些研究缺少对 PAN 和 O_3 前体物 VOCs 的同步观测,因此无法对 PAN 与 O_3 之间的内在化学机理进行深入研究。此外,相关研究发现广州地区在发生光化学污染过程时,往往大气氧化性增强,二次有机气溶胶(SOA)增加,细粒子($PM_{2.5}$)比重增加,这也是导致广州地区大气复合污染频发的原因之一。因此,对广州地区典型光化学污染过程分析意义重大(邹宇 等,2019)。

3.3.4.1 典型光化学污染过程污染物浓度变化规律

对 2010—2016 年期间发生在广州地区时间最长的一次典型光化学污染过程(2012 年 10 月 1—9 日)进行分析(图 3.67),O_3 小时日平均浓度在 48.7～67.1 ppbv 范围变化,O_3 小时平均浓度和日最大 O_3 8 h 平均浓度分别为 56.5 ppbv 和 93.7 ppbv。光化学污染过程期间,最大 O_3 小时浓度分别为 97.1 ppbv(15:00)、103.6 ppbv(15:00)、140.6 ppbv(17:00)、121.9 ppbv(15:00)、110.5 ppbv(15:00)、103.9 ppbv(16:00)、112.3 ppbv(16:00)、101.9 ppbv(16:00)和 96.5 ppbv(16:00),均超过国家二级标准 O_3 小时平均浓度 93 ppbv(200 $\mu g/m^3$)。最大 O_3 8 h 浓度分别为 86.2 ppbv、93.8 ppbv、113.7 ppbv、99.3 ppbv、91.7 ppbv、89.6 ppbv、97.5 ppbv、86.4 ppbv 和 85.2 ppbv,均超过国家二级标准日最大 O_3 8 h 平均浓度 75 ppbv(160 $\mu g/m^3$)。最大 PAN 浓度为 4.7 ppbv,NO 整体浓度较低,对 O_3 的化学滴定和 PAN 的去除影响较小。虽然光化学前体物 VOCs 浓度较低(小时日平均浓度为 17.1～28.6 ppbv),而根据前人的研究(Li et al.,2013;Zou et al.,2015),广州地区 O_3 峰值生成处于 NO_x 控制区,此污染过程的 NO_2 浓度整体较高更有利于 O_3 和 PAN 的形成。此过程期间的风速较低(小时平均风速 1.0～1.7 m/s),污染物的积累较多;太阳辐射在正午(12:00 左右)较为强烈,而此时的相对湿度处在最低值,这有利于光化学反应生成 O_3 和 PAN,然而白天温度较高,这在一定程度上导致 PAN 的热解(图 3.68)。由于夜间的温度较低,PAN 容易通过大气输送到较远地方,在此光化学污染过程期间,通过分析发现 PAN 在 2012 年 10 月 2 日凌晨 02:00 左右出现一个小峰(图 3.67),由于夜间基本不发生光化学反应,这是由于传输导致,而其他时段 PAN 的单峰日变化规律明显。结合 2012 年 10 月 2 日 02:00 18 h 后向轨迹进行分析(图 3.69),绿、蓝、红色线分别为离地面 1500、500、10 m 处后向轨迹,可见监测点近地面主要受途经清远的大陆气团影响,而低空主要受途经韶关、惠州的气团影响,而中空主要来自监测点的东北方向,受途经河源、惠州和东莞的气团影响,由于 PAN 的传输受温度影响很大,因此,相对于近地面而言,低中空的途经惠州和东莞气团对监测点 PAN 的影响较大(气团后向轨迹数据来源:http://ready.arl.noaa.gov/HYSPLIT_traj.php)。

对污染物的日变化进行分析(图 3.70),发现在早晨 06:00 左右,机动车排放大量的 NO 和 VOCs,导致 NO 和 VOCs 浓度上升,浓度分别增加到 3.19 ppbv 和 35.51 ppbv,而此时的太阳辐射增强,NO_2 浓度也上升,在早晨 09:00 达到最大值,而此时 NO_2 开始大量光解生成 O_3,并且 NO_2 与 PA 自由基反应生成 PAN。PAN 和 O_3 的日变化基本一致,都呈现单峰变化规律,说明 PAN 和 O_3 都是白天大气光化学反应的二次产物。白天 PAN 的峰值出现在下午

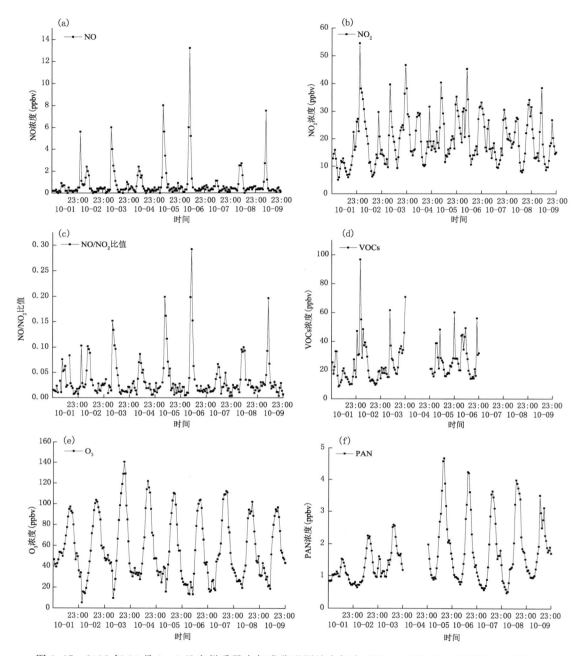

图 3.67 2012 年 10 月 1—9 日广州番禺大气成分观测站大气中 NO(a)、NO₂(b)、NO/NO₂ 比值(c)、
VOCs(d)、O₃(e)、PAN(f)的时间序列

14：00，早于 O₃ 的峰值（下午 16：00），这主要是大气中的 PAN 浓度受热解的影响。夜晚 PAN
浓度主要是受热解和沉降影响（韩丽 等，2012），由于凌晨夜间的温度以及 NO/NO₂ 比值均较
低，因此，白天大气光化学反应产生的 PAN 并没有完全损耗，夜间 PAN 浓度维持在约
0.88 ppbv，而夜晚 O₃ 主要是通过 NO 化学滴定去除，NO 浓度低也导致夜间 O₃ 浓度维持较
高（29.36 ppbv），此外，夜晚大气边界层高度降低也有利于 PAN 和 O₃ 浓度的积累。

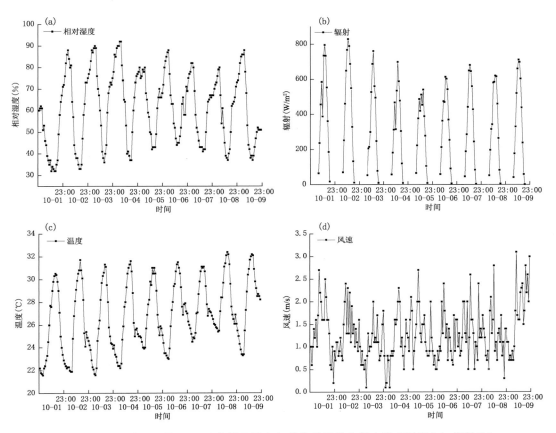

图 3.68　2012 年 10 月 1—9 日广州番禺大气成分观测站大气中相对湿度(a)、辐射(b)、
温度(c)和风速(d)的时间序列

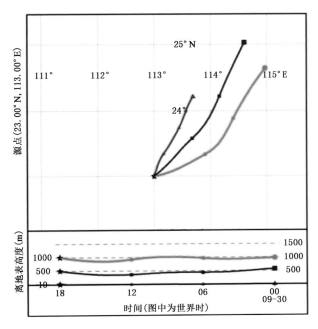

图 3.69　2012 年 10 月 2 日广州番禺大气成分观测站 18 h 后向轨迹图

对污染物的日变化进行分析(如图 3.70 所示),发现在早晨 06:00 左右,机动车排放大量的 NO 和 VOCs,导致 NO 和 VOCs 浓度上升,浓度分别增加到 3.19 ppbv 和 35.51 ppbv,而此时的太阳辐射增强,NO_2 浓度也上升,在早晨 09:00 达到最大值,此时 NO_2 开始大量光解生成 O_3,并且 NO_2 与 PA 自由基反应生成 PAN。PAN 和 O_3 的日变化基本一致,都呈现单峰变化规律,说明 PAN 和 O_3 都是白天大气光化学反应的二次产物。白天 PAN 的峰值出现在 14:00,早于 O_3 的峰值(16:00),这主要是大气中的 PAN 浓度受热解的影响。夜晚 PAN 浓度主要是受热解和沉降影响,由于凌晨夜间的温度以及 NO/NO_2 比值均较低,因此,白天大气光化学反应产生的 PAN 并没有完全损耗,夜间 PAN 浓度维持在约 0.88 ppbv,而夜晚 O_3 主要是通过 NO 化学滴定去除,NO 浓度低也导致夜间 O_3 浓度维持较高 (29.36 ppbv),此外,夜晚大气边界层高度降低也有利于 PAN 和 O_3 浓度的积累。

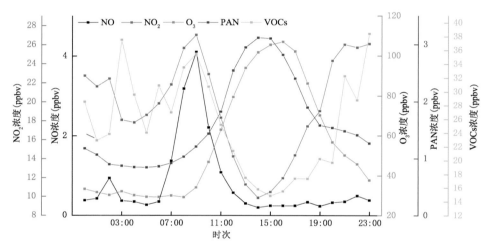

图 3.70　2012 年 10 月 1—9 日广州番禺大气成分观测站 VOCs、NO_2、NO、PAN、O_3 浓度的平均日变化

3.3.4.2　典型光化学污染过程污染物之间相互关系

对流层中的 O_3 的净生成源于大气中的过氧自由基将 NO 转化成 NO_2,PA 自由基是过氧自由基的一个重要组成部分,它同时参与 O_3 的生成以及与大气中 NO_2 反应生成 PAN。因此,PAN 与 O_3 应该是呈一定的正相关关系。如图 3.71a,PAN 和 O_3 具有一定的线性关系($R^2 = 0.55$),相关系数通过 0.05 显著性水平 t 检验,表明它们主要受到局地光化学污染的影响,但是还受到其他因素的影响。首先二者的前体物 VOCs 物种并不完全相同,大气中几乎所有反应性 VOCs 都能够光化学反应生成 O_3,但是只有能够产生 PA 自由基的 VOCs 物种才能生成 PAN;其次二者的去除机制也有所不同,O_3 主要通过 NO 的化学滴定消耗去除,而 PAN 主要是通过热解去除。图 3.71b 可以看出,PAN 与 O_x 的线性相关 R^2 为 0.56,与 PAN 和 O_3 相关性差不多,这表明污染期间 O_3 受 NO 的化学滴定影响相对较小,从图 3.71c 也可以进一步看出,绝大部分 NO 的浓度主要分布在低值区,而此时对应的 O_3 浓度较大,NO 对 O_3 的去除影响较小,这有利于 O_3 和 PAN 的线性相关。图 3.71d 表明 NO_2 光解产生 O_3,NO_2 与 O_3 的线性关系呈反相关;图 3.71e 表明 NO_2 与 PAN 线性关系不明显。图 3.71f 和图 3.67 所示,基本上所有的高浓度 PAN 都出现在较低的 NO/NO_2 比值,这与前人研究结果一致(Yang et al.,2009)。较低 NO 浓度不利于 PAN 的热解,这是由于分解出来的 PA 自由基可以与

NO 反应,由于 NO 少,PA 自由基被 NO 去除少,因此 PA 自由基能够与 NO₂ 保持一个动态平衡,降低 PAN 的热解损失。

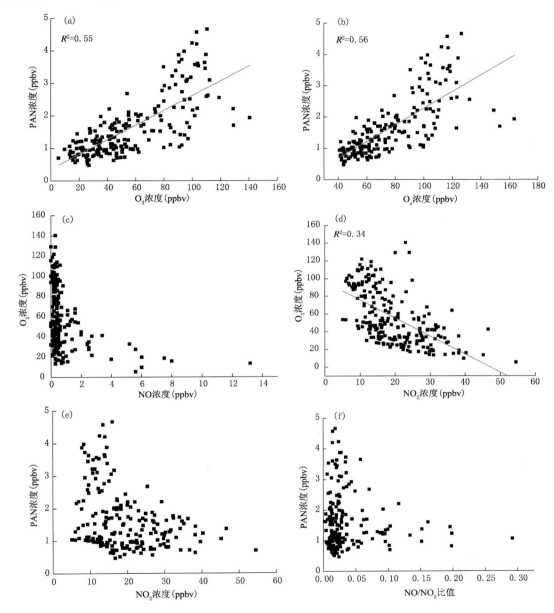

图 3.71　2012 年 10 月 1—9 日广州番禺大气成分观测站 PAN 与 O₃(a)、PAN 与 Oₓ(b)、O₃ 与 NO(c)、O₃ 与 NO₂(d)、PAN 与 NO₂(e)和 PAN 与 NO/NO₂ 比值(f)的日小时值散点图

3.3.4.3　典型光化学污染过程 VOCs 对 O₃ 和 PAN 的影响

前面已经分析了同为 NOₓ 与 VOCs 光化学反应产物的 PAN 和 O₃ 之间存在一定的线性关系,而 O₃ 与 PAN 生成的前体物 VOCs 物种不完全相同是影响它们线性关系的重要因素。因此,通过采用 PAN 和 O₃ 的日最高浓度的比值变化可以大致判断形成 PAN 和 O₃ 的主要 VOCs 组分变化。由于 PAN 的前体 VOCs 是能够产生 PA 自由基的那部分 VOCs,本节包括

乙烯、丙烷、丙烯、1-丁烯、异戊二烯、甲苯、乙苯、间,对二甲苯和邻二甲苯。如图 3.72 和图 3.73 所示,PAN 与 O_3 之间的日最大浓度比值和 PAN 前体 VOCs 与总 VOCs 比值的变化趋势一致,且它们相关性通过 0.05 显著性水平 t 检验,即当 PAN 与 O_3 日最大浓度比值呈上升趋势时,说明主导 PAN 生成的 VOCs 物种占总反应 VOCs 的比例有所上升,这与前人研究的结论相似(Zhang et al.,2009,2015c)。如图 3.73 所示,在此次典型光化学污染过程中,生成 PAN 的 VOCs 物种所占 VOCs 比例在 44.7%~51.6% 范围变化,生成 PAN 的 VOCs 物种中,乙烯、丙烷、异戊二烯和甲苯所占 VOCs 的比例较大,分别占 8.5%、17.1%、13.3% 以及 12.4%。需要说明,由于 VOCs 仪器故障导致在观测期间有 4 天 VOCs 数据缺测,这将给相关结论增加一些不确定性。

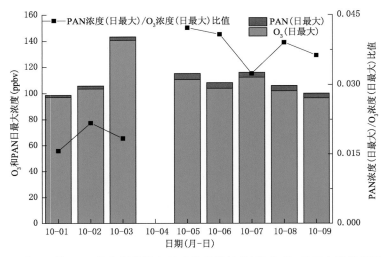

图 3.72　2012 年 10 月 1—9 日广州番禺大气成分观测站 PAN 和 O_3 日最大浓度以及它们的比值

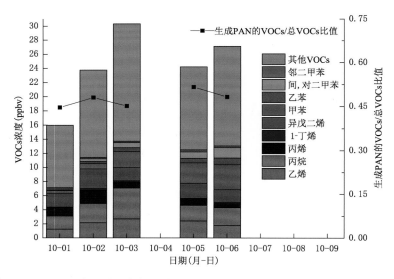

图 3.73　2012 年 10 月 1—9 日广州番禺大气成分观测站白天 PAN 的前体物组分浓度以及占总 VOCs 的比例

　　图 3.74 分别给出了最大增量活性 MIR 因子加权浓度方法和等效丙烯浓度法得到采样点的 VOCs 组分特征。从 MIR 因子加权浓度和等效丙烯浓度来看,烯烃和芳香烃占主导地位,

烯烃和芳香烃的 MIR 因子加权浓度占比在 81.8%～87.4%范围变化,而烯烃和芳香烃的等效丙烯浓度占比则在 84.1%～93.6%范围变化。表 3.16 给出了 MIR 因子法和等效丙烯浓度法计算得到的 VOCs 物种的臭氧产生潜力排名,从表中可以看出对臭氧生成潜势较大的物种有异戊二烯、1,3,5-三甲苯、丙烯、间,对二甲苯以及甲苯。用这两种方法得到的结果既有一致的地方,又存在差异。在排名前 8 的物种中,所有物种完全相同,只是排名的顺序不同,这说明采用这两种方法都可以在一定程度上反映 VOCs 各物种的 O₃ 生成潜力。此外,结合图 3.72 和图 3.74,估算 O₃ 的生成潜势和实测的 O₃ 的日最大浓度的变化趋势基本吻合,这也说明 O₃ 生成潜势方法能够较好的说明局地光化学反应特征。然而大气环境 O₃ 浓度除了与局地光化学反应有关,还与远距离传输有很大关系,这对用 O₃ 生成潜势来表征实测 O₃ 浓度带来不确定性,但是 O₃ 生成潜势方法仍能够较好地说明局地光化学反应特征。

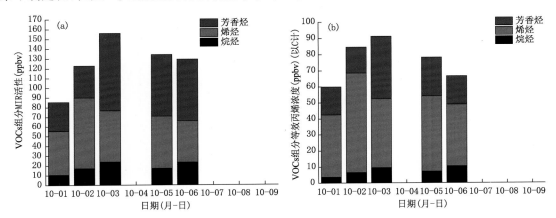

图 3.74 2012 年 10 月 1—9 日广州番禺大气成分观测站白天 VOCs 各物种的活性比例
(a)MIR;(b)等效丙烯浓度

表 3.16 2012 年 10 月 1—9 日广州番禺大气成分观测站采用 MIR 因子加权和
等效丙烯浓度的臭氧生成贡献前 8VOCs 物种排名

MIR 因子加权排名		等效丙烯浓度排名	
物种	百分率(%)	物种	百分率(%)
异戊二烯	24.7	异戊二烯	52.7
1,3,5-三甲苯	16.4	1,3,5-三甲苯	17.8
甲苯	11.9	间,对二甲苯	5.9
间,对二甲苯	10.9	丙烯	4.2
丙烯	8.7	甲苯	4.1
乙烯	7.1	乙烯	1.8
异戊烷	2.6	异戊烷	1.6
乙苯	2.6	乙苯	1.4

此外,PAN 与 O₃ 的比值在一定程度上反映污染程度,Hartsell 等(1994)总结认为,城市地区 PAN 与 O₃ 的浓度比值为 0.07 左右,乡村等污染较轻的地区比值一般小于 0.01,广州地区这次污染过程的 PAN 与 O₃ 的比值在 0.02～0.04 范围变化(图 3.72),污染程度介于城市

与乡村之间。总之,PAN 和 O_3 浓度高低变化并不总是一致,所以仅有 O_3 来表征光化学污染事件还不全面,应该对 PAN 进行监测,O_3 和 PAN 的综合监测数据可以更好确定光化学污染事件进而更有效针对性地提出污染控制措施。

3.3.4.4 典型光化学污染过程 PA 自由基浓度估算

PAN 是在太阳光和 O_2 的参与下,由 VOCs 和 OH 自由基发生氧化反应生成 PA 自由基,然后再与 NO_2 反应生成,PA 自由基是 PAN 生成过程中最重要的中间物,它在对流层光化学反应中起着关键作用。和其他大气中的自由基一样,PA 自由基的直接测量是非常困难的,因此,在光化学污染过程期间对 PA 自由基的浓度估算有重要意义。PA 自由基的生成主要是乙醛、丁烯酮等物质的氧化,也可来自 PAN 的热解。除去大气光化学反应过程,一些动力和沉降过程也影响着水平和垂直污染物浓度分布。为了更加准确地对采样点 PAN 浓度变化进行描述,需要同时考虑物理过程和化学过程。理论上,PA、PAN 的浓度变化可以用以下方程式进行描述:

$$CH_3COO_2(PA) + NO_2 \rightarrow CH_3COO_2NO_2(PAN) \tag{3.49}$$

$$CH_3COO_2NO_2(PAN) \rightarrow CH_3COO_2(PA) + NO_2 \tag{3.50}$$

$$[PA] = k_2[PAN]/k_1[NO_2] \tag{3.51}$$

$$d[PAN]/dt = k_1[PA][NO_2] - k_2[PAN] + phys \tag{3.52}$$

$$d[PAN]/dt = k_1[PA][NO_2] - k_2[PAN] \tag{3.53}$$

$$[PA] = (d[PAN]/dt + k_2[PAN])/k_1[NO_2] \tag{3.54}$$

式中,k_1 和 k_2 表示方程式的反应速率,数值分别为 1.2×10^{-11} cm³/(mol·s) 和 3.8×10^{-4} s⁻¹ (Hartsell et al.,1994;Atkinson et al.,1997)。如图 3.75 所示,估算的 PA 自由基浓度与 PAN 浓度变化趋势一致,且白天高于夜晚,表明 PA 自由基主要来源于大气光化学反应并且是 PAN 生成过程中的重要中间物质。在此次大气光化学污染期间,PA 自由基浓度日均值在 0.11～0.16 pptv 范围变化,与其他地区相比,发现该光化学污染过程中的 PA 自由基浓度高于 1992 年 7—8 月在美国亚特兰大(PA 自由基浓度:0.06 pptv)和 2010 年 1 月 25 日—3 月 22 日在中国北京(PA 自由基浓度:0.0014～0.0042 pptv,前体物 NO_2 浓度 4.6 pptv～80.2 ppbv)的研究(Demore et al.,1997;Aneja et al.,1999),也表明此次发生光化学反应较为强烈。

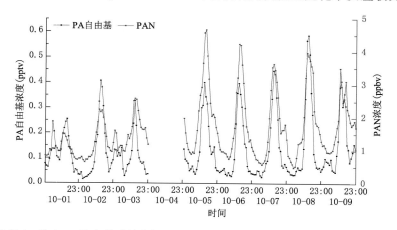

图 3.75　2012 年 10 月 1—9 日广州番禺大气成分观测站估算的 PA 自由基浓度和 PAN 浓度的时间序列

第4章 珠三角能见度、霾与气溶胶的观测研究

本章主要介绍珠三角能见度与霾的分布演变特征及其影响因子,概括了珠三角气溶胶的质量谱、成分谱、粒子谱与光学辐射特性的研究进展。

4.1 能见度与霾

大气气溶胶对人类环境影响最直观感觉的就是对能见度的影响,其实质是气溶胶光学特性对人眼可感知的可见光(390~750 nm)的影响。珠三角的能见度研究已从气溶胶的质量谱、成分谱、粒子谱与光学特性方面初步开展。由于能见度的影响因子十分复杂,能见度的时空演变特征不但与局地气象条件关系密切,能见度的高低更依赖于气溶胶的成分谱与粒子谱的特性。

4.1.1 能见度的定义与影响因子

按地面观测规范的规定,气象能见度是指视力正常的人在当时的天气条件下,能够从天空背景看到和辨认出目标物的最大水平距离。影响大气能见度的因素很复杂,从科学上主要有:大气气溶胶粒子数浓度及谱分布、气溶胶的化学组分、空气分子散射、污染性气体的吸收。还需考虑的客观因子有:①目标物的物理特性,其大小、形状、色彩和量度等;②背景的物理特性等;③光照的情况;④观测器械或人眼的特性等。在大气为水平均一情况下,理论上可以推导得出气象能见距 R(取对比感阈 $\varepsilon = 0.02$)和大气消光系数 β_e 有如下关系式,称为柯什密得(Koschmieder)能见度公式(盛裴轩 等,2003):

$$R = \frac{1}{\beta_e}\ln\frac{1}{\varepsilon} = \frac{3.91}{\beta_e}, \ \varepsilon = 0.02 \tag{4.1}$$

可见,能见度与表征大气光学特性参数的消光系数成倒数关系,大气中空气分子的消光作用比较弱(尤其是在气溶胶污染严重的城市地区),能见度的高低主要由气溶胶的消光特性所决定,实质上能见度也是气溶胶光学特性参数的一种度量参数。另外,美国国家环境保护局(EPA)还定义了霾指数(HI:haze index;单位为 dv :deciviews)的计算公式(US EPA,2003):

$$HI = 10\ln\frac{\beta_e}{10} \tag{4.2}$$

当大气中没有气溶胶存在时,β_e 取等于 10 Mm^{-1},相当于大气中空气分子的消光系数,因此,无气溶胶情况下霾指数 HI=0。

4.1.2 霾的定义与业务规范

按中华人民共和国气象行业标准(QX/T 113—2010),定义霾为大量极细微的干尘粒等均匀地浮游在空中,使水平能见度小于 10.0 km 的空气普遍浑浊现象。霾使远处光亮物体微带黄、红色,使黑暗物体微带蓝色。灰霾天气符号为∞(注:我国部分地区也将受到人类活动显著影响的霾称为灰霾。香港天文台和澳门地球物理暨气象局称霾为烟霞)。

广东省气象局在业务中定义,灰霾日为日平均能见度小于 10 km,且日平均相对湿度小于等于 90%。连续三天及以上出现灰霾日的天气过程为灰霾过程。灰霾天气等级共分为四个等级:

轻微灰霾天气:5 km≤ 能见度<10 km 的灰霾日;

轻度灰霾天气:3 km≤ 能见度< 5 km 的灰霾日;

中度灰霾天气:2 km≤ 能见度< 3 km 的灰霾日;

重度灰霾天气:能见度< 2 km 的灰霾日。

当出现中度以上灰霾天气时,发布灰霾黄色预警信号: 。

4.1.3 广东省灰霾天气与能见度的分布特征

以 2017 年为例,广东省平均出现灰霾天气 30.5 天,比 2016 年同期多 1.5 天。从地域分布看,灰霾污染带主要分布在珠三角西部、粤西湛江及粤北、粤东个别地区。有 37 个观测站的灰霾日数超过全省平均水平,其中较多的 10 个观测站分别为吴川(87 天)、斗门(79 天)、新会(78 天)、廉江(78 天)、鹤山(66 天)、普宁(66 天)、台山(65 天)、黄埔(64 天)、湛江(61 天)、新兴(59 天);全省灰霾日数较少的 10 个观测站为南澳(0 天)、平远(1 天)、河源(1 天)、紫金(2 天)、梅县(3 天)、信宜(3 天)、大埔(4 天)、龙门(4 天)、上川(5 天)、蕉岭(7 天)(图 4.1)。

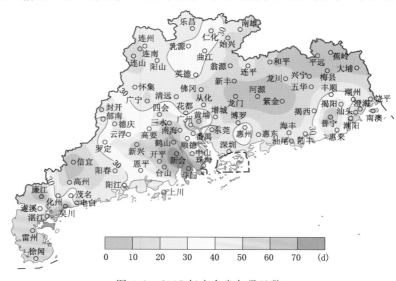

图 4.1　2017 年广东省灰霾日数

2017 年广东省平均能见度达 25.2 km,略低于 2016 年的能见度(25.4 km)。有 41 个观测站的能见度超过全省平均水平,较好的 10 个观测站分别为南澳、遂溪、平远、上川、大埔、梅县、信宜、乐昌、兴宁、高州,其中南澳的年均能见度为 43.2 km;较差的 10 个观测站为仁化、德庆、封开、黄埔、新会、吴川、廉江、连平、湛江、鹤山,其中仁化年均能见度为 14.1 km(图 4.2)。

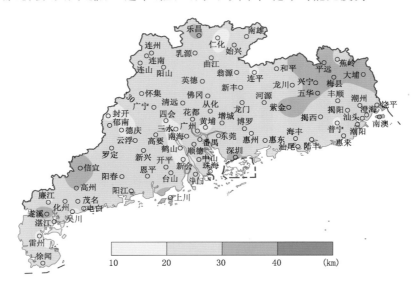

图 4.2　2017 年广东省能见度分布

与 2016 年相比,2017 年广东省大部分地区的平均能见度有所改善,上升较多的 10 个观测站为上川、南澳、大埔、平远、兴宁、顺德、广宁、台山、和平和开平,其中上川的平均能见度上升了 10.8 km;能见度下降较多的 10 个观测站分别为惠州、仁化、乐昌、郁南、增城、遂溪、惠东、揭阳、潮州和从化,其中惠阳能见度下降了 8.0 km。与往年相比,珠三角东部惠州一带、粤西遂溪一带、粤北仁化一带、粤东揭阳一带的能见度下降显著(图 4.3)。

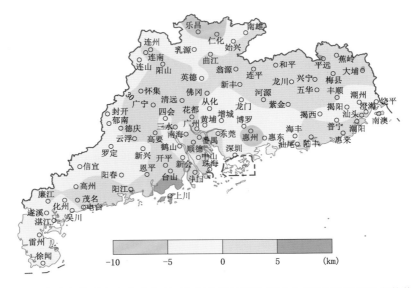

图 4.3　广东省能见度变化分布(2017 年的能见度数值减去 2016 年的能见度数值)

2017 年广东省灰霾天气主要发生在 1、3 月和 11、12 月,夏季较少,冬春季较多(图 4.4)。其中 1 月最多,全省平均灰霾日数为 7.2 天,8 月最少,仅有 0.1 天。

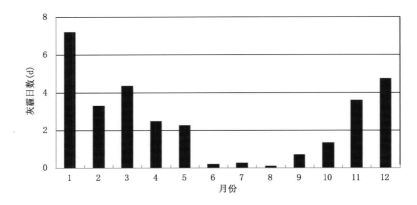

图 4.4　2017 年广东省平均灰霾日数月分布

2017 年广州市 5 个国家气象站平均灰霾日数为 34.2 天,比 2016 年(30.5 天)增多 3.7 天;2017 年广州地区灰霾天气主要发生在 1—5 月,下半年广州地区的灰霾天气明显减少(图 4.5)。

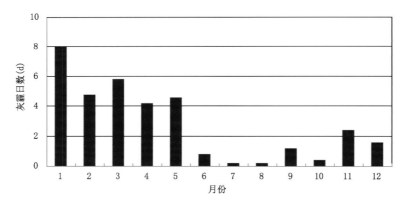

图 4.5　2017 年广州市逐月灰霾日数分布

4.1.4　广东省与珠三角区域灰霾天气演变

1980—2020 年广东省平均灰霾日数呈先增加后减少趋势;2008 年后,广东省灰霾日数总体呈下降趋势,2020 年广东省年平均灰霾日数创新低,降至 13.3 天,为 1980 年以来最低(图 4.6),表明了广东省大气污染治理的成效。2008 年,珠三角灰霾天气频发,多数城市灰霾日数在 100 天以上。2009—2020 年,珠三角九市的灰霾日数整体呈下降趋势,但期间(如 2017 年)有小幅升降波动现象;惠州市虽然在珠三角中灰霾日数最少,但其整体呈上升趋势;佛山市在珠三角地区中灰霾日数较多,但与各市差距逐渐减小。值得关注的是,粤西的灰霾日数 2016 年有上升态势,2018—2020 年灰霾日数基本持平,与其他区域呈下降趋势明显不同。

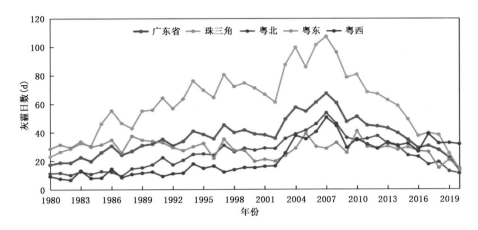

图 4.6　广东省与珠三角等区域 1980—2020 年灰霾日数变化

4.1.5　珠三角典型灰霾过程与成因分析

4.1.5.1　珠三角 2017 年典型灰霾过程统计分析

（1）2017 年广东省典型灰霾过程统计

2017 年广东省共发生了 20 次灰霾过程，其中珠三角地区共发生 8 次，粤北地区 2 次，粤西地区 8 次，粤东地区 2 次（表 4.1）。与 2016 年相比，珠三角、粤北地区灰霾天气过程分别下降了 2 次和 1 次，而粤西地区灰霾天气过程上升了 4 次。全省发生了 1 次连续 10 天以上的灰霾过程，发生连续 5 天以上、10 天以下的灰霾过程有 6 次，其中珠三角、粤北、粤西和粤东地区分别有 2 次、1 次和 3 次。

表 4.1　2017 年广东省各区域灰霾过程统计（次，≥3 个观测站）

地区	1 月	2 月	3 月	4 月	5 月	6 月	7 月	8 月	9 月	10 月	11 月	12 月	全年
珠三角	1	1	2	0	0	0	0	0	0	0	2	2	8
粤东	1	1	0	0	0	0	0	0	0	0	0	0	2
粤北	1	0	0	0	0	0	0	0	0	0	1	0	2
粤西	2	1	0	0	0	0	0	0	0	1	2	2	8
广东省	5	3	2	0	0	0	0	0	0	1	5	4	20

2017 年珠三角地区发生的唯一一次连续 10 天以上的灰霾过程在 1 月 1—11 日。2 次连续 5 天以上、10 天以下的灰霾过程分别在 2 月 18—22 日和 12 月 26—30 日。其中发生在 1 月 1—11 日的灰霾过程（图 4.7）颗粒物污染较为突出。广州番禺大气成分观测站观测到的 11 天内的平均能见度为 5.2 km，最低日均能见度仅 2.2 km。气溶胶浓度监测指标偏高，PM$_{2.5}$、PM$_1$ 浓度日均值最高分别达 126.0 $\mu g/m^3$ 和 108.3 $\mu g/m^3$，小时均值最高分别达 176.9.1 $\mu g/m^3$、154.8 $\mu g/m^3$。

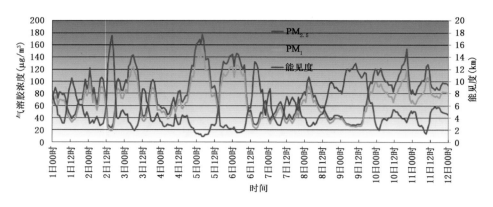

图 4.7　2017 年 1 月广州番禺大气成分观测站典型灰霾过程 PM$_{2.5}$、PM$_1$、能见度的日变化

（2）2017 年广东省灰霾预警信号发布情况及其影响

2017 年广东省共发布了 92 次灰霾黄色预警信号。其中珠三角共发布了 81 次，粤北地区 9 次，粤西地区 2 次，粤东地区 0 次。珠三角区域的灰霾预警信号发布频率为广东省最高，占广东省发布总次数的 88%。广东省灰霾预警信号在 1 月发布次数最多，珠三角地区为 60 次，粤北地区为 5 次，粤西地区为 2 次。广东省灰霾预警信号在 6、7 月发布次数最低，均为 0 次（表 4.2）。

表 4.2　2017 年广东省灰霾预警信号发布情况（发布次数）（次）

地区	1 月	2 月	3 月	4 月	5 月	6 月	7 月	8 月	9 月	10 月	11 月	12 月	全年
珠三角	60	0	2	0	3	0	0	1	2	3	4	6	81
粤东	0	0	0	0	0	0	0	0	0	0	0	0	0
粤北	5	1	1	1	1	0	0	0	0	0	0	0	9
粤西	2	0	0	0	0	0	0	0	0	0	0	0	2
广东省	67	1	3	1	4	0	0	1	2	3	4	6	92

2017 年 1 月广东省地区灰霾天气最为突出。其中 1 月 1—11 日发生了连续的灰霾天气，该过程影响范围广，持续时间长，是全年最严重的灰霾天气。灰霾天气对人体健康和交通出行均有不利影响。资料表明，1 月上旬佛山部分医院呼吸科的病人骤增，专家指出这可能是长时间灰霾天气伴随较高浓度的悬浮颗粒物，导致呼吸系统受到不良的影响；1 月 5 日，受灰霾天气影响，佛山水域能见度显著降低，佛山三水海事处辖区水域全部船只停航，共有 600 余艘船只受到不同程度影响。

（3）2017 年典型灰霾过程的影响天气型

2017 年广东省的 20 次灰霾天气过程分别发生在 1—3 月、11—12 月，其中 1、11 和 12 月发生的次数最多，3 月和 10 月次之。

经统计，广东省灰霾过程的天气形势通常有 6 种，即冷锋前、冷高压变性出海、静止锋暖区、均压场、副高控制和台风外围，而且一次灰霾过程期间往往受几种天气形势的影响。2017 年广东省灰霾过程中有 9 次属于冷锋前形势、8 次属于冷高压变性出海形势、2 次属于均压场形势、1 次属于副高控制形势、1 次属于台风外围的天气形势和 1 次属于静止锋暖区形势（图 4.8）。

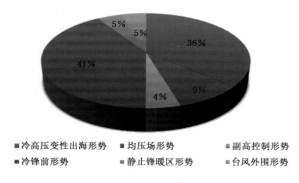

图 4.8　2017 年广东省灰霾过程影响天气型出现概率

4.1.5.2　广州 2012 年典型灰霾过程个例分析

（1）典型灰霾过程描述

2012 年广东省灰霾天气主要发生在 1—3 月和 10—12 月,夏季较少,其中 10 月最多。2012 年 3 月和 10 月,珠三角分别出现了两次典型灰霾过程,各项大气成分要素指标均严重超标。2012 年 3 月 18—21 日广州出现了较为严重的典型灰霾过程(图 4.9)。其中 3 月 20 日番禺日均能见度为 6.1 km,能见度小时均值最低仅 0.8 km;黑碳(BC)质量浓度、PM_{10}、$PM_{2.5}$、PM_1 质量浓度等监测指标偏高。黑碳质量浓度小时均值最高达 10.3 $\mu g/m^3$,PM_{10} 质量浓度小时均值最高达 163.2 $\mu g/m^3$,$PM_{2.5}$、PM_1 质量浓度小时均值最高分别达 112.6、88.9 $\mu g/m^3$。2012 年 10 月 3—16 日珠三角出现了大范围的灰霾过程,其中 10 月 13—15 日为广州市的典型灰霾过程(图 4.10),10 月 15 日番禺日均能见度低至 5.3 km,能见度小时均值最低仅 2.9 km;黑碳质量浓度、可吸入颗粒物质量浓度、细粒子气溶胶质量浓度等多项监测指标出现超标现象,细粒子与黑碳粒子污染特征较为明显。黑碳质量浓度小时均值最高达 19.0 $\mu g/m^3$,PM_{10} 质量浓度小时均值最高达 198.0 $\mu g/m^3$,$PM_{2.5}$、PM_1 质量浓度小时均值最高分别达 163.0、147.4 $\mu g/m^3$。相对而言,10 月的典型灰霾过程持续时间较长、覆盖范围较广、强度较大(李菲 等,2014)。

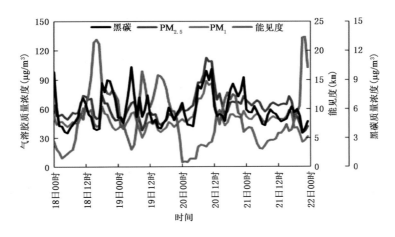

图 4.9　2012 年 3 月 18—21 日广州番禺大气成分观测站能见度、黑碳、$PM_{2.5}$、PM_1 日变化

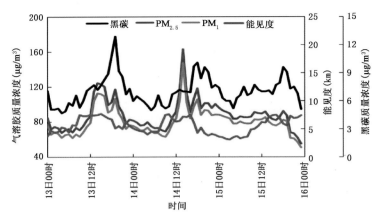

图 4.10　2012 年 10 月 13—15 日广州番禺大气成分观测站能见度、黑碳、$PM_{2.5}$、PM_1 日变化

（2）影响的天气型

对应两个典型灰霾过程，按冷锋前、冷高压变性出海、静止锋暖区、均压场、副高控制、台风外围 6 种天气形势对每个过程中经历的灰霾天气分析天气类型，然后汇总每个过程先后处于的不同天气形势。

2012 年 3 月 18—21 日的较为严重的典型灰霾过程先后属于冷锋前—均压场—冷锋前天气形势。18 日广东省高层为一致西南风场，湿度较高；地面我国中东部有冷空气活动，冷高中心在内蒙古东部，锋面位于江南流域，广东省地区有弱的正变压（图 4.11a），广州出现灰霾天气。19 日随着地面冷高减弱，同时西南低涡趋于发展，广州地区逐渐转处东高西低的均压场中，地面吹偏南风，风速较小（图 4.11b），广州出现灰霾天气。20 日北方有冷空气补充，地面冷高压再次南压，锋面 11 时压至南岭附近，受锋前空气堆积影响（图 4.11c），随后广州出现灰霾天气。21 日，地面冷高东移出海，广州地区从地面至高层转为一致南到东南风场（图 4.11d），随后出现灰霾天气。

2012 年 10 月 13—15 日的典型灰霾过程先后经历了台风外围—准均压场—冷锋前天气类型。12 日 20 时，500 hPa 东亚高纬主要维持两槽两脊形势，中纬为偏西流场，多小槽活动，巴士海峡以东洋面有 1221 号强台风"派比安"活动，华南为弱反气旋环流控制；850 hPa 广东省为较一致的偏北风场；地面受弱脊控制。受高低层一致的反气旋下沉气流影响，广州天气晴，无灰霾。13 日，中高层基本环流形势少变，仍为反气旋环流控制；地面处于准均压场中，风速很小，同时继续受缓慢北上的"派比安"外围下沉环流影响，广州出现轻雾天气（图 4.12a）。14—15 日，500 hPa 中纬有多个西风小槽快速东移，引导弱冷空气影响我国东部地区，期间 850 hPa 低层快速由东北风场转为冷高压后部的偏南风场（图 4.12b、图 4.12c）。14 日广东省地面处于脊后槽前的准均压场中，地面风场渐转东南风；我国东部的弱冷空气低层渗透至南岭北部，有一风向复合线位于南岭附近（图 4.12d）。受冷暖气团堆积及"派比安"外围下沉环流共同影响，14 日开始广东省多地区相继出现雾/霾天气，其中广州 15 日出现持续的灰霾天气。16 日中高纬有明显西风槽东移，引导北方一股较强冷空气中路南下，锋面 17 日白天到达沿海地区，此次灰霾过程结束。

（3）地面气象要素对污染物的影响

2012 年 3 月 18—21 日较严重的典型灰霾过程中，广州的小时风速均在 5 m/s 以内，主导

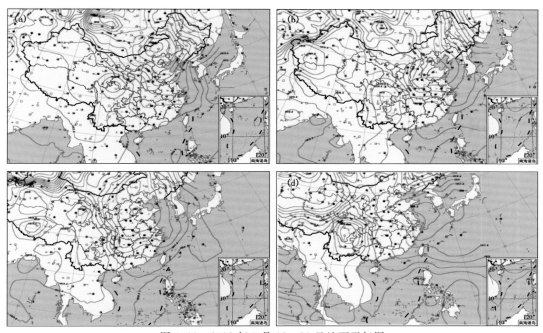

图 4.11　2012 年 3 月 18—21 日地面天气图

(a)18 日 11 时；(b)19 日 11 时；(c)20 日 11 时；(d)21 日 14 时

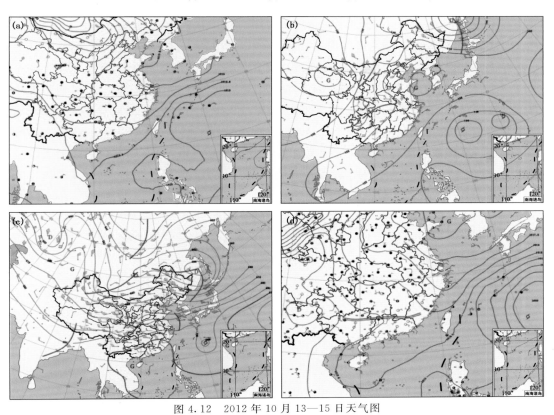

图 4.12　2012 年 10 月 13—15 日天气图

(a)13 日 08 时；(b)14 日 08 时；(c)14 日 20 时；(d)15 日 17 时

风向为偏南风向。在此风向上,PM$_{2.5}$质量浓度小时均值和黑碳质量浓度小时均值,均在静小风区对应高浓度区;小风速比大风速时的质量浓度相对较高,且偏东南风向的浓度随风速递减效果弱于偏南风向(图 4.13)。说明此次灰霾过程中,PM$_{2.5}$、BC 的高质量浓度大部分来源于广州本地,部分来自偏东南方向;主导风速逐渐增加,对 PM$_{2.5}$、BC 的高浓度起到一定的清除作用,但偏东南风向的气溶胶和黑碳质量浓度较高,可能的原因是,与偏南气流带来的海洋气团不同,站点东南方向的东莞、惠州城市以及沙角电厂等源排放可能导致 PM$_{2.5}$、BC 的较高浓度。

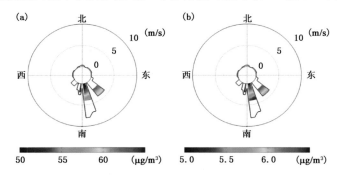

图 4.13　2012 年 3 月 18—21 日广州番禺大气成分观测站 PM$_{2.5}$和黑碳质量浓度在风向风速上分布图
(实线表示该风向的频率)
(a)PM$_{2.5}$;(b)黑碳

　　2012 年 10 月 13—15 日的大范围典型灰霾过程中,广州的小时风速均在 2.5 m/s 以内,小时风向以偏南风向为主,偏北风向次之(图 4.14),这与过程前期的冷空气刚过,天气转为稳定形势有关。在偏南风向上,PM$_{2.5}$质量浓度小时均值普遍高于 70 μg/m³,且该风向上静小风区对应高浓度区,偏西南风向相对偏东南风向的质量浓度较高;同一风向上,小风速比大风速时的质量浓度略微偏高(图 4.14a)。说明此次灰霾过程中,广州 PM$_{2.5}$高质量浓度的来源仍以广州本地为主,西南部相对于东南部来源较强;2.5 m/s 以下的风速对 PM$_{2.5}$的高浓度清除作用较不明显。黑碳质量浓度小时均值在偏南风向出现明显高值,同一风向随风速增大,BC 浓度略有减少(图 4.14b);说明广州本地偏南部为灰霾过程中 BC 高浓度的来源,偏南风带来的海洋气团对于其高浓度起到轻微的清除作用。

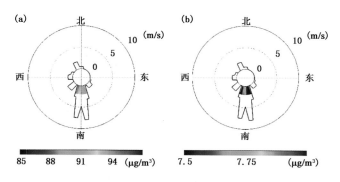

图 4.14　2012 年 10 月 13—15 日广州番禺大气成分观测站 PM$_{2.5}$和黑碳质量浓度在风向风速上分布图
(实线表示该风向的频率)
(a)PM$_{2.5}$;(b)黑碳

在 2012 年 3 月 18—21 日和 2012 年 10 月 13—15 日的两次典型灰霾过程中,风速在 2 m/s 左右,可以从图 4.15、图 4.16 中看到能见度变化与相对湿度变化明显反相关,随着相对湿度逐渐升高,能见度逐渐降低。而且图 4.17 显示,细粒子气溶胶(PM$_{2.5}$)质量浓度较高(65～114 μg/m^3)时期对应的能见度(<10 km)明显持续低于质量浓度较低时期的能见度。以上分析说明在水平扩散条件较差的时候,珠江三角洲地区 PM$_{2.5}$ 质量浓度普遍较高,低能见度的霾天气主要发生在高相对湿度的条件下。这与 Chen 等(2012)在华北地区的研究结果类似,气溶胶的吸湿特性是低能见度形成的一个关键因素。另外,从图 4.17 中红、黑点线和红、黑实线两组对应曲线的相互关系可以分析珠三角地区干湿季气溶胶吸湿性的差异。在干季,虽然气溶胶质量浓度相对湿季较高,但是随着相对湿度逐渐升高,能见度的降低程度相对较不明显;而在湿季,在相对湿度高于 70% 以后,能见度随相对湿度增长迅速恶化至 5 km 以下。因此,可以推断珠三角地区,湿季的气溶胶吸湿能力明显高于干季,这与以往的研究结论相符(Rose, 2010;Tan,2013a,2013b)。

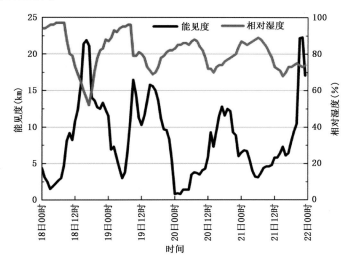

图 4.15　2012 年 3 月 18—21 日能见度与相对湿度对比图

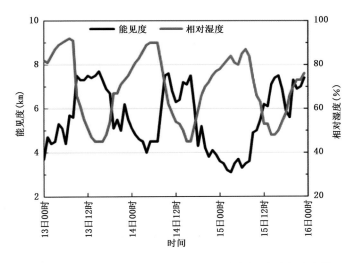

图 4.16　2012 年 10 月 13—15 日能见度与相对湿度对比图

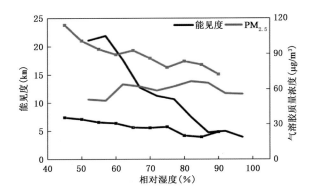

图 4.17　2012 年 3 月 18—21 日和 10 月 13—15 日能见度与相对湿度、气溶胶质量浓度对比图
（注：图中实线表示过程 3 月 18—21 日，点线表示过程 10 月 13—15 日）

（4）气流轨迹

2012 年 3 月 18—21 日较严重的典型灰霾过程（图 4.18）中，从 00:00UST 72 h 后向轨迹图（绿、蓝、红色线分别为离地面 1500、500、10 m 处后向轨迹，轨迹经过的地方如果存在污染物质，可能对轨迹沿途下游地方造成污染），可见 3 月 17—19 日（图 4.18a—c），广州地区中低空主要受到源自南面南海海域的海洋气团，途经珠三角西部的影响，近地面受到源自南面南海海域和东面台湾海峡的海洋气团，途经珠江口北上影响；近地面和中低空气流都较平稳。3 月 20 日（图 4.18d），广州地区中低空仍受较近距离南海海域的海洋气团北上，经珠江口后在广州地区上空停滞影响，近地面受源自东北面东海的海洋气团影响，途经东南沿海移动至珠江口，转而北上的海洋气团影响；近地面气流在 20—21 日呈明显下沉。2012 年 10 月 13—15 日的大范围典型灰霾过程中，从 00:00UST 72 h 后向轨迹图（绿、蓝、红色线分别为离地面 1500、500、10 m 处后向轨迹，轨迹经过的地方如果存在污染物质，可能对轨迹沿途下游地方造成污染），可见 10 月 12—13 日（图 4.19a—b），广州地区中低空主要受途经北方山西省、河北省、河南省、江苏省、浙江省、福建省及广东省内粤东地区等陆地气团影响，近地面由 12 日受途经湖北省、

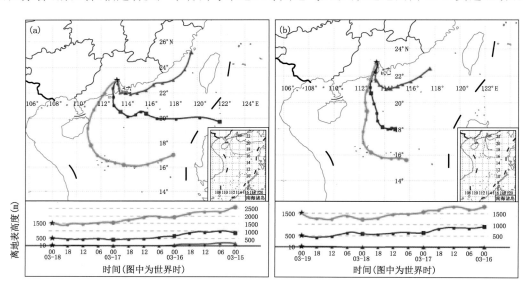

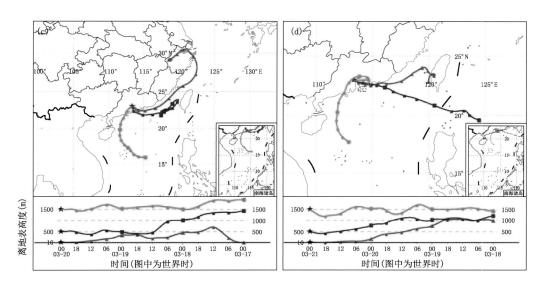

图 4.18 2012 年 3 月 18—21 日典型灰霾过程中广州番禺大气成分观测站 72 h 后向轨迹图
(a)18 日；(b)19 日(c)20 日；(d)21 日

江西省及广东省内粤东北地区、珠三角地区等陆地气团影响转为 13 日受浙江省、福建省沿海地区气团影响。10 月 14—15 日(图 4.19c—d)，广州地区 1500 m 高度仍受到途经湖南省进入粤北地区的陆地气团影响；近地面仍受途经浙江省、福建省沿海地区气团影响，特别在 15 日沿海地区气团出海后至珠江口向北移动影响广州地区；而 14 日低空的途经江苏省、浙江省、福建省沿海地区气团也对广州地区产生影响，15 日转为珠三角地区陆地气团较稳定影响。此次灰霾过程中低空气流下沉明显，12—13 日近地面气流较平稳。

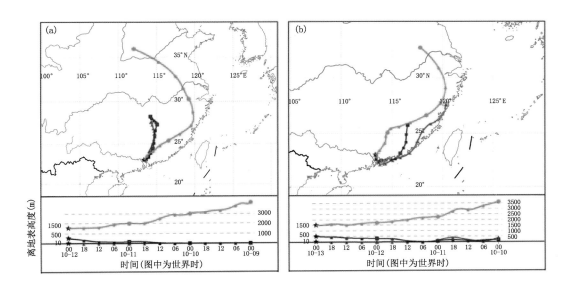

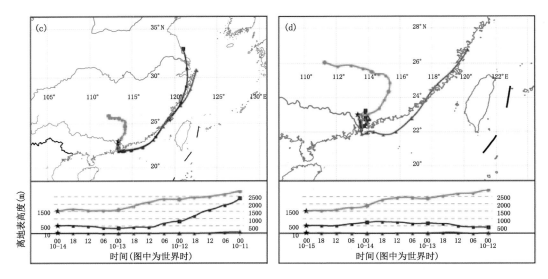

图 4.19　2012 年 10 月 12—15 日典型灰霾过程中广州番禺大气成分观测站 72 h 后向轨迹图
（注：以上后向轨迹图源自美国国家海洋大气局（NOAA）后向轨迹模式（HYSPLIT）计算结果
（http://ready. arl. noaa. gov/HYSPLIT_traj. php）
（a）12 日；（b）13 日；（c）14 日；（d）15 日

4.2
气溶胶的质量谱

　　大气气溶胶是指均匀分散于大气中的固体微粒和液体微粒所构成的稳定混合体系，其中的微粒统称为气溶胶粒子。一般在大气科学研究中，常用气溶胶代指大气颗粒物。PM_{10}：指环境空气中空气动力学当量直径小于等于 10 μm 的颗粒物，也称可吸入颗粒物。$PM_{2.5}$：指环境空气中空气动力学当量直径小于等于 2.5 μm 的颗粒物，也称细颗粒物。PM_1：指环境空气中空气动力学当量直径小于等于 1 μm 的颗粒物。

4.2.1　质量谱变化特征

　　广州番禺大气成分观测站使用仪器 GRIMM180 监测 PM 质量浓度，气路相对湿度（RH）控制在 RH＜40％，观测的 2007—2017 年大气气溶胶年平均浓度参见图 4.20。可见，广州番禺大气成分观测站的 PM_{10}、$PM_{2.5}$ 浓度 2007—2015 年整体呈下降趋势，但期间有小幅升降波动现象，2017 年的 PM_{10}、$PM_{2.5}$ 浓度分别为 54.7 和 45.6 $\mu g/m^3$，较 2016 年有所回升。

　　图 4.21、图 4.22 给出了 2005 年 11 月—2007 年 12 月，广州番禺大气成分观测站处气溶胶质量浓度的月、日变化情况。可见，PM_{10}、$PM_{2.5}$、PM_1 的年平均质量浓度为 88、63、56 $\mu g/m^3$，11、12 月是一年中气溶胶质量浓度最高的月份，PM_{10} 月平均高达 110 $\mu g/m^3$；冬、春季

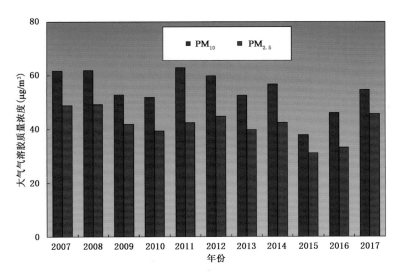

图 4.20　广州番禺大气成分观测站年平均 PM_{10}、$PM_{2.5}$ 质量浓度变化

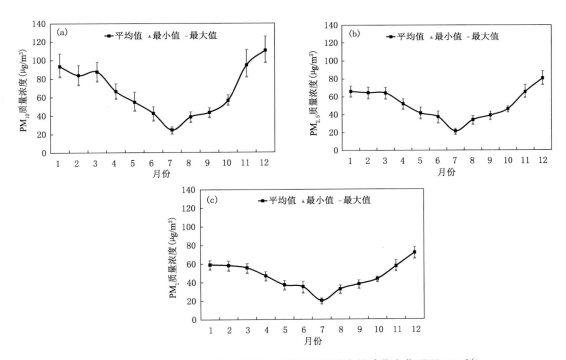

图 4.21　广州番禺大气成分观测站气溶胶质量浓度的季节变化（RH＜40％）

(a)PM_{10}；(b)$PM_{2.5}$；(c)PM_1

节气溶胶的质量浓度较高；11 月、12 月、次年 1 月污染物的方差较大，说明污染过程中污染物的累积与清除特征均比较明显。气溶胶质量浓度具有双峰型的日变化，在早上 09 时、傍晚 17 时具有峰值区间，且 $PM_{2.5}$、PM_1 在傍晚后 17—21 时均维持较宽广的峰值区间。

图 4.23 是比值 $PM_{2.5}/PM_{10}$、$PM_1/PM_{2.5}$、PM_1/PM_{10} 的月、日变化情况，可见 $PM_{2.5}/PM_{10}$ 比值平均为 0.75、$PM_1/PM_{2.5}$ 比值平均为 0.90、PM_1/PM_{10} 比值平均为 0.68，说明 PM_1 的分量

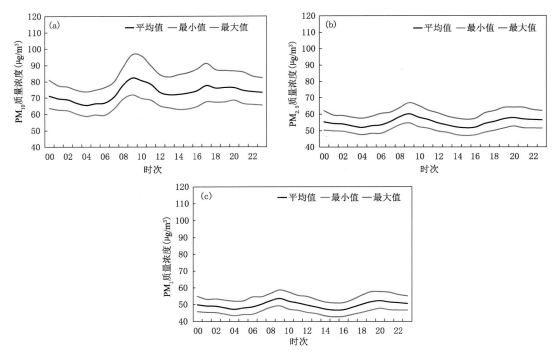

图 4.22 广州番禺大气成分观测站气溶胶质量浓度的日变化(RH<40%)
(a)PM₁₀;(b)PM₂.₅;(c)PM₁

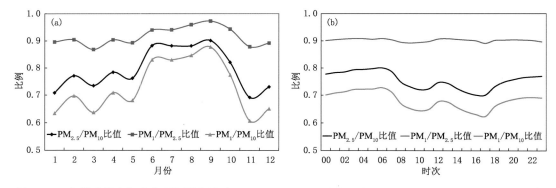

图 4.23 广州番禺大气成分观测站气溶胶 PM₁、PM₂.₅、PM₁₀ 之间比例的月(a)与日(b)变化(RH<40%)

很重。3 月各比值均出现一明显谷值,对比图 4.21,在 3 月 PM₁₀ 有一极值出现,而 PM₂.₅、PM₁ (尤其是 PM₁)并没有在 3 月出现明显的极值,因而,造成 PM₂.₅/PM₁₀、PM₁/PM₂.₅、PM₁/ PM₁₀ 在 3 月各比值均出现一明显谷值,说明在 3 月直径大于 2.5 μm 的粒子有明显的增大。 另一个值得注意的现象是从 9—11 月,比值 PM₂.₅/PM₁₀、PM₁/PM₂.₅、PM₁/PM₁₀ 呈下降趋势, 说明这期间粗粒子较细粒子明显增长。由比值 PM₂.₅/PM₁、PM₁/PM₂.₅、PM₁/PM₁₀ 的日变化 特征可见,呈双谷型,谷值区与图 4.22 的峰值区相对应。

图 4.24 是比值 BC/PM₁₀、BC/PM₂.₅、BC/PM₁ 的月、日变化,可见,BC/PM₁₀ 比值平均为 0.12、BC/PM₂.₅ 比值平均为 0.15、BC/PM₁ 比值平均为 0.17,一年之中比值 BC/PM₁₀、BC/

PM$_{2.5}$、BC/PM$_1$ 在 11 月、12 月相对较小，在 3 月、5 月、10 月出现相对极大值。比值 BC/PM$_{10}$、BC/PM$_{2.5}$、BC/PM$_1$ 出现双峰型日变化，峰值分别出现在早上 07—08 时与 19—20 时，与上下班高峰时间相吻合，说明机动车排放大量的 BC 污染物。

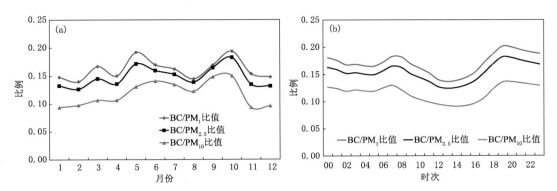

图 4.24　广州番禺大气成分观测站气溶胶 BC 与 PM$_1$、PM$_{2.5}$、PM$_{10}$ 之间比例的月（a）与日（b）变化（RH＜40%）

图 4.25 是 PM$_{10}$、PM$_{2.5}$、PM$_1$ 的概率分布，可见，PM$_{10}$、PM$_{2.5}$、PM$_1$ 最高频出现在 40～80 $\mu g/m^3$ 之间。PM$_{10}$、PM$_{2.5}$、PM$_1$≤100 $\mu g/m^3$ 的出现频率分别是 67%、85%、90%。但值得注意的是，PM$_{10}$ 大于 200 $\mu g/m^3$ 还有 7% 的出现概率，PM$_{2.5}$ 可能达到 260 $\mu g/m^3$，PM$_1$ 可以达到 220 $\mu g/m^3$。

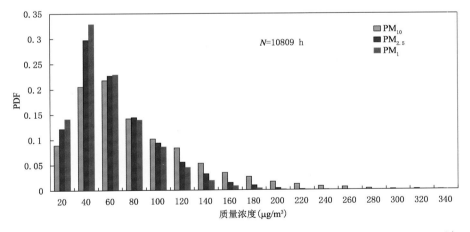

图 4.25　广州番禺大气成分观测站气溶胶质量浓度的概率分布函数（PDF）（RH＜40%）

以往的研究报道珠三角的 PM$_{10}$ 质量浓度在 70～234 $\mu g/m^3$（吴兑 等，1994；Wei et al.，1999；Cao et al.，2003a，2004；Liu et al.，2008）之间变化，广州冬季 PM$_{10}$ 平均的质量浓度高达 200 $\mu g/m^3$（Cao et al.，2003a），广州秋季 PM$_{2.5}$ 平均的质量浓度大约 100 $\mu g/m^3$（Andreae et al.，2008），PM$_{2.5}$ 占 PM$_{10}$ 的 58% 以上。这些文献报道的气溶胶质量浓度总体上大于本站，原因有多方面，其中观测方法不同（本站是 GRIMM180 仪器光学在线测量方法、文献主要是膜采样称重）、观测时间、地点、观测高度与气象条件的不同是重要原因，这些对比分析说明了气溶胶具有很强的局地特征。

4.2.2 微量振荡天平法与激光散射单粒子法气溶胶观测对比

对颗粒物质量浓度的测量还存在许多问题,如测量时温度的改变会造成颗粒物中一些成分的损耗,在湿度较高时,有一些颗粒物成分会吸湿增长造成粒径变化和质量增加等。目前,观测气溶胶颗粒物质量浓度的仪器有多种不同的测量原理,包括经典的重量法,及微量振荡天平原理、激光散射原理和 β 射线原理等。中国气象局连续自动气溶胶质量浓度观测网主要包括沙尘暴观测网、大气本底站网和大气成分站网。主要使用的仪器有两种:基于微量振荡天平原理的 TEOM1400A 系列仪器和基于激光散射测量单粒子原理的 GRIMM180 仪器。近年来,中国生态环境部门也加强了 PM 的监测,大气气溶胶质量浓度的测量以 TEOM 系列仪器为主。由于测量的原理不同,测量时的条件控制也各异(如除湿方式、加热温度等不同),测量结果间不可避免地存在一定的差异。

为掌握各种测量原理和技术对实际大气颗粒物质量浓度测量的准确性与可比性,以及为环境大气颗粒物质量标准监测方法的适用性。国际上有许多部门曾开展过相关的对比试验,如加拿大环境部门 2004—2006 年和英国必维国际检验集团(BUREAU VERITAS)2006 年 6 月就美国或欧洲环境部门认证的连续自动监测等效方法所确定的自动和非自动颗粒物监测仪器进行了对比测试,结果显示,TEOM 系列观测结果比参考方法低约 30%。目前,较多的试验为以上 TEOM 系列自动仪器微量振荡天平法或 GRIMM180 系列分别与重量法的比较。在 TEOM 系列与 GRIMM180 系列仪器之间的差异对比相对较少,缺乏从测量原理和方法、时间分辨率、物理化学特性等方面分析其差异原因的相关研究。本节通过在广州番禺大气成分观测站开展比对观测试验,使用基于不同测量原理(微量振荡天平法、激光散射法)的两种仪器,获取同步观测气溶胶质量浓度(PM_{10}/$PM_{2.5}$/PM_1)的结果。将气溶胶质量浓度的观测结果进行比对,综合分析不同仪器观测结果的差异程度;并结合同期的气象要素观测结果,从测量原理方法、物理化学特性方面详细探究导致差异的具体原因(李菲 等,2015)。

4.2.2.1 观测仪器与数据处理方法

(1)观测仪器

使用的两种气溶胶质量浓度观测仪器为:美国 Thermo Fisher Scientific 公司生产的 TEOM1405 系列(TEOM1405s)仪器和德国 GRIMM Aerosol Technik GmbH 生产的 GRIMM180 仪器。

TEOM1405s 仪器的核心基于微量振荡天平(Tapered Element Oscillating Microbalance,TEOM)原理,观测系统通过外置泵抽气,抽入相应空气动力学粒径范围的大气气溶胶样本,使用 Nafion 材料制作的方形模块进行除湿处理,通过锥形元件的频率变化测量来计算其上已加载气溶胶的质量。此外,由于考虑到气溶胶上挥发性和半挥发性物质的损失,该公司在 1400A 系列的基础上添加滤膜动态测量系统(FDMS)模块,对半挥发特性的硝酸盐和有机物的质量浓度进行补偿,升级命名为 TEOM1405s 仪器。

德国 GRIMM Aerosol Technik GmbH 生产的 GRIMM180 仪器采用激光散射单粒子测量原理。抽气泵以恒定流量将环境空气从室外的 TSP 进气口,抽入并通过全氟磺酸聚合物(Nafion)分子渗透膜管的非加热除湿处理,再进入测量室,半导体激光源以高频率产生激光脉冲(采用 685 nm 激光,比其他波段的激光受水气的影响较小。利用 90°散射技术,避免气溶胶的颜色对散射产生影响)。激光照在气溶胶上会发生散射,散射光经反射镜(与激光照射方向成90°角)聚焦后到达对面的检测器,根据检测器接收到脉冲信号的频次和强弱,可得出气溶胶的数量和所属粒径范围,进而得出颗粒物的浓度。所以 GRIMM180 首先测得气溶胶的数密度谱分布(0.25~32.0 μm 之间分 31 档的数密度),再通过球形粒子假设、气溶胶密度和采样体积等参数计算得到质量浓度。

(2)数据处理方法

TEOM1405s 的两台仪器(TEOM1405DF 和 TEOM1405F)经过出厂标校后,于 2011 年 11 月开始在广州番禺大气成分观测站进行观测;分别测量得到 PM_{10}、$PM_{2.5}$ 和 PM_1 的质量浓度,原始数据时间分辨率为 5 min。通过对原始数据中的仪器状态信息进行分类处理:仪器状态码为非 0 的十进制(Dec)代码表示仪器为非正常状态,首先将仪器代码转换为十六进制(Hex),再根据说明书(Grimm et al.,2009;Hansen et al.,2010)代码表对 Hex 代码拆解为表中对应的故障信息集进行分类统计(表 4.3);仪器状态码为 0 表示仪器在理论上为正常状态,将对应颗粒物质量浓度资料进行逻辑性初步判断后做小时平均等客观分析。

表 4.3 TEOM1405s 系统异常情况统计

仪器 状态码	1405DF 异常情况	异常 数据量	占实测 数据量(%)	1405F 异常情况	异常 数据量	占实测 数据量(%)
非 0	A	57730	33.6	A	74197	43.2
	B	13157	7.7	B	16753	9.7
	C	14488	8.4	C	27956	16.3
	D	33469	19.5	D	26860	16.7
	E	5213	3.0	J	1	0.0
	F	2	0.0	F	4	0.0
	G	3647	2.1	G	5165	3.0
	H	14490	8.4	H	27956	16.3
	I	33107	19.3	I	27956	16.3
	K	7768	4.5	N	3001	1.7
为 0	L	2942	1.7			
	M	929	0.5			

注:"非 0"为仪器故障报警,Dec 转换为 Hex 对应异常情况;"为 0"为仪器正常状态,逻辑性初步判断条件;A 为干燥器相关;B 为加热器相关;C 为传感器相关;D 为夹管阀相关;E 为旁通流偏差;F 为气流偏差;G 为滤膜相关;H 为样本体积不足;I 为超出计量范围;J 为冷却器;K 为 $PM_{2.5} \leqslant 0.0$;L 为 $PM_{2.5} \geqslant 0.0$ 和 $PM_{大颗粒物} \leqslant 0.0$;M 为 $PM_{2.5}$、$PM_{大颗粒物} > 0.0$ 和 $PM_{10} = 0.0$;N 为 $PM_1 \leqslant 0.0$。

GRIMM180 仪器在广州番禺大气成分观测站常年持续运行观测,每年均定期标校;其观测的原始数据包括空气动力学等效直径为 0.25~32 μm 范围内分为 31 通道的数浓度原始数据、基于球形粒子假设并通过密度假设计算的 PM_{10}/$PM_{2.5}$/PM_1 质量浓度,时间分辨率为 5 min,通过对原始数据进行统计平均得到小时均值。

使用 2011 年 11 月 9 日—2013 年 6 月 30 日期间在广州番禺大气成分观测站开展的综合比对观测试验的结果,为便于对比分析基于两种不同测量方法的仪器观测结果的差异程度等,将分别根据 PM_{10}/$PM_{2.5}$/PM_1 来筛选 TEOM1405s 与 GRIMM180 的同期有效数据,再对筛选后的同期有效数据做客观分析,并将两种仪器测得的 $PM_{2.5}$ 之差 PM_{T-G},如下式(4.3)。结合同期气象要素资料讨论观测结果存在差异的可能成因。

$$PM_{T-G} = PM_{2.5}(TEOM1405s) - PM_{2.5}(GRIMM180) \qquad (4.3)$$

4.2.2.2 两种仪器长期运行观测稳定度的对比

两种仪器长期运行观测期间,TEOM1405s 仪器根据原始数据分辨率统计,1405DF 和 1405F 实测的数据量均占总观测期的 99.6%,但实际出现的故障较频繁(表 4.3)。其中,1405DF 和 1405F 的仪器状态码为 0(理论上正常观测)的数据分别为实测数据的 40.7%、35.9%,再根据逻辑性初步判断条件剔除数据野点后,用于详细统计对比分析的有效数据获取率分别为实测数据的 34.0%、35.3%。GRIMM180 仪器出现的故障相对较少,根据原始数据分辨率统计实测的数据量占总观测期理论数据量的 93.8%,经初级质量控制后用于详细统计对比分析的有效数据获取率为实测数据量的 100%。由两台仪器 2011 年 11 月 9 日—2013 年 6 月 30 日期间关于 $PM_{2.5}/PM_{10}$ 比值随时间变化的序列图(图 4.26)可见,GRIMM180 相对于 TEOM1405s 稳定和合理。

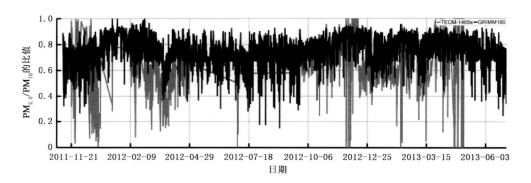

图 4.26　2011 年 11 月 9 日—2013 年 6 月 30 日 TEOM1405s 和 GRIMM180
关于 $PM_{2.5}/PM_{10}$ 比值随时间变化对比图

TEOM1405s 从原理上与经典称重法较为接近,还通过 FDMS 系统补偿了颗粒物中半挥发性物质的质量,但是该系统仪器的协同性以及运行的稳定性仍需要改善;GRIMM180 虽然运行较稳定,但是由于其使用的光学探测原理,质量浓度需要通过密度等假设后计算得到,长期观测涉及激光源的衰减问题,所以根据规范至少每年需进行标校一次。如表 4.3 统计可见,根据发生情况占实测数据量的百分比统计,TEOM1405s 仪器故障多由干燥器、夹管阀相关故障引起,百分比分别在 33%~43% 和 15% 以上。其中,干燥器相关故障可能由于干燥器相关气路接头不密闭,或内材料老化或破损等工作不正常引起报警;根据维修经验可知,定期检查清理干燥器模块,及时更换干燥器模块或内部材料(耗费较高)等方法可尽量减少此相关故障出现。夹管阀相关故障可能是夹管阀控制的胶管受长期挤压造成变形或磨损故障,引起报警;定期检查夹管阀处胶管,定期选择质量较好的胶管更换等方法是减少此故障的有效方法。而对于百分比相对较低的其他故障,一般处理方法为针对具体故障情况做好定期保养维护和发生故障后及时更换配件。

4.2.2.3 两种仪器观测结果对比以及相关性分析

对于同步观测的两种仪器随时间变化的特征如图 4.27 所示,其中采用微量振荡天平原理观测的 TEOM1405s,包括两台仪器(TEOM1405DF 和 TEOM1405F)分别测量得到 PM_{10}、$PM_{2.5}$ 和 PM_1 的质量浓度,随时间的变化特征如图中黑色实线所示;仪器运行过程中,除处理 1405DF 的 $PM_{2.5}$ 数值大于 PM_{10} 的故障停机(可能是由于该仪器的室外进气部分中,用于分选 $PM_{2.5}$ 和 PM 粗粒子的模拟切割头模块堵塞或除湿模块故障导致,需要停机检测故障原因)或其他严重故障导致仪器停机时间外,统计得两台仪器的总故障发生率均在 60% 左右(表 4.3)。特别在 2011 年 11 月 9 日—2012 年 2 月 9 日,该系列仪器出现故障频繁;除发生故障报警信息列表(表 4.3)中的各种故障外,还出现不同仪器间,某些时间段的对应数据大小关系的不合理性问题,1405F 测得的 PM_1 数值明显高于 1405DF 测得的 $PM_{2.5}$,甚至个别时刻高于 1405DF 测得的 PM_{10},这可能与两台仪器分别由两支进气管路抽气,虽然摆放位置已尽量靠近,但由于采样系统略有不同,1405DF 的进气部分较容易堵塞,造成两台仪器同时测量数据大小关系的异常,此部分数据仅作为仪器观测结果的讨论分析,并不作为两种不同观测原理仪器的比对订正分析。相对 TEOM1405s 而言,图 4.27 中红色曲线显示的是采用激光散射原理观测的 GRIMM180 仪器观测结果,曲线较为连续,PM_{10}、$PM_{2.5}$、PM_1 之间的大小关系较为合理。其 PM_{10}、$PM_{2.5}$、PM_1 随时间的变化趋势与分别与 TEOM1405s 的观测结果较一致,尤其是 PM_1 的一致性较高。

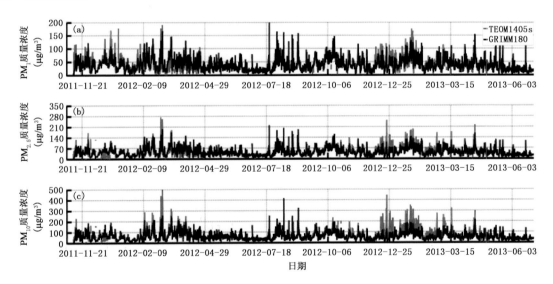

图 4.27　2011 年 11 月 9 日—2013 年 6 月 30 日分别采用 TEOM1405s 和 GRIMM180 观测的气溶胶质量浓度随时间变化结果

(a)PM_1;(b)$PM_{2.5}$;(c)PM_{10}

同步观测的两种仪器的小时均值的统计结果可以从表 4.4 中看到,统计两种仪器对于 $PM_{10}/PM_{2.5}/PM_1$ 测量的平均值均高于 40 $\mu g/m^3$。平均来说,TEOM1405s 对于各粒径范围的观测值均偏大于 GRIMM180,尤其是其测得的 PM_{10} 平均值达 87.8 $\mu g/m^3$,较 GRIMM180 的偏大明显,而且各粒径范围对应的均方差也是 TEOM1405s 较 GRIMM180 偏大较多。关于极值方面,TEOM1405s 测得的各粒径范围的极大值也明显偏大于 GRIMM180 测值,特别是

TEOM1405s 测得的 PM_{10} 质量浓度高达 508.1 $\mu g/m^3$。但是各粒径范围的极小值，TEOM1405s 测得的结果均低于 0.3 $\mu g/m^3$，一致偏小于 GRIMM180 的极小值。因为表 4.4 是分别根据 $PM_{10}/PM_{2.5}/PM_1$ 的同步有效数据统计的，所以同仪器的同类统计参数不一定是同一时刻的观测值，所以有可能出现同一仪器统计的 PM_{10} 最小值低于 $PM_{2.5}$ 和 PM_1 的情况。图 4.28 中展示了对于同步观测的两种仪器的小时均值相关性和过原点的线性回归分析结果。对于小时平均值来说，$PM_{10}/PM_{2.5}/PM_1$ 中 $PM_{2.5}$ 的数据样本量最多。从过原点的线性回归直线对比分析，两种仪器对于 $PM_{10}/PM_{2.5}/PM_1$ 的观测相关系数基本在 0.6 左右；两种仪器对于 PM_1 和 $PM_{2.5}$ 的斜率接近于 1，为 0.99 和 1.04，对于 PM_{10} 的斜率为 1.31，说明总体上 TEOM1405s 的 PM_1、$PM_{2.5}$ 的观测结果接近于 GRIMM180，而其 PM_{10} 的观测结果则明显偏大于 GRIMM180。

表 4.4　TEOM1405s 与 GRIMM180 同期有效数据的统计参数

仪器	TEOM1405s			GRIMM180		
粒径范围	PM_1	$PM_{2.5}$	PM_{10}	PM_1	$PM_{2.5}$	PM_{10}
平均值($\mu g/m^3$)	43.4	52.9	87.8	42.9	49.8	65.4
均方差($\mu g/m^3$)	26.9	34.6	60.7	23.5	28.3	39.4
最大值($\mu g/m^3$)	190.7	274.3	508.1	167.9	198.2	259.7
最小值($\mu g/m^3$)	0.2	0.2	0.1	0.7	1.9	2.1

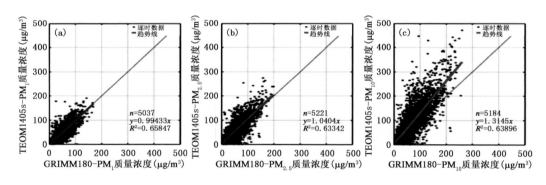

图 4.28　TEOM1405s 与 GRIMM180 同期有效数据的相关性
(a) PM_1；(b) $PM_{2.5}$；(c) PM_{10}

4.2.2.4　两种仪器观测 $PM_{2.5}$ 结果差异及成因分析

根据以上的对比分析，两种仪器关于 $PM_{10}/PM_{2.5}/PM_1$ 观测结果的相对关系较为一致，进一步对两种仪器 $PM_{2.5}$ 的观测结果进行细致分析。图 4.29 为 2011 年 11 月 9 日—2013 年 3 月 29 日 TEOM1405s、GRIMM180 的 $PM_{2.5}$ 同期有效数据差值 PM_{T-G}，与相对湿度、风速等气象因子观测结果随时间变化情况。从图 4.29a 可以看到，由于仪器的故障等原因，尤其是 TEOM1405s 的缺测较多，两种仪器可对比的同期有效数据主要集中在 2012 年 3—5 月和 2012 年 11 月—2013 年 2 月两段时期。期间的 $PM_{2.5}$ 观测值随时间变化的趋势较为一致，但是仍存在差异，且 $PM_{2.5}$ 观测值小的时候对应的 PM_{T-G} 值较小；反之 $PM_{2.5}$ 观测值大的时候对应的 PM_{T-G} 值较大。根据统计，TEOM1405s 测值大于 GRIMM180 的数据量占总观测量的

46.5%,而 TEOM1405s 测值小于 GRIMM180 的占 53.5%。结合图 4.29 的其他图可见,在 2012 年的 3—5 月,$PM_{T-G}<0$ 的数据较多,即 TEOM1405s 测得的 $PM_{2.5}$ 较多小于 GRIMM180;相反的,2012 年的 12 月—2013 年的 2 月,$PM_{T-G}>0$ 的数据较多,即 TEOM1405s 测得的 $PM_{2.5}$ 则明显偏大于 GRIMM180。在图 4.29b、图 4.29c 中将 PM_{T-G} 与相对湿度的对比分析,从中可以看到 PM_{T-G} 在正、负值时与相对湿度的对比。2012 年 11 月—2013 年 2 月出现 $PM_{T-G}>0$ 的次数相对较多,PM_{T-G} 在 0~120 $\mu g/m^3$ 范围内波动,对应相对湿度在 60% 以上;而 2012 年 3—5 月则相对较少,但在高相对湿度下出现明显的高值;而 $PM_{T-G}<0$ 的情况主要出现在 2012 年 3—5 月间,其值在 $-100~0$ $\mu g/m^3$ 范围内波动。从图 4.29d 和图 4.29e 中 PM_{T-G} 与风速的对比中,主要可以看到风速极大值出现的位置,对应 PM_{T-G} 的绝对值较小。

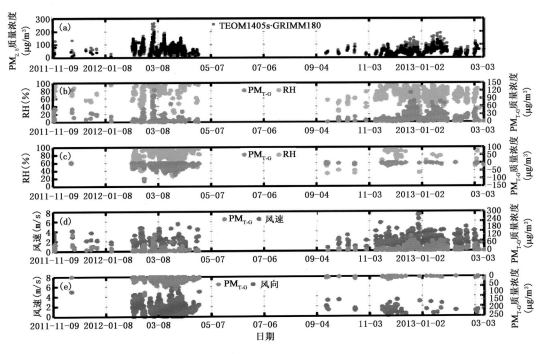

图 4.29　2011 年 11 月 9 日—2013 年 3 月 29 日 PM_{T-G} 与气象因子观测结果

(a)两种仪器的 $PM_{2.5}$ 时间序列;(b)$PM_{T-G}>0$ 时与相对湿度对比的时间序列;(c)$PM_{T-G}<0$ 时与相对湿度对比的时间序列;(d)$PM_{T-G}>0$ 时与风速对比的时间序列;(e)$PM_{T-G}<0$ 时与风速对比的时间序列

从图 4.29 中仅看出两种仪器 PM_{T-G} 同期的相对湿度和风速的时间序列变化,无法看出大小之间的相互关系。图 4.30 给出 PM_{T-G} 与同期气象要素分布对比情况,可以清楚地看到,对于 $PM_{T-G}>0$ 时,其值在各相对湿度基本变化不大,基本在 50 $\mu g/m^3$ 以下,仅在 70%~90% 的相对湿度对应区有超过 75 $\mu g/m^3$ 的大值;而对于 $PM_{T-G}<0$ 时,其绝对值随着相对湿度的升高而增加的趋势较明显。而对于风速,PM_{T-G} 绝对值的较大值,主要集中在风速为 0~2 m/s 的静小风期间,且两仪器对于 $PM_{2.5}$ 测值的差异加剧。

推测 $PM_{T-G}<0$ 可能与两种仪器对于样气的除湿效果不同相关。虽然 TEOM1405s 和 GRIMM180 都采用 Nafion 材料对样气进行除湿干燥,以期测得干状态气溶胶的质量浓度。

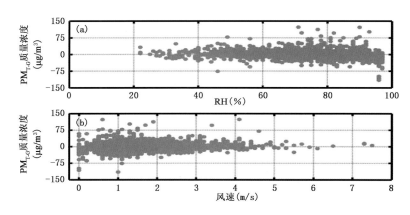

图 4.30　2011 年 11 月 9 日—2013 年 3 月 29 日 PM_{T-G} 与气象要素分布对比图

(a) PM_{T-G} 与相对湿度的关系；(b) PM_{T-G} 与风速的关系

但是由于 GRIMM180 的除湿模块流量设计较小、Nafion 膜与样气的接触面积较少等原因，该仪器对于环境高相对湿度的除湿效果不如 TEOM1405s，导致该仪器测量值可能包含未完全除湿的气溶胶 $PM_{2.5}$ 上吸附的水汽质量，从而大于 TEOM1405s 测得的干气溶胶 $PM_{2.5}$ 质量。而关于 $PM_{T-G}>0$，结合以上正值出现的时间段，推测一方面可能由于 TEOM1405s 考虑了半挥发性物质的补偿，使得其 $PM_{2.5}$ 测值偏高；另一方面可能是 GRIMM180 长期持续观测后光源有衰减而造成 $PM_{2.5}$ 测值低估，以及其测量原理为通过固定的密度假设结合测得的气溶胶数浓度谱分布计算得到相应的质量浓度，如果密度假设较实际情况偏小，也可能导致其 $PM_{2.5}$ 测值低估。但是由于实际环境中半挥发性物质以及气溶胶密度的测量非常困难，如果希望对两种仪器的测量数据进行准确订正，需要配合经典的膜采样称重等基准观测方法以及气溶胶相关物理特性、化学成分方面的综合观测。

综上所述，对于颗粒物质量浓度的观测，微量振荡天平原理、激光散射原理等多应用于自动连续测量颗粒物质量浓度，基于不同的观测原理对于颗粒物质量浓度的观测具有不同方面的局限性，长期运行的稳定度以及观测结果可能存在一定的差异。采集时可能损失的半挥发性有机物、与颗粒物同时被采集的气态有机成分以及颗粒物吸收的水汽，都是可能造成结果差异的重要原因。目前对于实际环境中半挥发性物质以及气溶胶密度的测量还非常困难，如果希望对上述两种基于不同观测原理仪器的测量数据进行准确订正，需要配合经典的膜采样称重等基准观测方法以及气溶胶相关物理特性、化学成分方面的综合观测。

4.3
气溶胶的成分谱

4.3.1　成分谱的分类与二次气溶胶的定义

气溶胶的成分谱可以分为三大类：水溶性成分（硫酸盐、硝酸盐、铵盐、海盐等）、碳气溶胶

(OC/EC)和地壳元素(Si、Al、Fe 等),一般认为大部分地壳元素气溶胶存在于粗粒子,而大部分水溶性成分气溶胶与碳气溶胶存在于细粒子(秦瑜 等,2003)。因此,珠三角的大量的小于 1 μm 气溶胶可能主要来源于细粒子的一次排放(如 EC)与化学转换形成的二次气溶胶(SC)。非直接自然排放或人为活动排放而是由于化学、光化学转换生成的气溶胶称为二次气溶胶,主要是指硫酸盐、硝酸盐、铵盐与二次有机碳气溶胶。由于实验的方法已经检测到硫酸盐、硝酸盐与铵盐的质量;但目前应用实验的方法区分一次有机碳气溶胶(POC)与二次有机碳气溶胶(SOC)仍然困难,因此,如何应用实验方法检测的有机碳气溶胶(OC)估计一次、二次有机碳的份额是棘手的问题。采用 Castro 等(1999)提出的以采样点 OC/EC 比值的最小值作为二次有机碳计算的临界点,即认为:

$$SOC = OC_{Total} - \left(\frac{OC}{EC}\right)_{minimum} \times EC \tag{4.4}$$

据此,可以粗略地估计 OC 中一次、二次有机碳的份额。通过估计二次有机碳的份额,可以估算出二次气溶胶(硫酸盐、硝酸盐、铵盐与二次有机碳气溶胶之和)的份额。

由于二次气溶胶的形成与化学转化、凝结、核化过程紧密联系,这些过程发生的粒子峰值直径处于核模与积聚模的区间,二次气溶胶形成机理非常复杂,硫酸盐气溶胶与化石燃料的燃烧排放密切关联,硝酸盐气溶胶与汽车排放密切关联,二次有机碳气溶胶的形成更涉及复杂的人为与自然源,在这些二次气溶胶形成的过程中不但涉及复杂的光化学过程,更涉及二次气溶胶形成过程中的凝结、核化、均相、异相等复杂的物理化学过程,其中有机气溶胶(由数百种碳氢化合物及其氧化物组成的混合物),特别是伴随光化学反应的二次有机碳气溶胶问题是目前研究的热点与难点。

大气颗粒物中的含碳物质按测量方法定义为有机碳(OC)和元素碳(EC)。元素碳本质上是一次污染物,直接由化石燃料或生物含碳物质不完全燃烧排放。元素碳在大气颗粒物中通常包裹在有机物内部,因此,很难完全区分开元素碳和有机碳。有机气溶胶是由数百种碳氢化合物及其氧化物组成的混合物,有机碳气溶胶占有颗粒碳的大部分,在污染严重的城市地区一般占 PM$_{2.5}$ 和 PM$_{10}$ 质量的 20%～60%,而在偏远地区大约占 PM$_{10}$ 的 30%～50%。有机气溶胶含有正构烷烃、正构烷酸、正构烷醛、脂肪族二元羧酸、双萜酸、芳香族多元羧酸、多环芳烃、多环芳酮、甾醇化合物、含氮化合物、规则的甾烷、五环三萜烷以及异烷烃和反异烷烃等(Mazurek et al.,1989;Hildemann et al.,1993;Rogge et al.,1993)。有机气溶胶既有一次源也有二次源。一次有机碳气溶胶的主要人为源是化石燃料和生物质的不完全燃烧;其主要的天然源是植物排放和天然大火;另外,生物的排放,如高等植物蜡、空气中悬浮的花粉和细菌、真菌孢子等微生物,植物草木碎片和土壤有机物质的风蚀作用所产生的一次有机气溶胶,以及某些工业活动,如石油精炼、焦炭和沥青生产、轮胎橡胶的磨损等非燃烧过程排放的一次有机气溶胶,主要形成粗颗粒模态。随着人类活动的不断增加,人为源对有机气溶胶的贡献越来越大。

二次有机碳气溶胶的形成是指气相中的有机气体氧化形成的低挥发性产物在粒子表面的浓缩、吸附,即挥发性有机物被氧化成半挥发性有机物和半挥发性有机物分配到颗粒相,形成的二次有机气溶胶大多存在于粒径小于 2 μm 的细颗粒物中。挥发性有机物从气相到颗粒相的转化主要有 3 种机制(Pandis et al.,1992;Pankow,1994),第一,可挥发有机物在浓度超过饱和蒸汽压时,低饱和蒸汽压的有机物凝结在颗粒物上形成二次气溶胶;第二,气态有机物在颗粒物表面以物理或化学过程吸附或吸收在颗粒物的内部,此过程可发生在亚饱和状态(Pankow,1987;Ligocki et al.,1989);第三,气态有机物在大气环境中发生氧化生成低挥发性物质,进而生成二次颗粒物。光化学过程是形成二次气溶胶的重要途径,其主要产物为有机硝酸酯和复杂的有机化合物。天然源和人为源有机气体均可形成二次有机气溶胶(谢绍东 等,2006)。有研究表明,形成二次有机气溶胶的主要前体物是芳香族化合物如苯、甲苯、二甲苯,以及烯烃、烷烃、环烷烃、萜烯和生物排放的非饱和氧化物。据估计,城市二次气溶胶的50%～70%是来自甲苯、二甲苯、三甲苯等化合物。树木等植被排放的天然源碳氢化合物也是二次有机气溶胶的重要前体物,包括萜烯(α-蒎烯、β-蒎烯、柠檬烯)和倍萜烯,还有异戊二烯。通常只有碳数在 7 以上的有机物才能生成二次颗粒物(Fostner et al.,1997;Holes et al.,1997;Blando et al.,1998;Limbeck et al.,1999)。由于有机气溶胶在组分、测量、成因、来源等方面的复杂性,以及它们在大气光化学烟雾、酸沉降等过程中的重要作用,有机气溶胶日益成为大气污染控制的关键污染物和控制难点。

利用滤膜和抽气泵相连接的采样器可收集大气气溶胶样品,经称重与实验室化学分析可得到气溶胶的质量浓度与成分谱。以往在华南多次进行过气溶胶的膜采样以分析水溶性成分谱(吴兑 等,1994,1995,2001,2006b;Wu et al.,2006;夏冬,2007),并开展了碳气溶胶的观测研究(孙弦,2008)。为了更加全面认识目前珠三角快速城市化情况下的污染水平,有必要深入了解珠三角城市群的大气气溶胶成分谱,尤其是二次气溶胶的份额与来源分析。因此,自2007 年 7 月以来联合香港科技大学在广州进行每 6 天一次的气溶胶膜采样(采样地点在广东省气象局业务大楼楼顶,距离地面约 70 m),至 2008 年 3 月取得了 42 组膜,除 2007 年 7 月只有 2 组样品外,每月均有 5 组样品,切割头为 $PM_{2.5}$,称重与化学分析由香港科技大学郁建珍教授所在的化学实验室完成,气溶胶化学成分分析主要针对水溶性成分(硫酸盐、硝酸盐、铵盐、海盐等)与碳气溶胶(OC/EC),用离子色谱法测定水溶性成分,用热—光透射法(TOT)分析 OC、EC(Birch et al.,1996)。图 4.31 是 2007 年 7 月—2008 年 3 月 $PM_{2.5}$ 质量浓度的月变化,与图 4.21 比较,具有可比的质量浓度与一致的月变化趋势特征。图 4.21 由于观测的高度较高,且平均的时间较长,具有区域气候的特点,图 4.31 仅是每月 5 次膜采样的平均结果。

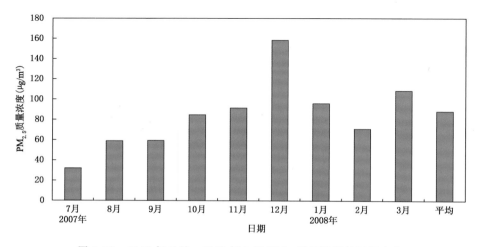

图 4.31　2007 年 7 月—2008 年 3 月 $PM_{2.5}$ 质量浓度的逐月变化

4.3.2　一次与二次有机气溶胶及 OC/EC 比值

元素碳(EC)具有良好的稳定性,在大气中不发生化学转化,EC 常被作为一种人为源排放的示踪物。由于目前应用实验的方法区分一次有机碳气溶胶与二次有机碳气溶胶仍然困难,许多研究(Gray et al.,1986;Turpin et al.,1995;Chow et al.,1996)以 OC/EC 比值为 2.0 作为有二次反应生成的有机碳存在的临界点。Castro 等(1999)提出以采样点 OC/EC 比值的最小值作为二次有机碳计算的临界点。在观测的 OC/EC 最小值为 2.06。因此,可认为在观测的有机碳中一次有机气溶胶(POC)约为 EC 的 2 倍,而剩余部分为二次有机气溶胶(SOC),据此,可以粗略地估计 OC 中一次、二次有机碳的份额。

图 4.32 是元素碳与有机碳质量浓度的月变化,可见,2007 年 7 月—2008 年 3 月期间,元素碳与有机碳的质量浓度在 $1.7 \sim 7.6~\mu g/m^3$、$9.1 \sim 37.3~\mu g/m^3$ 之间变化,平均值分别为 3.6 $\mu g/m^3$、19.8 $\mu g/m^3$,占 $PM_{2.5}$ 质量浓度分别在 3%～9%、20%～28% 之间变化,平均占 4.8%、23.4%;元素碳与有机碳的最高浓度出现在 2007 年的 12 月,分别达 7.6 $\mu g/m^3$、37.3 $\mu g/m^3$,占 $PM_{2.5}$ 质量浓度的 5%、24%;元素碳与有机碳的最低浓度出现在 2007 年的 7 月,质量浓度仅 1.7 $\mu g/m^3$、9.1 $\mu g/m^3$,占 $PM_{2.5}$ 质量浓度的 5%、28%。二次有机碳与一次有机碳气溶胶的质量浓度在 $1.3 \sim 18.1~\mu g/m^3$、$3.3 \sim 15.1~\mu g/m^3$ 之间变化,平均值分别为 12.6 $\mu g/m^3$、7.3 $\mu g/m^3$,占 $PM_{2.5}$ 质量浓度分别在 3%～18%、6%～18% 之间变化,平均占 13.7%、9.6%。除 8 月外,二次有机碳气溶胶的质量浓度均大于一次有机碳气溶胶。

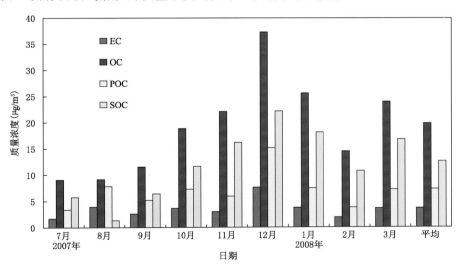

图 4.32　2007 年 7 月—2008 年 3 月元素碳与有机碳质量浓度的逐月变化

图 4.33 是 OC 与 EC 的比值,可见所有的比值均大于 2,最高平均值与最大值均出现在 11 月,分别是 7.6、11.5;平均最小值出现在 8 月,为 2.3,8 月 5 组膜的 OC/EC 比值均比较小;值得注意的是,秋、冬、春季的 OC/EC 比值比夏季的略高,说明二次有机碳气溶胶的生成在秋、冬、春季明显,虽然夏季的光化辐射较强,但二次有机碳气溶胶的形成并不显著。以美国日均标准浓度 $PM_{2.5} = 65~\mu g/m^3$ 为界定义相对污染($PM_{2.5} \geqslant 65~\mu g/m^3$)与相对清洁($PM_{2.5} < 65~\mu g/m^3$),图 4.34 是 2007 年 7 月—2008 年 3 月间相对污染与相对清洁情况下的 OC/EC 比值

的对比,可见,在相对污染情况下的 OC/EC 比值远大于相对清洁情况下的 OC/EC 比值,许多研究(Gray et al.,1986;Turpin et al.,1995;Chowet al.,1996;Castro et al.,1999)认为 OC/EC 比值较高说明二次反应生成的有机碳气溶胶的份额也较高,所以,图 4.34 表明在相对污染情况下较高的OC/EC 比值说明二次有机碳气溶胶在污染时有相对的富集。

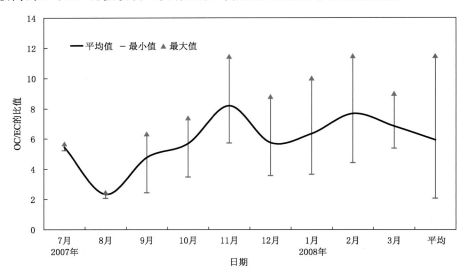

图 4.33 2007 年 7 月—2008 年 3 月 OC/EC 比值的逐月变化

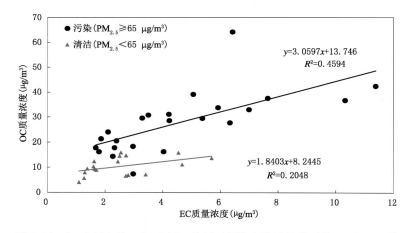

图 4.34 2007 年 7 月—2008 年 3 月相对污染与清洁情况下的 OC/EC 比值

OC/EC 比值观测值平均在 2~8 之间变化,总体平均值为 6.5,与刘新民等(2002)在珠三角的观测值相当,这个比值也与临安和上甸子的 OC/EC 比值相当(颜鹏,2007),却高于许多文献报道的中国其他城市地区的 OC/EC 比值(Ho et al.,2003;Yu et al.,2004;Zheng et al.,2006)以及 Cao 等(2003)在珠三角的观测结果。Cao 等(2003)得到珠三角冬季的 OC/EC 比值主要在 1.63~2.7 之间变化,平均值为 2.40,与北京的平均值 2.64(He et al.,2001,2003;Dan et al.,2003)、上海的平均值 2.33(Ye et al.,2003)相当。这些差异与采样时间、地点与分析方法的不同有密切关系。

4.3.3 气溶胶成分谱与二次气溶胶的份额

图 4.35 为膜采样得到的广州 $PM_{2.5}$ 气溶胶的成分谱质量权重,图 4.36 为广州 $PM_{2.5}$ 气溶胶平均成分谱与二次气溶胶质量权重,关注的几种成分有:一次有机碳(POC)、二次有机碳(SOC)、元素碳(EC)、硫酸盐(SO_4^{2-},Sulfate)、硝酸盐(NO_3^-,Nitrate)、铵盐(NH_4^+,Ammonium)、海盐(Nacl,sea salt)与其他地壳元素(others)等。可见,质量成分谱平均而言,一次有机碳、二次有机碳、元素碳、硫酸盐、硝酸盐、铵盐、海盐与其他地壳元素等分别是 10%、14%、5%、15%、7%、15%、2%、32%;二次气溶胶(二次有机碳、硫酸盐、硝酸盐、铵盐)的质量份额约占 50%。值得注意的是,碳气溶胶(OC+EC)的份额在各月均大于硫酸盐+硝酸盐;而在大多数月份二次有机碳与硫酸盐的份额相当、硫酸盐的份额远大于硝酸盐的份额、铵盐与地壳元素(others)等其他物质的权重也较大。以往的研究对硫酸盐关注较多(吴兑,1995;IPCC,2001;张美根 等,2003,2004;田华 等,2005),从本节的观测结果看,碳气溶胶尤其是二次有机碳气溶胶的问题很重要。

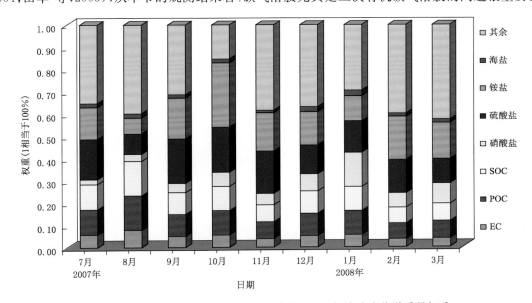

图 4.35 2007 年 7 月—2008 年 3 月广州 $PM_{2.5}$ 气溶胶成分谱质量权重

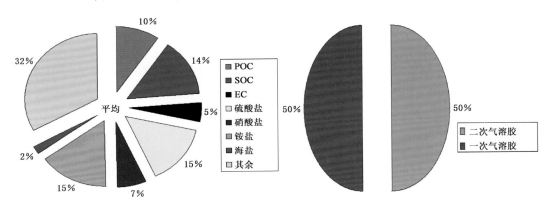

图 4.36 广州 $PM_{2.5}$ 气溶胶平均成分谱与二次气溶胶质量权重

图 4.37 是 2007 年 7 月—2008 年 3 月间相对污染（$PM_{2.5} \geqslant 65 \ \mu g/m^3$）与相对清洁（$PM_{2.5} < 65 \ \mu g/m^3$）情况下的二次气溶胶（SOC、硝酸盐、硫酸盐、铵盐）与一次气溶胶（EC、POC）的对比，可见，在相对污染情况下，二次气溶胶较一次气溶胶（EC、POC）有明显富集，富集最明显的是二次有机碳与硝酸盐气溶胶（Deng et al.，2013）。

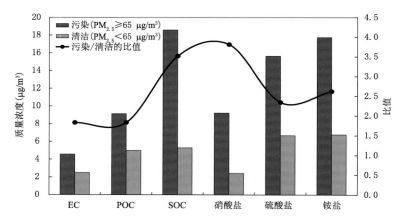

图 4.37　2007 年 7 月—2008 年 3 月相对污染与清洁情况下的二次气溶胶
（SOC、硝酸盐、硫酸盐、铵盐）与一次气溶胶（EC、POC）的对比

4.4
气溶胶的粒径谱

4.4.1　基于 GRIMM180 仪器的气溶胶粒子谱特征

广州番禺大气成分观测站由 GRIMM180 进行气溶胶粒子谱的观测，仪器的观测下限是 250 nm，共有 31 个通道观测各级粒子谱，在此统计分析的资料为 2005 年 11 月—2007 年 12 月。

图 4.38—图 4.40 为广州番禺大气成分观测站气溶胶粒子谱分布。气溶胶粒子谱的粒径尺度与数浓度的范围都非常宽，粒径 D 跨纳米到微米量级，$0.25 \ \mu m < D \leqslant 1 \ \mu m$、$1 \ \mu m < D \leqslant 2.5 \ \mu m$、$D > 2.5 \ \mu m$ 粒子的平均中值直径分别为 $0.3 \ \mu m$、$1.5 \ \mu m$、$4.5 \ \mu m$。粒子数浓度跨 4 个数量级，$0.25 \ \mu m < D \leqslant 1 \ \mu m$ 粒子群的年平均数浓度约为 572 个/cm^3，峰值出现在早上 08—09 时，谷值出现在午后 15—16 时；$1 \ \mu m < D \leqslant 2.5 \ \mu m$ 的粒子数量一般小于 10 个/cm^3，年平均约为 1 个/cm^3；$D > 2.5 \ \mu m$ 的粒子数量一般小于 1 个/cm^3，年平均仅为 0.3 个/cm^3；$D \leqslant 1 \ \mu m$、$1 \ \mu m < D \leqslant 2.5 \ \mu m$、$D > 2.5 \ \mu m$ 的粒子占总粒子数的 99.4%、0.18%、0.03%，粒子数浓度平均 $PM_1/(PM_{2.5-10})$、$PM_1/(PM_{1-2.5})$、$(PM_{1-2.5})/(PM_{2.5-10})$ 在 1000～6000、300～800、3～8 倍之间变化。可见，气溶胶粒子数以直径 $D \leqslant 1 \ \mu m$ 的粒子数占绝对的优势。由粒子谱的月分布特征可见，7 月细粒子最少，11 月细粒子数最多；4 月大粒子数较少，3 月大粒子数较多，值得关注的是 3 月的大粒子数有极大值。

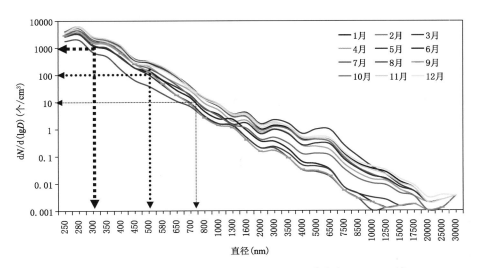

图 4.38　广州番禺大气成分观测站气溶胶粒子谱分布（RH<40％）

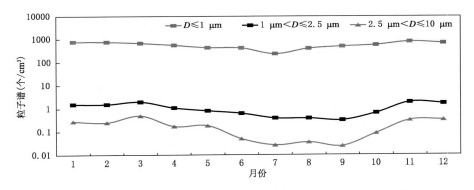

图 4.39　广州番禺大气成分观测站气溶胶粒子谱月分布（RH<40％）

　　由图 4.40 气溶胶粒子谱的日变化可见，在上午 08—09 时左右数浓度谱有一个峰值区，这与上班高峰区的机动车排放有关外，可能与化学过程也存在密切的关系。日出后，光化反应逐渐加强，夜间积聚的污染物质在光的作用下发生气—粒转化过程，生成的粒子态污染物导致 09 时左右数浓度谱的峰值区。随后午间午后混合层的发展导致 16 时左右 $D{\leqslant}1$ μm 粒子的数浓度谱出现明显的谷值区，而 $D{>}1$ μm 的粒子谱却没有很明显的谷值，说明边界层日变化对气溶胶粒子的作用小粒子比大粒子更加明显。

4.4.2　利用PM$_{2.5}$反演气溶胶数浓度谱方法

　　大气气溶胶数浓度谱分布（PNSD）对于大气辐射和光学计算至关重要，利用目前普遍观测的气溶胶质量浓度（PM$_{2.5}$）来反演计算 PNSD，能有效补充 PNSD 观测的不足，对于需要 PNSD 信息的研究工作如大气能见度计算等有重要的实用价值（Tan et al.，2016a；李菲 等，2019）。

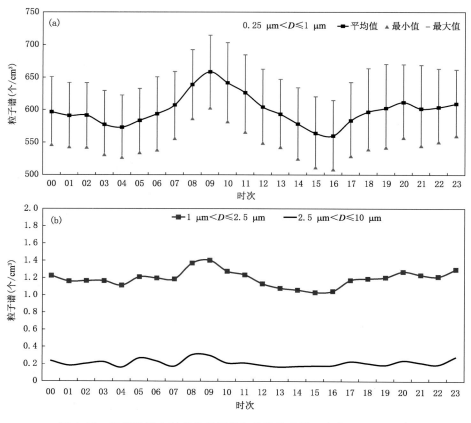

图 4.40　广州番禺大气成分观测站气溶胶粒子谱日变化(RH<40%)

(a)0.25 μm<D≤1 μm;(b)1 μm<D≤10 μm

4.4.2.1　反演气溶胶数浓度谱的意义

近年来,PNSD 被越来越多的作为基本参数用于大气辐射和光学计算,比如气候变化模式的反馈机制、大气化学传输模式等模式中。其中,PNSD 在米(Mie)模式(基于 Mie 散射原理)中被用于计算消光系数进而得到大气能见度。PNSD 对于大气能见度计算至关重要,Mie 模式通过假设气溶胶未被活化的情况下,利用干气溶胶粒径谱分布、环境相对湿度、气溶胶吸湿增长函数等数据集计算得到气溶胶消光系数,进而计算大气能见度。然而对于能见度影响显著的粒径范围(≤2.5 μm)PNSD 观测获取,需要多种基于不同原理的仪器同步观测才能得到,观测手段昂贵,不利于业务化的应用。但是如果能够使用较容易得到的测量参数来替代 PNSD,将能有效补充 PNSD 观测的不足,对于需要 PNSD 信息的研究工作比如大气能见度的计算更有重要价值。PM$_{2.5}$的质量浓度测量在珠江三角洲地区(PRD)较为普遍,可以基于 PM$_{2.5}$质量浓度(空气动力学粒径≤2.5 μm 的气溶胶质量浓度)观测来评估气溶胶数浓度和消光系数并得到更加广泛的运用。尽管如此,忽略气溶胶粒径谱分布型的变化,同样的质量浓度也可能会在消光系数的计算中引入不确定性。而且 PM 的布网多类型仪器的观测情况,其测值与粒径谱分布的关系也有待进一步的分析和确定,为了量化气溶胶粒径谱分布型的不确定性程度以及其与气溶胶质量浓度的关系,急需对历史性的气溶胶粒径谱分布情况和 PM 结合进行统计分析。

4.4.2.2　观测仪器与资料处理方法

（1）观测仪器

本节用于分析气溶胶粒径谱和质量浓度特征及其关系的观测数据，主要来自于德国 GRIMM 公司出产的 GRIMM180（单颗粒激光法气溶胶质量浓度监测仪）、美国 BGI 公司出产的 PQ200（半自动膜采样仪器）、美国 TSI 公司出产的 SMPS 3936（电迁移率粒径扫描法气溶胶粒径谱测量系统，10～500 nm）和 APS 3321（空气动力学法气溶胶粒径谱测量系统，0.5～10 μm）在观测站点监测的资料。

由于以上观测仪器大多为利用抽气泵将环境空气采集至放置在室内的仪器主机中进行检测，而观测站点位于华南高温高湿地区，观测室内通过空调控制温度。样气从室外进入室内温湿变化较大，目前的观测手段暂时无法很好地保证样气进样过程中的温湿度不变，所以该观测期间，除 PQ200 将采样膜做恒温恒湿处理外，其他各仪器在样气进入室内后均使用除湿管进行干燥，以保证观测结果对环境空气的代表性和多仪器间的可比性，在此的分析讨论均只针对环境空气中的干气溶胶。

（2）观测地点简述

观测数据来自广州番禺大气成分野外科学试验基地（113°21′E，23°00′N），该基地包括成分站和实验室：广州番禺大气成分观测站 2005 年底建成并投入试运行，可在一定程度上代表珠江三角洲城市群环境大气平均状况。该观测站为钢平台上放置的方舱，舱顶仪器进气口海拔约 150 m，在距离该观测站约 50 m 处。

（3）资料处理方法

① PNSD 处理方法

由于目前仪器测量原理的限制，0.01～2.5 μm 的 PNSD 无法由一台仪器完全测量。本节中该粒径段的 PNSD，通过联合 TSI 的 SMPS 3936 和 APS 3321 获取。其中，使用 SMPS 测量斯托克斯粒径为 10～500 nm 的气溶胶数谱；使用 APS 获取斯托克斯粒径为 0.5～2.5 μm 的气溶胶数谱，由于 APS 测量的是空气学动力等效粒径为 0.5～10 μm 的气溶胶数谱，所以通过假设气溶胶密度为 1.7 μg/m³，先将空气动力学等效粒径转换为斯托克斯粒径，再选取对应粒径的气溶胶数谱。同步数谱数据分辨率为 5 min，观测期间有效数据为 10470 次，有效采集效率高于 85%。

② PM$_{2.5}$ 处理订正

GRIMM180 仪器采用单粒子散射光学法自动测量 PM$_{10}$/PM$_{2.5}$/PM$_1$ 的质量浓度，数据分辨率为 5 min，观测期间有效数据 8632 次，有效采集效率高于 70%。PQ200 仪器采用 Impactor 的切割头，通过控制采样泵每日自动膜采样后称重获取 PM$_{2.5}$。由于观测原理的差异，本节基于称重结果对 GRIMM180 的原始小时值进行订正。

③ PNSD 拟合方法

通过分解模态后以对数正态分布模型（式（4.5））来拟合出 PNSD 和大气气溶胶体积浓度谱 PVSD（particle volume size distribution），并从中得到拟合的参数范围。

$$\frac{dC}{d\lg D} = \frac{C}{\sqrt{2\pi}\lg\sigma_g}\exp\left[-\frac{(\lg D - \lg D_g)^2}{2\,(\lg\sigma_g)^2}\right] \tag{4.5}$$

式中，C 为对数正态分布的总数浓度 N（μm/cm³）或对数正态分布的总体积浓度 V（μm³/cm³），D 为气溶胶干粒径（μm），D_g 为对数正态分布的几何平均粒径（μm），σ_g 为对数正态分布的几何标准差。

本节选取观测期的前段 2014 年 11 月 22 日—12 月 23 日期间的实测 PNSD 分布的原始分辨率数据进行拟合;PNSD 数据可分为三或四模态分析,但通过评估发现,拟合时使用三模态(10～30 nm,模态 1;30～130 nm,模态 2;0.13～2.5 μm,模态 3)比四模态的优度 R^2 较高(如图 4.41)。R^2 为 1 减去样本回归平方和在样本总平方和中所占的比率,可用来衡量拟合结果的优度。从图 4.41 中可看到三模态的 R^2 大多高于四模态的结果,更加接近 1,说明三模态拟合方法的拟合优度较高。因此,本节的拟合特征的分析与讨论内容中对于 PNSD 将基于分解为三模态拟合的结果,对于 PVSD 基于单模态拟合的结果。

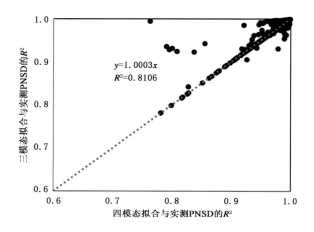

图 4.41　三模态、四模态分解拟合方法与实测 PNSD 计算得 R^2 的对比分析

(4)利用 PM$_{2.5}$ 质量浓度反演 PNSD 算法

通过拟合统计观测期前段(统计段)数据的特征参数,尝试建立由 PM$_{2.5}$ 计算得到 PNSD 的算法,并使用观测器后段(评估段)资料进行试算 PNSD_inv(反演数谱结果)后,与同期的观测 PNSD_obs 对比进行初步验证评估。

反演 PNSD 算法主要参照(Ma et al.,2012)的方法,通过使用符合正态分布的单模态来拟合计算气溶胶体积浓度(PVSD),再反演计算 PNSD。

$$\frac{dV}{d\lg D} = \frac{V}{\sqrt{2\pi}\lg\sigma_g}\exp\left[-\frac{(\lg D - \lg D_g)^2}{2(\lg\sigma_g)^2}\right] \tag{4.6}$$

式中,涉及 3 个参数:气溶胶总体积浓度 V、几何平均粒径 D_g 和几何标准差 σ_g 均需要确定设置方案。通过初步的尝试 3 个参数设置为一定的变化范围,进行反演计算。但通过分析发现用于 PVSD 计算的三个参数均设置为一定的变化范围,结果离散度相当大且与观测值相关性很差。所以为提高 PVSD 的计算与观测值的相关性,在参数设置方案里尽量减少数值变化的参数数量很有必要。通过对实测资料的统计,采用图 4.42 的反演计算流程,通过 PM$_{2.5}$ 质量浓度确定参数方案中的参数之一 V,再通过 PM$_{2.5}$ 数谱浓度统计特征给出其余 2 个参数的选取范围,具体结果将在结果与讨论部分详细说明。

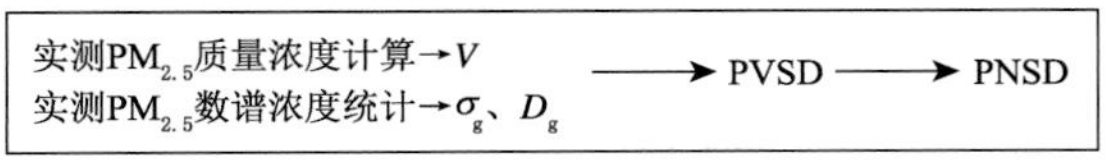

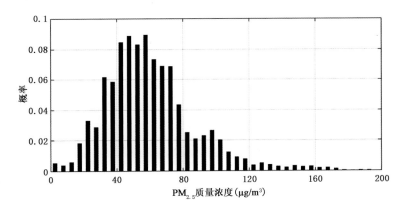

图 4.42　反演计算气溶胶数浓度谱的流程

4.4.2.3　通过观测样本的统计特征选取参数 D_g、σ_g 的范围

为建立 $PM_{2.5}$ 与 PNSD 的关系,首先统计分析观测期间 $PM_{2.5}$ 的变化特征。结果表明,$PM_{2.5}$ 质量浓度观测期间在 $1.0 \sim 205.5 \ \mu g/m^3$ 范围内变化,最高值出现在 12 月 31 日,平均值为 $(59.4 \pm 28.0) \ \mu g/m^3$;从频数图来看(图 4.43),观测期间 $PM_{2.5}$ 质量浓度 $30 \sim 80 \ \mu g/m^3$ 出现频率超过 70%,其中 $40 \sim 60 \ \mu g/m^3$ 出现的频率相对较高,频率达 34.7%。$30 \ \mu g/m^3$ 以下和 $80 \ \mu g/m^3$ 以上出现的频率分别为 9.6% 和 18.2%。以上统计结果显示本节 PNSD 计算方法对应的 $PM_{2.5}$ 分布范围特征,并且出现频率较高的 $PM_{2.5}$ 样本,对于建立 $PM_{2.5}$ 与 PNSD 的关系代表性将比较高,反之将较低。

图 4.43　观测期间 $PM_{2.5}$ 质量浓度频率分布

为进一步建立 $PM_{2.5}$ 与 PNSD 的关系,对 $PM_{2.5}$ 的数浓度分布 PNSD、体积浓度分布 PVSD 的变化特征也进行统计分析。鉴于图 4.41 对比结果,对于 PNSD 统一使用 3 个模态描述,主要分为成核模态($10 \sim 30$ nm,N_Nuc)、爱根核模态($30 \sim 130$ nm,N_Ait)和积聚模态($0.13 \sim 2.5 \ \mu m$,N_Acc),各模态粒子数浓度之和为总粒子数浓度($0.01 \sim 2.5 \ \mu m$,N_tot)。PVSD 使用单模态,根据观测期间 $PM_{2.5}$ 的数浓度结果,使用式(4.7)计算:

$$\frac{dV}{d\lg D_p} = \frac{dN}{d\lg D_p} \times \frac{\pi}{6} D_p^3 \tag{4.7}$$

式中,D_p 为数浓度谱测量仪器在 $0.01 \sim 2.5 \ \mu m$ 之间扫描的斯托克斯粒径,N 为对应 D_p 的数浓度。从表 4.5 和表 4.6 可看到观测期间 PNSD 和 PVSD 的统计结果,图 4.44 展示了观测期内气溶胶各模态粒子数浓度随时间变化情况,积聚模态数浓度的峰值出现时间与 $PM_{2.5}$ 高浓度值的相对一致,主要因为这两个模态对应粒径较大,假设密度稳定的情况下,其数浓度的变化和增加对 $PM_{2.5}$ 质量浓度的变化和增加贡献较多;而成核模态和爱根核模态数浓度的变化,尤其是峰值出现的时间,则出现在 $PM_{2.5}$ 质量浓度的峰值出现时间之前,这与 $PM_{2.5}$ 质量浓度从低到高的积累前期,可能出现新粒子生成事件而体现的成核模态和爱根核模态数浓度的剧增有关。

表 4.5　气溶胶数浓度特征统计（μm/cm³）

模态	最小值	最大值	平均值	中值	方差
成核模态	59.0	4.7×10^6	3.3×10^3	2.0×10^3	5.5×10^4
爱根核模态	702.8	1.6×10^6	8.0×10^3	7.3×10^3	1.9×10^4
积聚模态	23.5	2.2×10^6	3.6×10^3	2.8×10^3	2.6×10^4
$\leqslant 2.5 \ \mu m$	23.5	8.7×10^6	1.5×10^4	1.4×10^4	1.0×10^5

表 4.6　气溶胶体积浓度特征统计（μm³/cm³）

粒径范围	最小值	最大值	平均值	中值	方差
$\leqslant 2.5 \ \mu m$	0.9	3.9×10^4	37.9	28.5	452.7

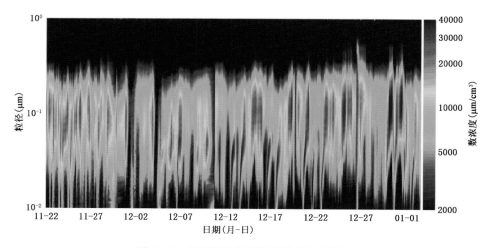

图 4.44　观测期间气溶胶数浓度分布特征

通过正态分布的模型来拟合统计段期间的实测 PNSD 和 PVSD，可以得到 PNSD 和 PVSD 分布的拟合参数特征，为评估段的反演计算参数方案提供重要的参考依据。对统计段期间的实测 PNSD 和 PVSD 原始分辨率数据进行拟合如图 4.45；得到拟合参数统计结果包括正态分布的总数浓度 $N(\mu m/cm^3)$、几何中值粒径 $D_g(\mu m)$ 和几何标准差 σ_g（如表 4.7 和表 4.8）。

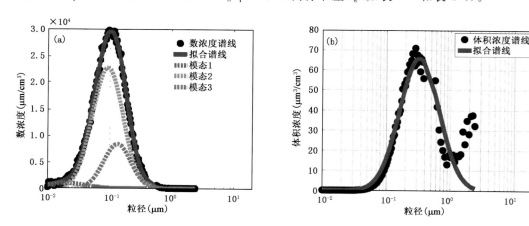

图 4.45　PNSD(a)和 PVSD(b)的原始数据拟合示例

根据 PNSD 的拟合结果(图 4.45),90%以上的 R^2 不低于 0.98。从表 4.7 和表 4.8 可以看到 PNSD 的拟合结果统计值,模态 1、2、3 中,对数正态分布的 N、D_g 和 σ_g 变化范围均是模态 3 的最大,而 N 和 σ_g 的均值则是模态 2 的为最大,说明模态 2 的参数在拟合结果中变化最显著。根据 PVSD 的拟合结果(图 4.45),R^2 均值为 0.90,结合表 4.8 和图 4.46 中可以看到,PVSD 拟合对数正态分布单模态的 V 均值为 30.2 $\mu m^3/cm^3$,15~40 $\mu m^3/cm^3$ 出现频率较高;D_g 均值在 0.32 μm,频率出现较高的范围在 0.24~0.34 μm,σ_g 在 1.0~3.8 范围内变化,其中 1.6~2.2 出现频率最高,均值为 2.0。这些参数范围将为更好地反演计算 PNSD 和 PVSD 提供相应数值的参考设置范围。

表 4.7 气溶胶数浓度拟合结果(三模态)统计

参数	$N(\mu m/cm^3)$			$D_g(\mu m)$			σ_g		
	最小值	平均值	最大值	最小值	平均值	最大值	最小值	平均值	最大值
模态 1	2.2×10^{-14}	3.0×10^3	5.8×10^4	0.0	0.0	0.0	1.0	1.7	2.0
模态 2	1.2×10^{-6}	6.8×10^3	4.0×10^4	0.0	0.0	0.1	1.1	1.7	6.3
模态 3	900.0	3.7×10^3	1.0×10^4	0.1	0.1	0.4	1.1	1.6	6.3

表 4.8 气溶胶体积浓度拟合结果统计

参数	$V(\mu m^3/cm^3)$	$D_g(\mu m)$	σ_g
最小值	0.8	0.2	1.0
平均值	30.2	0.3	2.0
最大值	148.8	0.7	3.8

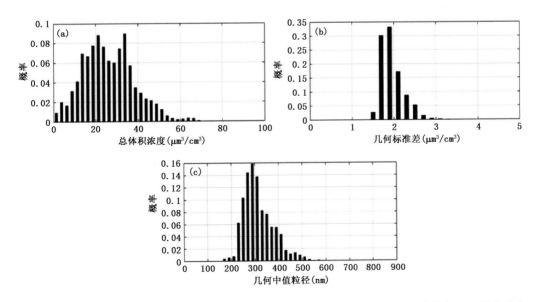

图 4.46 气溶胶体积谱分布拟合结果(总体积浓度(a)、几何标准差(b)、几何中值粒径(c))概率分布

4.4.2.4　PM$_{2.5}$质量浓度计算确定参数 V

从统计段的资料统计来看,实测的 PM$_{2.5}$ 与拟合的气溶胶总体积浓度 $V_{2.5\_fit}$ 有较好的线性关系。图 4.47 是样本量为 8752 组的 PM$_{2.5}$ 与 $V_{2.5\_fit}$ 的数据,二者的散点图线性相关达 0.90,做过原点的拟合线性方程为式(4.8)。

$$y = 2.033x \tag{4.8}$$

式中,y 为 PM$_{2.5}$,x 为 $V_{2.5\_fit}$。说明 PM$_{2.5}$ 在 $0\sim150$ $\mu g/m^3$ 范围内,与 $V_{2.5\_fit}$ 有较好的线性相关,所以本节 PNSD 反演算法的参数之一气溶胶总体积浓度 V,可尝试利用式(4.8)通过 PM$_{2.5}$ 计算得到对应确认值。

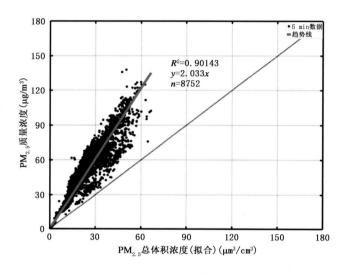

图 4.47　PM$_{2.5}$ 质量浓度与总体积浓度(拟合)的相关

值得说明的是,对于参数 V 的反演计算方法,如果使用经典称重法原理测量的 PM$_{2.5}$ 质量浓度能够更加精确合理。而本节的 PM$_{2.5}$ 质量浓度资料是由 GRIMM180 仪器观测所得,该仪器原理是基于光学测量数谱后再计算得到质量浓度。本节使用该资料主要考虑原因如下:①考虑光学测量数谱原理的局限性主要是在对质量浓度影响较小的细粒子范围;②对比该仪器和经典称重法测量原理的仪器结果,并且使用同期称重的膜采样结果进行数据订正已尽量减小该仪器测量原理所带来的影响;③本节重点在于给出一种利用质量浓度的反演算法,该仪器在国内各观测站点使用广泛,对于本节所述反演算法有很好的推广性和适用性。

4.4.2.5　反演计算效果讨论

根据以上 3 个参数的选择方案,通过评估段每个观测时次的 PM$_{2.5}$,得到 44 套组合参数方案计算的 44 组结果 PVSD_inv 和 PNSD_inv(图 4.48)。

通过反演计算 PNSD_inv 和 PVSD_inv 与观测结果的比对分析,从图 4.48 中可看到 44 套参数方案反算与观测的一致性和相关系数的情况。结果表明,反演计算的结果与实测的一致性较好,相对来说,PVSD 的反演结果与实测有较高的相关性,但也存在部分差异较大,说明该反演计算方法存在一定的适用性。

为进一步讨论其适用性,通过两个指标:①求同时次的反演计算与观测结果相关系数;②

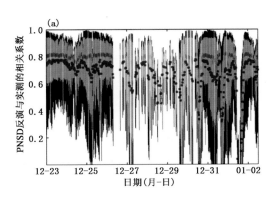 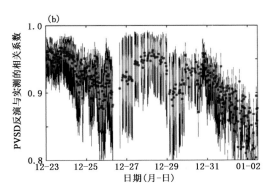

图 4.48　PNSD(a)和 PVSD(b)反演计算与实测的相关系数分析

（蓝点为平均值，红点为中值，黑上下限为 5％和 95％的百分位数，灰上下限为 25％和 75％的百分位数）

统计 PNSD 各模态总数浓度反演计算与观测结果的比例，来评估反演计算结果和分析差异产生的可能原因。如图 4.48，可看到每个时次 44 套参数组合反演计算与观测结果（C_io）的相关系数，分别从 PNSD、PVSD 每时次 44 个相关系数的最高值（C_max）统计来看，PNSD 的 C_max 置信区间除在缺测前后两个时次（2014 年 12 月 26 日 07:55 和 2015 年 1 月 1 日 11:20）为 0.87 和 0.96，其余均高于 0.99，说明 PNSD 的 C_max 大部分通过显著性检验；总体来说，PNSD 的 C_max 数值较高且波动较小，高于 0.8 的样本约为总样本量的 70％，反演计算结果基本较观测结果偏低。此外，PVSD 的 C_max 大部分高于 0.9，且变化范围不大。根据本节 PNSD 的反演算法的流程，PNSD 的 C_io 大小基于 PVSD 的计算，所以 PVSD 的 C_max 稳定且维持在较高水平对 PNSD 的 C_max 为有利的影响，同时表明利用 $PM_{2.5}$ 质量浓度来确定每个时次唯一 V 值的方法适用性较好，能反演出与实测较一致的 PNSD 分布特征，但在绝对数值上还存在一定的差异。

对 PNSD 各模态总数浓度反演计算与实测的比例计算结果表明：平均来说，总粒子数浓度反演计算比观测结果高 22.1％；成核模态反演计算为观测结果的 73.4％；爱根核模态反演计算比观测结果高 46.3％，而对于消光影响较显著的积聚模态，反演计算比观测结果相当，达 99.9％。进一步分析发现气溶胶数浓度谱型分布特征与统计的平均分布特征差异较大的时候，反算与观测结果的相关性则较差，这可能与统计样本量不足导致 $PM_{2.5}$ 质量浓度高值适用性较差，统计的气溶胶体积浓度谱型没有做归一化而产生的差异等方面的原因相关。根据统计结果表明，参数方案中效果较好的 σ_g 为 1.8 和 2.0 占比超过 50％，D_g 为 0.34、0.31 和 0.32 μm 占比较高。因此，在参数方案的适用中可考虑以上参数的搭配以提高反算结果的计算效果。

本节利用 2014 年 11 月—2015 年 1 月在广州城市站进行同期连续观测的干气溶胶粒子的 $PM_{2.5}$、PNSD 数据进行客观分析，建立了一种使用 $PM_{2.5}$ 反演 PNSD 的方法，并评估了该方法的适用性。结果表明该反演算法具有较好的适用性和稳定性，对于积聚模态的 PNSD 反演效果较好，但对于 $PM_{2.5}$ 高浓度的反演结果差异较大。该反演方法将为珠三角地区的大气能见度计算和应用提供有利的依据和支撑。

4.5
气溶胶的光学特性

　　国际上已有以卫星遥感仪器 MODIS 为代表的全球气溶胶遥感（Kaufman et al. ,1997）与 AERONET 地基观测网（Holben et al. ,1998）。我国许多地区尤其是大城市在过去的 30 多年来开展了不少气溶胶的研究。赵柏林等（1983）用七波段光度计对北京地区气溶胶进行了一年的地基遥感观测并反演了粒子谱;毛节泰等（1983）分析了这次遥感得到的气溶胶光学厚度特征、变化规律及与气象条件的关系。吕达仁等（1981）、邱金桓等（1983）提出并应用了直接消光和小角度散射确定气溶胶光学厚度和光谱分布的方法。李放等（1996）研究了北京地区气溶胶光学厚度的中长期变化特征。章文星等（2002）、张玉香等（2002）对北京地区的大气气溶胶光学厚度进行了分析。王跃思等（2006）开始对中国地区大气气溶胶光学厚度与埃斯屈朗（Angstrom）参数进行联网观测。以往除气溶胶光学厚度以外,对其他气溶胶光学特性的研究较少,近十年对气溶胶的其他光学特性的研究（吸收系数、散射系数、单散射反照率、气溶胶粒子谱,Angstrom 参数）逐渐得到加强（毛节泰 等,2005;王跃思 等,2006;车慧正 等,2007）。

　　为了获取代表珠三角城市群的气溶胶光学辐射特性参数,2004 年以来,在珠三角的腹地广州、番禺、南海、东莞进行了气溶胶光学厚度（AOD,aerosol optical depth）的观测（无云情况下,包括晴天与浑浊天气）,作为对比,在远离广州市区的湘粤边境南岭山脉的东田也进行了气溶胶光学厚度的观测,旨在获得区域性的气溶胶光学厚度的分布特征。大气气溶胶光学厚度的大小本质上是由气溶胶粒子的散射与吸收特性的强弱决定的。另外,珠三角也进行了气溶胶散射系数、黑碳气溶胶与吸收系数的观测。观测站处于近地层中,所观测的气溶胶散射系数与吸收系数表征近地层各种人为活动与自然产生的气溶胶的辐射特性,由气溶胶的成分谱、尺度谱、气溶胶形态、气溶胶的亲水特性等物理化学性质所决定,与气溶胶复折射指数的实部与虚部密切相关。

　　由散射系数与吸收系数可计算得到单散射反照率（SSA,single scattering albedo）。SSA 是散射系数与总消光的比值,反映了气溶胶粒子散射与吸收的相对大小。SSA 是计算气溶胶辐射强迫最重要的参数之一。

　　由多通道气溶胶光学厚度观测可以拟合得到 Angstrom 函数关系式,并得到波长指数与浑浊度系数参数。Angstrom 函数关系式反映了光学厚度随波长的变化规律,在一定的理论假设下,知道了某一波长的光学厚度,可以计算得到其他波谱的光学厚度。如微型（microtops Ⅱ）太阳光度计（Sunphotometer）有 5 个波长的气溶胶光学厚度观测,由其中的两个通道值即可拟合得到反映波谱的光学厚度的主要参数（波长指数与浑浊度系数）。

　　在应用辐射传输模式来计算气溶胶的辐射效应时,常以气溶胶光学厚度、单散射反照率、不对称因子、波长指数为主要输入参数,在一定的理论假设下可以求解辐射传输方程。因此,获取上述气溶胶光学特性参数是目前观测分析以及模式研究最迫切需要的参数。

4.5.1 光学厚度

本节分析的珠三角气溶胶光学厚度的统计资料时间为 2004 年 1 月—2007 年 6 月。表 4.9 为珠三角五个观测点气溶胶光学厚度的年平均值。可见,不论城市测点还是背景测点,气溶胶的污染相当严重,尤其珠三角城市地区,平均来看,在紫外谱区 340 nm,气溶胶光学厚度均大于 1,最小值也已经大于 0.5;在可见光谱区 550 nm,气溶胶光学厚度均大于 0.7,最小值在 0.3 左右。值得关注的是,南海的 AOD 比广州的还高,说明城郊小城市的污染比广州市区的还严重,这可能与局地污染源关系密切,因为南海是珠三角有名的陶瓷生产基地,陶瓷生产排放的大量细粒子增加了 AOD 值。根据不同气溶胶光学厚度下的透过率,可知,珠三角 2004 年 1 月—2007 年 6 月的平均 AOD 情况下,气溶胶造成的到达地表的直接紫外线辐射衰减达 70%～80%,直接可见光辐射也有 50%～60% 的衰减。

表 4.9 珠三角城市与背景测点气溶胶光学厚度的年平均特征(2004 年 1 月—2007 年 6 月)

观测地点	观测天数(无云)(d)	340 nm			550 nm		
		最小值	平均值	最大值	最小值	平均值	最大值
广州	268	0.56	1.23	2.26	0.28	0.72	1.49
番禺	160	0.65	1.16	1.88	0.43	0.73	1.24
南海	207	0.71	1.40	2.32	0.36	0.77	1.43
东莞	240	0.66	1.18	2.07	0.35	0.70	1.32
东田(背景点)	48	0.54	0.93	1.46	0.32	0.60	0.99

图 4.49 是珠三角四个气溶胶光学厚度观测站观测次数。可见,珠三角地区,在旱季观测 AOD 的次数明显较雨季增加,这是由于雨季云出现的频率高造成观测 AOD 的机会较少。一般地,云的光学厚度相对于气溶胶来说大得多,在秋、冬期间的干季节,云出现的概率较低,相对来说更显得气溶胶对能见度与地气系统辐射效应的重要性;在春、夏季节,对流活动较强,降水较多,气溶胶的湿清除过程明显,气溶胶的数浓度可能较低,但由于相对湿度较高,气溶胶的亲水效应十分明显,气溶胶的粒子谱可能向大粒子段偏移,从而也可能使得气溶胶对能见度与

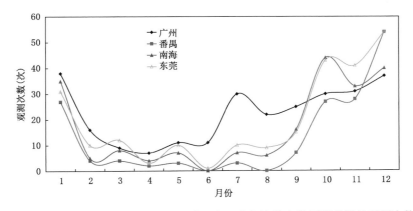

图 4.49 2004 年 1 月—2007 年 6 月珠三角四个气溶胶光学厚度观测站观测次数

地气系统的辐射效应相当显著。因此,不论春、夏、秋、冬季节,气溶胶在不同的特定环境下,其在环境与气候方面的效应均不可忽视。

图 4.50—图 4.55 为珠三角城市群四个城市站(广州、番禺、南海、东莞)以及背景站(东田)大气气溶胶光学厚度的各月、季变化。可见如下明显的特征:340 nm 与 550 nm 的气溶胶光学厚度的季节变化特征具有一致性,变化形态十分相似,550 nm 的 AOD 整体比 340 nm 的小,平均约为 340 nm AOD 的 0.6 倍。另一个明显的特征是在各月 AOD 的变化幅度大,最大值普遍是最小值的 3~6 倍,尤其是广州与南海测点。一般地,最小值对应清洁天气,而最大值对应污染浑浊天气,说明珠三角地区从清洁至污染过程的污染物累积是很明显的。从季节变化看(春:3、4、5 月;夏:6、7、8 月;秋:9、10、11 月;冬:12 月、次年 1、2 月),广州站的 340 nm(550 nm)的 AOD 从大到小依次是春—秋—夏—冬(春—秋—夏—冬),季节间最大差异分别是 0.28(0.15);番禺站的 340 nm(550 nm)的 AOD 从大到小依次是春—夏—秋—冬(春—秋—夏—冬),季节间最大差异分别是 0.16(0.11);南海站的 340 nm(550 nm)的 AOD 从大到小依次是春—秋—冬—夏(春—冬—秋—夏),季节间最大差异分别是 0.27(0.22);东莞站的 340 nm(550 nm)的 AOD 从大到小依次是秋—春—夏—冬(秋—春—夏—冬),季节间最大差异分别是 0.24(0.16);东田站的 340 nm(550 nm)的 AOD 从大到小依次是秋—冬—夏—春(秋—夏—冬—春),季节间最大差异分别是 0.36(0.22)。可见,春或秋季 AOD 出现较大值的概率比较大,季节间的差异在 340 nm 可高达 0.36,550 nm 可高达 0.22。春季出现较大 AOD 值可能与这季节较大的相对湿度导致气溶胶粒子的亲水增长有关,春秋是东南亚生物质燃烧的季节,较大的 AOD 也可能与东南亚污染物的长距离输送有关(Deng et al.,2008);而秋季出现较大的 AOD 可能与这季节较弱的平流、湍流扩散气象条件出现污染的累积有关(吴兑 等,2008)。

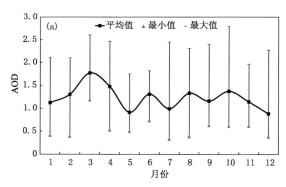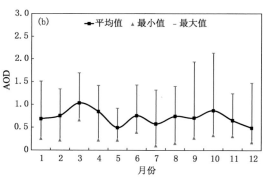

图 4.50 广州大气气溶胶光学厚度各月变化

(a)340 nm;(b)550 nm

以 0~0.2、0.2~0.4、0.4~0.6、……、2.8~3.0 分档进行 AOD 在各档中的出现频率的统计分析,各站在各档的概率分布函数(PDF,probability distribution function)参见图 4.56—图 4.60,可见,广州 340 nm 的 AOD 最高频出现于 0.8~1.0,其次是 0.6~0.8 与 1.0~1.2 之间,分别占 21%、14%、14%;番禺 340 nm 的 AOD 最高频出现于 0.6~0.8,其次是 0.8~1.0 与 1.0~1.2 之间,分别占 20%、19%、19%;南海 340 nm 的 AOD 最高频出现于 0.8~1.0 与 1.0~1.2,其次是 1.2~1.4、0.6~0.8 与 1.4~1.6 之间,分别占 16%、16%、12%、10%、

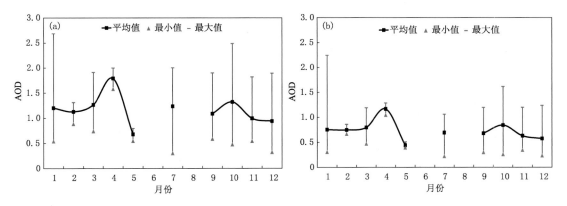

图 4.51 番禺大气气溶胶光学厚度各月变化

(a)340 nm;(b)550 nm

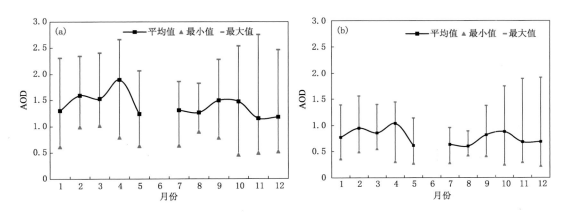

图 4.52 南海大气气溶胶光学厚度各月变化

(a)340 nm;(b)550 nm

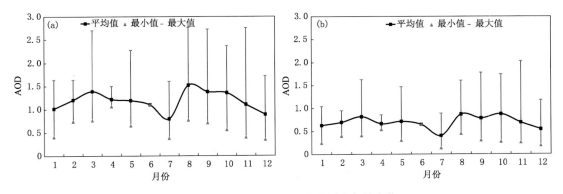

图 4.53 东莞大气气溶胶光学厚度各月变化

(a)340 nm;(b)550 nm

10%;东莞 340 nm 的 AOD 最高频出现于 0.6～0.8,其次是 0.8～1.0 与 1.0～1.2 之间,分别占 20%、18%、17%;东田 340 nm 的 AOD 最高频出现于 0.6～0.8,其次是 1.0～1.2 与 0.8～1.0 之间,分别占 23%、23%、17%。广州 550 nm 的 AOD 最高频出现于 0.4～0.6,其次是

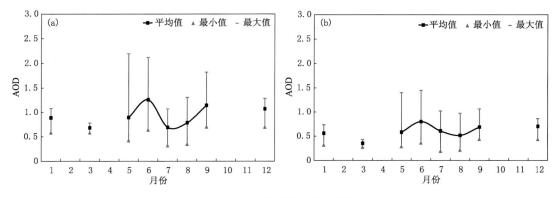

图 4.54　东田大气气溶胶光学厚度各月变化

（a）340 nm；（b）550 nm

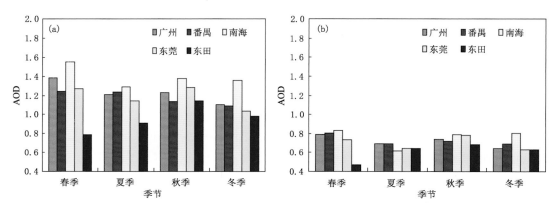

图 4.55　大气气溶胶光学厚度季节变化

（a）340 nm；（b）550 nm

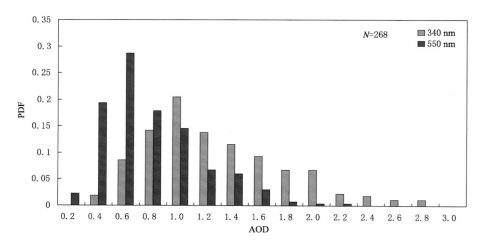

图 4.56　广州大气气溶胶光学厚度概率分布函数

0.2～0.4 与 0.6～0.8 间，分别占 29%、19%、18%；番禺 550 nm 的 AOD 最高频出现于 0.4～0.6，其次是 0.6～0.8 与 0.2～0.4 之间，分别占 33%、24%、14%；南海 550 nm 的 AOD 最高

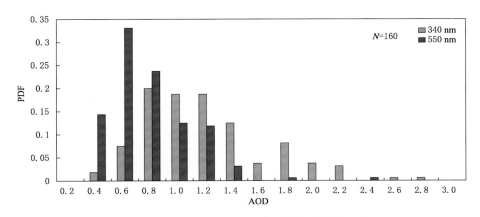

图 4.57　番禺大气气溶胶光学厚度概率分布函数

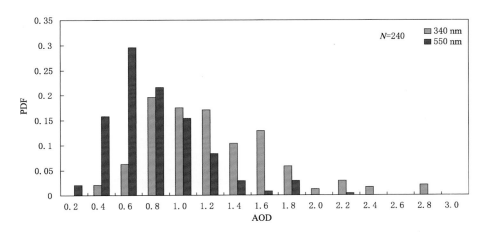

图 4.58　东莞大气气溶胶光学厚度概率分布函数

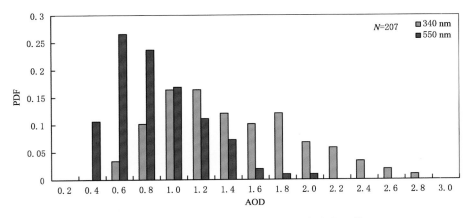

图 4.59　南海大气气溶胶光学厚度概率分布函数

频出现于 $0.6 \sim 0.8$，其次是 $0.4 \sim 0.6$ 与 $0.8 \sim 1.0$ 之间，分别占 24％、23％、18％；东莞 550 nm 的 AOD 最高频出现于 $0.4 \sim 0.6$，其次是 $0.6 \sim 0.8$ 与 $0.2 \sim 0.4$ 之间，分别占 30％、22％、16％；东田 550 nm 的 AOD 最高频出现于 $0.4 \sim 0.6$，其次是 $0.6 \sim 0.8$ 与 $0.2 \sim 0.4$ 之间，分别

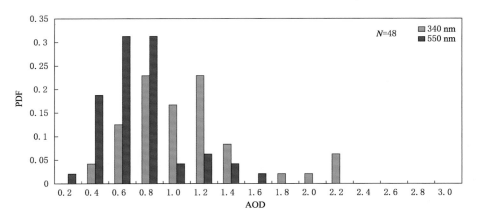

图 4.60 东田大气气溶胶光学厚度概率分布函数

占 31%、31%、19%。可见,340 nm 的 AOD 高频出现在 0.6~1.2 之间,550 nm 的 AOD 高频出现在 0.4~0.8 之间。但应该注意到:在 340 nm,>1.0 的 AOD 在城市群的四个站均大于 51% 以上,南海(广州)高达 70%(55%),背景站东田略低,但也达 42%;在 550 nm,>1.0 的 AOD 在城市群的四个站均大于 19% 以上,南海(广州)高达 27%(22%),背景站东田略低,但也达 15%。当 AOD 为 1 时,直射光的透过率仅为 0.37,意即有 63% 的直射光损失了,虽然部分直射光转化为散射光能到达地表,地表接受太阳辐射的衰减程度可能小于 63%,但可能仍然十分显著。

珠三角气溶胶光学厚度的季节变化与北京、上海地区的不同,王跃思等(2006)发表的北京地区秋、冬季的气溶胶光学厚度(550 nm)为 0.49、0.45,章文星等(2002)发表的北京地区春、夏、秋、冬季的气溶胶光学厚度(550 nm)为 0.63、0.62、0.51、0.32,平均值总体比车慧正等(2007)发表的大一些,却比珠三角的平均观测值略为小些。王跃思等(2006)发表的上海地区冬季的气溶胶光学厚度(550 nm)为 0.68,与目前珠三角的观测值相近,宋磊等(2006)发表的上海地区春、夏、秋、冬季的光学厚度(550 nm)分别为 0.47、0.51、0.41、0.40,总体比珠三角的小一些。北京、上海春、夏季气溶胶光学厚度值较大,冬季最小。北京、上海春季较大的气溶胶光学厚度可能与沙尘气溶胶密切相关;夏季较大的气溶胶光学厚度与相对湿度较大密切有关;冬季气溶胶光学厚度较小与冬季风冷空气活动密切相关。珠三角气溶胶光学厚度的季节变化与北京(上海)的不一致。

4.5.2 散射系数

本节分析的广州大气成分主站(即广州番禺大气成分观测站)的散射系数的统计资料时间为 2005 年 11 月—2007 年 12 月,番禺气象局子站(即番禺气象局站)的统计资料时间为 2004 年 3 月—2007 年 12 月。图 4.61、图 4.62 分别是广州大气成分主站与番禺气象局子站的散射系数各月、季变化,可见,两站的气溶胶的散射系数月、季变化形态略有不同,平均都是夏季最低,广州大气成分主站春、秋、冬三季的平均值差别小,而番禺气象局子站冬季最高,春、秋季节相当,广州大气成分主站在夏季与冬季的散射系数均明显比番禺气象局子站小,但在春、秋两季节平均值相当。广州大气成分主站 1—3 月呈上升之势,而番禺气象局子站 1—7 月呈下降之势,而后 7—10 月两站均呈上升之形态,两站均是 7 月出现全年最低值,11 月番禺气象局子站有相对明显的极小值。

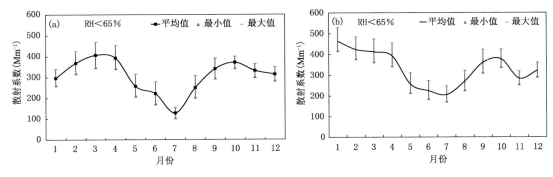

图 4.61　散射系数的月变化

(a)广州大气成分主站;(b)番禺气象局子站

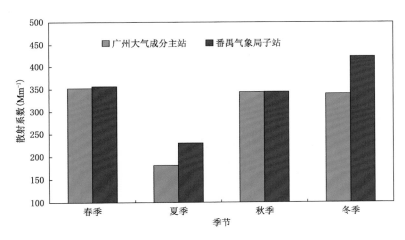

图 4.62　散射系数的季节变化

由图 4.63 的日变化可见,两站均具有双峰的日变化形态,两站在 00—06 时的差异很小,在 07—08 时广州大气成分主站的值比番禺气象局子站的相对小一些,两站差异最明显的时间段在午后,尤其是傍晚 17—20 时,此时间段可见番禺气象局子站存在明显的峰区,而广州大气成分主站的峰区没有那么明显。可见在较低矮的观测站测得的散射系数能快速响应近地层人类活动排放的污染物变化。

图 4.64 是由逐时时间分辨率统计的气溶胶散射系数的概率分布函数,两站的分布形态很相似,广州大气成分主站与番禺气象局子站观测的散射系数在 100～200、200～300、300～400、0～100、400～500 Mm^{-1} 之间的出现频率都大概是 22%、19%、14%、9%、9%,即大于 70% 的散射系数小于 500 Mm^{-1}。

在 PRIDE-PRD2006 的试验中,德国马克斯·普朗克化学研究所(Max Planck Institute for Chemistry)开展了气溶胶光学特性的观测(观测点在距广州西北方位约 60 km 的后花园,代表区域背景,观测期 2006 年 7 月 1—30 日),Garland 等(2008)得到的散射系数观测值为 200 Mm^{-1}(450 nm)、151 Mm^{-1}(550 nm)、104 Mm^{-1}(700 nm)(观测仪器为积分浊度计(型号

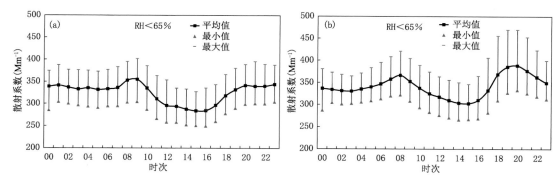

图 4.63　散射系数的日变化
(a)广州大气成分主站；(b)番禺气象局子站

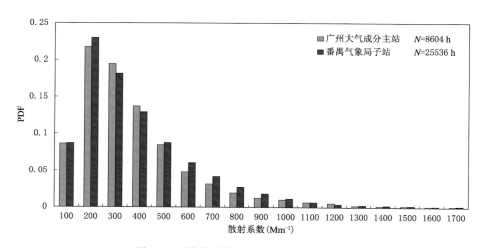

图 4.64　散射系数的概率分布函数(PDF)

3563，TSI))。可见随着波长的增大，散射系数减小。浊度计的观测波段为 880 nm，2006 年 7 月观测的散射系数平均为 160 Mm^{-1}，观测值大于 Garland 的值，值较大的原因可能是观测点距离市区较近的缘故。PRIDE-PRD2006 仅在夏季(2006 年 7 月)开展了为期一个月的观测，由图 4.61—图 4.63 可见，珠三角散射系数的季节变化是十分明显的，一年四季中夏季的散射系数最小，7 月基本上处于一年中的谷值。

4.5.3　黑碳气溶胶与吸收系数

4.5.3.1　黑碳气溶胶的质量浓度

本节分析的广州大气成分主站的黑碳(BC)气溶胶质量浓度与吸收系数的统计资料时间为 2005 年 10 月—2007 年 12 月，番禺气象局子站的统计资料时间为 2004 年 1 月—2007 年 12 月。图 4.65—图 4.66 是黑碳气溶胶的各月、季变化。从图中可见，广州大气成分主站观测的黑碳浓度总是低于番禺气象局子站的，其重要原因之一可能是广州大气成分主站的海拔较高，相对来说远离局地污染源。从月变化可见，各月黑碳的波动值也较大，3、11、12 月的黑碳浓度较高，秋、冬季节的黑碳浓度较高，广州大气成分主站约 8～10 μg/m³，番禺气象局子站约 12～

13 μg/m³,夏季黑碳浓度较低(7 月出现全年最低值),广州大气成分主站与番禺气象局子站分别约为 5 μg/m³、9 μg/m³,全年平均广州大气成分主站约为 8 μg/m³,番禺气象局子站为 11 μg/m³。值得关注的是,不论广州大气成分主站还是番禺气象局子站,3 月的黑碳均有异常的高值出现。

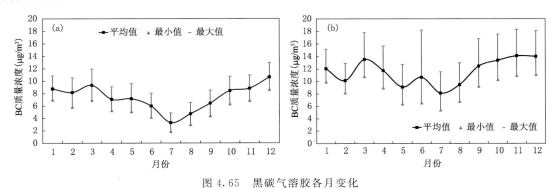

图 4.65　黑碳气溶胶各月变化
(a)广州大气成分主站;(b)番禺气象局子站

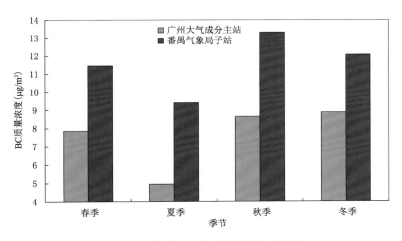

图 4.66　黑碳气溶胶质量浓度季节变化

从图 4.67 黑碳气溶胶的日变化可见,黑碳气溶胶具有明显的双峰日变化特征,较低海拔观测点的双峰型特征更加明显,出现时间是早上 06—08 时、下午 18—20 时,与上下班高峰期

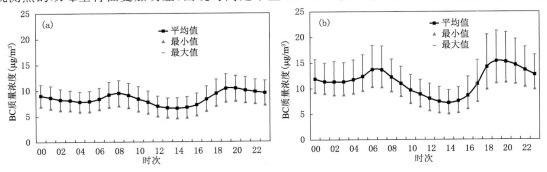

图 4.67　黑碳气溶胶质量浓度日变化
(a)广州大气成分主站;(b)番禺气象局子站

吻合,黑碳气溶胶的主要来源之一是机动车的排放,可见,人类活动排放的污染物对空气质量的影响,午后黑碳浓度值较低,一般在14—15时黑碳具有最低浓度值,这可能与气象条件密切相关,午后混合层发展导致边界层高度较高,增大了黑碳气溶胶的垂直扩散稀释作用,从而导致较低的黑碳气溶胶浓度,平均情况下最大值/最小值在1.5～1.8之间变化。

图4.68是由逐时时间分辨率统计的黑碳气溶胶质量浓度概率分布函数,可见,在0～5 $\mu g/m^3$、5～10 $\mu g/m^3$ 的浓度区间概率分布函数高频出现,广州大气成分主站(番禺气象局子站)分别达39%(23%)、36%(36%),随后是10～15 $\mu g/m^3$、15～20 $\mu g/m^3$ 的浓度区间,浓度越高出现的频率越低,黑碳气溶胶质量浓度大于50 $\mu g/m^3$,甚至大于100 $\mu g/m^3$(番禺气象局子站)也偶尔出现。广州大气成分主站在0～5 $\mu g/m^3$ 浓度区间的出现频率比番禺气象局子站的大许多,发现广州大气成分主站的平均值、波动性均比番禺气象局子站的小,由于广州大气成分主站的海拔较高,其观测的污染物浓度更具有区域混合的特征。

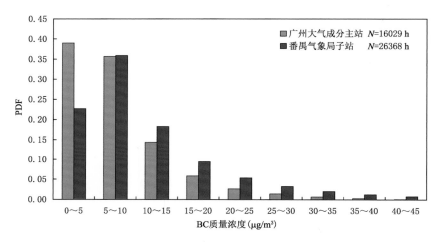

图4.68　黑碳气溶胶质量浓度概率分布函数

4.5.3.2　大气气溶胶的吸收系数

大气气溶胶的组分主要有硫酸盐、硝酸盐、海盐、碳气溶胶(OC/BC)与地壳元素等,在这些组分中,主要是黑碳气溶胶(BC)与地壳元素(如赤铁矿)具有强的吸收性。在珠三角城市群地区的气溶胶来源主要是人类活动产生,自然源如地壳元素赤铁矿等的含量可以忽略不计(如北方地区的沙尘暴天气过程中,沙尘气溶胶可能含大量的地壳元素赤铁矿等),在珠三角城市群地区可以认为气溶胶的吸收主要由黑碳气溶胶引起的,因此,可以由黑碳仪监测得到的黑碳气溶胶的质量浓度计算得到气溶胶的吸收系数,只需要引入单位质量黑碳的吸收比 σ 即可。2004 年,在 PRIDE-PRD2004 实验(2004 年 10—11 月)期间广州番禺大气成分观测站的黑碳仪(Aethalometer)与德国马克斯·普朗克化学研究所的光声光谱仪(Photoacoustic Spectrometer)(PAS, 532 nm)进行了平行对比观测,得到了黑碳单位质量吸收比为 8.28 m^2/g。这一黑碳单位质量吸收比可能仅代表珠三角秋季(干季节)的气溶胶吸收特性。因为缺乏黑碳仪与光声光谱仪在其他季节时间的对比,暂且把珠三角气溶胶的质量吸收比 8.28 m^2/g 当作常数运用到所有由黑碳浓度计算吸收系数(532 nm)的观测数据中,这样,由黑碳质量浓度可计算得到吸收系数。

由表 4.10—表 4.13 的各月、季吸收系数的变化可见，广州大气成分主站观测的各月吸收系数平均在 $27\sim80\ \mathrm{Mm}^{-1}$；而番禺气象局子站平均在 $67\sim120\ \mathrm{Mm}^{-1}$；两站均在 7 月出现全年最低值。观测的各月吸收系数平均有一半大于 $100\ \mathrm{Mm}^{-1}$，当平均值较大时，标准差也较大。秋、冬季吸收系数最大，春季次之，夏季最小。

表 4.10　广州大气成分主站吸收系数的各月变化（Mm^{-1}）

月份	1	2	3	4	5	6	7	8	9	10	11	12
平均值	73	68	77	59	59	41	27	39	64	74	76	80
标准差	±42	±37	±47	±30	±29	±10	±10	±17	±31	±27	±40	±46

表 4.11　番禺气象局子站吸收系数的各月变化（Mm^{-1}）

月份	1	2	3	4	5	6	7	8	9	10	11	12
平均值	100	84	112	97	75	88	67	78	103	111	117	116
标准差	±66	±56	±69	±50	±40	±54	±32	±35	±51	±56	±71	±75

表 4.12　广州大气成分主站吸收系数的季节变化（Mm^{-1}）

季节	春季	夏季	秋季	冬季
平均值	65	41	72	73
标准差	±35	±10	±33	±42

表 4.13　番禺气象局子站吸收系数的季节变化（Mm^{-1}）

季节	春季	夏季	秋季	冬季
平均值	95	78	110	100
标准差	±53	±40	±59	±66

图 4.69 为广州大气成分主站与番禺气象局子站观测吸收系数日变化，日变化形态与黑碳浓度的日变化形态一致，呈双峰型日变化，午后吸收系数较低，一般在 14—15 时吸收系数具有最低值，广州大气成分主站吸收系数的变化比番禺气象局子站的要平缓，数值偏低许多，广州大气成分主站日均吸收系数在 $70\ \mathrm{Mm}^{-1}$ 左右，番禺气象局子站在 $95\ \mathrm{Mm}^{-1}$ 左右。

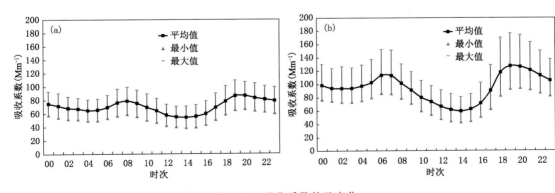

图 4.69　吸收系数的日变化

（a）广州大气成分主站；（b）番禺气象局子站

在 PRIDE-PRD2006 的试验中,Garland 等(2008)得到的吸收系数观测值为 34 Mm^{-1},2006 年 7 月在番禺气象局子站观测的吸收系数平均为 62 Mm^{-1},比 Garland 的观测值大,原因是观测点距离市区较近的缘故。吸收系数与散射系数具有相同的季节变化特征,珠三角吸收系数的季节变化是十分明显的,一年四季中夏季的吸收系数最小,7 月基本上处于一年中的谷值。

4.5.4 单散射反照率

单散射反照率是气溶胶散射系数占总消光系数的比值,反映了气溶胶粒子散射与吸收的相对大小,单散射反照率是决定气溶胶辐射强迫最关键的因子之一,因此,确定一个地区的气溶胶单散射反照率十分重要。一些国际大型气溶胶试验中把确定单散射反照率作为气溶胶研究的重要内容。

根据上述散射系数与吸收系数的特征可以计算得到单散射反照率的统计特征。图 4.70—图 4.72 是广州大气成分主站与番禺气象局子站单散射反照率的各月、季、日变化情况。单散射反照率的月变化范围在 0.79~0.87 之间,极值脉动范围在 0.71~0.93 之间,广州大气成分主站在 3 月、5 月、9 月有相对的极低值,番禺气象局子站在 3 月、6 月、11 月有相对的极低值。

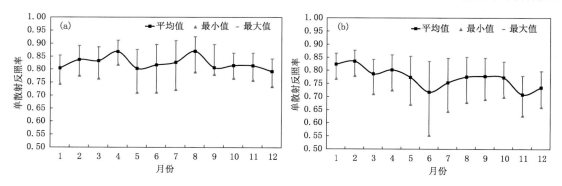

图 4.70 单散射反照率的各月变化(SSA 550 nm)
(a)广州大气成分主站;(b)番禺气象局子站

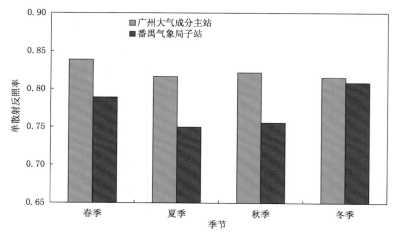

图 4.71 单散射反照率的季节变化(SSA 550 nm)

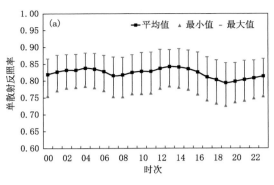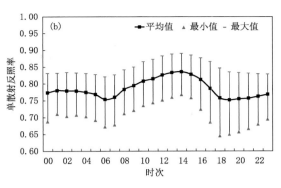

图 4.72　单散射反照率的日变化(SSA 550 nm)

(a)广州大气成分主站;(b)番禺气象局子站

单散射反照率的季节变化较小,更具有站点依赖性,广州大气成分主站的单散射反照率春季为0.84、夏、冬季为0.82、秋季为0.83;番禺气象局子站夏、秋季为0.75,冬季为0.81,春季为0.79,番禺气象局子站的单散射反照率在四个季节均比广州大气成分主站的低6%～8%。单散射反照率的特征决定于吸收系数与散射系数的变化。广州大气成分主站与番禺气象局子站单散射反照率的日变化均呈双谷形态,日均值分别为0.82、0.79,在06—08时、17—20时单散射反照率较低,而午后单散射反照率全日最高值,这种变化形态与人类活动、源排放以及边界层气象条件的日变化密切相关。

广州的单散射反照率观测值与毛节泰等(2005)发表的北京地区的单散射反照率0.8具有可比性,也与PRIDE-PRD2006的试验中Garland等(2008)得到的单散射反照率的观测值0.82具有可比性。2006年7月在番禺气象局子站的观测值平均为0.75,比Garland等(2008)的观测值小,原因是观测点距离市区较近的缘故,局地排放源尤其是机动车排放的黑碳造成吸收系数较高导致单散射反照率较低的缘故。

值得注意的是,近地层直接观测得到的单散射反照率只代表近地层气溶胶辐射特性的性质,与应用地表观测的辐射反演得到的代表整层大气的单散射反照率有本质的不同。一般近地层的单散射反照率比高层大气的要小得多,车慧正等(2007)应用天空辐射计反演得到的北京地区的单散射反照率全年各月均大于0.89,最大值0.95出现在8月。目前珠三角近地层观测的单散射反照率月平均在0.79～0.87之间变化,比许多研究报道的代表整层大气的单散射反照率偏低很多。中国大城市近地层中单散射反照率的观测值平均小于0.85(毛节泰 等,2005;Garland et al.,2008),总体上比代表整层大气柱的单散射反照率要小。

4.5.5　波长指数与浑浊度系数

在假设粒子谱为荣格分布的情况下,理论上可推导出大气气溶胶的消光、散射与吸收对波长的依赖关系呈指数反比关系,即 Angstrom 指数关系:$AOD = \beta\lambda^{-AE}$,其中:AE 为波长指数,β 为大气浑浊度系数,也即是波长为 1 μm 的光学厚度。因此,可以根据多波段太阳光度计任两波长观测的气溶胶光学厚度拟合得到波长指数。波长指数的大小表征了气溶胶粒径谱的分布特征。Angstrom 指数越大说明气溶胶的粒径越小,典型污染地区的 Angstrom 指数在 1～2.5 之间,而清洁海洋的 Angstrom 指数通常在 0.1 左右。

　　本节分析的珠三角气溶胶波长指数的统计资料时间与同光学厚度的资料时间(2004 年 1 月—2007 年 6 月)。图 4.73—图 4.75 分别是波长指数的各月、季与概率分布函数的变化情况。各月的波长指数在 1～1.6 之间波动,四个观测站的波长指数各月的波动性明显,高低变化的趋势不同,规律性不很明显。总体上波长指数在冬季各站的差别较小,夏季各站的差别较大。波长指数最高频出现在 1.4～1.6 之间,广州、番禺、南海、东莞分别占 74%、84%、89%、84%,其次是 1.2～1.4、1.0～1.2、1.6～1.8,出现频率总计小于 26%。

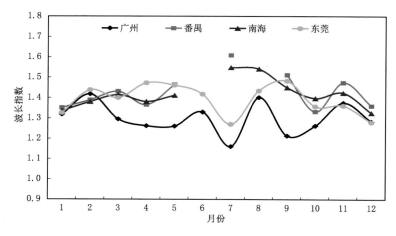

图 4.73　波长指数的各月变化

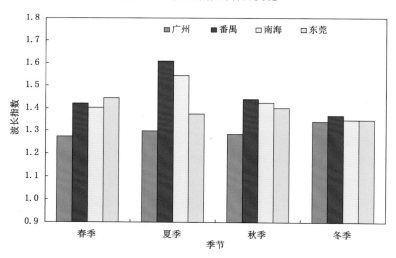

图 4.74　波长指数的季节变化

　　在 PRIDE-PRD2006 的试验中,Garland 等(2008)得到的波长指数观测值为 1.46。2006 年 7 月对番禺气象局、广东省气象局、南海气象局、东莞气象局四个子站进行多波段太阳光度计观测,拟合得到的波长指数分别是 1.61、1.27、1.67、1.11,Garland 等(2008)的值处在珠三角多站监测的中值范围,具有可比性。珠三角观测的冬季波长指数为 1.35,与王跃思 等(2006)发表的北京的波长指数 1.65 相近,与张玉香等(2002)发表的北京的观测值 2.15 存在较大差异。珠三角冬季的波长指数较兰州冬季(赵秀娟 等,2005)的要大一些,兰州冬季的波长指数约为 1.0 左右。可见,一个地区粒子尺度谱的特征具有明显的地域性。

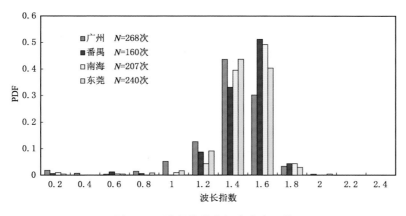

图 4.75 波长指数的概率分布函数

图 4.76—图 4.78 分别是浑浊度系数的月、季与概率分布函数的变化情况。各月的浑浊度系数在 0.2～0.5 之间波动。9、10、11、12 月、次年 1、2 月各站浑浊度系数差别不大,说明秋、冬季的污染具有明显的区域性,而 3—8 月的春夏季节珠三角各地的浑浊度差别较大,局地性特征较明显。浑浊度系数从大到小依次为广州春—秋—夏—冬;番禺为春—冬—秋—夏;南海为冬—春—秋—夏;东莞为秋—春—夏—冬。浑浊度系数最高频出现在 0.2～0.4 之间,其次是 0.0～0.2、0.4～0.6、0.6～0.8。

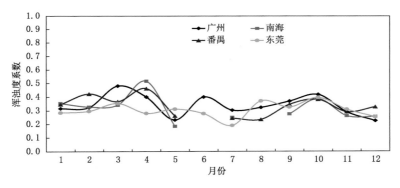

图 4.76 浑浊度系数的各月变化

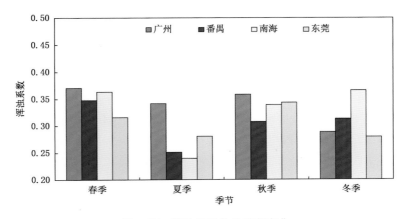

图 4.77 浑浊度系数的季节变化

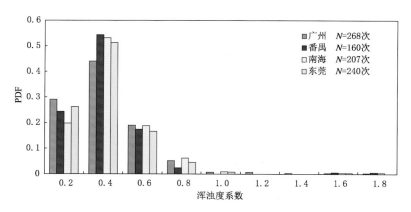

图 4.78　浑浊度系数的概率分布函数

4.6
气溶胶的光学辐射特性及辐射强迫研究

大量研究表明,大气气溶胶通过散射和吸收太阳辐射直接影响地气系统辐射收支,对全球和区域气候有着重要影响,它还可以充当云、雾凝结核,影响云雾的形成、寿命、反射率等特性,进而对地气系统辐射能量平衡产生间接影响(Haywood et al.,2000;邓涛 等,2010)。气溶胶光学厚度(AOD)、Angstrom 波长指数(AE)、单次散射反照率(SSA)等是表征气溶胶光学和辐射特性的重要物理参量,同时也是评价气溶胶气候效应非常关键的因子。利用地基遥感方法可以获取上述气溶胶关键参数,也是校正卫星遥感结果的重要手段之一。目前全球已经建立多个大规模、多波段光度计观测网络,如美国气溶胶自动观测网(AERONET)、加拿大气溶胶自动观测网(AEROCAN)、中国气溶胶遥感观测网(CARSNET)等,系统研究了全球不同区域大气气溶胶特性(Holben et al.,1998;Duborik et al., 2000b;Schuster et al.,2005;Eck et al., 2005,2010;毛节泰 等,2005;王跃思 等,2006;车慧正 等,2007;Gobbi et al., 2007;Kim et al., 2007;谭浩波 等,2009;Alam et al.,2011;王静 等,2013;郑有飞 等,2013)。其中,自动太阳光度计(CE-318)为高精度野外太阳和天空辐射测量仪器,具有自动跟踪并存储数据的特点,在世界范围内得到认可并大量使用。本节利用 2007—2013 年珠三角地区代表站广州番禺大气成分观测站和东莞气象站太阳光度计(CE-318)的观测资料,反演计算了粗、细模态气溶胶的光学厚度、单次散射反照率、波长指数以及体积尺度谱,分析了它们的季节特征和光谱依赖性,归类计算了主导性粒子的光学和辐射特性,计算了气溶胶的辐射强迫,为深入了解珠三角城市群大气气溶胶特性及其区域环境气候效应提供依据(Mai et al.,2017,2018)。

4.6.1　分析方法

广州番禺大气成分观测站的太阳光度计(CE-318)在可见—近红外波段设有 5 个通道(440、670、870、936、1020 nm),外加 3 个偏振光通道(870P1、870P2、870P3),东莞气象站的仅有前面的 5 个通道,用于太阳直接辐射观测和天空扫描。936 nm 波段用于计算柱水汽含量 (TPW)。仪器框架以及反演标准详见 Holben 等(1998)。云自动剔除采用了 Smirnov 等 (2000)的方案。基于天空辐射反演的 AOD 采用了 Dubovik 等(2000a,2000b)的方法,其中 λ >440 nm 的 AOD 的反演误差<±0.01,水汽反演误差为±10%,天空辐射观测误差<±5% (Dubovik et al.,2000a,2000b)。波长指数(AE)采用以下方程计算:

$$AE = -\frac{\ln\left[\dfrac{AOD(\lambda_1)}{AOD(\lambda_2)}\right]}{\ln\left(\dfrac{\lambda_1}{\lambda_2}\right)} \tag{4.9}$$

式中,λ_1 和 λ_2 分别为 440 和 870 nm 波长。AE 的分布可从负值到大于 1,取决于气溶胶粒子 的尺度大小,AE 的值越大,气溶胶的尺度越小,反之则越大(Gobbi et al.,2007)。基于太阳 直射和天空扫描观测,气溶胶体积尺度分布、折射指数以及单次散射反照率反演采用了 Dubo-vik 等(2000a)的方法。不同模态气溶胶粒子的划分依据 O'Neill 等(2003)的方法,以粒子有 效半径 r =0.6 μm 为区分粗、细粒子的量度。该方法也通常被 AERONET 采用(Sai suman et al.,2014)。广州番禺大气成分观测站于 2011 年 11 月开始观测,至 2013 年 12 月结束;东莞气 象站的于 2007 年 2 月开始观测,至 2013 年 7 月观测结束,在研究期间,CE318 每年送到中国 气象科学研究院标定一次,标定方法与 Che 等(2009a,2009b,2015)一致。

　　气溶胶的直接辐射强迫(ADRF)采用 SBDART 辐射传输模式计算。SBDAT 运行两次来 模拟晴空条件下有/无气溶胶的短波辐射,进而计算达地表(F_{SFC})、大气中(F_{ATM})和大气层顶 (F_{TOA})的辐射强迫,表达式如下:

$$F_{TOA} = \Delta F_{TOA\downarrow}(\text{有气溶胶}) - \Delta F_{TOA\downarrow}(\text{无气溶胶}) \tag{4.10}$$

$$F_{SFC} = \Delta F_{SFC\downarrow}(\text{有气溶胶}) - \Delta F_{SFC\downarrow}(\text{无气溶胶}) \tag{4.11}$$

$$F_{ATM} = F_{TOA} - F_{SFC} \tag{4.12}$$

式中,$\Delta F_{TOA\downarrow}$ 和 $\Delta F_{SFC\downarrow}$ 分别表示大气层顶、地表向下的净辐射。日均辐射强迫的表达式 如下:

$$dF = \frac{1}{24}\int F(t)dt \tag{4.13}$$

式中,t 为时间(h),$F(t)$ 为瞬时辐射强迫。

4.6.2　气溶胶光学辐射特性参数的季节特征

　　图 4.79a、图 4.79b 分别表示了广州番禺大气成分观测站和东莞气象站观测的 AOD(440 nm)季节分布。可以看出,两个观测站 AOD(440 nm)的季节特征基本一致,均以春季最高,秋 季次之,夏季较低,冬季最小,年均值分别为 0.83±0.22 和 0.86±0.14,季节间的差异分别为 0.47 和 0.34。AOD(440 nm)的季节变化与卫星观测结果一致(李成才,2002;蒋哲 等,2013; 邓玉娇 等,2016)。春季的 AOD(440 nm)最高与该季节较高的水汽条件下气溶胶粒子吸湿增 长(谭浩波 等,2009),以及静稳条件下污染物堆积有关,同时春季两个观测站盛行西北、正北 和东北风,北方高纬度地区污染物输送也会导致 AOD(440 nm)上升。夏季盛行东南热带季 风,风速最高,降雨量大,频繁的降雨冲刷作用以及海洋清洁气团使得 AOD(440 nm)明显下 降。秋、冬季的 AOD(440 nm)较低可能与该季节空气干燥、水汽含量低,气溶胶的消光作用较

弱有关。然而,由于秋、冬季空气垂直对流弱,边界层高度低,地面层气溶胶的浓度受边界层高度影响往往会发生低能见度事件(吴兑 等,2006a,2007;谭浩波 等,2009)。表 4.14 表示了本节的年均 AOD(440 nm)、AE(440~870 nm)和 SSA(440 nm)与其他站点观测值的比较。可以看出,广州番禺大气成分观测站、东莞气象站的 AOD(440 nm)明显高于兴隆(XL)、北京(Beijing)以及香港科技大学(Hong_Kong_PolyU)的观测结果,但低于太湖站(Taihu)的值。近年来珠三角地区工业化和城市化发展迅速,大气污染物排放量和排放速率显著增加。区域较高的 AOD(440 nm)主要是由于工业排放的亲水性粒子在高相对湿度下发生吸湿增长致使气溶胶的消光作用增强(Chan et al.,2002;Chen et al.,2014)。兴隆站是我国华北地区的背景站(Zhu et al.,2014),受到周边城市污染源的影响最小。相比而言,太湖站(Taihu)是长三角地区的湖泊站,其 AOD(440 nm)受到了水汽、工业源以及沙尘气溶胶的显著影响(董自鹏,2010;Liu et al.,2012;郑有飞 等,2013)。

SSA 反映了气溶胶对辐射的散射和吸收能力,同时也与粒子的化学组分有关(Corrigan et al.,2006)。图 4.79c、图 7.49d 分别表示了广州番禺大气成分观测站和东莞气象站 SSA(440 nm)的季节分布。广州番禺大气成分观测站 SSA(440 nm)年均值为 0.90±0.01,以冬季和春季最高,夏季最低,但四个季节的差异不明显($p > 0.05$);东莞气象站 SSA 的年均值为 0.95±0.01,以秋季最高,春季最低,四个季节的差异亦不显著($p > 0.05$)。上述结果显示,珠三角地区大气污染物来源和成分非常复杂,其中广州番禺大气成分观测站的 SSA 在各个季节均显著低于东莞气象站观测值,表明气溶胶粒子对太阳辐射的吸收更强,而东莞气象站气溶胶具有较强的散射特性。表 4.14 同样显示了珠三角地区 SSA(440 nm)与其他地区观测值的比较。可以看出,东莞气象站的年均 SSA(440 nm)最高,兴隆、太湖和香港科技大学的相当,番禺站与北京站的年均 SSA(440 nm)最低。北京站和香河站均处于我国华北地区,纬度较高,水汽含量低,其气溶胶粒子同时受到了春季沙尘粒子以及秋冬季黑碳气溶胶的显著影响(Guinot et al.,2007;Zhu et al.,2014),太湖站在长三角地区,春季沙尘气溶胶的影响相对较弱,但较高的水汽条件有利于气溶胶吸湿增长,反而增加了对短波辐射的散射能力(Xia et al.,2007b;Liu et al.,2012)。相对而言,广州番禺大气成分观测站和东莞气象站均处于珠三角地区,极少受到沙尘气溶胶长距离输送的影响,空气污染以局地源排放和区域中短距离输送为主。广州番禺大气成分观测站较低的 SSA(440 nm)与该地区较高的碳气溶胶含量有关(Cao et al.,2004;Wu et al.,2009;Deng et al.,2013),而东莞是我国著名的工业城市,较高的 SSA(440 nm)可能是受到了工厂排放的硫酸盐、硝酸盐等强散射性气溶胶的显著影响。

波长指数是反映气溶胶粒径大小的重要指标,较高的 AE 表明气溶胶以细粒子颗粒为主导,相反,较低的 AE 表明以粗粒子气溶胶为主导(Eck et al.,1999;Schuster et al.,2006)。图 4.79e、图 4.79f 分别表示了广州番禺大气成分观测站和东莞气象站 AE(440~870 nm)的季节特征。可以看出,两个观测站的 AE(440~870 nm)均以冬季最高,秋季次之,春季和夏季相当且在一年中最低,年均 AE(440~870 nm)分别为 1.33±0.11 和 1.42±0.06。春季,珠三角地区风速低不利于污染物扩散,同时空气中水汽含量最高使得气溶胶粒子凝结和吸湿增长(Eck et al.,2005;Li et al.,2007a,2007b)。这些因素是导致春季较高的 AOD(440 nm)以及较低的 AE(440~870 nm)的主要原因。秋、冬季是珠三角地区的干季,空气中水汽含量低,大气污染主要以局地排放和二次气溶胶为主(Deng et al.,2013)。表 4.14 同样显示了珠三角地区 AE(440~870 nm)与其他地区观测值的比较。可以看出,广州番禺大气成分观测站和东

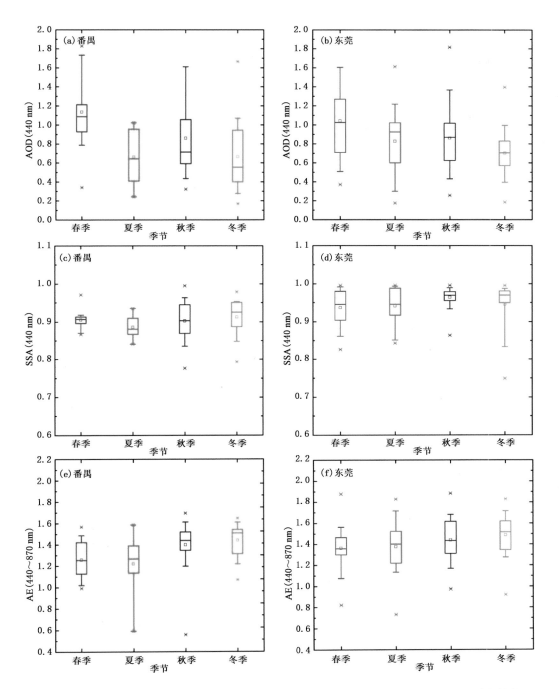

图 4.79 珠三角地区气溶胶 AOD(440 nm)、SSA(440 nm)以及 AE(440~870 nm)的季节特征

莞气象站的 AE(440~870 nm)与香港科技大学的相当,均远高于其他地方的观测值,表明珠三角地区气溶胶粒子中细粒子的含量远远高于其他地区。相对而言,各个季节中东莞气象站的 AE(440~870 nm)均显著高于广州番禺大气成分观测站相应的观测值,这可能与东莞地区较强的工业排放以及二次气溶胶有关。较高的 AE(440~870 nm)也意味着气溶胶中细粒子具有更强的消光作用。图 4.80 显示了不同季节细粒子消光比与 AE(440~870 nm)的相互关

系。可以看出,当 AE(440~870 nm)大于 1.0 时,广州番禺大气成分观测站和东莞气象站细
粒子在 440 nm 波段的消光比分别为 92.93% 和 93.78% 的,在 870 nm 时的比例分别为
79.38% 和 81.03%,远超过 Xia 等(2007a,2007b)在太湖站的研究结果。

表 4.14 本研究观测的年均 AOD(440 nm)、AE(440~870 nm)和 SSA(440 nm)与其他站点观测值比较

站点	时间	参考出处	AOD±STD (440 nm)	AE±STD (440~870 nm)	SSA±STD (440 nm)
番禺	2012—2013 年	本研究	0.83±0.22	1.33±0.11	0.90±0.01
东莞	2007—2013 年	本研究	0.86±0.14	1.42±0.06	0.95±0.01
兴隆	2006—2012 年	Zhu et al.,2014	0.30±0.12	1.07±0.38	0.92±0.03
北京	2007—2013 年	AERONET	0.76±0.18	1.17±0.10	0.90±0.03
太湖	2007—2013 年	AERONET	0.92±0.17	1.23±0.11	0.91±0.02
香港科技大学	2007—2013 年	AERONET	0.75±0.14	1.43±0.08	0.91±0.01

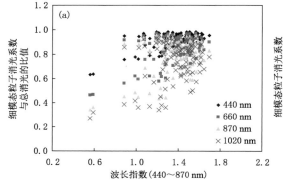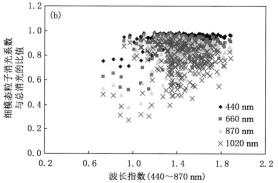

图 4.80 不同季节细粒子消光比与 AE(440~870 nm)的相互关系

综上所述,珠三角区域气溶胶以细粒子为主,其年均 AE(440~870 nm)超过了国内大部
分地区的观测值。春季较高的 AOD(440 nm)和较低的 AE(440~870 nm)主要与气溶胶粒子
在水汽充足条件下的吸湿增长有关,而冬季较低的 AOD(440 nm)和较高的 AE(440~870
nm)表明该地区是受到了细粒子的严重污染。相对而言,东莞地区气溶胶的 AOD(440 nm)和
AE(440~870 nm)均显著高于广州地区,其 SSA(440 nm)表现出强烈的散射特性,而广州地
区气溶胶对辐射的吸收更强,可能与较高的碳气溶胶含量有关。

4.6.3 不同模态粒子 AOD 随波长的变化

AOD 随光谱的分布特征是评估气溶胶对地—气系统辐射平衡直接影响的重要指标,它主
要由气溶胶的柱浓度、尺度分布以及复折射指数等参数确定。图 4.81 表示了珠三角地区不同
模态粒子 AOD 随波长的季节特征。可以看出,两个观测站的粗、细粒子 AOD 均以春季最高,
秋季次之,冬季最低。粗粒子 AOD(AODc)在各个季节中对太阳辐射波段均未表现出明显的
波长选择性,表明 AODc 对太阳辐射变化不敏感,可能与城市飘尘以及地壳金属等大颗粒气
溶胶粒子有关。前人研究表明,沙尘粒子的光学厚度随波长的变化不大,但在灰霾天气下,硫

酸盐、碳气溶胶等人为排放气溶胶粒子的光学厚度随波长的增加而呈现下降趋势,对太阳光的衰减更具有波长选择性(车慧正 等,2005)。春季 AODc 的值最高,标准差最大,AODc 随着波长增加呈现弱增长趋势,表明粗粒子中除了城市飘尘、地壳金属等颗粒之外,可能还存在水溶性粒子。这些粒子在较高的水汽条件下产生潮解、凝结和吸湿增长,进而形成大核粒子。在相同波段内,广州番禺大气成分观测站的 AODc 在各个季节均高于东莞气象站的相应值,但差异不显著($p>0.05$)。两个观测站的细粒子 AOD(AODf)均随着波长的增加而下降,表现出明显的光谱选择特性,与 Kumar 等(2014)在南非的普玛兰加地区,以及徐记亮等(2011)在太湖地区的观测结果一致。这些地区气溶胶主要来源于生物质燃烧、沙尘、城市工业排放,以及二次气溶胶污染。前人研究认为,细粒子的浓度越高,其波长选择性以及对辐射的散射越强,因而在短波部分的 AOD 更高(Rana et al.,2009)。相对而言,粗粒子对短波和长波部分AOD 的贡献相似(Schuster et al.,2006)。本节结果表明,无论是在哪个季节,两个观测站的AODf 均对太阳辐射波段敏感,其中对 440~670 nm 可见光波段的敏感度最强,广州番禺大气成分观测站和东莞气象站的年均 AODf 分别下降了 0.36 和 0.37,对红外—近红外波段的敏感度较弱,年均 AOD 分别下降了 0.06 和 0.07。

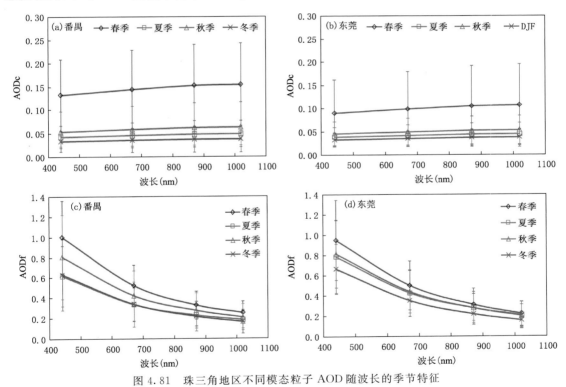

图 4.81　珠三角地区不同模态粒子 AOD 随波长的季节特征

4.6.4　不同模态粒子 SSA 随波长的特征

　　SSA 的大小主要取决于气溶胶粒子的成分、形状、面积谱和浓度等因素。由于不同气溶胶的 SSA 对太阳辐射具有波长选择性,通过分析 SSA 与波长的关系,可以推断其物理—化学组分、种类和来源(Barnard et al.,2008;Marley et al.,2009)。大量研究表明,沙尘气溶胶的

SSA 会随着波长的增加呈现弱增长趋势（Dubovik et al.，2002；Xia et al.，2005；Cheng et al.，2006）。生物质气溶胶、汽车尾气和工业污染排放源及其混合气溶胶对辐射具有很强的吸收，其 SSA 随着波长增加而下降（Alam et al.，2011；Janjai et al.，2012）。图 4.82a、图 4.82b 显示了珠三角地区粗粒子气溶胶 SSA（SSAc）随波长的季节分布。可以看出，无论是哪个季节，两个观测站的 SSAc 均随着波长增加而上升，如在 440～1020 nm 波段，广州番禺大气成分观测站在春季和夏季分别上升了 0.11 和 0.07，东莞气象站分别上升了 0.10 和 0.08。SSAc 的这种分布特征可能与城市飘尘、地壳金属气溶胶及其与辐射吸收性粒子混合物有关。研究表明，SSA 随波长而上升是沙尘气溶胶的典型特征（Eck et al.，2010），原因主要是由于沙尘中的氧化铁对较长波段的吸收很弱（Sokolik et al.，1999）。车慧正等（2005）、Cheng 等（2006）在沙漠地区也观测到了类似的现象。夏季，珠三角地区温度最高，较高的气温更有利于大粒子从地表向空气中扩散，增加了与辐射吸收性气溶胶（如 BC、OC 以及二次有机气溶胶等）混合，因此，对太阳辐射具有较强的吸收。Alam 等（2011）的研究表明，夏季高温和较强的风速有利于地壳金属粒子上扬，因此，SSA 随波长增加出现上升趋势，冬季由于城市辐射吸收性气溶胶的影响，SSA 随波长的增加出现下降趋势。与其他季节相比，广州番禺大气成分观测站的 SSAc 在各个波段均以春季最高，可能与春季水汽充足条件下水溶性气溶胶吸湿增长有关。Singh 等（2004）的研究表明，在雨季和雨季前期，水溶性气溶胶吸湿性地增长并且其 SSA 随波长的增加而明显上升，对辐射的吸收能力较弱。无论在哪个波段，东莞气象站的 SSAc 在秋季均高于其他季节，在 440 和 1020 nm 波段的值分别为 0.85 和 0.93，表现出较强的散射能力，可能是受到了局地地壳金属粒子、浮尘，以及 S—SSW 以及 NE—ENE 风向城市大粒子气溶胶输送的影响。总体来看，在 440、670、870 和 1020 nm 波段，广州番禺大气成分观测站的 SSAc 年均值分别为 0.70±0.03、0.76±0.04、0.79±0.05 和 0.80±0.05，东莞气象站相应波段 SSAc 的年均值分别为 0.81±0.02、0.86±0.02、0.89±0.02 和 0.90±0.02，东莞气象站各个波段的 SSAc 均比广州番禺大气成分观测站高了大约 0.1，表明广州番禺大气成分观测站粗粒子气溶胶具有更强的辐射吸收能力。

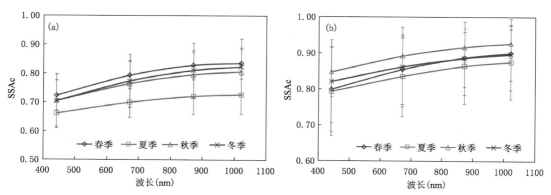

图 4.82　珠三角地区粗粒子气溶胶 SSA（SSAc）随波长的季节分布
（a）番禺；（b）东莞

研究表明，在 2010—2013 年期间，珠三角地区 PM$_{2.5}$ 和 PM$_{1.0}$ 的年均值分别为 40.41 和 35.85 $\mu g/m^3$，均远高于 WMO 和我国的标准。高质量浓度细粒子气溶胶导致的能见度降低及其相关联的灰霾天气现象，是珠三角城市群及周边区域亟待解决的大气环境问题（吴兑 等，

2009)。图 4.83a、图 4.83b 显示了珠三角地区细粒子 SSA(SSAf)随波长的季节特征。无论是哪个波段，各个季节的 SSAf 均显著高于粗粒子的相应值，再次表明细粒子具有更强的散射特性。尤其在 440～670 nm 的可见光波段，广州番禺大气成分观测站和东莞气象站的 SSAf/SSAc 的年均值分别为 1.26 和 1.15，细粒子引起的散射增强是导致能见度衰减的主要因子。前人研究表明，导致形成灰霾天气的细粒子气溶胶主要是光化学烟雾产生的二次有机气溶胶。相对而言，东莞地区细粒子的散射性更强，在 440 和 670 nm 的 SSAf 年均值分别为 0.96±0.01 和 0.95±0.01，广州番禺大气成分观测站相应波段 SSAf 的年均值分别为 0.92±0.01 和 0.90±0.02。

大量研究表明，不同类型气溶胶粒子在输送过程会发生混合，从而改变其物理、化学特性并影响对太阳辐射的散射和吸收能力(Levin et al.，1996；Reid et al.，1999；Clarke et al.，2004；Schuster et al.，2005；Streets et al.，2007；McNaughton et al.，2009)。由图 4.83a、图 4.83b 还可以看出，广州番禺大气成分观测站和东莞气象站的 SSAf 均随着波长的增加而下降，以前者的下降更明显，表现出很强的光谱依赖特征。与其他季节相比，两个观测站的 SSAf 在夏季均随着波长的增加而下降，同样以广州番禺大气成分观测站的下降最明显。在夏季，广州番禺大气成分观测站 1020 nm 的 SSAf 比 440 nm 的值降低了 0.09，其他季节的降低量在 0.03～0.05 之间；东莞气象站 1020 nm 的 SSAf 比 440 nm 降低了 0.03，而其他季节降低量在 0.01～0.02 之间。不管是在哪个波段，两个观测站的 SSAf 在夏季均低于其他季节，如广州番禺大气成分观测站 SSAf(440 nm)在夏季的均值为 0.89±0.03，其他季节在 0.90±0.05～0.91±0.05 之间，SSAf(1020 nm)夏季的均值为 0.80±0.07，其他季节在 0.86±0.08～0.88±0.11 之间；东莞气象站 SSAf(440 nm)在夏季的均值为 0.94±0.05，其他季节在 0.94±0.05～0.96±0.02 之间，SSAf(1020 nm)夏季的均值为 0.91±0.07，其他季节在 0.93±0.05～0.96±0.03 之间。上述结果表明，珠三角地区 SSAf 在夏季的光谱依赖性以及对太阳辐射的吸收均最强，这可能与碳气溶胶及其混合状态有关。珠江三角洲地区是我国经济最发达的城市群之一，其气溶胶来源包括火电厂、工业过程、汽车尾气、海盐以及生物质燃烧等过程(Lu et al.，2016)，PM$_{2.5}$ 中有机碳气溶胶的含量约为 30%～40%(Cao et al.，2004；Ho et al.，2006)，其中高达 80% 为二次有机气溶胶(Cao et al.，2004；Ho et al.，2006；He et al.，2011)。在广州地区，PM$_{2.5}$ 中一次气溶胶(一次有机碳气溶胶＋EC)的比例为 15%，而二次气

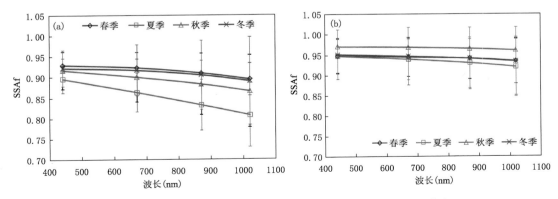

图 4.83　珠三角地区细粒子气溶胶 SSA(SSAf)随波长的季节分布

(a)番禺；(b)东莞

溶胶(包括二次有机碳气溶胶、硝酸盐、硫酸盐以及铵盐气溶胶等)的含量高达 51%(Deng et al. ,2013)。研究表明,黑碳气溶胶(BC)对 0.38~1.0 μm 波段绝大部分的光谱都有很强的吸收,有机碳气溶胶(OC)能强烈吸收从紫外辐射(UV)到可见光部分的波段,但对近红外波段的吸收较弱(Schuster et al. , 2005;Eck et al. , 2005; Lewis et al. , 2008; Lack et al. , 2010)。夏季较强的太阳短波辐射为城市气溶胶光化学反应提供充足的能量,促进二次气溶胶的生成。同时,夏季温度最高,空气的水平和垂直输送强烈有利于不同类型气溶胶粒子发生混合。大量研究表明,BC 通常会跟硫酸盐气溶胶发生内混合,反而显著增强对太阳辐射的吸收(Jacobson,2001;Novakov et al. ,2001;Moffet et al. ,2009)。

广州番禺大气成分观测站的 SSAf 对辐射具有很强的吸收,$SSAf_{440 nm}$ 的年均值为 0.92,这与广州地区较高的碳气溶胶含量有很大的关系(Cao et al. , 2004;Wu et al. ,2009; Deng et al. ,2013)。相对而言,东莞地区 SSAf 对太阳辐射表现出强烈的散射能力,$SSAf_{440 nm}$ 的年均值高达 0.96,高于一些海洋站(如宋卡(Songkhla)站:SSA(440 nm)=0.92)(Janjai et al. ,2012)、城市站(如清迈(Chiang Mai)站:SSA(440 nm)=0.88(Janjai et al. ,2012),卡拉奇(Karachi)站:SSA(440 nm)=0.93(Alam et al. ,2011)),以及兴隆区域背景站(SSA(440 nm)=0.92)的观测值。东莞是我国重要的工业城市,被称为"世界工厂",是珠三角地区灰霾最严重的地区之一。前人研究表明,在 2011—2012 年期间,东莞地区年均 SO_2 浓度在(25.2±10.8)~(37.5±22.8)$\mu g/m^3$,NO_2 的年均浓度为(45.3±24.6)~(49.6±19.9)$\mu g/m^3$,$PM_{1.0}$ 中 SO_4^{2-}、NH_4^+、NO_3^-、Cl^- 的年均浓度分别为 7.53~9.49 $\mu g/m^3$、1.99~2.58 $\mu g/m^3$、1.59~1.99 $\mu g/m^3$、1.36~1.81 $\mu g/m^3$,以上 4 种离子浓度占到总粒子浓度的比例超过了 85%(刘立等,2014)。高浓度硫酸盐、硝酸盐气溶胶会强烈地散射太阳辐射,仅在近红外波段出现微弱的吸收(IPCC,2007;Ramana et al. ,2010),可能是导致能见度恶化的重要原因。

4.6.5 气溶胶分类及其光学特征

AE 反映了气溶胶粒子的尺度大小,而协单散 $\omega(\omega=1-SSA(440 nm))$ 可以提供气溶胶的物理—化学特征信息。AE 和 ω 相结合可以用于推断气溶胶类型(Logan et al. , 2013)。本节根据 Logan 等 (2013)在香河、太湖、兰州大学半干旱气候与环境观测站(Semi-Arid Climate and Envionmental Obsevvatory of Lan zhou University,SACOL)以及泰国 Mukdahan 等观测站的分类方法并结合本区域的气溶胶特征,将 $\omega=0.07$ 为区分强、弱辐射吸收性气溶胶粒子的阈值,AE=1.20 用于分离粗、细模态的气溶胶粒子。由此,可以将所有气溶胶粒子归类在 4 个区间:Ⅰ区为细模态、弱辐射吸收性粒子;Ⅱ区为细模态、强辐射吸收性气溶胶粒子;Ⅲ区为粗模态、强辐射吸收性金属扬尘粒子;Ⅳ区为粗模态、弱辐射吸收性粒子,如沙尘气溶胶等。同时,为了减少归类结果的不确定性,本节只挑选 AOD(440 nm)>0.4 的数据参与计算。

图 4.84 显示了基于 AE(440~870 nm)和 ω(440 nm)推断的气溶胶种类及其光学辐射特性。可以看出,两个观测站气溶胶的光学和辐射特性表现出很大的差别。广州番禺大气成分观测站春季和夏季均以Ⅱ区、Ⅲ区的气溶胶粒子为主导,其比例分别为 75.00%、16.07% 和 55.56%、33.33%。秋季和冬季均以Ⅰ区、Ⅱ区的气溶胶粒子为主,其比值分别为 24.11%、69.50% 和 23.26%、75.58%。全年来看,有 19.18% 的气溶胶在Ⅰ区,其 AOD(440 nm)=0.92、SSA(440 nm)=0.96、AE(440~870 nm)=1.41。有高达 71.92% 的气溶胶在Ⅱ区,其

AOD(440 nm)＝0.88、SSA(440 nm)＝0.89、AE(440～870 nm)＝1.48，且主要集中在 ω(440 nm)＝0.07～0.17、AE(440～870 nm)＝1.2～1.70 的范围内。Ⅲ区的金属飘尘粒子仅占所有粒子的 6.51%，其 AOD(440 nm)、SSA(440 nm) 和 AE(440～870 nm) 的值分别为 0.95、0.87 和 1.05。Ⅳ区的沙尘溶胶粒子可以忽略不计，仅占了总数的 2.40%。

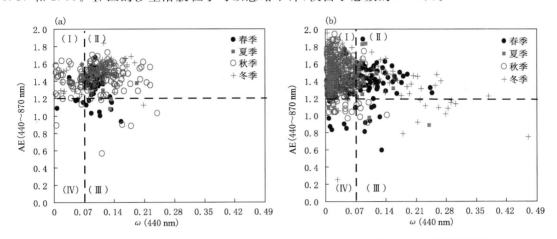

图 4.84　基于 AE(440～870 nm)和 ω(440 nm)归类气溶胶类型及其光学辐射特性
(a)番禺；(b)东莞

东莞气象站的气溶胶粒子表现出很明显的细模态、弱辐射吸收性特征，其比例占到了总量的 69.35%，AOD(440 nm)、SSA(440 nm) 和 AE(440～870 nm) 的值分别为 0.86、0.97 和 1.51，主要集中在 ω(440 nm)＝0.00～0.07、AE(440～870 nm)＝1.2～1.9 的范围内。细模态、强辐射吸收性粒子(Ⅱ区)占了总量的 20.70%，其 AOD(440 nm)、SSA(440 nm) 和 AE(440～870 nm)的值分别为 0.97、0.88 和 1.45。Ⅲ区和Ⅳ区占总量的比值均较低，分别为 4.58% 和 5.37%。从季节分布来看，春季和夏季的气溶胶粒子主要分布在Ⅰ区、Ⅱ区，其比值分别为 43.18%、43.18% 和 44.83%、44.83%，Ⅲ区、Ⅳ区的份额均低于 10%。秋季和冬季的气溶胶粒子主要分布在Ⅰ区，其含量分别为 79.28% 和 77.20%，Ⅱ区的含量较低，比值分别为 9.91% 和 15.60%，Ⅲ区、Ⅳ区的含量均低于 10%。

综上所述，珠三角地区主导气溶胶类型存在很大的差别，其中广州番禺大气成分观测站气溶胶粒子以细模态、强辐射吸收性粒子为主导，含量超过了总量的 70%，主要集中在 ω(440 nm)＝0.07～0.17、AE(440～870 nm)＝1.2～1.70 的范围内。相对而言，东莞气象站的 AOD(440 nm)与番禺大气成分站的相当，细模态、弱辐射吸收性粒子约占了总量的 70%，其 ω(440 nm)主要集中在 0.00～0.07，AE(440～870 nm)主要集中在 1.2～1.9 的范围内，这与东莞地区工业污染源有很大的关系。两个观测站粗模态粒子(如地壳金属扬尘、沙尘天气等)的出现的比例较少，均低于各自总数的 10%。

4.6.6　体积尺度分布特征

AE 提供了气溶胶平均尺度的分布信息，而体积尺度反映的是具体粒子的尺度分布。图 4.85 显示了不同季节气溶胶的尺度特征及其随 AOD(500 nm) 的变化。由图可以看出，两个观测站气溶胶的体积尺度分布均为典型的双峰结构，以积聚模态为主，峰值半径在 0.15～0.19 μm 之间，而粗模态的峰值半径在 2.24～2.94 μm 之间。广州番禺大气成分观测站细模态柱浓度的峰值在春季最高（0.11 $\mu m^3/\mu m^2$），秋季次之（0.09 $\mu m^3/\mu m^2$），夏季和冬季最低且差异不明显（均为 0.07 $\mu m^3/\mu m^2$）。与广州番禺大气成分观测站的相似，东莞气象站细模态的峰值半径亦以春季最高（0.11 $\mu m^3/\mu m^2$），夏、秋季相当（均为 0.10 $\mu m^3/\mu m^2$），冬季最低（0.07 $\mu m^3/\mu m^2$）。与细模态的季节分布相似，两个观测站粗模态柱浓度峰值均以春季最高，分别为 0.09 $\mu m^3/\mu m^2$ 和 0.06 $\mu m^3/\mu m^2$，均以冬季最低，但与夏季和秋季的差异不显著。在冬、夏和秋季，两个观测站粗模态柱浓度峰值之间差异亦不显著。不管是细模态还是粗模态粒子，春季的柱浓度均最高，这是因为珠三角地区在春季的水汽含量高，同时静稳天气条件使得污染物在区域内大量堆积，因此，春季的 AOD 最高（图 4.79），同时充足的水汽条件促进了气溶胶粒子吸湿增长和溶解（Kim et al.，2007），有利于粗粒子的生成。本节结果表明，广州番禺大气成分观测站和东莞气象站粗模态柱浓度峰值在春季比冬季峰值分别高出了 2.21 和 1.02 倍。此外，两个观测站春季粗模态柱浓度峰值半径呈现出向细模态偏移的趋势，这是由于稳定的天气系统造成大量的污染物堆积所致。

图 4.85 同时也显示不同季节气溶胶尺度随 AOD(500 nm) 的分布特征。可以看出，随着 AOD(500 nm) 的增加，细模态柱浓度峰值明显高于粗模态的值，同时细模态平均峰值半径亦随之上升，广州如番禺大气成分观测站 AOD(500 nm) 从 0.25 增加到 1.47 时，细模态峰值半径从 0.14 增加到了 0.21，东莞气象站 AOD(500 nm) 从 0.24 增加到 1.42 时，细模态峰值半径从 0.15 增加到 0.21，表明重污染天气主要来源于细模态粒子浓度及粒径增长的贡献。Yu 等（2011）在北京霾/雾天气期间也观测到了类似的现象。此外，粗、细模态气溶胶粒子的体积

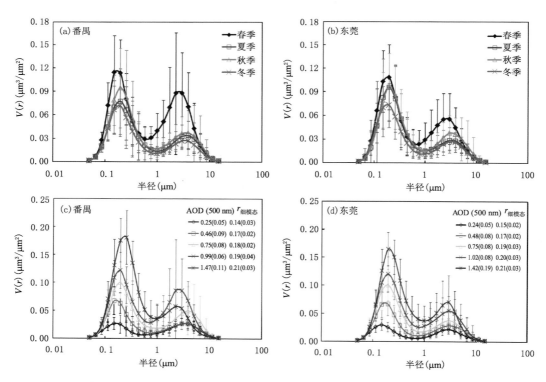

图 4.85 不同季节气溶胶的体积尺度特征及其随 AOD(500 nm) 的变化

浓度也随着 AOD(500 nm)增大而上升,以细模态粒子的增加最明显,如广州番禺大气成分观测站 AOD(500 nm)＝1.47 时细模态的体积浓度是 AOD(500 nm)＝0.25 时的 6.76 倍,东莞气象站 AOD(500 nm)＝1.42 时细模态的体积浓度是 AOD(500 nm)＝0.24 时的 5.56 倍,这主要是由于雾/霾天气时稳定的天气系统造成大量污染物累积造成的。

4.6.7　气溶胶的直接辐射强迫

前人研究表明,气溶胶的辐射强迫随时间和地域的差别很大(Xia et al.,2007a,2016;Li et al.,2010)。卫星遥感和模式相结合的计算表明,到达地表(F_{SFC})、大气层顶(F_{TOA})和大气中(F_{ATM})的全球辐射强迫年均分别为 -11.9、-4.9 和 7.0 W/m^2,而模式反演的结果认为,全球 F_{SFC}、F_{TOA} 和 F_{ATM} 的年均值分别为 -7.6、-3.0 和 4.6 W/m^2(Yu et al.,2006)。图 4.86 给出了广州番禺大气成分观测站 2006—2012 年期间干季气溶胶日均辐射强迫(ADRF)的年均值。F_{SFC}、F_{TOA} 和 F_{ATM} 的相对标准差分别为 -20.96%、36.99% 和 21.46%。这些值均低于前人在中国区域的研究结果(Li et al.,2010),可能与珠三角区域气溶胶成分来源相对单一有关(如极少出现沙尘远距离输送等)。F_{SFC}、F_{TOA} 和 F_{ATM} 的年均值分别为(-33.4 ± 7.0)W/m^2、(26.1 ± 5.6)W/m^2 和(-7.3 ± 2.7)W/m^2,其中,F_{SFC} 从 2006 年的 -36.2 W/m^2 下降到了 2012 年的 -32.3 W/m^2,F_{TOA} 从 -7.2 上升到 -10.6 W/m^2。F_{SFC} 和 F_{TOA} 的变化均未通过 99% 的置信度 t 检验($p<0.01$;$r_{SFC}=0.53$,$r_{TOA}=0.24$;$n=6$)。相对而言,F_{ATM} 的年均值从 2006 年的 -29.1 W/m^2 下降到了 2012 年的 -21.7 W/m^2,并且这个变化趋势通过了 99% 置信度的 t 检验($p<0.01$;$r_{ATM}=0.92$;$n=6$)。此外,SSA 的值从 2006 年的 0.87 上升到了 2012 年的 0.91、细模态气溶胶浓度如 PM$_{2.5}$ 从 69.5 $\mu g/m^3$ 下降到了 45.0 $\mu g/m^3$。这些结果均显示在本节研究期间,大气中弱辐射吸收性气溶胶在大气中的含量有降低的迹象。这要归功于珠三角地区的节能减排和经济转型,使得大气中气溶胶含量明显降低,吸收减弱(吸收性气溶胶含量降低),因而改变了大气中的光谱吸收特性和辐射平衡。

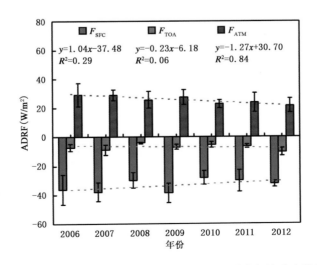

图 4.86　2006—2012 年期间广州番禺大气成分观测站的气溶胶直接辐射强迫

4.7
气溶胶吸湿特性和混合状态对气溶胶光学性质的影响

　　排放类型的不同和粒子老化过程的影响使得气溶胶的空间分布、粒子尺度与形状、化学组分等在不同地区、不同时间、不同天气背景条件下有较大的差异。黑碳(BC)的混合状态是指大气中的光吸收性物质(BC)和非光吸收性物质以何种方式混合。新鲜排放的 BC 颗粒物具有疏水性,以外混的方式与其他组分混合,在大气中通过碰并、凝结以及非均相的氧化反应过程逐渐"老化",逐渐转变为以内混的方式与其他组分混合(Johnson et al.,2005;Moteki et al.,2007;Zhang et al.,2008;Khalizov et al.,2010)。真实大气中,既有外混的 BC,也有 BC 与其他组分以不同的内混方式混合的颗粒物,导致颗粒物产生不同的光学性质(Tan et al.,2016b;Liu et al.,2018)。

4.7.1　气溶胶的吸湿特性及其吸湿增长因子的概念

　　通常情况下,基于不同的原理测量气溶胶物理、化学性质的仪器由于受到测量环境的限制,大多需要先将样气干燥以后再进行后续的测量,此时测量的是样气在干燥条件下(通常 RH<40%)的结果,而真实环境大气中的相对湿度(RH)往往高于40%。处于亚热带的珠三角地区,年平均 RH 更是大于75%,气溶胶吸湿增长效应十分显著。气溶胶颗粒的吸湿性受到化学组分、数浓度谱分布、环境 RH 等的影响。随着 RH 的增加,吸湿性粒子吸水长大,改变了粒子的粒径大小、数谱浓度和复折射指数等,从而影响气溶胶的光学性质、能见度和直接辐射强迫等(Tang et al.,1994;Day et al.,2006;Yoon et al.,2006;Zieger et al.,2013)。此外,气溶胶吸湿性与云活化特性相联系,气溶胶还能通过参与云凝结核(CCN)活化过程间接影响辐射强迫。

　　基于气溶胶的不同理化特性,可以利用一些参数来描述粒子的吸湿增长特性。其中常用的一种参数是分粒径吸湿增长因子(growth factor,Gf),指粒子在某一个粒径和某一 RH 下吸湿长大后的粒径的变化,如式(4.14)所示,其中 $D_{p_{dry}}$ 指粒子在干状态下的粒径大小,$D_{p_{wet}}$ 指粒子在湿状态下的粒径大小。

$$Gf = \frac{D_{p_{wet}}}{D_{p_{dry}}} \tag{4.14}$$

　　另外一种吸湿性参数是散射系数吸湿增强因子(light-scattering enhancement factor,$f(RH)_{sp}$),指气溶胶在吸湿前后的光散射系数之比,如式(4.15)所示,其中 $\sigma_{sp,dry}$ 指干状态下气溶胶的散射系数,而 $\sigma_{sp,wet}$ 指湿状态下(某一 RH)气溶胶的散射系数。同理,可以根据气溶胶不同的光学性质得到消光系数增强因子($f(RH)_{ep}$)、吸收系数增强因子($f(RH)_{absp}$)、后向散射系数增强因子($f(RH)_{hbsp}$)来表征气溶胶吸湿性,描述 RH 对气溶胶光学参数的影响。

$$f(RH)_{sp} = \frac{\sigma_{sp,wet}}{\sigma_{sp,dry}} \tag{4.15}$$

　　吸湿增强因子是评估气溶胶辐射强迫、大气能见度的重要参数之一,它和气溶胶颗粒物数浓度谱分布、化学组分、混合状态和波长等密切相关（Day et al.，2006）。

本节主要用到的实验仪器包括自主搭建的双电迁移性气溶胶吸湿增长分析仪（Hygro-scopicity-Tandem Differential Mobolity Analyzer，H-TDMA）和双并联式浊度计（Parallel Nephelometers，PNEPs），分别于 2014 年 2—3 月在广州番禺大气成分观测站测量粒径吸湿增长因子和散射系数吸湿增强因子（Tan et al.，2013b；Deng et al.，2016）。

4.7.1.1　分粒径吸湿增长因子

测量的 Gf 包括 80 nm、110 nm、150 nm 和 200 nm 共四个粒径，RH 为 90%。由于受到扩散损耗的影响，测量的 Gf 分布并不等同于实际的 Gf 概率密度分布（Gf-PDF），本节利用 Stolzenburg 等（2008）的方法对 Gf-PDF 进行了反演。对于某一粒径的 Gf 则由公式（4.16）计算而得：

$$\mathrm{Gf_{mean}} = \sqrt[3]{\int_0^\infty g^3 C(g, D_\mathrm{p}) \mathrm{d}g} \tag{4.16}$$

式中，$C(g, D_\mathrm{p})$ 为 Gf-PDF，并且 $\int_0^\infty C(g, D_\mathrm{p}) \mathrm{d}g = 1$。

Gf 粒径谱分布则采取（Chen et al.，2012）的方法进行处理，如公式（4.17）所示：

$$\mathrm{Gf}(D_\mathrm{p}) = \frac{\sum_{i=1}^4 \mathrm{Gf}_i \cdot N_i(D_\mathrm{p})}{\sum_{i=1}^4 N_i(D_\mathrm{p})} \tag{4.17}$$

式中，$i=1$ 到 4 分别对应气溶胶颗粒物的四个模态，核模态和粗模态的 Gf 在这里均被假设为 1，而爱根核模态和积聚核模态则由 H-TDMA 测量得到。根据以上方法可以求得 RH 为 90% 的 Gf 谱分布。基于科勒（κ-Köhler）理论（Petters et al.，2007）则可以进一步计算出不同粒径下的吸湿性参数 κ，如公式（4.18）所示。

$$\mathrm{RH} = \frac{\mathrm{Gf}^3 - 1}{\mathrm{Gf}^3 - (1-\kappa)} \cdot \exp\left(\frac{4\sigma_\mathrm{s} \cdot M_\mathrm{w}}{R \cdot T \cdot D_\mathrm{p} \cdot \mathrm{Gf}}\right) \tag{4.18}$$

式中，M_w 表示水的摩尔质量，R 是通用气体常数，σ_s 为纯水的表面张力，T 为温度，D_p 是干状态下的粒径大小。κ 是 D_p 的函数，但与 RH 无关（Liu et al.，2011），所以将 κ 和不同 RH 代入式（4.18），可计算出不同 RH 下的 Gf 谱分布。需要注意的是，利用该方法计算得到的 Gf 粒径谱分布存在一定的不确定性：①计算时将粒子表面张力假设等于纯水/空气的单一表面张力，而随着化学组分的改变，颗粒物的表面张力是变化的；②在对分粒径 Gf 进行拟合时，对于小粒子和大粒子的 Gf 均假设等于 1.0，与实际情况不一定相符。因此，要准确地评估 Gf 谱分布的不确定性仍存在困难，在以后的工作中也需要做更深入更进一步的研究。

4.7.1.2　散射吸湿增强因子

（1）观测的散射吸湿增强因子

本节的光学性质吸湿增强因子主要包括利用 PNEPs 直接测量的散射系数吸湿增强因子（$f(\mathrm{RH})_\mathrm{sp,测量}$），基于气溶胶理化性质数据并利用 Mie 模式计算的其他光学系数增强因子，包括消光、散射、后向散射、吸收等（$f(\mathrm{RH})_\mathrm{ep,sp,hbsp,absp}$）。

由于受到粒子在管路和加湿系统中的不可避免的扩散损耗的影响，PNEPs 中两个并联的浊度计测量值存在一定的偏差。为了减小这一偏差，首先，使用高纯度 CO_2 作为标气对两台浊度计定标，确保两台仪器测量准确；其次，将加湿系统设为不加湿，将湿浊度计在干状态的测量值($\sigma_{\rm sp,wet}$(RH<40%))和干浊度计的测量值($\sigma_{\rm sp,dry}$)进行对比。结果如图 4.87 所示,$\sigma_{\rm sp,wet}$ 和 $\sigma_{\rm sp,dry}$ 具有高度的一致性($R^2=0.99$),二者的线性拟合函数为 $y=0.95x+3.64$,其中 x 表示 $\sigma_{\rm sp,dry}$,y 表示 $\sigma_{\rm sp,wet}$。5% 左右的偏差主要由管道和加湿装置中的粒子的扩散损耗所致。最后,$\sigma_{\rm sp,wet}$ 根据拟合公式进行了校正,用于下一步的数据分析。

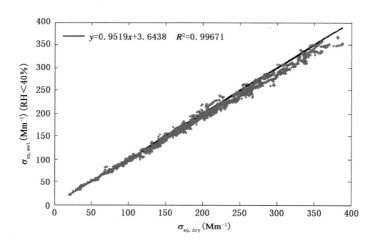

图 4.87 低 RH 下湿浊度计和干浊度计测量的散射吸湿增强因子对比分析

(2)模拟的光学性质吸湿增强因子

根据观测的气溶胶粒径谱分布、粒径吸湿增长因子、BC 质量浓度等资料,可以利用 Mie 模式计算出干、湿状态下的散射系数,再根据公式(4.15)则可求得某一 RH 下的散射吸湿增强因子 $f({\rm RH})_{\rm sp}$。对于干状态的粒子,在"二组分"假设,湿状态下增加了水,为"三组分"假设,包括 BC、非 BC(non-BC)和水,相应的复折射指数分别为 $\widetilde{m}_{\rm BC}=1.8-1.5i$、$\widetilde{m}_{\rm non\text{-}BC}=1.55-10^{-7}i$ 和 $\widetilde{m}_{\rm water}=1.33$(Ouimette et al.,1982;Hasan et al.,1983;Sloane,1983;Tang et al.,1994;Seinfeld et al.,1998;Covert et al.,2007)。

基于 Mie 模式计算干状态下的气溶胶散射系数值,湿状态下的计算则是先利用实测的干状态下气溶胶 PNSD 和 H-TDMA 测量的 Gf 计算出湿的数谱分布(PNSD$_{\rm wet}$)和复折射指数,再基于 Mie 模式进行计算。假设所有的 BC 都不吸水,则 BC 的谱分布(PNSD$_{\rm BC}$)在吸湿前后无变化。

$$f_{\rm BC,dry}=\frac{\widetilde{m}_{\rm BC}}{\rho_{\rm BC}\cdot V_{\rm dry}} \tag{4.19}$$

$$\mathrm{PNSD_{BC}=PNSD_{dry}\cdot} f_{\rm BC,dry} \tag{4.20}$$

式中,$f_{\rm BC,dry}$ 是干状态下 BC 占总体的体积比,$\rho_{\rm BC}$ 指 BC 的密度,$V_{\rm dry}$ 表示总体积,表 4.15 给出了不同混合状态在 Mie 模式计算当中相应参数的设置。

气溶胶处于湿状态条件下时,均匀内混和"核—壳"内混假设时的 PNSD$_{\rm wet}$ 则利用 Gf$_{\rm mean}$ 进行计算,如公式(4.21)所示。

$$\mathrm{PNSD_{wet}=PNSD_{dry}\cdot Gf_{mean}}(D_{\rm p}) \tag{4.21}$$

$$\mathrm{PNSD_{non,wet}=(PNSD_{dry}-PNSD_{BC})\cdot Gf_{MH}}(D_{\rm p}) \tag{4.22}$$

对于湿状态下的外混假设时,则将 BC 和 non-BC+水这两部分当作不吸湿组分和吸湿组分分别进行计算,如公式(4.19)和(4.20)所示。其中 $Gf_{MH}(D_p)$ 指不同粒径下的强吸湿性组分的 Gf 值。

湿状态下水占离子总体积则利用公式(4.23)进行计算。值得注意的是,当气溶胶处于干状态条件下不吸湿,则不含有水,相应的 $f_{water}=0$,对应的 $Gf_{mean}=1$。

$$f_{water} = (V_{wet} - V_{dry})/V_{wet} \tag{4.23}$$

表 4.15 湿状态下,Mie 模式计算中外混状态、内混状态和"核—壳"内混状态相应参数值的设置

混合态		Gf	PNSD	$\tilde{m}$	λ
外混	BC	1	PNSD$_{BC}$	$\tilde{m}_{BC}$	
	non	Gf$_{MH}$	PNSD$_{non,wet}$	$\dfrac{\tilde{m}_{non-BC} \cdot f_{non-BC} + \tilde{m}_{water} \cdot f_{water}}{f_{non-BC} + f_{water}}$	
内混		Gf$_{mean}$	PNSD$_{wet}$	$\tilde{m}_{BC} \cdot f_{BC} + \tilde{m}_{non-BC} \cdot f_{non-BC} + \tilde{m}_{water} \cdot f_{water}$	525 nm
核—壳		Gf$_{mean}$	PNSD$_{wet}$	核 $\tilde{m}_{BC}$	
				壳 $\dfrac{\tilde{m}_{non-BC} \cdot f_{non-BC} + \tilde{m}_{water} \cdot f_{water}}{f_{non-BC} + f_{water}}$	

以往的研究中往往只是考虑单一粒径的 Gf 计算湿谱(Adam et al.,2012),选取 $D_p=165$ nm 的 Gf 来计算 $f(RH)$。气溶胶的光学性质和 PNSD 相关,光学贡献最大值所处的粒径段大约为 300 nm,然而不同 RH 下 Gf 在 $D_p=300$ nm 时的值是高于其在 $D_p<200$ nm 时的值,所以本节利用 Gf 随粒径的分布来代替单一 Gf 值理论上能更好地模拟环境 RH 下的气溶胶光学性质。需要强调的是,Gf 谱分布是基于小于 200 nm 的四个粒径 Gf 通过一定的假设拟合得到,仍然具有不确定性。

4.7.2 分粒径吸湿增长因子(Gf)的观测结果

利用 H-TDMA 测量了四个粒径段(80、110、150、200 nm)在 RH=90% 时的平均 Gf 值和强吸湿(MH)组分的 Gf 平均值,表 4.16 列出了具体的结果。

表 4.16 RH 为 90% 时不同粒径的吸湿增长吸湿因子(Gf)

D_p(nm)	80	110	150	200
Gf$_{mean}$	1.44	1.48	1.52	1.55
Gf$_{MH}$	1.58	1.63	1.66	1.67

从表 4.16 中可以看到,Gf$_{mean}$ 和 Gf$_{MH}$ 值均随着粒子的变大而变大,一方面受到开尔文效应(Kelvin effect,也称曲率效应)的影响,另一方面由于拉乌尔效应(Raoult effect),粒子越大则所含吸湿性物质越多(Köhler,1936;Petters et al.,2007)。和国内其他站点的观测结果相比,本节的 Gf 值与上海的相似(Ye et al.,2013),但是相比 2011 和 2013 年,广州的结果更高(Jiang et al.,2016)。需要注意的是,本节计算的 Gf 平均值均为体积平均,而其他文献中有部分用的是数平均。一般来说,同等条件下测量的 Gf 平均值利用体积平均方法计算是略高于相应的数平均方法计算的。

利用 H-TDMA 测得了 RH=90% 的不同粒径的 Gf 值,可以得到不同 RH 下 Gf 在不同粒径的分布,如图 4.88 所示。拟合时满足两个条件:①实测 Gf 和拟合值的误差在 5% 之内;

②R^2 高于 0.95。观测期间内成功拟合的 Gf 共有 40 个时次。Gf 的高值主要在粒径为 100～500 nm 之间,当粒径小于 20 nm 或者高于 1 μm 时,Gf 基本为 1。另外,随着 RH 的增加,Gf 值增加的越大。

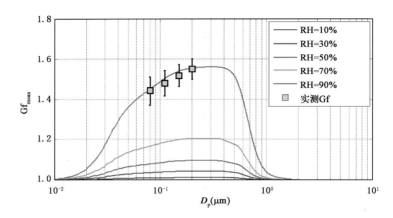

图 4.88　吸湿增长因子在不同 RH 下的谱分布以及 Gf(RH=90%)在 80、110、150、200 nm 的观测值

图 4.89 给出了观测期间的吸湿增长因子概率密度函数(Gf-PDF)的时间序列,分别对应四个粒径,填色部分表示相应的 Gf-PDF。当 Gf-PDF 呈现单峰分布形态时,表示气溶胶颗粒的性质较为均匀,从吸湿性对混合态的定义,对应的混合状态为内混。而大部分时间 Gf-PDF 呈现双峰分布的形态,表示有部分气溶胶为外混状态。Gf-PDF 时间序列结果表明真实环境中除了内混态的颗粒物,还有很大一部分外混态的颗粒物,因此,在模式模拟中单一考虑内混情况会造成一定的误差。此外,内混状态包括均匀内混合“核—壳”内混,两者在光学的计算中也有不同。综上,本节在 Mie 模式的计算中考虑了以上三种混合状态来进行探讨。

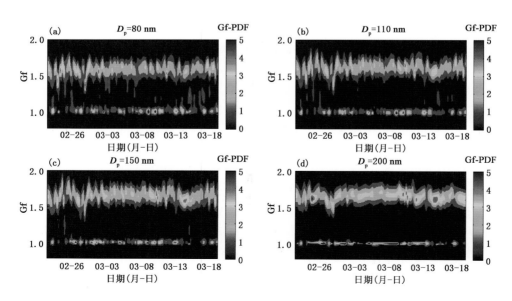

图 4.89　80 nm(a)、110 nm(b)、150 nm(c)和 200 nm(d)粒径的 Gf-PDF(RH=90%)时间序列图

4.7.3　散射吸湿增强因子 f(RH) 的观测结果

根据 PNEPs 测量的 $\sigma_{sp,dry}$ 和订正后的 $\sigma_{sp,wet}$ 可求得 $f(RH)_{sp,测量}$，$\sigma_{sp,wet}$ 的 RH 在 40％～85％之间变化，如图 4.90 所示。参考前人的研究方法（Kotchenruther et al.，1998；Gassó et al.，2000；Carrico et al.，2005；Zieger et al.，2014；Zhang et al.，2015a），利用公式（4.24）对 $f(RH)_{sp,测量}$ 进行拟合。其中 x 代表 RH，y 代表 $f(RH)_{sp,测量}$。经过拟合后的拟合参数 A 和 B 分别为 0.66 和 0.63，当 RH 低于 40％时，y 接近于 1，符合干状态下吸湿增强因子为 1 的情况。相比起来，吸湿增强因子对拟合参数 B 的依赖性更强，B 越大相应的 y 也更大，散射系数吸湿增强效应更加明显。

$$y = A(1-x)^{-B} \tag{4.24}$$

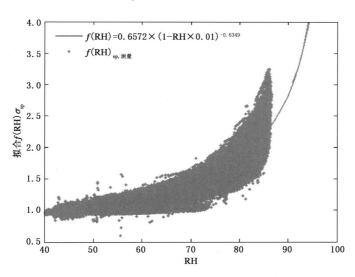

图 4.90　实测的散射系数吸湿增强因子以及拟合方程

图 4.91 给出了 RH 为 80％时的散射吸湿增强因子（$f(80\%)_{sp}$）和 BC 体积分数时间序列图，$f(80\%)_{sp}$ 的变化范围为 1.5～2.6。两者呈现一定的反相关关系，这是由于 BC 是不吸湿的，当其所占比例增大时，吸湿性物质比例相应减少，$f(80\%)_{sp}$ 降低。但是两者并不完全对应，因为吸湿性物质（无机盐为主）的化学组分差异，有机物（一般认为吸湿性弱）所占比例和有机物中可溶性有机物的比例，不同 BC 混合态等因素都会对整体气溶胶的吸湿性产生影响。图 4.92 给出了对应不同干状态散射系数（$\sigma_{sp,dry}$）范围的 $f(80\%)_{sp}$，$\sigma_{sp,dry}$ 越高代表污染越重。一般来说，污染严重时，二次无机盐的比例会增加，从而 $f(80\%)_{sp}$ 更高（Chen et al.，2014；Zhang et al.，2015a），但这次的观测期间结果相反，随着污染加重，$f(80\%)_{sp}$ 略为减低。Deng 等（2008a）的研究指出，受到东南亚地区生物质燃烧的影响，珠三角地区 3 月的 BC 含量处于较高的水平。BC 的体积分数随污染程度的变化也证实了这一点（如图 4.92 的灰点）。本次观测期间的较重污染过程中气溶胶化学组分可能与秋冬季的情况差异较大，$f(80\%)_{sp}$ 随污染加重而减小的规律不一定适用于秋冬季的污染情景。

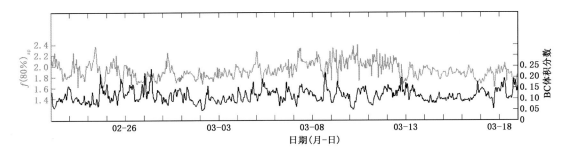

图 4.91　RH＝80％时散射吸湿增强因子 $f(80\%)_{sp}$ 观测值和 BC 体积分数的时间序列

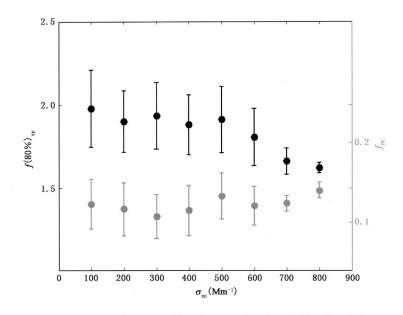

图 4.92　$f(80\%)_{sp}$ 和 BC 体积分数 f_{BC} 随气溶胶散射系数的变化

4.7.4　吸湿增强因子的观测和米模式理论计算的对比

本节中 $f(RH)_{sp}$ 可由 PNEPs 直接测量,也可以利用 Mie 模式计算而得,表 4.17 列出了 RH＝80％的 $f(RH)_{sp}$ 观测值,以及在外混、均匀内混合"核—壳"内混状态条件下的模拟值,同时还给出了模拟的 RH＝80％的消光、后向散射和吸收的吸湿增强因子($f(80\%)_{ep}$、$f(80\%)_{hbsp}$ 和 $f(80\%)_{absp}$),波长设定为 525 nm。实测的 $f(80\%)_{sp}$ 实际上为 $\sigma_{sp,wet}$ 和 $\sigma_{sp,dry}$ 的比值,这里的 $\sigma_{sp,dry}$ 为干状态下的散射值。为了更好地进行对比,表中的 $f(80\%)_{sp}$ 模拟值为模式计算的 RH＝80％和 RH＝40％的散射系数比值,同样地,$f(80\%)_{ep}$、$f(80\%)_{hbsp}$ 和 $f(80\%)_{absp}$ 也进行了类似的处理。$f(80\%)_{sp}$ 实测值为 1.77,和三种混合状态下的 $f(80\%)_{sp}$ 模拟值相近,说明利用 Mie 模式对气溶胶散射吸湿增强因子进行模拟具有一定的可靠性,进一步可以利用 Mie 模式对其他无法直接采用仪器测量的光学性质吸湿增长因子进行模拟(图 4.93)。另外,$f(80\%)_{sp}$ 实测值介于外混合"核-壳"内混之间,真实 BC 粒子可能是部分外混合部分"核—壳"内混,这与干状态下的 BC 混合态模拟结果是一致的,说明了随着 RH 增加,粒子吸湿增长后,其 BC 混合状态没有发生明显变化,只是外层包裹的非光吸收物质(通常是吸湿性较强的无机盐)在吸湿增长效应下体积变大。

表 4.17　RH=80%时消光、散射、后向散射、吸收吸湿增强因子($f(80\%)_{ep}$、$f(80\%)_{sp}$、$f(80\%)_{hbsp}$、$f(80\%)_{absp}$)模拟值以及 $f(80\%)_{sp}$ 观测值的对比

	$f(80\%)_{ep}$	$f(80\%)_{sp}$	$f(80\%)_{hbsp}$	$f(80\%)_{absp}$
外混	1.72	1.76	1.32	1.00
内混	1.60	1.72	1.33	1.06
核—壳	1.64	1.79	1.47	1.05
测量		1.77		

图 4.93 给出了三种混合状态下的消光、散射、后向散射、吸收、后向散射比和单散射反照率吸湿增强因子($f(RH)_{ep}$、$f(RH)_{sp}$、$f(RH)_{hbsp}$、$f(RH)_{absp}$、$f(RH)_{HBF}$ 和 $f(RH)_{SSA}$)随 RH 的变化。$f(RH)_{ep}$ 随着 RH 的增加而成指数增长,标准偏差的范围也相应地变大,当 RH 达到 90%时,外混的 $f(RH)_{ep}$ 值最大(图 4.93 中黑点)而均匀内混的 $f(RH)_{ep}$ 值最小(图 4.93 中绿点)。表明 RH 越大,气溶胶造成的消光效应越强烈,能见度越低。$f(RH)_{sp}$、$f(RH)_{hbsp}$ 的变化同 $f(RH)_{ep}$ 类似。

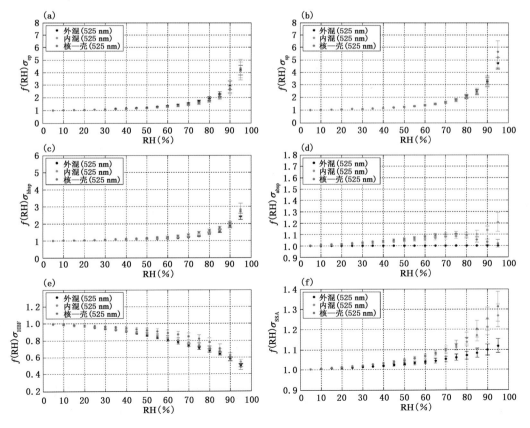

图 4.93　不同混合态下,消光系数(a)、散射系数(b)、后向散射系数(c)、吸收系数(d)、
后向散射比(e)和单次散射反照率(f)模拟值随 RH 的变化

图 4.93 中，$f(RH)_{absp}$ 的变化稍有不同，随着 RH 的增加，外混（黑色）的 $f(RH)_{absp}$ 保持不变，恒定为 1.0。这是因为组分假设中只有 BC 有光吸收作用，而外混态的 BC 是独立存在的，对应的 Gf 为 1.0 且 BC 粒径在吸湿前后没有变化，因而 $f(RH)_{absp}$ 也不随 RH 的增加而变化。均匀内混（绿色）的 $f(RH)_{absp}$ 随着 RH 的增加而逐渐增大，主要是由于粒子吸湿后粒径增大，吸收截面积增大造成。而"核—壳"内混的 $f(RH)_{absp}$ 随着 RH 的增长呈现先增加后减小的趋势，当 RH 约为 75% 时达到最大值。粒子在一开始的增长过程中，"壳"吸湿增长粒径变大，在折射的作用下更多的光能被"核"吸收，吸收增强因子逐渐增大。当粒径增长到一定大小时，粒子的厚度越来越大，削弱了到达"核"的光强，在粒子吸湿性、BC 比例和 PNSD 等多种因素的作用下吸收能力下降，从而吸收增强因子变小。

随着 RH 的增加，$f(RH)_{HBF}$ 值则逐渐变小，后向散射比（HBF）值和粒径大小有关，粒子吸湿增长以后粒径变大，后向散射占总散射的比例也会变小，如图 4.93e 所示。而 $f(RH)_{SSA}$ 随 RH 的增大而逐渐增大，表明气溶胶的冷却效应随着 RH 的增大，而均匀内混合"核—壳"内混增加的速度大于外混。

4.7.5　Gf 和 $f(RH)$ 的相关性分析

Gf 描述的是分粒径气溶胶粒子的吸湿增长能力，而 $f(RH)$ 描述的是整体气溶胶群光学参数吸湿增强能力。$f(RH)$ 与 Gf 关系最大，此外还与气溶胶谱分布、BC 比例等有关。本节利用模式计算了不同 Gf 下，$f(RH)$ 的变化情况，试图建立两者的关系。

图 4.94 给出了 $f(80\%)_{sp}$、$f(80\%)_{hbsp}$、$f(80\%)_{ep}$、$f(RH)_{absp}$ 均匀内混（图 4.94a—d）和"核—壳"内混（图 4.94e—h）条件下随 Gf（从 1.0～2.0）的变化。从图中可以看到，对于内混状态的 $f(80\%)_{sp}$、$f(80\%)_{hbsp}$ 等均随着 Gf 的增加而增加，当 Gf=1.3 左右时，$f(80\%)_{sp}$ 约为 2.0，该值和利用 Gf 谱分布 100～200 nm 之间为 1.3 左右时计算的 $f(80\%)_{sp}$ 接近。换而言之，可以根据 H-TDMA 的 Gf 结果来计算对应情况下的 $f(RH)$ 值，建立 $f(RH)$ 和 Gf 之间的关系，实现两种气溶胶吸湿性测量仪器的相互验证和数据换算。

另外，$f(RH)$ 还受到 PNSD 的影响。以实验期间测量的逐条 PNSD 放入 Mie 模式计算，结果显示 PNSD 的不同造成了对应 Gf 的 $f(RH)$ 在一定范围内变动（图 4.94 的误差线）。总的来说，比起 Gf 对 $f(RH)$ 增长的影响，PNSD 带来的影响相对较小，说明对光学性质来说，Gf 比 PNSD 更为重要，这也与前人的研究结果相同（Chen et al.，2014）。

在 Mie 模式计算中，气溶胶颗粒物被分为 BC、non-BC 和水三个组分。光学性质也会受到 BC 比例和 Gf 的影响，图 4.95—图 4.96 给出了均匀内混合"核—壳"内混情况下 $f(80\%)_{sp}$、$f(80\%)_{hbsp}$、$f(80\%)_{ep}$、$f(RH)_{absp}$ 对 Gf 和 BC 体积比的敏感性分析。对于均匀内混状态来说，$f(80\%)_{sp}$、$f(80\%)_{hbsp}$ 随着 Gf 的增长明显增大，而随 BC 体积比的变化并不明显，说明均匀内混时的 $f(80\%)_{sp}$、$f(80\%)_{hbsp}$ 对 Gf 比 BC 体积比更为敏感。而 $f(RH)_{absp}$ 随着 Gf 和 BC 体积比的增加均呈现明显增大的趋势，$f(RH)_{absp}$ 对二者均较为敏感。$f(RH)_{ep}$ 随着 Gf 增加而增大，然而 $f(RH)_{absp}$ 随着 BC 体积比的增加而减小。这是因为当 BC 体积比一定时，$f(80\%)_{sp}$ 增加的速率大于 $f(RH)_{absp}$ 增加的速率，而当 Gf 一定时，$f(80\%)_{sp}$ 增加的速率小于 $f(RH)_{absp}$ 增加的速率，二者的变化综合起来导致了 $f(80\%)_{ep}$ 的变化。

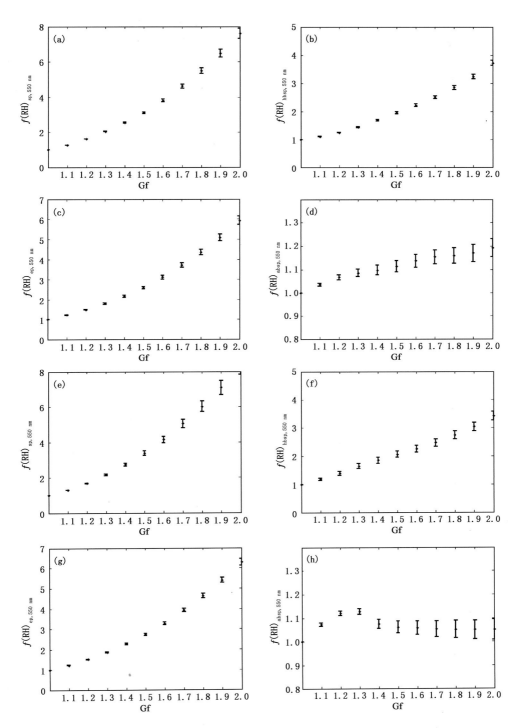

图 4.94　均匀内混（a—d）和"核—壳"内混（e—h）假设下 $f(80\%)_{sp}$、$f(80\%)_{hbsp}$、
$f(80\%)_{ep}$、$f(RH)_{absp}$ 随 Gf 的变化

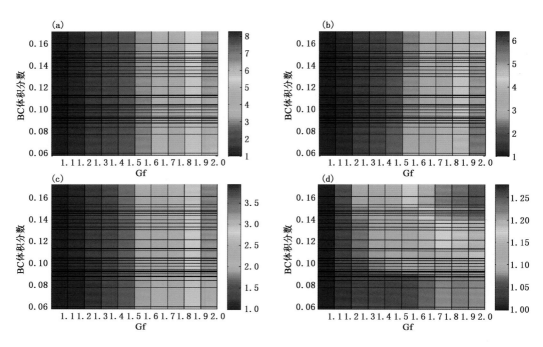

图 4.95　均匀内混状态下 $f(80\%)_{sp}$(a)、$f(80\%)_{ep}$(b)、$f(80\%)_{hbsp}$(c)、$f(RH)_{absp}$(d)
（填色部分）随 Gf 和 BC 体积分数的变化

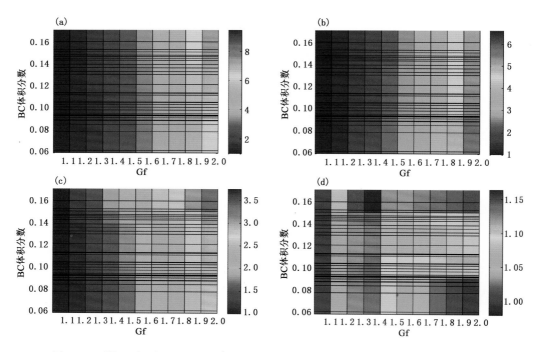

图 4.96　"核—壳"内混下 $f(80\%)_{sp}$(a)、$f(80\%)_{ep}$(b)、$f(80\%)_{hbsp}$(c)、$f(RH)_{absp}$(d)
（填色部分）随 Gf 和 BC 体积分数的变化

对于"核—壳"内混情况，$f(80\%)_{sp}$、$f(80\%)_{ep}$ 随 Gf、BC 体积比的变化和均匀内混情况下相似。$f(80\%)_{hbsp}$ 随 Gf 的增加而增加，随 BC 体积比的增加而减小。当 Gf 值一定时，$f(80\%)_{absp}$ 随着 BC 体积比的增加而减小。然而，当 BC 体积比一定时，$f(80\%)_{absp}$ 随 Gf 值的变化和均匀内混时有所不同。随着 Gf 的增加，$f(80\%)_{absp}$ 首先呈现增加的现象，当 Gf 约为 1.3~1.4 时，$f(80\%)_{absp}$ 达到最大值，之后便随着 Gf 的增加而逐渐减小。说明"核—壳"内混情况下，$f(80\%)_{absp}$ 在 Gf＝1.3~1.4 的范围内较为敏感。Wu 等（2018）研究中也指出，在"核—壳"内混情况下，气溶胶吸收光学增强因子随着"壳"厚度的增加而呈现先增加后减少的现象。Bohren 等（1998）将吸收系数随湿度增加的效应称为"聚焦效应"（lensing effect），这里的结果是基于模式模拟的，与前人的电镜观测等实验结果有些不同。不同的原因可能有：①本节观测试验关注的粒径范围为 10 nm~2.5 μm，BC 核的范围主要集中在 200 nm 以内，而电镜观测的粒子粒径通常更大。②Mie 模式计算时，其输入参数颗粒物粒径吸湿增长因子、吸湿后的粒子数浓度谱分布等都具有一定的不确定性。③"拐点"出现的湿度范围和气溶胶的化学组分、吸湿性质以及粒子的"壳"和"核"比例有关（Nessler et al.，2005；Wu et al.，2018）。

4.7.6　气溶胶吸湿性对直接辐射强迫的影响

为了进一步探讨气溶胶吸湿性对直接辐射强迫的影响，利用一个简单的"双层单波长"模型（Seinfeld et al.，1998）计算不同混合状态下的辐射强迫：

$$\Delta F_r = -\frac{1}{2} S_0 \left[T_{atm}^2 (1 - A_C) \right] \cdot \left[(1 - R_s)^2 \bar{\beta} \tau_{sp} - 2 R_s \tau_{ap} \right] \tag{4.25}$$

式中，ΔF_r 表示气溶胶的直接辐射强迫，S_0 为太阳常数，T_{atm} 为真实大气的透明率，A_C 为云的覆盖率，R_s 为地表反照率，β 为气溶胶层平均向上散射比，τ_{sp} 为气溶胶层的光散射对气溶胶光学厚度的贡献，τ_{ap} 为气溶胶层的光吸收对气溶胶光学厚度的贡献。ΔF_r 为正，表示增温；ΔF_r 为负，表示降温。

考虑 RH 之后可以根据公式（4.26）得到气溶胶直接辐射强迫的吸湿增强因子 $f(RH)_{F_r}$，波长为 550 nm。

$$f(RH)_{F_r} = \frac{\Delta F_r(RH)}{\Delta F_r(RH_0)} = f(RH)_{sp} \cdot \frac{(1 - R_s)^2 \cdot \bar{\beta}(RH) - 2 R_s \cdot \dfrac{1 - \omega_0(RH)}{\omega_0(RH)}}{(1 - R_s)^2 \cdot \bar{\beta}(RH_0) - 2 R_s \cdot \dfrac{1 - \omega_0(RH_0)}{\omega_0(RH_0)}}$$

$$\tag{4.26}$$

式中，$f(RH)_{sp}$ 为散射吸湿增强因子，ω_0 为干状态的单散射反照率，$\omega_0(RH)$ 为单散射反照率随 RH 的变化。图 4.97 给出了不同混合状态下的气溶胶辐射强迫随 RH 的变化，从图中可以发现对于不同的混合状态，$f(RH)_{F_r}$ 随着 RH 的增加，其绝对值增大，而数值的正负则取决于干状态下的气溶胶直接辐射强迫的初始值。表明当干状态下的气溶胶辐射效应为增温效应，那么随着 RH 升高，转为降温效应；当干状态下的气溶胶辐射效应为降温效应，随着 RH 升高，降温效应更为明显。

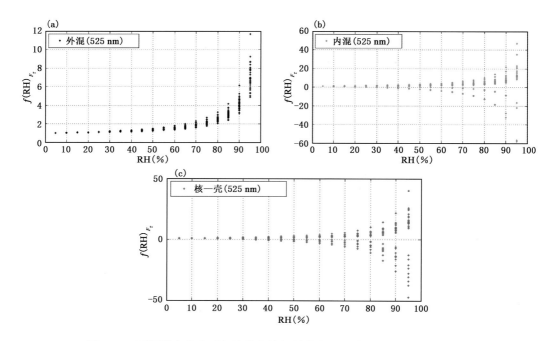

图 4.97　不同混合状态下气溶胶直接辐射强迫吸湿增强因子随 RH 的变化
（a）外混；（b）内混；（c）核—壳

第5章 　　珠三角气溶胶对能见度与地面臭氧变化的影响

本章主要介绍基于广州番禺大气成分野外科学试验基地和珠三角大气成分观测站网的观测资料、辐射与化学耦合模式开展的气溶胶对能见度与地面臭氧变化等的相关分析研究。

5.1 气溶胶对能见度的影响

5.1.1 多种仪器观测的能见度特征和季节变化

表5.1是广州番禺大气成分野外科学试验基地(GPACS)与番禺气象局站(PYQXJ)利用浊度计与黑碳仪观测的散射系数、吸收系数、由观测的消光系数(散射系数与吸收系数之和)，应用柯什密得(Koschmieder)能见度公式计算的能见度以及能见度仪实测的能见度的季节统计结果(其中，散射系数、吸收系数、消光系数、霾指数的统计资料时间为2005年11月—2007年12月；番禺气象局站能见度仪资料的统计时间是2004年4月—2007年6月)。可见，当时珠三角由于气溶胶的散射与吸收作用引起的消光非常显著，一年四季由实测的消光系数计算的能见度除夏季大于10 km以上外，其余各季节的能见度小于10 km(值得注意的是，这是在干环境情况下的计算结果，控制浊度计的观测湿度≤40%，因此，如果考虑湿度增长效应，观测的能见度将更低)；由能见度仪实测的能见度夏季为18 km，其他三个季节都在12 km左右。可见，在春、秋、冬季节霾天气经常普遍出现。由能见度仪实测的能见度总是大于计算能见度，但实测能见度与计算能见度的变化趋势是一致的，绝对数值的不同可能与仪器的时间分辨率、监测波长不同有关外，与Koschmieder能见度公式的对比感阈的取值以及吸收系数计算中选取的单位质量黑碳的吸收比等参数的误差有关。

表5.1　珠三角浊度计与黑碳仪观测的散射系数、吸收系数、霾指数及计算与实测的能见度

	春季		夏季		秋季		冬季	
	GPACS	PYQXJ	GPACS	PYQXJ	GPACS	PYQXJ	GPACS	PYQXJ
散射系数(Mm^{-1})	338	354	181	230	344	344	324	422
吸收系数(Mm^{-1})	65	95	41	78	72	110	73	100
消光系数(Mm^{-1})	403	449	222	308	416	454	397	522
霾指数(dv)	37	38	31	34	37	38	37	40
计算能见度(km)	9.7	8.7	17.6	12.7	9.4	8.6	9.9	7.5
能见度仪实测(km)	—	12.4	—	18.3	—	12.9	—	12.0

　　图 5.1 是能见度仪在番禺气象局站(监测高度离地面为 2 m,统计资料时间为 2004 年 4 月—2007 年 6 月)与广东省气象局站(监测高度离地面为 60 m,统计资料时间为 2005 年 1 月—2007 年 6 月)的各月变化,可见,一年四季中夏季的能见度最好(7 月最好),番禺气象局站的能见度大于 15 km,广东省气象局站大于 20 km。秋季 10 月的能见度较差,而后 11、12 月能见度呈上升期;1—4 月能见度的月际变化很小。能见度的各月变化形态在各站中很相似。

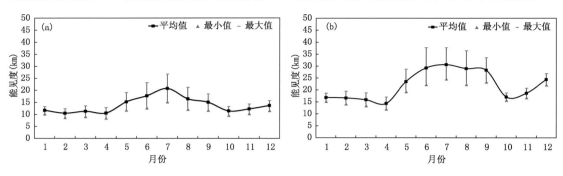

图 5.1　番禺气象局站(a)、广东省气象局站(b)的能见度各月变化

　　图 5.2 是两个观测站的能见度日变化,可见能见度具有单峰的日变化型,当 PM、BC 出现高峰时的凌晨与傍晚时段,能见度出现相对的低谷。白天的能见度均大于夜间的能见度,一天之中午后 14—15 时的能见度最好,能见度的这种日变化形态与多种因素有关。夜间的低能见度与夜间光照弱有关外,与夜间污染物的累积也有密切关系;白天的能见度在午后出现最高值的原因可能与气象条件密切相关,午后混合层的发展对污染物的稀释扩散有利,同时白天充足的光照也使得能见度较好。

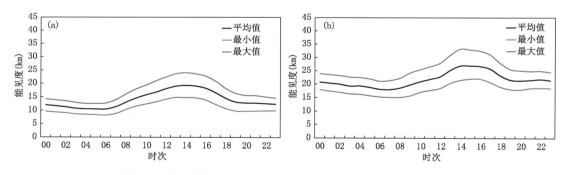

图 5.2　番禺气象局站(a)、广东省气象局站(b)的能见度日变化

　　由图 5.3 可见,珠三角区域的能见度分布形态具有相似性。能见度最高频出现于 5～10 km 的范围,番禺气象局站与广东省气象局站分别有 27%、21%的出现频率;<5 km 的能见度出现频率番禺气象局站与广东省气象局站分别是 18%、9%;说明<10 km 的能见度出现频率番禺气象局站与广东省气象局站分别有 45%、30%。10～15 km 的范围能见度出现频率番禺气象局站与广东省气象局站分别是 19%、16%,>20 km 的能见度出现频率广东省气象局站大于番禺气象局站。这些特征说明从统计上看近地面有近一半概率出现能见度小于 10 km;同时,广州市区的能见度可能比郊市的要好一些,珠三角的污染水平具有区域的特点。

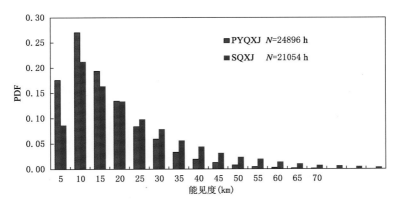

图 5.3　番禺气象局站(PYQXJ)、广东省气象局站(SQXJ)的能见度概率分布函数(PDF)

5.1.2　清洁至污染过程能见度与气溶胶的变化特征

珠三角在秋、冬季节经常发生由天气系统控制的污染过程(邓雪娇 等,2006b),冷空气影响时冷锋过境相伴随的大风往往能很有效清除污染物,随后转为冷高压脊控制时常出现静小风过程导致污染过程出现,2005 年 11 月 15—29 日就是这样的一个清洁至污染的天气过程,这样的过程演变在珠三角的秋、冬季节经常发生,很有典型代表意义(Deng et al.,2008b)。

2005 年 11 月 15—29 日清洁至污染过程对应的天气情况是 16—17 日有冷空气影响,并伴有大风过程,图 5.4a 是 2005 年 11 月 17 日地面自动站网的地面流场,可见整个广东省为一致的偏北大风控制,并伴有轻微的降温过程(图 5.5),冷空气过境伴随的大风过程(平均风大于 3 m/s)对污染物的清除明显,出现清洁过程,导致好的能见度出现;随后转为冷高压控制,地面出现静小风(平均风小于 1 m/s),整个广东省、珠三角出现气流停滞区(图 5.4b),并伴有轻微的升温过程(图 5.5),导致污染物累积明显,出现污染过程,29 日 00 时出现极端高的气溶胶浓度,PM_{10} 质量浓度高达 422 $\mu g/m^3$,导致差的能见度出现。

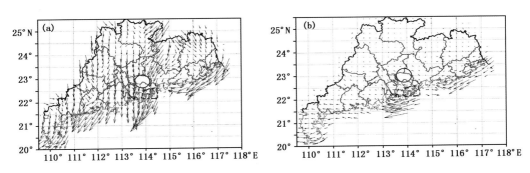

图 5.4　2005 年 11 月 17 日(a)、27 日(b)地面自动站网的地面流场(圆圈为广州所在地)

图 5.6 是清洁至污染过程的实际拍摄情景,可见能见度较好时远处的建筑物山系轮廓清晰,而污染情景时能见度低,远处的建筑物山系轮廓模糊。结合图 5.7 可见,25—29 日能见度逐日恶化,16 日能见度仪监测到 51 km 的好能见度,图 5.6 左边图像(23 日)是这次清洁至污

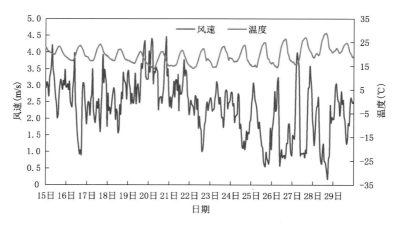

图 5.5 清洁至污染过程地面风与温度的变化

图 5.6 广州市清洁至污染过程的情景

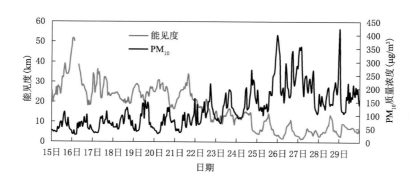

图 5.7 清洁至污染过程观测的能见度与 PM_{10} 质量浓度的演变

染过程中间情况时的情景,能见度主要在 $13\sim16\ km$ 之间变化;24 日后能见度以小于 $10\ km$ 为主,极端情况下出现不到 $2\ km$ 的恶劣能见度。由图 5.7 可见,从 15—29 日伴随着能见度的逐日降低,PM_{10} 质量浓度逐日上升,23 日之前 PM_{10} 质量浓度主要在 $50\sim100\ \mu g/m^3$ 之间变化,24 日后 PM_{10} 质量浓度主要在 $100\sim200\ \mu g/m^3$ 之间变化,极端值出现 $422\ \mu g/m^3$(29 日 00 时),从能见度与气溶胶的时间演变来看,两者存在明显的反相关。

图 5.8 是能见度与 PM_{10}、PM_1 的点聚图,可见能见度与气溶胶质量浓度之间的相关性很密切,能见度与 PM_{10} 的相关系数为 0.79,与 PM_1 的相关系数更高为 0.93,PM_1 与能见度的非线性关系更加显著。如 PM_{10}(PM_1)达到 $100(50)\ \mu g/m^3$ 时相应能见度为 10 km,并且气溶胶质量浓度与能见度之间显示非线性关系。当气溶胶质量浓度很高时,能见度对气溶胶质量浓度的变化不敏感,例如当气溶胶质量浓度 PM_{10}(PM_1)从 150(70)上升至 300(113) $\mu g/m^3$ 时,能见度从 9 km 下降到 5 km,即 $[\Delta(Vis)/\Delta(PM_{10})]$($[\Delta(Vis)/\Delta(PM_1)]$)为 -0.027(-0.007)$(km/(\mu g \cdot m^3))$;而当气溶胶质量浓度较低时,能见度对气溶胶质量浓度的变化很敏感,例如当气溶胶质量浓度 PM_{10}(PM_1)从 50(22)上升至 100(55) $\mu g/m^3$ 时,能见度从 35 km 下降到 12 km,即 $[\Delta(Vis)/\Delta(PM_{10})]$($[\Delta(Vis)/\Delta(PM_1)]$)为 -0.46(-1.15)$(km/(\mu g \cdot m^3))$。这种非线性关系对改进能见度具有指示意义,如果气溶胶质量浓度 PM_{10}(PM_1)降低至 $100(50)\ \mu g/m^3$,进一步降低气溶胶质量浓度将明显改善能见度,图 5.8 说明对于能见度问题 PM_1 的作用比 PM_{10} 更为重要。

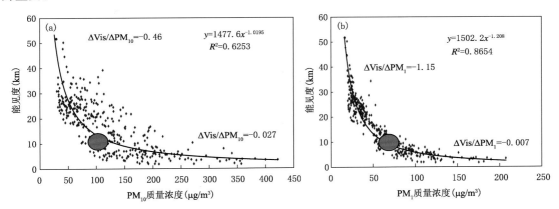

图 5.8　能见度与气溶胶质量浓度的点聚图及他们之间的相关性
(a)PM_{10};(b)PM_1

图 5.9 是此次清洁至污染过程散射系数、吸收系数、单散射反照率(SSA)的演变,可见,总的来看,气溶胶的散射系数比吸收系数要大很多,单散射反照率平均为 0.8 左右,表明气溶胶的消光有 80%来自于散射的作用,20%来自于吸收的作用。值得注意的是,不论在清洁过程还是污染过程,单散射反照率均主要在 0.8 左右波动,维持相对的稳定值(虽然在某些时刻,当吸收系数出现极大值时,SSA 有极小值出现,最小值为 0.58),这一特征表明在清洁与污染过程吸收与散射气溶胶来自于相同的污染源。与 SSA 在清洁与污染过程维持相对稳定值不同,散射系数与吸收系数在清洁与污染过程显著不同,23 日出现明显的清洁与污染过程分界期,清洁期间散射系数与吸收系数分别在 200、40 Mm^{-1} 脉动,而污染期间散射系数与吸收系数的脉动幅度显著增大,数值也呈 3~8 倍的增长。

图 5.10 是能见度仪监测的能见度与 Koschmieder 公式计算能见度的比较,可见,两者具有很好的一致性。在 Koschmieder 能见度公式中,消光系数应用了浊度计与黑碳仪观测的散射系数与吸收系数,计算能见度与能见度仪监测能见度的一致性说明,能见度就是由于气溶胶

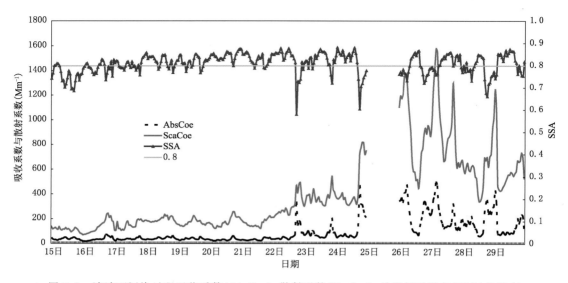

图 5.9　清洁至污染过程吸收系数(AbsCoe)、散射系数(ScaCoe)、单散射反照率(SSA)的演变

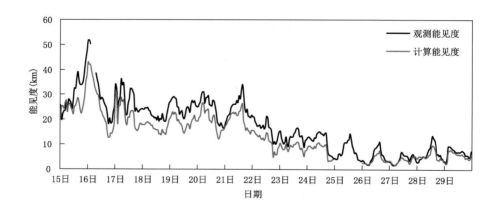

图 5.10　能见度仪监测的能见度与 Koschmieder 公式计算能见度的比较

的消光作用引起的,两者存在的差别主要是由于仪器固有的误差、仪器工作原理的假设与 Koschmieder 公式理论推导的假设所引起的,两者之间的误差在清洁过程时要大一些,而在污染时期吻合得好一些。能见度的消光系数可以由下式表示:

$$\beta_e = \int \sigma(r) \cdot dN/dr \cdot dr \tag{5.1}$$

$$\sigma = f(r, I_r, I_m) \tag{5.2}$$

式中,σ 是直径为 r 的气溶胶粒子的消光截面,dN/dr 是气溶胶数浓度谱分布,I_r 与 I_m 是气溶胶折射指数的实部与虚部,与气溶胶的成分密切相关。表明气溶胶对能见度的影响决定于几个影响因子,包括气溶胶的成分、数密度、粒径分布以及气溶胶的光学特性。根据研究(Wu et al.,2006),广州地区的气溶胶成分主要是碳气溶胶(BC/OC)、硫酸盐、硝酸盐、铵盐,在这些气溶胶成分中,BC 对太阳辐射具有强的吸收作用,其他成分对太阳辐射具有很强的散射作用而吸收作用十分弱(Martin et al.,2003;Tie et al.,2005)。应用 GRIMM180 粒子谱仪(监测粒

径下限 0.25 μm，31 个通道)对气溶胶的粒径谱以及三档(PM_{10}、$PM_{2.5}$、PM_1)质量浓度进行了观测。以下进行清洁与污染过程观测得到的 PM_{10}、$PM_{2.5}$、PM_1、BC、粒子谱等的特征分析，并结合米散射理论讨论不同粒径气溶胶谱对能见度衰减的影响。

图 5.11 是清洁至污染过程气溶胶质量浓度的变化，可见，气溶胶质量浓度从清洁过程的 50 $\mu g/m^3$ 上升至污染过程的 200 $\mu g/m^3$，并且具有明显的日变化；$PM_{2.5}$ 的质量浓度从清洁过程的 25 $\mu g/m^3$ 上升至污染过程的 100 $\mu g/m^3$，说明有 50% 的气溶胶质量浓度来自于 2.5～10 μm，50% 的气溶胶质量浓度来自于粒径小于 2.5 μm 的粒子。图 5.12 显示 $PM_{2.5}/PM_{10}$、PM_1/PM_{10} 比值在 0.2～0.8 之间脉动，平均接近 0.5；$PM_1/PM_{2.5}$ 比值在 0.75～0.85 之间脉动，脉动范围比 $PM_{2.5}/PM_{10}$、PM_1/PM_{10} 的比值要小得多，$PM_1/PM_{2.5}$ 比值平均接近 0.8。以上这些特征说明细粒子中主要是粒径小于 1 μm 的粒子占主导。

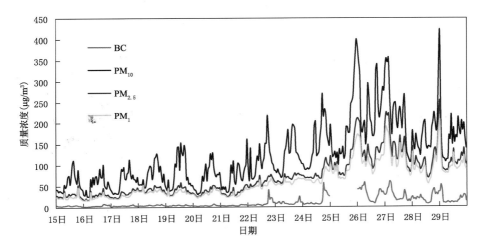

图 5.11　清洁至污染过程气溶胶质量浓度的比较

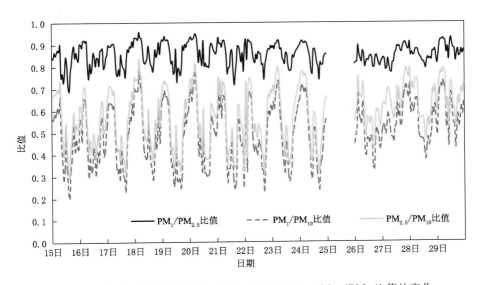

图 5.12　清洁至污染过程 $PM_1/PM_{2.5}$、PM_1/PM_{10}、$PM_{2.5}/PM_{10}$ 比值的变化

一般情况下黑碳(BC)气溶胶的粒径比较小($<0.15\ \mu m$)(Tie et al.,2001；Martin et al.,2003)。在清洁过程 BC 的质量浓度比较低,以小于 $5\ \mu g/m^3$ 为主,在污染过程 BC 显著增加,且脉动明显,主要在 $10\sim15\ \mu g/m^3$ 之间,峰值可能达到 $40\sim50\ \mu g/m^3$。虽然与气溶胶总质量相比,BC 的质量浓度低,但 BC 对能见度的衰减起重要的作用,尤其是 BC 达到峰值时对能见度的衰减特别显著。由图 5.13 可见,在污染期间的特定时间能见度特别低,如 26 日 06 时 BC/PM_1 比值为 0.53,能见度只有 1.9 km;27 日 05 时 BC/PM_1 比值为 0.46,能见度只有 1.8 km;29 日 02 时 BC/PM_1 比值为 0.47,能见度只有 4.9 km,在这些特殊时间,能见度低于 5 km,相应的 BC/PM_1 比值非常高,接近 0.5。

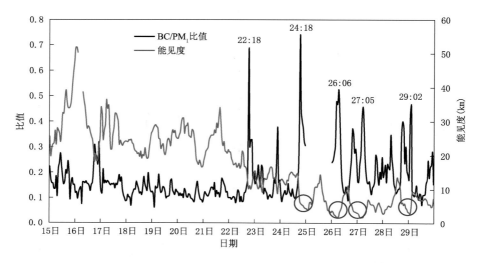

图 5.13　清洁至污染过程 BC/PM_1 比值与能见度的对比

5.1.3　不同粒径谱气溶胶的消光贡献

以上从气溶胶质量浓度的分析初步说明了不论在清洁还是在污染过程,细粒子中主要是粒径小于 $1\ \mu m$ 的粒子占主导;BC 在能见度变化中作用大,尤其是在某些特定的时间 BC 的含量特别高时对能见度的衰减十分显著。由于 BC 的粒径在 $10^{-1}\ \mu m$ 量级为主,以上的分析已经从定性上说明了细粒子对能见度的贡献很大。以下从实测的粒径谱与数浓度并结合米散射理论定量评估细粒子对能见度衰减的消光贡献。

表 5.2 是清洁与污染过程监测的气溶胶数浓度分布,表明在清洁过程 $0.25\sim1.0\ \mu m$ 之间的粒子的中值直径为 $0.33\ \mu m$,数浓度为 766.3 个/cm^3；$1.0\sim2.5\ \mu m$ 之间的粒子的中值直径为 $1.46\ \mu m$,数浓度为 1.5 个/cm^3；$2.5\sim10\ \mu m$ 之间的粒子的中值直径为 $4.37\ \mu m$,数浓度为 0.2 个/cm^3。在污染过程 $0.25\sim1.0\ \mu m$ 之间的粒子的中值直径为 $0.33\ \mu m$,数浓度为 1415.8 个/cm^3；$1.0\sim2.5\ \mu m$ 之间的粒子的中值直径为 $1.49\ \mu m$,数浓度为 3.1 个/cm^3；$2.5\sim10\ \mu m$ 之间的粒子的中值直径为 $4.69\ \mu m$,数浓度为 0.9 个/cm^3。可见,珠三角大气气溶胶中主要是粒径小于 $1\ \mu m$ 粒子的数量占绝对的优势,其数浓度占总气溶胶数的 99.4%,污染过程较清洁过程粒子数浓度有成倍的增长,而粒子中值直径基本维持不变。

表 5.2　清洁与污染过程监测的气溶胶数浓度

参数		直径范围		
		0.25~1.0 μm	1.0~2.5 μm	2.5~10 μm
清洁过程	数浓度（个/cm³）	766.3	1.5	0.2
	中值直径（μm）	0.33	1.46	4.37
污染过程	数浓度（个/cm³）	1415.8	3.1	0.9
	中值直径（μm）	0.33	1.49	4.69

　　基于上述气溶胶的粒子谱，假设散射气溶胶的复折射指数为 $1.40-10^{-8}i$，吸收气溶胶的折射指数为 $1.75-0.46i$（Martin et al.，2003；Tie et al.，2005），基于米散射理论的计算可以得到不同粒径气溶胶对能见度的衰减贡献。表 5.3 给出了相应 0.25~1.0 μm、1.0~2.5 μm、2.5~10 μm 粒子谱的中值直径分别为 0.33 μm、1.5 μm、4.5 μm 的散射效率，可见就单个粒子而言，直径为 1.5 μm 与 4.5 μm 的粒子的散射能力是直径为 0.33 μm 粒子散射能力的 2 倍，由于直径在 0.25~1.0 μm 的粒子的数量占绝对的优势，使得直径在 0.25~1.0 μm 的粒子群在总的粒子中占据大部分的散射消光份额。图 5.14 为计算的不同粒径气溶胶 PM_{10}、$PM_{2.5}$、PM_1、BC 对能见度的贡献，表明不论是清洁过程还是污染过程，均是小于 1 μm 的粒子的散射作用对能见度的贡献最大，分别是 69%、59%；其次是吸收性气溶胶，清洁过程与污染过程分别是 18%、21%；清洁过程与污染过程 2.5~10 μm（1.0~2.5 μm）粒子的散射作用对能见度的贡献仅为 7%（6%）与 14%（6%）。说明在清洁过程与污染过程均是小于 1 μm 的粒子的散射与吸收作用对能见度的衰减起关键性作用，这种衰减作用达到 80% 以上（清洁过程为 87%；污染过程 80%），根本原因是直径小于 1 μm 的粒子数量占了所有气溶胶粒子的 99.4%，而直径大于 1 μm 以上的粒子数目只有 0.2%。

表 5.3　米散射理论计算的不同直径气溶胶粒子在 550 nm 的散射效率

中值直径（μm）	0.33	1.5	4.5
散射效率	0.9	2.1	1.9

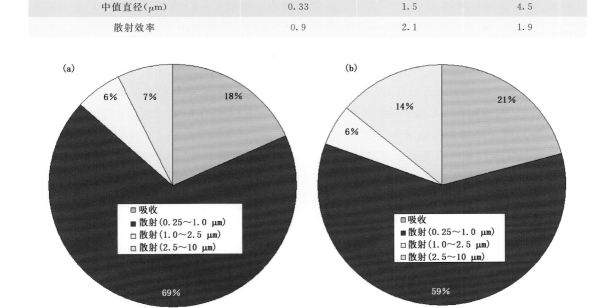

图 5.14　不同粒径气溶胶 PM_{10}、$PM_{2.5}$、PM_1、BC 对能见度的贡献

5.1.4　不同成分谱与二次气溶胶的消光贡献

由上述的分析已知,造成可见光大幅度衰减的主角是以 $0.3\ \mu\mathrm{m}$ 为中值直径的 $0.25\sim$ $1\ \mu\mathrm{m}$ 的大气气溶胶粒子群,这一粒子群占大于 $0.25\ \mu\mathrm{m}$ 总粒子数的 99.4%,由于 GRIMM 粒子谱仪的观测下限是 $0.25\ \mu\mathrm{m}$,因此,可以推测粒子群的中值直径可能比 $0.3\ \mu\mathrm{m}$ 更小,这些是属于核模态与积聚模态的气溶胶,决定气溶胶光学特性的是气溶胶的成分谱特征,美国国家环境保护局(EPA)推荐气溶胶成分谱对能见度的消光作用采用如下的计算公式(Rokjin et al.,2006):

$$\beta_e = 3\,f_T(\mathrm{RH})\{[(\mathrm{NH_4})_2\mathrm{SO_4}] + [\mathrm{NH_4NO_3}]\} + 4[\mathrm{OMC}] + 10[\mathrm{EC}]$$
$$+ [\mathrm{soil}] + 0.6[\mathrm{CM}] + 10 \tag{5.3}$$

美国能见度观测网(IMPROVE)能见度监测网的目的是建立美国地区能见度水平和气溶胶状况,确定影响能见度的主要人为气溶胶的化学成分、排放源及其长期变化趋势(Malm,1994;Sisler et al.,1994;Charity et al.,2007),其建议的气溶胶成分谱对能见度的消光作用采用如下的计算公式:

$$\beta_e = 3\,f_T(\mathrm{RH})\{[(\mathrm{NH_4})_2\mathrm{SO_4}] + [\mathrm{NH_4NO_3}]\} + 3\,\frac{[1 + f_H(\mathrm{RH})]}{2}[\mathrm{OMC}] +$$
$$10[\mathrm{EC}] + [\mathrm{soil}] + 0.6[\mathrm{CM}] + 10 \tag{5.4}$$

公式(5.3)、(5.4)的不同在于式(5.4)考虑了有机物质[OMC]的吸湿增长(假设一半的有机物质有吸湿作用),并认为有机质与无机盐的吸湿增长函数可能不同。公式中 β_e($\mathrm{Mm^{-1}}$)为大气消光系数;[OMC]为有机物质,包括附着在有机碳(OC)气溶胶中的非碳物质,Malm 等(1994)、Cass(1979)认为有机物质$[\mathrm{OMC}] = 1.4[\mathrm{OC}]$,$[(\mathrm{NH_4})_2\mathrm{SO_4}] = 1.38[\mathrm{SO_4^{2-}}]$,$[\mathrm{NH_4NO_3}] = 1.29[\mathrm{NO_3^-}]$;$f(\mathrm{RH})$是气溶胶的吸湿增长因子,$f(\mathrm{RH}) = \dfrac{\sigma_{\mathrm{scat}}(\mathrm{RH})}{\sigma_{\mathrm{scat(Dry)}}}$,RH 为相对湿度,美国东部与西部的 $f(\mathrm{RH})$ 典型气候值分别为 3 与 2(US EPA,2003);[soil]是直径小于 $2.5\ \mu\mathrm{m}$ 的土壤尘细粒子气溶胶;[CM]是直径大于 $2.5\ \mu\mathrm{m}$ 的粗粒子气溶胶(主要是土壤尘与海盐)。$10\ \mathrm{Mm^{-1}}$ 为空气分子的散射作用。

不同大气湿度下水汽对气溶胶的大小、形状和消光有很大的影响作用,气溶胶的吸湿增长作用可以影响气溶胶的尺度分布,从而影响气溶胶的光学性质,可能显著改变能见度和辐射强迫。$(\mathrm{NH_4})_2\mathrm{SO_4}$ 粒子在较高相对湿度下质量和体积均有很大的变化,在 90% 的相对湿度下 $(\mathrm{NH_4})_2\mathrm{SO_4}$ 粒子的散射截面可增加到干粒子的 5 倍以上(Malm et al.,2001),许多实验室研究能够确定某些盐类气溶胶的吸湿增长因子,但对于有机物质由于其物种的复杂性,建立定量的有机物种与相对湿度的关系仍然是困难的。公式(5.3)中仅考虑了无机盐类的吸湿增长效应,对其他物种均没有考虑吸湿增长效应,这种处理方法误差是存在的。颜鹏等(2008)利用自制的"进样气流湿度调节"装置研究了北京市大气气溶胶散射系数的吸湿增长规律,表明平均散射系数的吸湿增长因子在 $f(\mathrm{RH} = 80\%)$ 约为 1.26,相对污染时 $f(\mathrm{RH} = 80\%)$ 约为 1.48;当相对湿度增大至 93% 时,$f(\mathrm{RH} = 93\%)$ 可达 2.10。程雅芳(2007)对珠三角新垦地区的气溶胶湿度增长的观测研究表明对于波长 550 nm,随着 RH 从 30% 增加到 $80\%\sim90\%$,散射系数可增长 $1.54\sim2.31$ 倍。上述颜鹏等(2008,观测期为 2005 年 12 月)与程雅芳(2007,观测期为 2004 年 10 月)是通过短期实测气溶胶的散射系数得到的平均散射系数的吸湿增长因子,而公式(5.3)与(5.4)中是指硫酸盐/硝酸盐与有机物质的吸湿增长因子,一般地,这些特定硫酸盐/硝酸盐与有机物质的吸湿增长因子要大于平均散射系数的吸湿增长因子,图 5.15 是美国20 个 IMPROVE 能见度观测站拟合的硫酸盐、硝酸盐与有机质的吸湿增长因子。由于珠三角没有资料拟合硫酸盐、硝酸盐与有机质的吸湿增长因子,这里引用图 5.15 中硫酸盐(硝酸盐、有机质)的吸湿增长因子量值,干环境取 $f(\mathrm{RH}) \approx 1.0$、低相对湿度 60% 取 $f(\mathrm{RH}) \approx 3.0$、高相对湿度 90% 取 $f(\mathrm{RH}) \approx 6.0$。下面以公式(5.4)、第 4 章的成分谱特征以及假设的三种相对湿度下的吸湿增长因子来讨论不同湿度条件下、不同成分谱与二次气溶胶的消光贡献。

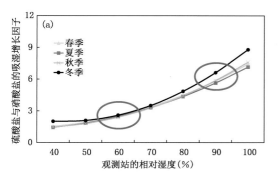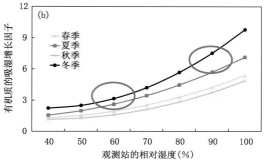

图 5.15　美国 20 个 IMPROVE 能见度观测站拟合的吸湿增长因子
(a)硫酸盐与硝酸盐;(b)有机质

图 5.16 为 2007 年 7 月—2008 年 3 月广州 $\mathrm{PM}_{2.5}$ 气溶胶成分谱分析计算的消光系数与消光系数、散射系数在相对湿度为 60%、90% 的吸湿增长因子。总体上,消光系数的月分布形态与质量浓度月分布形态很相似,最大消光系数(403 Mm^{-1},干环境)出现在 12 月,最小消光系数(85 Mm^{-1},干环境)出现在 7 月。消光系数随着相对湿度的增大而明显增大,消光系数的吸湿增长因子略小于散射系数的吸湿增长因子。平均而言相对于干环境,消光系数、散射系数的吸湿增长因子分别为 2.1、2.3(RH=60%);3.4、3.8(RH=90%)。在 9 月、10 月消光系数具有较大的增幅,最大消光系数、散射系数的吸湿增长因子分别为 2.3、2.6(RH=60%);3.9、4.5(RH=90%)。通过对吸湿效应的估算表明消光系数(散射系数)量值在高(约 90%)、低(约 60%)相对湿度情况下可能有 4 倍、2 倍的增大。

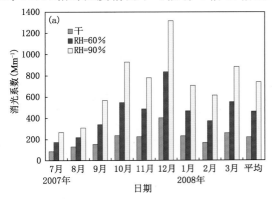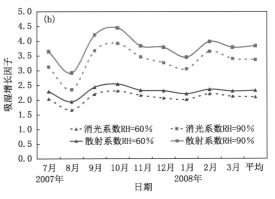

图 5.16　2007 年 7 月—2008 年 3 月广州 $\mathrm{PM}_{2.5}$ 气溶胶成分谱分析计算的消光系数(a)、
消光系数、散射系数在 RH=60%、RH=90% 的吸湿增长因子(b)

图 5.17 为不同湿度增长因子计算的能见度对比,可见,干、湿环境情况下,能见度的月变化趋势一致,在干环境下能见度基本上均大于 10 km(仅 12 月的能见度为 9.7 km),湿度的增加使得能见度有明显的降低,能见度在 RH＝60％、RH＝90％ 相对于干环境情况下平均降幅 $\left(\dfrac{\mathrm{Vis_{湿}}-\mathrm{Vis_{干}}}{\mathrm{Vis_{干}}}\times 100\%\right)$ 分别为 −53％、−70％,相应地造成霾指数平均上升分别为 23％、38％(霾指数与能见度的变化呈反相),从而使得 10、11、12 月、次年 1 月的能见度大幅度降低至低于 10 km。

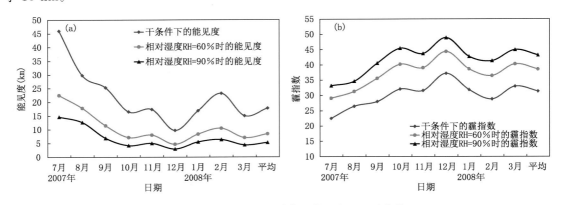

图 5.17 不同湿度情况下计算的能见度(a)、霾指数(b)

图 5.18 是相对污染与相对清洁、不同湿度增长因子计算的能见度与霾指数的比较,可见,以 PM$_{2.5}$ 为 65 μg/m³(原美国日均标准)为阈值分类统计表明在相对污染与清洁情况下能见度出现明显的差异,在干环境时,相对污染与清洁的能见度分别为 13 km、34 km;在 RH＝60％时,相对污染与清洁的能见度分别为 6 km、16 km;在 RH＝90％时,相对污染与清洁的能见度分别仅为 3 km、9 km。由图 5.17、图 5.18 可见湿度的影响使得能见度下降明显,从而使得霾指数升高,相对污染情况下,湿度的影响使得能见度十分恶劣。

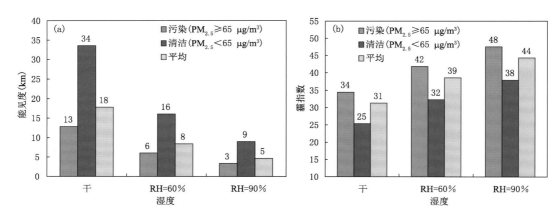

图 5.18 相对污染与相对清洁、不同湿度情况下计算的能见度(a)、霾指数(b)

图 5.19a、图 5.19b、图 5.19c 分别为干环境、RH＝60％、RH＝90％ 情况下 2007 年 7 月—2008 年 3 月广州 PM$_{2.5}$ 气溶胶成分谱的消光权重的月变化。可见,干环境下,广州 PM$_{2.5}$ 气溶胶成分谱的消光权重的月分布形态与广州 PM$_{2.5}$ 气溶胶成分谱的质量权重(图 4.35)的月分布

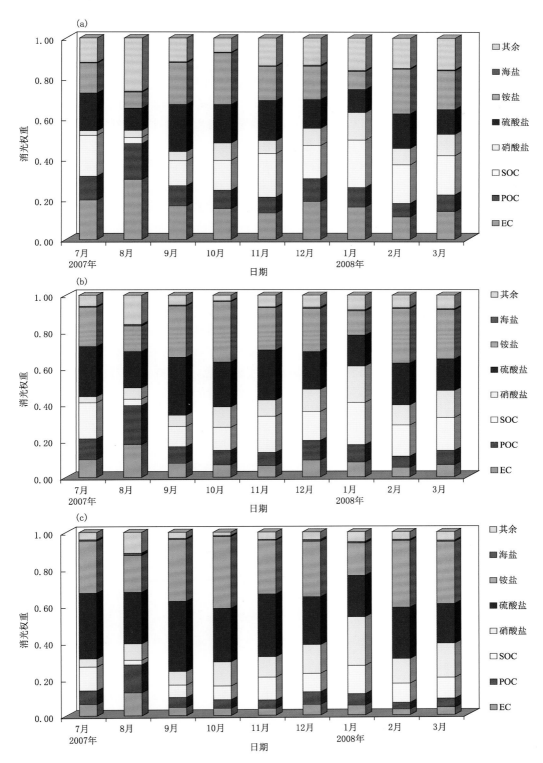

图 5.19　2007 年 7 月—2008 年 3 月广州 $PM_{2.5}$ 气溶胶成分谱的消光权重

(a)干环境;(b)RH=60%;(c)RH=90%

形态显著不同。参考公式(5.4)可知,这些不同的原因在于各种成分的消光能力的不同,公式(5.4)中各种物质$(NH_4)_2SO_4$、NH_4NO_3、OMC、EC、soil、CM 的单位质量的消光截面分别为3、3、3、10、1、0.6 m^2/g,因此,黑碳的消光能力相对于质量浓度的权重有 10 倍的增大,有机物质、硫酸盐、硝酸盐、铵盐有 3 倍的增大,因此,主导消光作用的主要是有机物质、硫酸盐、硝酸盐、铵盐。湿环境下,由于有机物质、硫酸盐、硝酸盐、铵盐具有强的吸湿能力,根据图 5.15 他们的吸湿增长因子在 RH>60% 基本都大于单位质量的消光截面,所以,在有湿度影响的环境下,有机物质、硫酸盐、硝酸盐、铵盐的消光份额有显著的增幅。

图 5.20 是实测能见度与一次气溶胶(一次有机碳、元素碳、海盐、地壳元素等)、二次气溶胶(二次有机碳、硫酸盐、硝酸盐、铵盐)质量浓度的点聚图,能见度与一次、二次气溶胶的相关系数分别是 0.62、0.74,说明能见度与二次气溶胶的关系更加密切,因此,二次气溶胶对能见度的消光作用可能比较大。图 5.21 是不同湿度增长因子情况下平均成分谱与二次气溶胶的消光权重,可见,平均而言,消光权重在干环境下,一次有机碳、二次有机碳、元素碳、硫酸盐、硝酸盐、铵盐、海盐与其他地壳元素等分别是 10%、17%、17%、16%、8%、18%、0.4%、14%,与图 4.36 质量浓度的权重相比较,碳气溶胶(尤其是二次有机碳与元素碳)的消光权重有一定的增加,而海盐与其他地壳元素的消光份额显著降低。二次气溶胶的消光份额约占 59%,比质量权重有 9% 的增加。在湿环境下,硫酸盐、硝酸盐、铵盐的消光权重份额增加明显,导致二次气溶胶的消光份额可达 75%(RH=60%)、84%(RH=90%)。可见,二次气溶胶在珠三角的环境问题中不论从质量浓度还是从消光作用都是主要角色,尤其在高相对湿度情况下其作用更加显著。

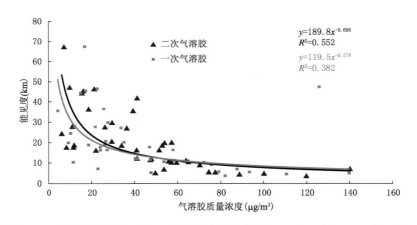

图 5.20　广州能见度与一次、二次气溶胶的点聚图(2007 年 7 月—2008 年 3 月)

图 5.22a、图 5.22b、图 5.22c 分别为干环境、RH=60%、RH=90% 相对污染与相对清洁情况下平均成分谱与二次气溶胶的消光权重。由第 4 章的分析已知,在相对污染的情况下有机碳与二次气溶胶有富集的现象,因此,可推断在相对污染的情况下二次气溶胶的消光份额将比相对清洁情况下的贡献大,从图 5.22 可知,在相对污染情况下,干环境时,二次气溶胶的消光份额已达 60%,在 RH=60%、RH=90% 时二次气溶胶的消光份额上升至 77%、83%;相对污染情况下的二次气溶胶的消光份额较相对清洁情况下有 5% 的增加。可见,在相对污染情况下二次气溶胶的污染问题更加突出。

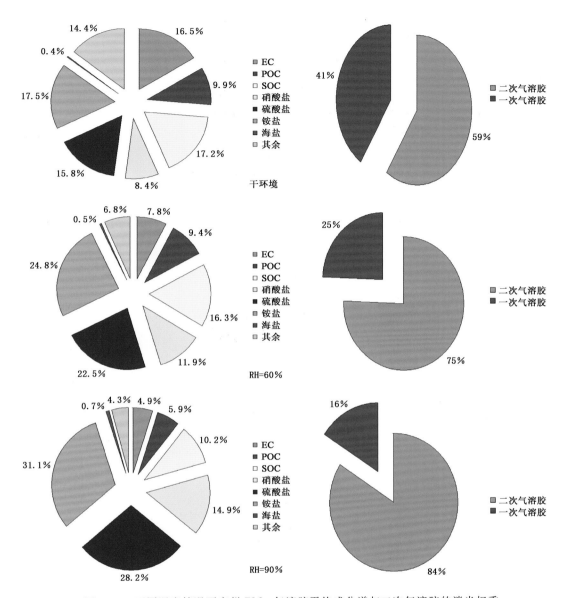

图 5.21　不同湿度情况下广州 $PM_{2.5}$ 气溶胶平均成分谱与二次气溶胶的消光权重

由前面章节的分析可知,在干环境下,珠三角的气溶胶质量浓度比值 $PM_1/PM_{2.5}$ 平均大于 0.85,二次气溶胶质量权重占 $PM_{2.5}$ 的 50% 以上;二次气溶胶的消光权重大于 55%;气溶胶粒子谱以小于 1 μm 的粒子数占绝对的优势,0.25 $\mu m < D \leqslant 1$ μm、1 $\mu m < D \leqslant 2.5$ μm、$D > 2.5$ μm 粒子群的平均中值直径分别约为 0.3 μm、1.5 μm、4.5 μm,不论在清洁、污染情况下,小于 1 μm 的粒子总是占总粒子数的 99.4% 以上,在相对污染情况下二次气溶胶有明显富集;如果考虑湿度的影响作用,二次气溶胶的质量权重与消光权重将占更高的份额。因此,有充分的理由说明珠三角的气溶胶污染以小于 1 μm,尤其以零点几微米(或更小)的二次气溶胶粒子为主要角色(Deng et al.,2013)。这些二次气溶胶形成机理是珠三角控制能见度恶化与气溶胶污染的关键,需要从多方面深入而广泛地针对气溶胶来源与形成机理的研究。

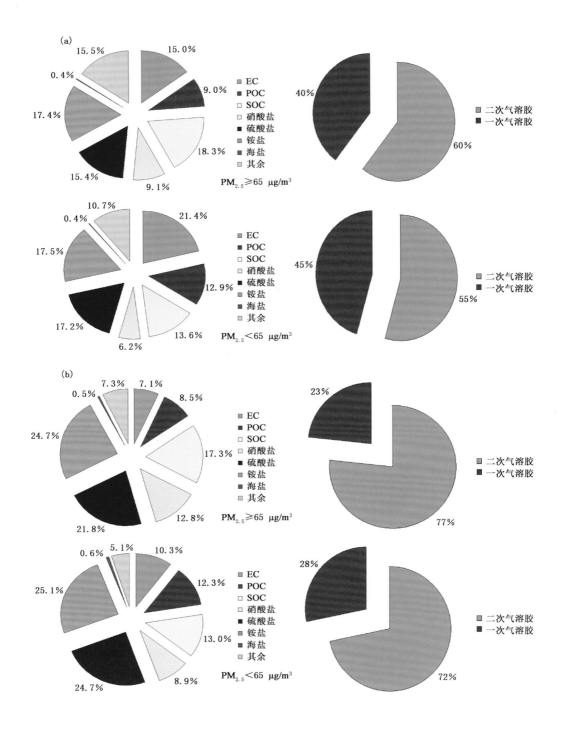

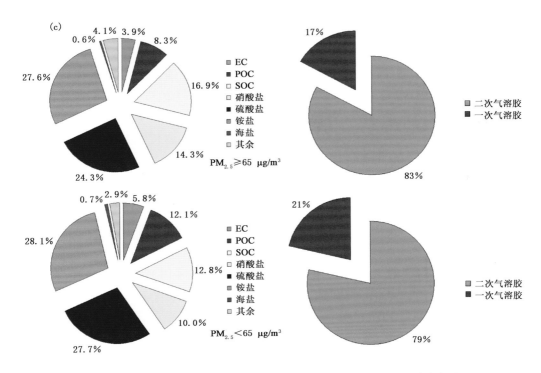

图 5.22　相对污染与清洁情况下平均成分谱与二次气溶胶的消光权重
(a)干环境;(b)RH=60%;(c)RH=90%

5.2
气溶胶对地面光化辐射的影响

　　珠三角严重的气溶胶污染对辐射的影响相当显著,而臭氧的形成与光化辐射(特别是紫外辐射(UV))密切相关,珠三角严重的气溶胶污染在对光化辐射影响的同时必然影响 O_3 的光化学过程。城市污染大气光化学 O_3 的生成量和生成速率与其前体污染物 NO_x、VOCs 关系密切外,与驱动光化学反应的能量的关系也十分密切。在 NO_x-敏感条件下,臭氧的生产力将由 NO_x 浓度的高低及光化辐射的强弱决定;在 VOCs-敏感条件下,臭氧的生产力将由 VOCs 浓度的高低及光化辐射的强弱决定。珠三角秋季气溶胶的污染对紫外辐射的衰减十分显著,对臭氧光化学系统可能存在明显的阻滞效应,尤其需要探讨气溶胶污染对臭氧峰值区的影响(邓雪娇 等,2010b,2011,2012; Deng et al.,2011,2012)。

5.2.1　光化辐射与光化辐射通量的定义

　　太阳辐射不仅可以加热大气,而且也驱动大气的非平衡化学过程,从而使大气成为巨大的光化学反应器。紫外和可见波段的太阳辐射使一些大气组分光解,产生原子、自由基和离子,或使组分激发而改变其反应能力。这种能使大气组分发生光解的太阳光辐射称为光化辐射（actinic radiation），主要是指紫外线辐射与部分可见光辐射。由于一般化学键大于 40 kJ/mol，波长大于 700 nm 的光子已不能引起光离解。所以，光化辐射一般地是指紫外线至 <700 nm 的可见光范围的太阳辐射（秦瑜 等，2003）。对于 O_3 光化学体系，最主要的光化辐射是紫外线辐射，如波长 305～320 nm 的光使得 O_3 发生光解，光解产生的自由基是 OH 自由基的重要来源；波长 310～396 nm 的光使得 HNO_2 发生光解，光解直接产生 OH 自由基；波长 190～350 nm 的光使得 H_2O_2 发生光解，光解直接产生 OH 自由基；波长 301～356 nm 的光使得 CH_2O 发生光解，光解产生的 H 自由基是 HO_2 自由基的重要来源；波长 202～422 nm 的光使得 NO_2 发生光解，是 O_3 形成的重要环节。因此，光化辐射在大气化学中十分重要。

物种的光解通常发生在某一波段内，其平均光解系数应满足如下公式：

$$\overline{J} = \frac{1}{\lambda_2 - \lambda_1} \int_{\lambda_1}^{\lambda_2} \phi(\lambda)\sigma(\lambda) I_0(\lambda) \mathrm{d}\lambda \tag{5.5}$$

公式（5.5）表明，物种的光解系数由入射光强 $I_0(\lambda)$、物种固有的分子特性（吸收截面 $\sigma(\lambda)$、量子产率 $\phi(\lambda)$）所决定，通过适当的试验可以获得物种的吸收截面和量子产率，而入射光通量是一局地参数，需要考虑太阳辐射经过大气的衰减和相应的强度谱分布变化。公式（5.5）中的入射光强 $I_0(\lambda)$ 是指能使大气组分发生光解的来自任何方向的光化辐射的累加，称为光化辐射通量（actinic flux，Madronich，1987），可表示为：

$$I_0(\lambda) = \int_0^{2\pi}\int_0^{\pi} L(\lambda) \cdot \sin\theta \mathrm{d}\theta \mathrm{d}\varphi \tag{5.6}$$

$L(\lambda)$ 为从各个方向射来的辐亮度，球坐标的立体角为 $\mathrm{d}\Omega = \sin\theta \mathrm{d}\theta \mathrm{d}\varphi$，$\theta$ 表示天顶角，φ 表示方位角，计算光化辐射通量 $I_0(\lambda)$（单位一般取光子/($cm^2 \cdot s \cdot \mu m$)）需要对辐亮度 $L(\lambda)$ 进行整个球面的积分，即对 $\theta(0,\pi)$、$\varphi(0,2\pi)$ 进行积分。

光化辐射通量一般是指紫外和可见光的波段，在高层大气，主要考虑气体的吸收，而在低层大气，散射过程变得重要，太阳辐射散射过程产生的漫射通量以及地表反射的辐射通量与直接辐射同样具有光化学效应。因此，任何影响这些因子变化的因素，如云与气溶胶对太阳入射光强的衰减作用，污染源强与气象条件变化对物质浓度的影响等都能引起物种光解速率的变化，尤其是在大城市地区，城市化、人类活动产生了大量的污染源，排放大量的气溶胶污染物质，城市化下垫面的改变也导致地表反照率的变化，因此，在大城市地区，城市化、人类活动对城市光化学反应体系的扰动将是明显的，其中气溶胶通过衰减光化辐射通量而减缓光化学反应进程是其中一个重要的环节。大气气溶胶粒子对散射起作用的尺度主要是 0.2～2 μm 的粒子（这正是目前珠三角监测到的起主要消光作用的大气气溶胶粒子群），散射过程并不损失辐射，一个体积中的有效光化辐射通量需要积分来自所有方向的光通量。

光化辐射通量与辐射通量密度（radiant flux density，或称辐照度，irradiance）不同（Madronich，1987；Hofzumahaus，2006）。大气辐射通量密度是指辐射场内任一点处通过单位面积的辐射功率。在平面平行大气中，由于水平方向的辐射分量都相同，它们对局地能量平衡不起作用，因此，主要考虑垂直方向的辐射分量，即考虑通过某一高度的水平面的辐射通量密度。分别对从上半球和下半球入射辐射的垂直分量进行积分，球坐标的立体角为 $\mathrm{d}\Omega = \sin\theta \mathrm{d}\theta \mathrm{d}\varphi$，$\theta$ 表示天顶角，φ 表示方位，规定水平面的法线方向是自下而上，θ 角从法线方向开始顺时针从

0 增大到 π，因此，向上辐射的 θ 为 0～π/2，向下辐射的 θ 为 π/2～π。有：

$$
\begin{cases}
E^{\uparrow}(\lambda) = \left| \int_0^{2\pi}\int_0^{\frac{\pi}{2}} L(\lambda) \cdot \cos\theta\sin\theta \mathrm{d}\theta \mathrm{d}\varphi \right| \\[2ex]
E^{\downarrow}(\lambda) = \left| \int_0^{2\pi}\int_{\frac{\pi}{2}}^{\pi} L(\lambda) \cdot \cos\theta\sin\theta \mathrm{d}\theta \mathrm{d}\varphi \right|
\end{cases}
\tag{5.7}
$$

式中，$E^{\uparrow}$ 为自下而上的辐射通量密度，$E^{\downarrow}$ 为自上而下的辐射通量密度，式（5.7）两个辐射通量密度之差称为净辐射通量或净辐照度（单位：$W/(m^2 \cdot \mu m)$），净辐照度在讨论大气辐射平衡时有重要的作用，主要应用于讨论一气层辐射能的收支情况（盛裴轩 等，2003）。

在大气化学广泛应用的光化辐射通量与辐照度有区别。由公式（5.6）、（5.7）比较可见，光化辐射通量的公式中没有 $\cos\theta$ 项，且对 θ 天顶角的积分范围不同。图 5.23 形象地示意了辐照度与光化辐射通量的区别。

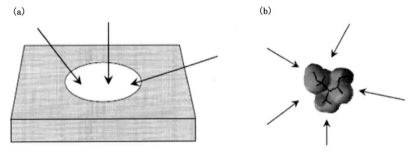

图 5.23　辐照度（a）与光化辐射通量（b）的示意图
（引自 Sasha Madronich 于 2008 年 4 月 22 日在上海大气化学 Spring school 的
TROPOSPHERIC UV RADIATION 的报告）

Richard 等（2002）在国际光解率测量与模拟对比试验（International Photolysis Frequence Measurement and Modeling Intercomparison campaign，IPMMI）中对比了辐照度（irradiance）与光化辐射通量（actinic flux）的不同，两者的差别与天顶角密切相关（图 5.24），在紫外谱区不同天顶角下光化辐射通量与辐照度的比率可在 0.5～4 之间变化，比率随天顶角的增大而增大，中午（天顶角较小）两者的差别较小。

据调研，国内还没有开展光化辐射通量的业务观测，一般业务台站的辐射表具有余弦响应功能，观测得到的是向上或向下的辐照度，其中向下的辐照度包含太阳的直接辐射与散射辐射。本节中用两种厂家的紫外线辐射表监测珠三角大城市的紫外辐射（向下辐照度），一是荷兰 Kipp & Zonen SUV 型辐射表，监测波长范围 280～400 nm；另一种是美国 Eppley TUVR 型紫外线辐射表，监测波长范围 295～385 nm。由于大气层（主要是平流层 O_3）对紫外线的吸收作用，一般 <290 nm 的紫外线已不能穿透大气层到达地表。所以，这两种紫外辐射表已可以监测到达地表的紫外总辐射的向下辐照度。

5.2.2　理论上地表可获得的最强光化辐射通量

大家知道，紫外线至小于 700 nm 的可见光范围的太阳辐射能使大气组分发生光解，紫外

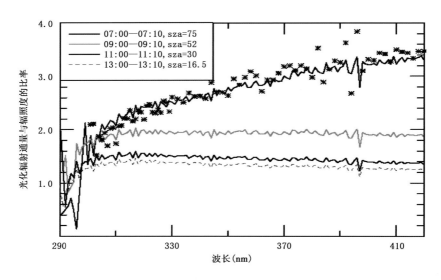

图 5.24　不同太阳天顶角(solar zenith angle,sza)下光化辐射通量与辐照度
的比率随波长的变化(Richard et al.,2002)

谱区的辐射对大气光化学尤其重要。那么地表能获得的最大光化辐射强度与辐照度到底有多少呢？以下通过理论辐射模式来计算珠三角地表能获得的最大光化辐射强度。计算条件是大气中不存在云与气溶胶,仅存在标准大气空气分子情况下计算,主要关注紫外至可见光谱区。由于计算的辐照度将与辐射表的监测值进行比较,因此,以辐射表监测波段的积分总辐照度来进行观测与模式计算的比较分析,深入认识这些辐射波谱的量值范围。

　　理论的计算表明,一年四季中可到达地表的 280～400 nm、400～700 nm 向下最大的辐照度分别为 79、491 W/m², 可见光光谱的能量比紫外谱区要大许多。光化辐射中的总能量可见光谱区约占 86%,紫外谱区仅约占 14%。但由于许多重要的光化学反应是紫外辐射驱动的,所以紫外辐射虽然能量的份额不高,但却是光化辐射的重要部分。

　　图 5.25a、图 5.25b 分别是美国国家大气研究中心(NCAR)对流层紫外线和可见光辐射模式(Tropospheric Ultraviolet and Visible (TUV) Radiation Model)计算的无云无气溶胶情况下广州地区近地面光化辐射通量与辐照度的波谱变化(以 2004 年 7 月 15 日为例),可见,小于 290 nm 的辐射已经不能到达地面。对于特定谱线,随着太阳天顶角的减小,光化辐射通量与辐照度增加;光化辐射通量随着波长逐渐增加,在紫外区上升的趋势较大,在可见光区上升的趋势平缓,在可见光谱尾区已呈下降趋势。辐照度与光化辐射通量的光谱变化特征有一定的差异,辐照度在紫外谱区的上升趋势大,在整个可见光区逐渐呈下降的趋势;辐照度与光化辐射通量明显不同的是对太阳天顶角的响应,辐照度随天顶角的增加整个谱区的强度减弱得很明显,而光化辐射通量相对平缓。

　　图 5.26a、图 5.26b 分别是 TUV 辐射模式计算的无云无气溶胶情况下广州地区近地面光化辐射通量与辐照度的日变化(280～400 nm 的积分),可见,两者均具有正弦变化的日变化特征,但光化辐射通量的正弦波形较辐照度的更为宽广,即随着太阳天顶角的增大,光化辐射通量的强度变化较辐照度的下降幅度更为缓慢。光化辐射是来自各个方位的直射光与散射光的累积,而辐照度有一个平面投影($\cos\theta$ 项,值总是小于 1),向下辐照度仅包含太阳直射与向下

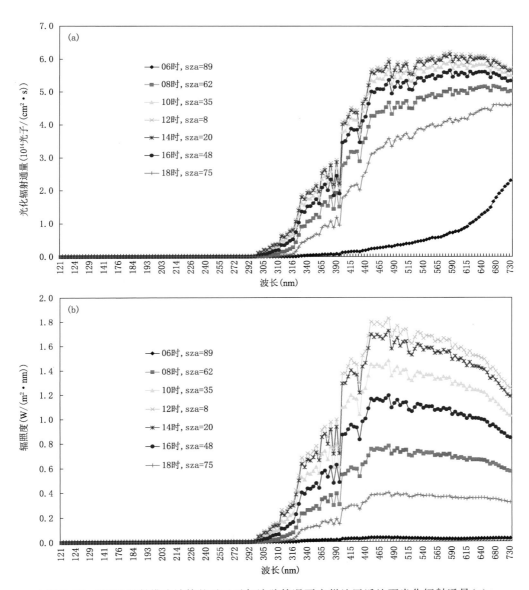

图 5.25 TUV 辐射模式计算的无云无气溶胶情况下广州地区近地面光化辐射通量(a)
与向下辐照度(b)的变化

散射辐射沿平面垂直法线的投影,所以,一般地,光化辐射通量总是大于辐照度(大于向下与向上辐照度的加和)。

图 5.27a、图 5.27b 分别是 TUV 辐射模式计算的无云无气溶胶情况下广州地区中午 12 时的光化辐射通量与向下辐照度的各月变化;可见,中午太阳天顶角很小的情况下,光化辐射通量与辐照度的差别很小,变化形态基本是一致的。一年四季之中,可能到达地面的最大中波紫外线(UVB)(280～315 nm)辐射量的数值很小,向下辐照度(光化辐射通量)最大值仅为 2.3 W/m²(7.8×10¹⁴ 光子/(cm²·s)),出现于夏季;最小值约 1.0 W/m²(4.5×10¹⁴ 光子/(cm²·s)),出现于冬季。可能到达地面的长波紫外线(UVA)(315～400 nm)的向下辐照度(光化辐射通

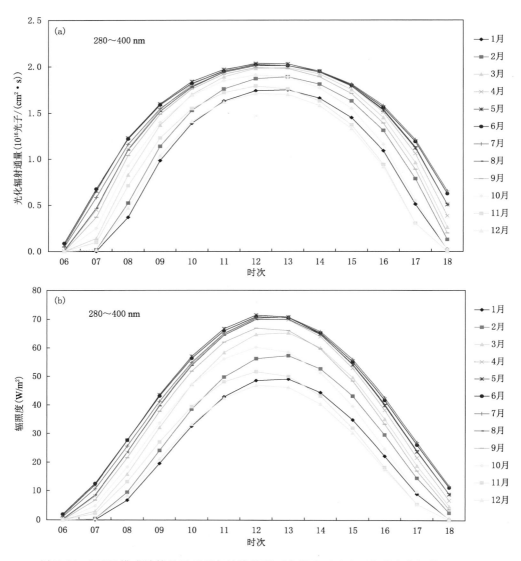

图 5.26 TUV 模式计算的无云无气溶胶情况下广州地区近地面各月光化辐射通量(a)
与向下紫外辐照度(b)的日变化

量)最大值约为 77 W/m²(2.0×10¹⁶ 光子/(cm²·s)),出现于夏季;最小值约 51 W/m²(1.7×10¹⁶ 光子/(cm²·s)),出现于冬季。可能到达地面的 UVA(295~385 nm)的向下辐照度(光化辐射通量)最大值约为 61 W/m²(1.6×10¹⁶ 光子/(cm²·s)),出现于夏季;最小值约 40 W/m²(1.3×10¹⁶ 光子/(cm²·s)),出现于冬季。从以上不同波长范围计算的 UVA 辐射量可见,值得注意的是,在应用不同监测波段范围的辐射表时,虽然其标识均为 UVA 辐射,它们的差异是很明显的,如荷兰 Kipp & Zonen 监测的 UVA(315~400 nm)向下辐照度较美国 Eppley 监测的 UVA(295~385 nm)向下辐照度在辐射最强的季节相差可达 16 W/m²(夏季),相差幅度达 26% $\left(\dfrac{77-61}{61}\approx 26\%\right)$;在辐射最弱的季节相差可达 11 W/m²(冬季),相差幅度达 28%

$\left(\dfrac{51-40}{40}\approx 28\%\right)$。珠三角大城市应用荷兰 Kipp & Zonen 与美国 Eppley 的紫外线表监测得到的一年四季的最大辐射量一般总是小于由辐射模式计算的无云无气溶胶情况下的辐射量，表明实际大气中云与气溶胶的存在总是衰减紫外线辐射的。因此，深入分析气溶胶与云实际衰减辐射量的多少以及由此产生的环境气候辐射效应是值得深入研究的科学问题。

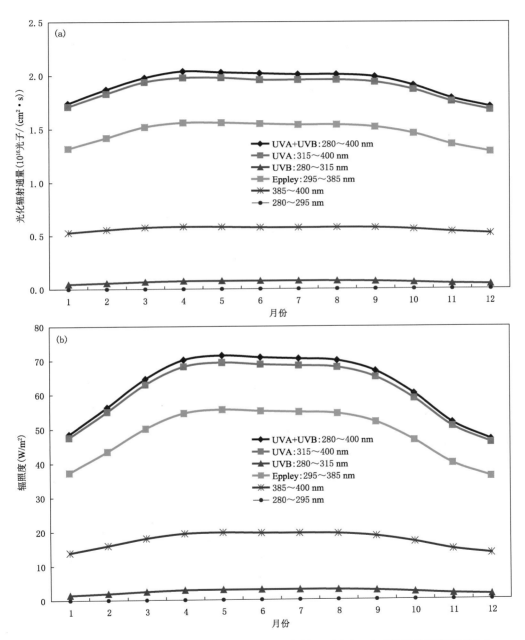

图 5.27　TUV 模式计算的无云无气溶胶情况下广州地区中午 12 时的光化辐射通量（a）与向下紫外辐照度（b）的各月变化

5.2.3　气溶胶对光化辐射的影响

5.2.3.1　实际观测的地表紫外总辐射的特征

自 2000 年 1 月起开始观测紫外辐射(以下涉及的紫外辐射观测均指向下辐照度强度),在此分析的资料时间范围为 2000、2004、2006 年共 3 年。图 5.28a、图 5.28b 是观测的紫外线辐射 295~385 nm 和 315~400 nm 的平均各月变化情况。可见,295~385 nm 的紫外线与 315~400 nm 的紫外线有相似的变化特征,一年之中紫外线辐射最强是夏季,随后是秋、冬季。一年之中月平均出现最大辐射的是 7 月,295~385 nm 波段 06—18 时、10—14 时、12 时平均是 10.0、16.0、17.3 W/m²;315~400 nm 波段 06—18 时、10—14 时、12 时平均是 25.8、40.1、43.6 W/m²。春季的 3 月出现最小辐射量,295~385 nm 波段 06—18 时、10—14 时、12 时的月平均是 4.0、7.1、7.6 W/m²;315~400 nm 波段 06—18 时、10—14 时、12 时的月平均是 11.8、20.4、23.5 W/m²。06—18 时、10—14 时、12 时平均的紫外线变化形态很相似,尤其是 10—14 时、12 时平均的紫外线只在数值上略有些差异,10—14 时平均的紫外线与 12 时紫外线的比值在 0.87~0.94 之间变化,说明虽然紫外辐射在午间最强,但午间前后 10—14 时的辐射也只在辐射最大值的 13% 之间变化(邓雪娇 等,2003,2010b)。

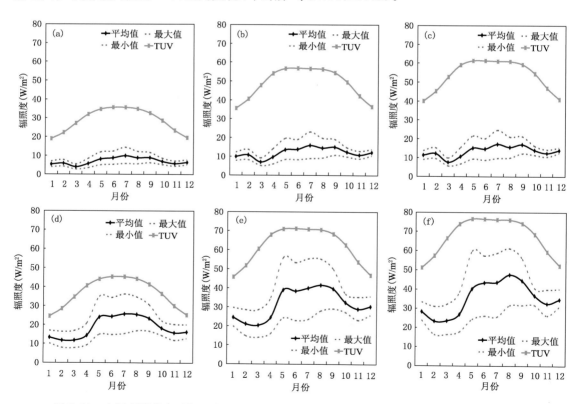

图 5.28　实际观测的向下辐照度(295~385 nm(a—c)、315~400 nm(d—f))波段的各月变化
(a)、(d)06—18 时;(b)、(e)10—14 时;(c)、(f)12 时
(绿色线为 TUV 模式在无云无气溶胶情况下计算的相应波谱向下辐照度)

图 5.29a 是 295～385 nm 紫外线辐射的 1—12 月的日变化情况,可见,辐射均具有相似的正弦波形日变化形态,最大值基本上均出现在午间 12 时左右,当辐射出现大值时其相应的最大、最小值的变化范围也比较大。295～385 nm 的紫外辐射全年的平均日辐射的最大值(及出现时间)分别是 1 月为 11.4 W/m² (12 时)、2 月为 12.3 W/m² (12 时)、3 月为 7.6 W/m² (12 时)、4 月为 10.7 W/m² (12 时)、5 月为 15.2 W/m² (12 时)、6 月为 15.3 W/m² (11 时)、7 月为 17.3 W/m² (12 时)、8 月为 15.4 W/m² (11 时)、9 月为 17.5 W/m² (11 时)、10 月为 14.07 W/m² (11 时)、11 月为 12.5 W/m² (12 时)、12 月为 13.9 W/m² (12 时)。可见,平均来看,全年之中夏、秋季紫外线最强,最高值出现于 9 月与 7 月;最低出现于 3 月与 4 月。图 5.29b 是 315～400 nm 紫外线辐射的 1—12 月的日变化情况。可见,与 295～385 nm 紫外辐射的日变化形态相似,315～400 nm 的紫外线辐射具有正弦波形日变化形态,最大值基本上均出现在午间 12 时左右,当辐射出现大值时其相应的最大、最小值的变化范围也比较大。315～400 nm 的紫外辐射全年的平均日辐射的最大值(及出现时间)分别是 1 月为 28.4 W/m² (12 时)、2 月为 23.4 W/m² (12 时)、3 月为 23.5 W/m² (12 时)、4 月为 26.9 W/m² (12 时)、5 月为 42.0 W/m² (11 时)、6 月为 43.4 W/m² (12 时)、7 月为 43.6 W/m² (12 时)、8 月为 47.6 W/m² (12 时)、9 月为 44.5 W/m² (12 时)、10 月为 36.7 W/m² (12 时)、11 月为 32.8 W/m² (11 时)、12 月为 34.7 W/m² (12 时)。可见,平均来看,全年之中夏、秋季紫外线最强,最高值出现于 8 月与 9 月;最低出现于 2 月与 3 月。

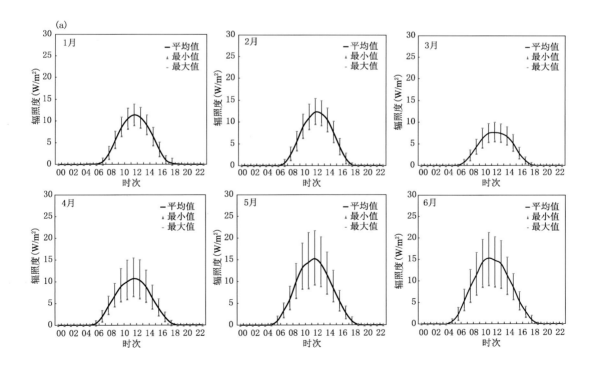

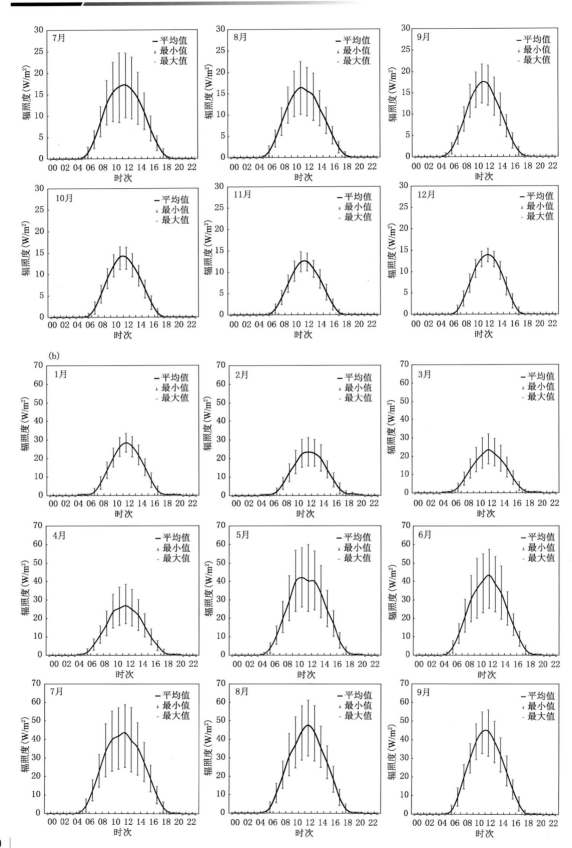

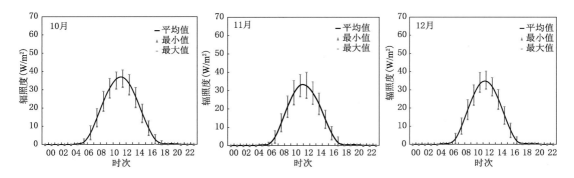

图 5.29　实际观测的向下辐照度(295~385 nm(a)、315~400 nm(b))1—12 月的日变化

5.2.3.2　实际大气对地表紫外总辐射的衰减

地面辐射表观测得到的辐射是太阳辐射经过整层大气的消光(散射、吸收)作用到达地面的辐射,即辐射表观测得到的是直接辐射与散射辐射的加和(向下的辐照度强度)。实际观测情景中天空可能同时存在云与气溶胶等对辐射衰减的因子,观测得到的辐射是多种衰减因子共同作用的结果,如吸收性气溶胶总是减少到达地面的辐射,而散射性气溶胶在减少直接辐射的同时,也使地面辐射表接收到一定份额的散射辐射;云的存在往往大幅度衰减辐射,厚厚的低云层对辐射的衰减程度很大,而松散结构的高卷云对辐射的衰减可能较弱。在实际中也存在云使得地表辐射加强的现象,如当太阳在云的缝隙中,云系间的反射使得到达地表的辐射加强,这种情况经常发生在夏季,往往太阳处在两块高大的积云缝隙中,这时地面的辐射表可能监测到瞬间加强十分明显的辐射量值。实际观测的辐射是经过大气各种因子(空气分子、云与气溶胶等)衰减的,其与以无云无气溶胶情况下辐射模式计算的地表可得到的最大辐射量的比值可表征大气的透过率,透过率的高低表征实际大气对地表紫外辐射衰减的强弱,即透过率高,大气的衰减弱;反之透过率低,大气的衰减强。

图 5.30a、图 5.30b 是观测的紫外线辐射 295~385 nm 和 315~400 nm 与无云无气溶胶情况下 TUV 辐射模式相应波段计算的紫外线辐射比值的各月变化,这一比值可以看成是经过大气云与气溶胶等多种影响因子作用后到达地表的实际监测的大气透过率。可见,不同时间段(06—18 时、10—14 时、12 时)平均的辐射透过率十分接近,295~385 nm 波段的辐射比值在 0.14~0.34 之间变化,全年之中 3 月的比值最低为 0.14,4 月次最低为 0.18,12 月的比值最大为 0.34,其他各月(1、2、5—11 月)在 0.25~0.29 之间变化。说明大气对 295~385 nm 紫外线的衰减月平均来说最大达 86%、最小 66%,平均 75% 的紫外线辐射不能到达地面。315~400 nm 波段的辐射比值在 0.34~0.66 之间变化,比值比 295~385 nm 波段的要大得多,全年之中 3 月的比值最低为 0.34,4 月次最低为 0.36,12 月的比值最大为 0.66,其他各月(1、2、5—11 月)在 0.41~0.63 之间变化。说明大气对 315~400 nm 紫外线的衰减月平均来说最大达 66%、最小 34%、平均 48% 的紫外线辐射不能到达地面。

可见,研究期间珠三角的实际大气对紫外线的衰减是很明显的,对 295~385 nm 的平均衰减达 75%;对 315~400 nm 的平均衰减达 48%,说明对较短波长的衰减率更大。这些衰减主要是由云与气溶胶的散射与吸收引起的。图 5.30a、图 5.30b 中太阳辐射经过大气层过程中由于云与气溶胶的作用各自贡献平均可能是多少？以下区分晴天的辐射观测以及理论的计算来估计。

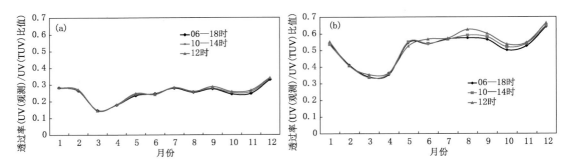

图 5.30 大气的紫外辐射(295～385 nm(a)、315～400 nm(b))透过率
(紫外辐射观测值与无云无气溶胶情况下 TUV 辐射模式计算值的比值)

5.2.3.3 晴天大气气溶胶对紫外总辐射的衰减

大气气溶胶通过吸收与散射作用衰减太阳辐射，该过程依赖于气溶胶的粒径大小与化学组成。在城市地区，气溶胶主要来自于人为活动(汽车尾气、化石燃料燃烧、化学转化)产生的细粒子(<1 μm)，其中的黑碳气溶胶还能有效吸收太阳辐射，因而城市气溶胶对太阳辐射的影响相当复杂。

要说明大气气溶胶对紫外辐射的衰减必须应用晴天的观测资料(以排除云的影响)，晴天时实际观测的紫外辐射仅经过大气空气分子与气溶胶的衰减。在珠三角的天气气候条件下，在秋、冬季节较多出现无云的天气。表 5.4 是实际情景、Eppley 辐射表、Kippzonen 辐射表有效资料时间范围(即 2000、2004、2006 年共 3 年间)各月出现的整天晴天天数的总计，可见在春末至夏季的 5—8 月没有出现过整天晴天的天气，这里着重讨论资料代表性较好的 10、11、12 月、次年 1 月干季的情况。

表 5.4 2000、2004、2006 年各月出现的晴天天数总计(d)

月份	1 月	2 月	3 月	4 月	5 月	6 月	7 月	8 月	9 月	10 月	11 月	12 月
实际日数	27	11	8	3	0	0	0	0	23	35	53	58
Eppley	11	4	4	2	0	0	0	0	9	16	12	27
Kippzonen	11	1	2	1	0	0	0	0	2	13	13	15

图 5.31a—c、图 5.31d—f 分别是晴天观测的 295～385 nm、315～400 nm 紫外线辐射的各月变化，左列为 06—18 时的平均；中间列为 10—14 时的平均；右列为 12 时的平均。可见干季(10、11、12、次年 1 月)在气溶胶与空气分子的影响下，观测的 295～385 nm 的辐射在 06—18 时、10—14 时、12 时的平均值分别为(9.5、7.8、8.0、7.3)W/m²、(17.2、14.6、15.4、14.0)W/m²、(19.3、17.3、18.2、15.4)W/m²，各月变化幅度很小，最小值、最大值与平均值十分接近；观测的 315～400 nm 的辐射在 06—18 时、10—14 时、12 时的平均值分别是(23.3、19.4、19.1、19.1)W/m²、(41.5、35.6、35.8、35.8)W/m²、(46.3、40.6、41.0、40.6)W/m²。

应用晴天观测的紫外辐射与辐射模式在无云无气溶胶情况下理论计算的辐射的比值(即透过率)可表征气溶胶对紫外辐射的衰减程度。图 5.32a、图 5.32b 分别是 295～385 nm、

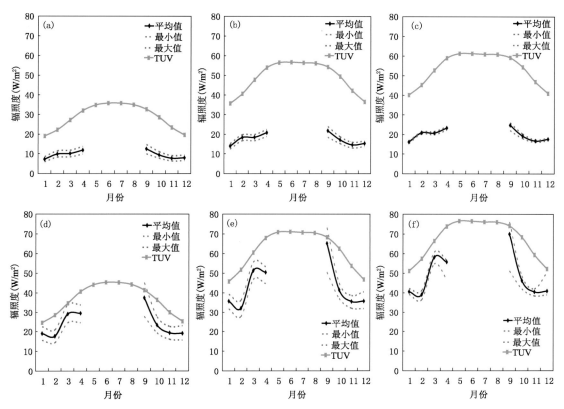

图 5.31　晴天观测的向下辐照度(295～385 nm(a—c)、315～400 nm(d—f))的各月变化

(a)、(d)06—18 时；(b)、(e)10—14 时；(c)、(f)12 时

(绿色线为 TUV 模式在无云无气溶胶情况下计算的相应波谱的向下辐照度)

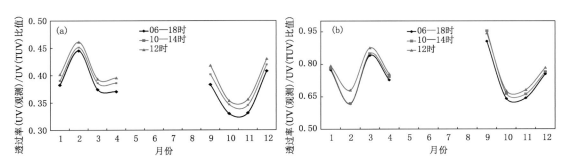

图 5.32　晴天大气的紫外辐射(295～385 nm(a)、315～400 nm(b))的透过率

(晴天紫外辐射观测值与无云无气溶胶情况下 TUV 辐射模式计算值的比值)

315～400 nm 晴天观测的紫外线辐射与无云无气溶胶情况下 TUV 辐射模式计算的相应波段紫外辐射比值,这一比值可以认为是气溶胶对辐射的透过率,可见,干季(10、11、12 月、次年 1 月)气溶胶对 295～385 nm 辐射的透过率分别是 0.35、0.35、0.42、0.39,说明气溶胶对 295～385 nm 的紫外线的衰减程度高达 58%～65%,平均有 62%的衰减;气溶胶对 315～400 nm 辐射的透过率分别是 0.66、0.66、0.77、0.78,说明气溶胶对 315～400 nm 的紫外线的衰减程度

为 22%～34%，平均 28% 的衰减。明显的特征是干季在 295～385 nm 与 315～400 nm 比值的变化形态很一致，只是比值的大小不一样，说明大气气溶胶对较短波长的辐射衰减能力明显增大。其他月如 9 月 315～400 nm 的透过率高达 0.95，由于只有 2 天的统计资料，不具有代表性。

5.3
气溶胶对地面臭氧变化的影响

20 世纪 90 年代，Chameides 等(1994)提出了"城乡复合体"(MAP——Metro-Agro-Plexes)的概念，讨论了区域尺度的工业城市和农村的排放造成的光化学污染对全球生态系统的可能影响。Dicherson 等(1997)在《科学》发表了气溶胶对紫外线辐射和光化学烟雾的影响，发现边界层吸收性气溶胶可能导致 O_3 浓度减小 24 ppbv。Meinrat 等(1997)与 Lack 等(2004)讨论了大气气溶胶的生物地球化学源以及气溶胶在大气化学中的角色。Tie 等(2009)与 Deng 等(2008a)研究表明气溶胶对臭氧有重要的影响。这些研究耦合观测事实与模式证实了气溶胶与光化学(O_3)相互作用问题的重要性。

5.3.1 研究应用的资料及辐射模式与化学模式

自 2004 年以来，广东省气象局在珠三角建立了大气成分观测站网，其中广州大气成分主站(简称主站)位于广州番禺区的南村镇大镇岗山(站号：59481)。番禺是广州市辖区，位于广州市南部、珠江三角洲腹地，南村镇大镇岗山是番禺区最高点，站址海拔高度为 141 m，主站所处经纬度为 113°21′E，23°00′N；番禺区气象局子站(简称子站)的站址海拔高度为 13 m，所处经纬度为 113°19′E，22°56′N，番禺区内的主站与子站的直线距离为 8 km，两站的海拔高度差为 128 m。在此分析的臭氧来自该站网主站 2005 年 11 月—2007 年 5 月、番禺气象局子站 2006 年 4 月—2007 年 5 月的资料；紫外线辐射由 Eppley TUVR 辐射表观测；气溶胶粒子谱由 GRIMM Model180 仪器观测；气溶胶光学厚度由手持式太阳光度计 Microtops Ⅱ Sunphotometer 观测。吴兑等(2009)对该站网观测的气溶胶辐射特性参数进行了细致的分析。

应用的辐射传输模式是 NCAR TUV(Tropospheric Ultraviolet and Visible Radiation Model)，由美国国家大气研究中心(National Center of Atmospheric Research，NCAR)的 Madronich 等(1999)等共同研究开发的计算对流层紫外辐射与部分可见光辐射的模式，模式波长取值范围 121～735 nm，不仅可以计算得到紫外辐照度，还可以计算光化辐射通量、分子光解速率等；辐射计算采用 4 流方案求解辐射传输方程。

NCAR 主机制化学箱体模式(Master Mechanism (MM) Chemical Box Model)由美国国家大气研究中心的 Madronich 与 Calvert 于 1989 年创建，后经多次改进，MM 模式是包含详细多种化学机制的化学箱模式(Madronich et al.，1990)，模式包含约 2000 个物种约 5000 个反应的气相化学过程。MM 模式可计算气块中已知化学物种的演变过程，模式适用于研究区域排放情况下复杂的化学过程之间的相互作用。MM 化学箱模式特别适用于研究城市孤立烟羽污染气团的详细化学转化,这在目前的 3D 化学模式中难以实施。在 MM 化学机制中碳氢化学有详细的描述,而且包含部分被氧化的有机物种的光解作用。在气相化学机制中碳氢反应物包含烷烃、烯烃与芳香烃等物种。甲基过氧自由基化学在模式中有清晰描述,有机过氧自由基的反应速率系数应用 Tyndall 等(2001)的最新成果。碳氢化合物与 OH 自由基的反应速率系数应用 DeMore(2000)的最新成果。由 OH 促发的乙烯氧化机制包含 β-羟(基)氢氧基及乙氧基自由基与 NO 反应的多个分支反应(Orlando et al.,1998)。OH 促发的碳氢化合物的氧化速率应用 Atkinson 等(2000)的最新成果。HO_2 反应动力学采用 Christensen 等(2002)的测量结果(比以前的推荐值要低)。MM 模式中的光解速率由 TUV 辐射传输模式在线计算,TUV 模式中的大气消光截面及无机与有机物种的光量子产量分别应用 DeMore(2000)与 Atkinson 等(2000)的推荐值,模式中考虑了 73 个光化学反应。

5.3.2　地面臭氧的观测特征

图 5.33 是广州大气成分主站与番禺气象局子站的臭氧月变化特征,可见,总体上这两个站的各月分布形态很一致。一年四季中臭氧平均值出现较高值的季节有春季(广州大气成分主站,4 月;番禺气象局子站,5 月)、夏季(8 月)、秋季(10 月);广州大气成分主站与番禺气象局子站均在冬季(12 月、次年 1、2 月)、初春(3 月)、夏初(6 月)臭氧出现低值,全年的臭氧最低值出现在 12 月、次年 1、2、3 月,夏、秋季节的极低值出现于 6 月。据 Wang 等(2001)的研究,香港地区多个站的臭氧观测结果显示臭氧峰值出现在秋季,夏季臭氧出现低值。这一特征与中纬度地区(北美、欧洲、长三角、北京)(NRC,1991;Colbeck et al.,1994)普遍观测到的一年四季中以春、夏(5—6 月)臭氧高值的特征存在一定的差异。珠三角独特的臭氧季节变化特征与大尺度环流(亚洲季风)密切相关联,夏季风期间海洋性较清洁气团导致珠三角普遍在 6、7 月出现臭氧低谷,冬季风期间局地污染以及来自上游大陆的污染气团可使得珠三角出现较高的臭氧污染潜势(Lam et al.,1998;Chan et al.,1998;Luo et al.,2000)。由广州大气成分主站与番禺气象局子站的 O_3 日变化可见,臭氧具有明显的单峰正弦分布特征,峰值出现在午后 14 时、15 时、16 时,一般地,太阳辐射峰值出现在正午 12 时,平均的臭氧日峰值出现时间滞后太阳辐射日峰值出现时间约 2~4 h,这与许多地方臭氧的日变化形态普遍一致。分析这两个站的臭氧概率分布函数可知,两站均是小于 5 ppbv 出现最大的概率,臭氧越往大值区间两站出现的概率趋于一致,广州大气成分主站(番禺气象局子站)有 91%(93%)的概率臭氧值≤50 ppbv,广州大气成分主站(番禺气象局子站)有 4%(3%)的概率臭氧值≥80 ppbv。表 5.5 是广州大气成分主站(2005 年 11 月—2007 年 5 月)与番禺气象局子站(2006 年 4 月—2007 年 5 月)臭氧极大值≥120 ppbv 出现的日期与时刻,可见,臭氧出现极大值的月份为 4、5、6、7、8 月,即春、夏季节,而秋、冬季节极少(仅 2006 年 9 月)出现臭氧极大值≥120 ppbv 的事件。虽然 6 月的平均臭氧值最低,但番禺气象局子站在 2006 年 6 月的 11、22、27 日出现臭氧极大值,广州大气成分主站在 4 月最易出现臭氧高值,10 月的臭氧浓度平均值较高,但观测未出现臭氧极大值>120 ppbv 的事件。这些臭氧高值的出现季节与中纬度地区(北美、欧洲、长三角、北京)(NRC,1991;Colbeck et al.,1994)普遍观测到的一年四季中以春、夏季节臭氧高值的特征有一致性,对比可见,珠三角臭氧平均值与极大值的季节分布特征不一致。

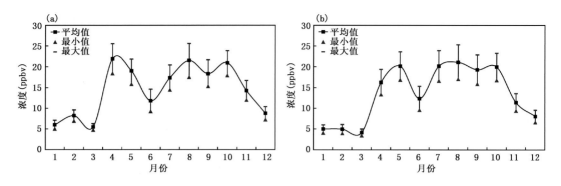

图 5.33　广州大气成分主站(a)与番禺气象局子站(b)的 O_3 各月变化

表 5.5a　广州大气成分主站臭氧极大值≥120 ppbv 出现的时间、次数、极值与时刻
（统计资料时间为 2005 年 11 月—2007 年 5 月,资料时间分辨率为 5 min）

时间	次数	平均	最小	最大	极值出现时刻
2006 年 4 月	3	123	90	140	2006 年 4 月 20 日 15:05
2006 年 5 月	2	123	97	133	2006 年 5 月 11 日 13:40
2006 年 7 月	2	121	113	125	2006 年 7 月 24 日 14:00
2006 年 8 月	3	125	118	134	2006 年 8 月 13 日 17:15
2007 年 4 月	20	130	51	218	2007 年 4 月 26 日 18:00

表 5.5b　番禺气象局子站臭氧极大值≥120 ppbv 出现的日期、次数、极值与时刻
（统计资料时间为 2006 年 4 月—2007 年 5 月,资料时间分辨率为 5 min）

时间	次数	平均	最小	最大	极值出现时刻
2006 年 4 月	3	130	71	156	2006 年 4 月 20 日 14:25
2006 年 5 月	8	115	53	155	2006 年 5 月 11 日 15:05
2006 年 6 月	8	115	58	149	2006 年 6 月 11 日 15:30
2006 年 7 月	14	120	80	146	2006 年 7 月 24 日 12:40
2006 年 8 月	21	119	83	158	2006 年 8 月 13 日 16:35
2006 年 9 月	1	110	93	122	2006 年 9 月 26 日 17:25
2007 月 4 日	3	124	108	133	2007 年 4 月 26 日 16:55

5.3.3　气溶胶对地面臭氧的影响

5.3.3.1　气溶胶通过影响紫外辐射而影响臭氧的例证

图 5.34 是 2006 年 12 月 17—27 日中午 12 时的 550 nm 气溶胶光学厚度（AOD）与地面 PM_{10} 质量浓度的变化;图 5.35 是 2006 年 12 月 17—27 日地面紫外辐射（UV）（12 时）与 O_3（12—14 时）的变化情况。可见,20 日、24 日、26 日的 AOD 较前一日相对出现大值,对应的 UV 与 O_3 出现了相对低值,可见,较厚的气溶胶层存在造成 UV 辐射衰减,在一定程度上影响

到驱动 O_3 反应的能量源,从而造成 O_3 浓度相对低,这一例证较清晰地说明了气溶胶层的存在对紫外辐射有衰减作用,在一定程度上抑制了 O_3 的形成。

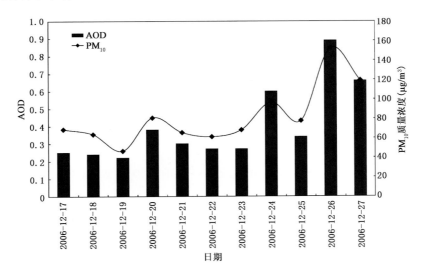

图 5.34　2006 年 12 月 17—27 日中午 12 时的 550 nm AOD 与地面 PM_{10} 的变化

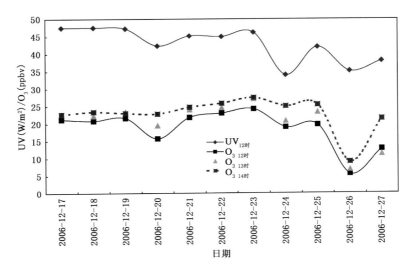

图 5.35　2006 年 12 月 17—27 日地面紫外辐射(UV)(12 时)与 O_3(ppbv)(12—14 时)的变化

表 5.6 为 2006 年 12 月 17—27 日中午各种物理量之间的统计相关系数,可见,AOD 与地面 PM_{10} 的浓度相关性高达 0.98,说明地面气溶胶的浓度变化与 AOD 变化同步,近地层气溶胶极大可能就是 AOD 的最主要贡献项。12 时的 AOD 与相应时次的紫外辐射、O_3 的反相关性显著,相关系数达 -0.9 以上;12 时的 AOD 与 13 时、14 时的 O_3 也呈负相关。值得关注的是,12 时的 AOD 与 13 时的 O_3 相关性与 12 时的相同,均为 -0.91,与 14 时的要弱一些,但也达 -0.76。12 时的 AOD 与 13 时(14 时)的 O_3 存在较高的反相关性,说明气溶胶层的存在对 O_3 反应体系的影响在滞后的 $1\sim2$ h 还可能存在。UV 与 O_3 存在正相关,12 时的 UV 与 13

时的 O_3 相关性与 12 时的基本相同,与 14 时的要弱一些。

表 5.6　2006 年 12 月 17—27 日中午各种物理量之间的统计相关系数

相关系数	$AOD_{12时}$	$PM_{10\ 12时}$	$UV_{12时}$	$O_{3\ 12时}$	$O_{3\ 13时}$	$O_{3\ 14时}$
$AOD_{12时}$	1					
$PM_{10\ 12时}$	0.98	1				
$UV_{12时}$	−0.92	−0.85	1			
$O_{3\ 12时}$	−0.91	−0.93	0.73	1		
$O_{3\ 13时}$	−0.91	−0.93	0.72	0.98	1	
$O_{3\ 14时}$	−0.76	−0.79	0.50	0.90	0.88	1

2006 年 12 月的 20 日、24 日、26 日分别较前一日的污染明显,以下以 20 日、24 日、26 日之平均为"污染"情况,而以 19 日、23 日、25 日之平均为"清洁"情况。图 5.36 是清洁与污染情况下气溶胶表面积、光学厚度、紫外线、O_3 浓度、O_3 浓度极大值出现时间与 O_3 生产力的比较。清洁情况下,单位立方厘米中 0.25~1.0 μm、1.0~2.5 μm、2.5~10.0 μm 粒子的表面积分别是 153、8、17 μm^2,550 nm 的 AOD 是 0.28,12 时的 UV(315~400 nm)是 45 W/m^2,12、13、14 时、日最大 O_3 浓度分别是 21.8、24.6、25.3、27.4 ppbv,日 O_3 浓度最大值出现时间是 14:45,O_3 生产力 d[O_3(12 时—次日 09 时)]/dt 为 5.0 ppbv/h;污染情况下,单位立方厘米中 0.25~1.0 μm、1.0~2.5 μm、2.5~10.0 μm 粒子的表面积分别是 271、15、32 μm^2;550 nm 的 AOD 是 0.62,12 时的 UV(315~400 nm)是 37 W/m^2,12、13、14 时日最大 O_3 浓度分别是 13.4、15.7、18.9、24.4 ppbv,日 O_3 浓度最大值出现时间是 15:52,O_3 生产力 d[O_3(12 时—次日 09 时)]/dt 为 3.5 ppbv/h。可见,气溶胶层的存在衰减光化辐射,降低 O_3 生产力,并将延缓 O_3 日最大值的出现时间。

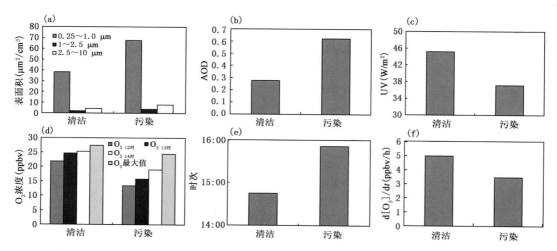

图 5.36　清洁与污染情况下气溶胶表面积(12 时)(a)、光学厚度(12 时 AOD)(b)、紫外线(12 时 UV)(c)、
O_3 浓度(d)、O_3 浓度极大值出现时间(e)与 O_3 生产力(f)的比较
(清洁情况是指 19、23、25 日之平均;污染情况是指 20、24、26 日之平均)

分析表明,在清洁情况下,气溶胶表面积与光学厚度较小,而紫外线、O_3 与 O_3 生产力却比较大,且 O_3 浓度出现日最大值的时间比较早。不论在清洁还是污染情况下,小于 1 μm 气溶

胶颗粒的表面积占所有气溶胶表面积的绝大部分,小于 1 μm 气溶胶颗粒的表面积占所有气溶胶表面积的 85% 以上,且这一份额在清洁与污染情况下基本相同。根据米散射理论可知,小于 1 μm 粒子对紫外线的散射效率大,因此,污染情况下正是大量的小粒子的散射与吸收作用造成了较大的 AOD 值,从而衰减紫外线辐射,造成 O_3 的生产力降低。

5.3.3.2　气溶胶对地面臭氧的衰减

2006 年 12 月 17—27 日过程中,在相对清洁条件时的平均 AOD 为 0.3,相对污染时的平均 AOD 为 0.6,波长指数(alpha)约为 1.4,代表珠三角实际比较清洁与一般污染情况下的天气。这一过程整层大气柱的平均 SSA 约为 0.9,基于这些气溶胶光学特性参数可以计算得到合理的光化辐射通量,MM 化学模式模拟与实际观测的污染与清洁情况下臭氧的日变化参见图 5.37,可见,在清洁情况下(平均 AOD=0.3)的臭氧观测值大于污染(平均 AOD=0.6)的观测值。模式模拟的臭氧浓度在不同气溶胶光学厚度情况下有明显的不同,AOD 增大臭氧降低。由于模式计算只改变了表征污染程度的 AOD 值,臭氧前体物浓度等其他因子不变,说明污染程度越高,模拟得到的臭氧浓度越低。不同 AOD 情况下日变化差异最大出现在 15—16时,即臭氧极大值出现的时间段,这一特征说明气溶胶层的存在对臭氧峰值的出现时间与量值有显著影响,AOD 分别为 0.0、0.3、0.6、1.2 情况下,臭氧极大值分别为 32、25、21、15 ppbv,AOD从 0.3 增加至 0.6、从 0.6 加至 1.2 臭氧的最大衰减率分别为 16%、28%,说明气溶胶抑制臭氧的作用随气溶胶的增加更加显著,臭氧的峰值区随着 AOD 的增加而衰减,AOD 为 0.6 时臭氧的峰值区完全消失,至 AOD 为 1.2 时在原来峰值区的时间段已呈下降趋势,因此,造成午间臭氧的生成产率明显降低,阻滞了午后臭氧极大值的出现。在干季(10、11、12 月、次年 1月)广州气溶胶的光学厚度 $AOD_{550\,nm} \geqslant 0.6$($AOD_{340\,nm} \geqslant 1.0$)的出现概率为 47%(55%),因此,严重的气溶胶污染可能抑制臭氧午后峰值区的出现,造成臭氧日变化分布形态的改变,研究期间珠三角在干季出现臭氧极大值的机会少与这一季节光化辐射通量较弱外,与严重的气溶胶污染抑制臭氧峰值的出现应有密切的关系。臭氧研究与控制策略的重点就是了解臭氧与

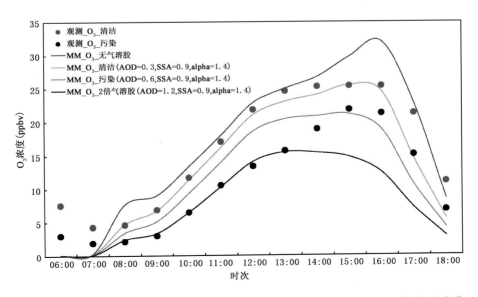

图 5.37　2006 年 12 月 17—27 日过程污染与清洁情况下观测与模拟(MM)的 O_3 日变化

其前体物之间的关系以及臭氧峰值的生成效率与影响因子,尤其是在臭氧浓度较高的地方与时间,一个有效的臭氧控制策略需要尽量控制臭氧峰值的生成效率(Tonnesen et al.,2000)。

图 5.38 是 2006 年 12 月 17—27 日观测与模拟的 O_3 变化幅度,可见,实际观测的污染(AOD=0.6)相对于清洁(AOD=0.3)的臭氧衰减率在上午(尤其是早上)为 60% 左右,午间较小约为 30%,傍晚又增加至 60%,说明气溶胶层的存在对臭氧变化的影响在早上与傍晚更加明显。MM 模拟的污染相对于清洁的臭氧衰减率与观测的臭氧衰减率有相似的日变化特征,早上在 25% 左右,午间较小约为 15%,傍晚又增加至 25%,但模拟的臭氧衰减率基本上小于实际观测的臭氧衰减率,其原因是 MM 模拟的臭氧衰减率的变化仅考虑了气溶胶通过衰减光化辐射的作用而引起的,而实际观测的臭氧衰减率的变化原因除了气溶胶通过衰减光化辐射的影响作用外,还存在其他方面的影响因子(多相化学、臭氧前体物的变化等),这些其他因子的影响作用在早上均明显抑制臭氧的形成,至午间抑制作用逐渐减小,至 15—16 时这些因子的作用转变为正效应,促进臭氧生成。因此,在午后如没有气溶胶对臭氧生成的抑制作用,臭氧在午后的极值将会很显著出现。图 5.38 也表明了污染(AOD=0.6)相对于无气溶胶(AOD=0.0)的臭氧衰减率是污染(AOD=0.6)相对于清洁(AOD=0.3)的臭氧衰减率的 1.6~2.1 倍;AOD 成倍增长导致臭氧衰减率在早晚亦可能成倍增长,而在午间为 1.6 倍左右。另外,每 0.1 单位的 SSA 增加可能导致臭氧增加 23% 以上,且 SSA 值越大,增加趋势也越大,早晚的增幅比午间略大,增幅日较差最大达 10%。

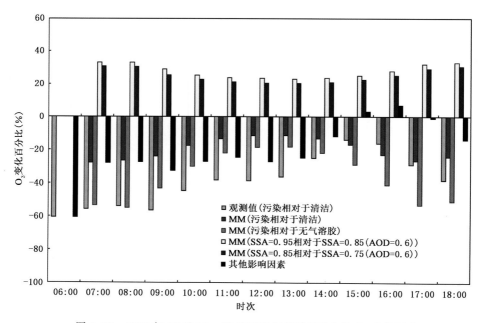

图 5.38 2006 年 12 月 17—27 日观测与模拟(MM)的 O_3 变化幅度

以上分析表明,气溶胶污染通过衰减紫外辐射可显著降低臭氧的产率,2006 年 12 月 17—27 日实际污染过程中气溶胶对臭氧的抑制作用最大可达 −28%,显著抑制臭氧在午后的极值。每 0.1 单位的 SSA 增加可能导致臭氧增幅最大可达 33% 以上。因此,在模式计算中选取合理的 SSA 值十分重要。如 SSA 的输入值小于实际值 0.1 单位可能导致臭氧的计算误差达 33%,这将不可能准确计算气溶胶对臭氧的影响。

第6章
华南区域大气成分业务数值预报模式系统GRACEs的研发

本章主要介绍华南区域大气成分业务数值预报模式系统 GRACEs(Guangzhou Regional Atmospheric Composition and Environment Forecasting System)的发展背景、研发与业务化进程。认识 GRACEs 模式的构成、GRAPES 和城市冠层模式(UCM)、CMAQ 模式的耦合,以及模式物理化学机理改进、后端释用技术以及预报性能。

6.1
GRACEs 的发展背景与业务进程

目前被列为大气污染物的已约 100 多种物质,这些污染物以分子和粒子状两种形式存在于大气中。我国已有多种标准对大气污染物的最高允许浓度和最大允许排放量作了规定。如大气环境质量标准对 SO_2、NO_2、TSP、PM_{10}、$PM_{2.5}$、CO、O_3、铅(Pb)、苯并芘、氟化物共 10 种物质的浓度标准作了限制性规定。在大气污染物综合排放标准中对 SO_2、NO_x、TSP、卤化氢、苯并芘、碳氢化合物等 33 种有害工业气体作了最高允许排放浓度和最高允许排放速率的限制。在企业设计卫生标准中又对居住区中的 CO、乙醛、乙醚、甲醛、苯、二甲苯等 34 种物质的最高允许浓度作了规定,对车间空气中的 CO、一甲胺、乙醚等 111 种物质的最高允许浓度也作了规定。近年来,全球大气污染问题日趋严重,如:酸雨、臭氧层空洞等,与之有关的氯氟烃浓度,温室气体(CO_2、N_2O、CH_4 等)也成为大气监测的对象。早期(20 世纪 50—70 年代)的环境监测为环境分析,到 20 世纪 70 年代后期,随着科学技术进步,仪器分析、计算机控制等现代化手段在环境监测中得到了广泛应用,各种自动连续监测系统相继问世,环境监测从单一的环境分析发展到物理监测、生物监测、生态监测、遥感、卫星监测等,从间断性监测逐步过渡到自动连续监测,监测范围也从原来的局部监测发展到一个城市、一个区域、整个国家乃至全球范围。世界气象组织全球大气观测计划(WMO,GAW:Global Atmosphere Watch)主要观测的大气成分要素包括:气溶胶、温室气体、主要反应性气体、臭氧、紫外辐射与降水化学(大气干湿沉降)。国际上有关大气环境的研究在基于全面的大气成分观测基础上逐渐发展模式的预报研究。

大气成分模型采用数值模拟的方法描述污染物从排放、输送、化学反应到清除的所有过程,能够综合考虑各种因素的影响,因而在区域空气质量研究和相关控制措施制定上发挥着重要作用。过去 30 年间,从开始只考虑较简化的物理和化学过程的大气成分模型,发展到如今包括的过程已相当完备,且每个过程的细节已发展得相当精细的复杂大气成分模型系统。1969 年美国开始 O_3 光化学模式开发,20 世纪 70 年代发展了城市和区域三维 O_3 模式,O_3 模拟一般采用三维欧拉型光化学氧化模式,预测在一定的气象条件和 NO_x、VOC 源排放条件下,O_3 的生成和其他污染物浓度的时空分布及演化过程。20世纪80年代由于对酸沉降问题的重视,一系列区域酸沉降模式:区域酸沉降模式(Regional Acid Deposition Model,RADM)、硫传输欧拉模式(Sulfur Tranport Eulerian Model,STEM)等得到了开发和评估。进入90年代后,伴随着气溶胶细粒子污染越来越受到重视,气溶胶模块被引入光化学氧化模式,包含气溶胶模块的空气质量模型(以下简称气溶胶模型),较以前单纯的 O_3 模型复杂得多,预测 O_3 的同时,还能研究 O_3 和气溶胶的相互作用问题。如今,空气质量数值模式的发展由原来主要关注酸沉降和 O_3 污染,逐渐转向同时处理多种类型污染多尺度的综合大气成分模型。

目前,主要的全球大气成分(化学)模式有化学传输模式第5版(TM5)、臭氧与相关痕量气体追踪模式(MOZART)、地球化学模式(GEOS-Chem)等,其中 MOZART 是全球模式,而 TM5、GEOS-Chem 既有全球模式也有区域模式,区域模式一般需要全球模式提供输入的侧边界,美国国家环境保护局主持开发的第三代综合空气质量模型 Models-3/CMAQ(Community Multiscale Air Quality)是目前业务广泛应用的区域大气成分(化学)模式。美国国家海洋大气局与国家大气中心等单位开发的气象化学在线耦合模式(Weather Research Forecasting/Chemistry,WRF-Chem)模型是新一代区域大气成分(化学)模式的代表。中国气象局研发的中国一体化大气化学环境模式(China Unified Atmospheric Chemistry Environment,CUACE)模型与中国科学院大气物理研究所开发的嵌套空气质量预报模式系统(Nested Air Quality Prediction Modeling System,NAQPMS)模型是我国大气成分(化学)模式的主要代表。这些模型考虑的模式机理也越来越复杂,从多关注硫酸盐无机气溶胶的问题发展到考虑有机气溶胶化学,在模式中考虑有机碳尤其是二次有机气溶胶(secondary organic aerosol,SOA)的形成机理,考虑生物有机气溶胶与城市污染的跨境输送,考虑大气成分与气象(天气)的相互反馈作用。如今,大气成分数值模式的发展由原来主要关注酸沉降和 O_3 污染,逐渐转向同时处理多种类型污染多尺度相互作用的综合大气成分模型。由于空气质量、大气污染与人类息息相关,研究大气成分的演变规律,建立大气成分预报系统成为各国非常重视的科学问题。

6.1.1 GRACEs 的发展背景

20年前,我国做空气质量预报主要是用统计学的方法,大致上能预报出短期趋势,但对造成空气污染的科学机理缺乏充分的考虑,它并不能提供逐时的高时空分辨率的预测浓度。更重要的是,在气象背景与污染物排放发生突变的情况下,统计模型不能提供可靠的预测结果。预报产品不能满足当今空气质量预报和评估的需求。同时在机理分析上难以给政府提供合理有效的决策依据。如果在政府制定治理方案时缺乏科学的依据,很可能会对经济造成很大的影响而空气质量不见好转。所以需要一套科学的模式来研究何种类型的排放以及何时何地排放对本地区的空气质量有重大的影响。数值预报系统可以解决上述问题,利用空气质量数值模式系统做情景模拟,可以深入研究引起本地区空气污染的主控因子。对排放源做敏感性试验,研究何时何地何种排放源对本地区的污染贡献最大。为政府制定治理措施提供科学的依据,在治理污染减少排放的同时能使得经济的损失达到最低。

空气质量事关人民群众的健康、福祉和经济社会可持续发展,2013年9月国务院发布了《大气污染防治行动计划》,详细规划了大气环境污染治理的具体措施,规定"建立监测预警应急体系,妥善应对重污染天气",其中明确要求"京津冀、长三角、珠三角区域要完成区域、省、市级重污染天气监测预警系统建设""京津冀、长三角、珠三角等区域要建立健全区域、省、市联动的重污染天气应急响应体系"。

　　然而,华南区域之前还没有一套完整的大气成分/雾/霾数值预报系统,还没有建立健全区域空气质量监测及评价体系。同时,公众也需要较精确的空气质量预报产品。因此,必须尽快研制并建立一个先进的适用于华南地区的精细化大气成分数值预报预警系统,深入研究引起本地区污染天气的主控因子,以及主要污染成分。同时,建立健全区域空气质量监测及评价体系,提高区域大气污染防治整体水平,为本地区联防联控污染治理提供科学依据,为公众的生活、工作、出行及活动安排提出指引和建议。

　　华南区域特别是珠三角的城市化进程与社会经济的高度发展促使本地区的大气成分观测预报预警走在全国的前列,广东省气象局于 2007 年开始研发大气成分数值模式系统,于 2009 年开始准业务运行,于 2011 年投入业务运行,为 2010 年亚运会与 2011 年大运会的空气质量保障提供了良好的技术支撑,目前该模式系统为公众提供雾/霾、能见度与空气质量预报等指导产品,为区域大气污染联防联控提供决策指导产品,发挥越来越重要的作用。

6.1.2　GRACEs 的业务进程

　　华南区域大气成分业务数值预报模式系统于 2007 年起步研发,初期调试运行的是 MM5-SMOKE-CMAQ 版本,经过近十年的本地化适应性开发,已经采用我国自主研发的气象模式 GRAPES 替代 MM5,在区域污染源(工业源、道路交通源、农业源与自然源)的输入方面有显著进展,在能见度与空气质量释用、光解过程计算、气溶胶廓线与气溶胶吸湿增长等方面进行了初步的观测资料与模式机理研究。随着计算机能力的提升,模式系统已从微机群 PC Cluster 移植到 IBM 百万亿次超级计算机系统和天河超算系统,相应的模式域从珠三角区域逐渐扩大至泛华南区域。目前,华南区域大气成分业务数值预报模式系统命名为 GRACEs(Guangzhou Regional Atmospheric Composition and Environment Forecasting System)。图 6.1 为华南区域大气成分业务数值预报模式系统 GRACEs 框架。

6.1.2.1　GRACEs 的业务化进程:第一阶段 v1.0

　　2007 年底,区域大气成分数值模式预报系统开始研制,通过 2 年多的研发,建立了集合气象预测模型 MM5/WRF,源排放处理模式(Sparse Matrix Operator Kernel Emission System, SMOKE)和城市多尺度空气质量化学模式(Community Multiscale Air Quality,CMAQ)组成的模式预报系统,并对这个集成的预测预报预警系统进行了调试、验证,初步建立了适用于区域环境气象预报预警暨空气质量预报业务系统 v1.0。系统建立了高时空分辨率的三重嵌套模式域,分辨率分别为 27、9、3 km,重点考虑珠三角地区。大气排放源清单时空分配模型系统利用基准年 2006 年珠江三角洲大气排放源清单,结合收集和调研获取到的主要排放源时间变化特征活动数据及高分辨率的人口矢量数据、道路网数据和土地利用数据,建立了高精度时间和空间分辨率的大气排放源清单。研发的整套珠江三角洲大气成分数值模式预报系统建立在一台拥有 44 个 CPU 的 PC Cluster 上。

　　模式系统实现了每天一次准业务化运行,在珠三角实现了臭氧、PM 与能见度等要素的客观定量数值预报,提供了 24~72 h 的预测和预报产品。并在随后的广州亚运会以及深圳大运

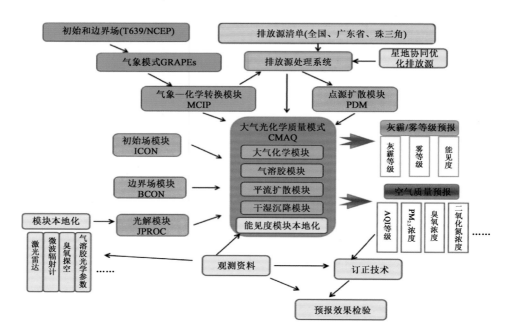

图 6.1 华南区域大气成分业务数值预报模式系统 GRACEs 框架

会中发挥重要作用。在亚运会和大运会空气质量预报保障中每日提供预报产品。

系统在成功投入亚运会和大运会应用以来,被气象、环保多家单位引用和移植,见表 6.1。经过两年多的业务试运行,于 2011 年 11 月获得广东省气象局业务化准入,模式系统实现了业务化运行,为华南地区率先实现业务化运行的大气成分模式系统。

表 6.1 GRACEs 系统应用情况

时间	单位	应用情况
2009 年以来	广东省气象局	日常预报
2010 年	广东省环保厅	亚运会预报
2010 年	广州市环境监测中心站	亚运会预报
2010 年	广东省环境科学研究院	系统移植
2011 年以来	深圳市气象局	大运会预报以及日常预报
2015 年	甘肃省气象局	系统移植

另外,开发了珠三角大气成分数据共享平台 http://172.22.1.250:8000/ac_prd。实时显示观测、预报、预警产品,系统平台美观、大方,十分方便业务应用。系统发布的产品涵盖了 13 种污染物种 72 h 的预报,提供了丰富、及时、准确的空气质量和能见度等大气成分要素观测、预报指导产品。提供了包含广州番禺大气成分观测站以及多个亚运场馆的定时、定点、定量 72 h 预报产品。亚运场馆预报包括有广东奥体中心、天河体育场、广东省人民体育场、大学城中心体育场、黄埔中心体育场、增城荔城龙舟比赛场以及花都九龙湖高尔夫球会 7 个场馆。预报要素有能见度、霾指数、PM_{10}、$PM_{2.5}$、O_3 和 EC 等要素,具有较高的时效性。各种预报要素的图示中均以虚线表示了超标界限,起到一定的警示作用。区域面预报有两种模式域产品展示方式,一种是分辨率为 9 km 的广东省区域,另一种是分辨率为 3 km 高精细化的珠三角区

域。产品涵盖了 13 个物种,包括有能见度、霾指数、臭氧、颗粒物质量浓度(包括 PM_{10}、粗粒子、$PM_{2.5}$)、颗粒物数浓度(包括粗核、积聚核、爱根核)、硫酸盐、硝酸盐、铵盐、碳气溶胶(包括 EC、OC)、消光系数、氮氧化物(包括 NO、NO_2)、二氧化硫和一氧化碳。

同期,应广东省环保厅要求,根据《广东省亚运会期间控制质量保障措施方案》和《2010 年第 16 届亚运会空气质量保障极端不利气象条件应急预案》,开展极端不利气象条件预测技术研究。研究团队基于 GRAPES 模式,通过分析空气污染监测产品和模式产品的关系,研制出通风系数、垂直交换系数、湍流动能和里查森数等 5 个大气扩散参数,表征污染气象条件。

6.1.2.2　GRACEs 的业务化进程:第二阶段 v1.2

2012—2013 年,按照中国气象局要求需为广东省区县提供未来 72 h AQI 等级和 6 种污染物浓度的客观预报指导产品。依据国家生态环境部发布的环境保护标准《环境空气质量指数(AQI)技术规定》(HJ 633—2012),利用模式预报的气溶胶和污染性气体,对 AQI 指数和 AQI 等级进行释用。AQI 指数的计算包括 6 种污染物,它们分别是:二氧化硫(SO_2)、二氧化氮(NO_2)、颗粒物(PM_{10})、一氧化碳(CO)、臭氧(O_3)和细颗粒物($PM_{2.5}$)。其中,二氧化硫(SO_2)、二氧化氮(NO_2)和一氧化碳(CO)这三类污染物既有 24 h 均值浓度标准,同时也有小时均值浓度标准,臭氧(O_3)有小时浓度均值标准和 8 h 滑动平均标准,颗粒物(PM_{10})和细颗粒物($PM_{2.5}$)只有 24 h 均值浓度标准。在获取 6 种污染物的小时均值质量浓度的基础上,对每个格点每 24 h 的每一个污染物的 IAQI 分指数进行计算,并取 IAQI 分指数最大值为该 24 h 内的 AQI 指数。依据 AQI 指数值大小,确定 AQI 等级。同时依据 IAQI 分指数值确定首要污染物和超标污染物。最后,将所得 IAQI 分指数、AQI 指数、AQI 等级、首要污染物和超标污染物等信息写入空气质量预报产品中。

预报系统根据城市多尺度空气质量化学模式(CMAQ)中的气溶胶模块计算的各成分谱参数化得到气溶胶消光系数,参考了《霾的观测和预报等级》与我国生态环境系统的空气质量评价标准,进一步进行能见度、雾和霾的计算以及模式产品释用,进行预报产品释用,实时显示观测产品、预报、预警产品,实现广东区域 0～72 h 高分辨率雾/霾分类分等级预报,提供雾/霾的发生时间、持续时间、强度等级和分布区域,提供广东区域雾/霾、能见度、空气质量等十几种预报产品。

6.1.2.3　GRACEs 的业务化进程:第三阶段 v1.3

在国家与地方需求驱动下,进一步研发 GRACEs 系统,支撑新一轮全国四级(国家、区域、地市、县)环境气象业务体系(中国气象局,2013,气发〔2013〕36 号),同时开展区域联防联控试验研究,开发了珠三角—广东—泛华南地区的业务平台;主要有以下几方面进展。

(1)建立了泛华南区域大气成分(空气质量/雾/霾)数值预报系统

模式范围由 9 km 分辨率的广东省范围扩大到泛华南地区,模式域覆盖广东、广西、海南、福建、湖南、江西六省(区)。化学模式由 v4.5 更新到 v5.0.1,采用第 5 代气相化学和气溶胶机制,考虑海盐的影响。排放物种从 23 种增加 32 种。

(2)气象模式本地化

驱动大气化学模式的很多气象模式为中尺度天气模式,不能很好解决本地精细化气象场的问题,尤其边界层内部气象场的描述不够精准。将我国自主研发的本地精细化气象模式 GRAPES 结果作为气象场驱动大气化学模式 CMAQ,垂直加密边界层,改进模式的地形和边界层参数化方案,同时同化本地常规与非常规气象资料,提高边界层气象场的预报水平;为环境气象(能见度、雾/霾)预报提供精细气象场,提高静稳重污染天气情况下的气象场模拟精度。全面解决 GRAPES 驱动化学模式 CMAQ 的接口程序,包括不同模式之间的有机耦合,需要对坐标和网格划分方式进行转换,以及计算污染物密切相关的气象要素的二阶扰动量。

(3)高性能计算与模式系统

为了保证预报系统的快速运行,已经在国际商业机器公司(IBM)高性能计算机系统中实现整套模式从资料下载—模式运行—后处理等全自动运行,计算时长由原来的 15 h 缩短到 3.5 h。每天运行 2 次,预报时长为 72~120 h,并将整套系统移植至天河二号,缩短了业务运行时间。

(4)动态排放源处理系统

研发了动态排放源处理系统,替换原有的 SMOKE 模式,本地化时间和物种分配系数,利用卫星资料优化空间分配比重,大大缩短计算时间。利用清华大学 2010 年版以及广东省机动车 2012 版排放源清单替换 2006 年版的排放源清单,联合使用大气成分卫星遥感资料和本地区地面站点观测资料,对排放源分布和量级进行优化。目前,动态排放源处理系统能及时更新污染源。

(5)大气化学模式的光解模块本地化

大气化学模式的光解模块关系到光化学反应的辐射能量问题,对污染物种的模拟精度至关重要。收集整理反演卫星以及地基激光雷达数据,并进行参数化,将光解模块气溶胶相关光学参数进行本地化,提高了化学模式的光解率预报准确率,使得与光化学相关的污染物预报更加合理。

(6)模式预报产品的订正

根据本地区地理分布和气候特征等,收集、整理有关霾和空气质量的影响因子,建立客观统计的订正方法,提高能见度、雾/霾和空气质量预报的准确率。

6.2
GRACEs 的构成

所构建的大气成分数值模式业务系统中包含气象模式、排放源模式和大气化学模式三个模式(邓涛 等,2012a,2013;邓雪娇 等,2016)。气象模式使用的是中国气象局自主研发的 GRAPES 模式,排放源模式使用的是自主研发的动态排放源处理系统,大气化学模式使用的是美国国家环境保护局开发的城市多尺度空气质量化学模式(CMAQ)。其中,GRAPES 气象模式同化本地常规与非常规气象资料,可以为大气化学模式提供精细化的气象场数据。自主研发的排放源处理系统,融合不同来源的排放源数据,利用观测资料本地化时空分配系数,可提供不同时空分辨率的动态排放源强度。CMAQ 的光解模块利用本区域气溶胶廓线数据进行本地化,可更合理地模拟光化学过程。

6.2.1 华南区域中尺度气象模式 GRAPES

GRAPES 是自 2001 年起中国气象局根据我国气象数值天气预报业务发展的实际需要,

研究发展的新一代全球与区域一体化数值天气预报系统。同其他数值模式一样,GRAPES 也由三部分组成:动力框架、物理过程和资料同化。

GRAPES 模式的最主要特点是动力框架(模式的绝热动力过程部分)实现了多尺度通用,能够同时适应模式在不同分辨率运行的需要和运行不同物理过程的需要。GRAPES 模式的网格距离变化范围固定在 $1 \sim 100$ km 之间,显然不能沿用静力平衡的假定,因此,动力框架的基本定位是非静力平衡,同时也保证了在所选用的网格较粗时这样的大气动力模式能够简化为静力模式运行。

GRAPES 模式的第二个特点是区域的可选择性,兼顾了全球与有限区域两种性质不同的预报区域。为推进模式向高分辨率方向发展,GRAPES 模式采用有限差分的格点离散化方案,并采用经纬度坐标。但对于全球经纬度格点模式,在极地附近所有经线都汇合成一点,使得极点风的经向和纬向分量均为定义,并且在近极地的地区网格距离比中低纬度的网格距离小得多,若采用欧拉显式时间差分方法,为保证计算的稳定性,必须以极地的"最小"网格距离为依据,选取"最小"的时间步长,这是很不经济的计算方案。因而 GRAPES 选用半隐式半拉格朗日时间积分方案。这样就可以选用较长的时间步长而不会降低计算稳定度和精度,而且还可"推迟"有限区域模式的侧边界误差向内传播。

大气中的运动过程的空间尺度从分子尺度到行星尺度,时间尺度从数秒到甚至数年。由于数值模式的时间和空间分辨率是有限的,许多重要的过程在模式中不能被直接、显式地描述,而这些过程对大气运动和数值预报模式的预报效果往往起着重要的作用。因而需要用参数化的方法在模式中合理描写这些模式不能分辨的过程(次网格尺度过程),即用模式可分辨的变量表达次网格尺度过程的综合效果——称之为物理过程参数化。一些重要的模式预报量如 2 m 温度、降水、云量等也需要在物理过程参数化过程中计算。

概括起来,数值模式中的物理过程可分为两类:一类是大气中的过程,包括与分子运动密切相关的过程如辐射和云的微物理过程,以及湍流和对流过程;另一种是对大气运动有重要影响的下垫面过程。GRAPES 模式的物理过程包括辐射传输、湍流混合、湿对流和格点尺度降水、陆表过程及次网格尺度地形重力波拖曳。GRAPES 物理过程参数化方案主要是基于已有研究成果。GRAPES 模式中物理过程的调用,首先将由动力框架计算的东西方向水平风(U)、南北方向水平风(V)、气温(T)、水汽(q)插值到模式半层上。然后调用辐射传输(radiation)、陆面过程(landsurface)、行星边界层(PBL)、重力波拖曳(gravitywave drag)和积云对流(cumulus)方案计算 U、V、T、q 的倾向量。在将上述倾向量输入云微物理过程(microphysics)计算。最后向动力框架反馈更新 U、V、T、q。

数值预报是数学物理中的一个典型的初值问题,模式积分的初值是根据初始时刻的气象观测资料通过特定的资料同化方案而形成的,因此资料同化在数值预报中占有特殊重要的地位。发展 GRAPES 的资料同化系统的初衷是要建立对卫星观测资料的同化能力,提高我国数值预报初值质量。由于卫星的遥感观测资料同模式基本状态变量具有复杂的非线性关系,因此变分同化是最理想的选择,GRAPES 采用三维变分同化系统。

6.2.2　动态排放源处理系统

GRACEs 模式系统在业务化进程中分别利用清华大学 2010、2016、2018 年版全国以及广东省机动车 2006、2012 年版排放源清单,联合使用大气成分卫星遥感资料和本地区地面站点观测资料,对排放源分布和量级进行优化。同时以清华大学的源清单为基础,本地化时间和物种分配系数,编写动态排放源处理系统,替换原有的 SMOKE 模式,大大缩短计算时间。同时配合使用地理信息系统数据,将行政区域编码分类,对不同排放源类型也进行编码分类,可方便快捷地进行联防联控减排模拟试验。

由于点源、面源的输入数据是年均排放量,为了得到小时排放数据,需要对源排放按时间谱(月、周、天)进行时间分配。年均排放量的时间分配依据有以下几种情况。

(1)工业燃烧源、过程源:燃料(溶剂)使用量、工业产品产量;

(2)移动源:分车型、分道路类型的交通流量随时间的变化情况;

(3)生活源:生活方式、生活习惯,燃料使用情况(燃料类型、使用时间等);

(4)建筑涂料与建筑扬尘:施工作业时间分布、涂料使用量等;

(5)油品运输、销售:油料运输、销售情况,人群加油习惯等;

(6)港口、水运:船舶燃油消耗量、货物进出港情况、港口机械作业情况等;

(7)机场:飞机起落情况;

(8)农业机械:农业机械作业规律、农事生产规律等。

获取排放源时间变化数据需要花费大量的时间调研,时间谱的建立采用本研究团队主持开展的公益性行业(气象)科研专项(重点项目) GYHY201306042"珠三角精细化大气成分星地协同监测与预报关键技术研究"课题二承担单位"广东省环境科学研究院"获得的电厂、工业点源、铁路运输、内河运输、建筑施工以及农药使用等排放的月变化时间谱,电厂、道路移动源的周变化时间谱,电厂、道路移动源、商业活动、居民生活等的日变化时间谱。而其他少数未获得本地数据的时间变化谱仍使用 SMOKE 系统自带的时间变化谱。自主研发的动态排放源处理系统将年排放总量平均分配到小时,然后固定存入系统基础数据库,计算好不同类型排放源的时间分配系数。只要输入相应的时间点,系统自动地平均排放量乘以分配比重,可以快速地计算任意时间段的排放强度。

空间分配方案的研发着眼点是辨析不同类别污染源的排放特征,创建可表征其排污活动量的相关参数的代用矩阵,从而将排放总量按代用矩阵的网格权重分别分配到各个网格当中。各种按面源处理的污染源代用矩阵可按各网格之间的相对关系的稳定性分为两大类,一类是单一的分配矩阵,矩阵创建后各网格之间的权重比例已经固定,也就是网格的总体格局予以固化,以行政区为单位的排放总量一次性可分配到各个网格,实现排放量的网格化分配;另一类是动态的分配矩阵,在不同的特征时间段网格的总体格局互不相同,只有同一个时间段内各网格之间的权重比例是相同的,而不同时间段内网格之间的权重比例则是变化的。因此,本项目将服务于面源排放量空间分配的方案分为静态代用矩阵分配方案和动态代用矩阵分配方案两大类。基于上述分配的基础上,使用大气成分卫星遥感资料和本地区地面站点观测资料,对排放源分布和量级进行优化。排放源空间分配权重函数按人口分配存在明显的缺陷,大城市中心区域权重过高,其他区域的权重过低;同时,排放总量也存在问题。

针对上述两点问题,基于珠三角地区大气成分星地协同监测资料和其他辅助卫星遥感资料,采用牛顿逼近"纳近法(Nudging)"污染源同化技术,以空气质量数值模式模拟 PM 浓度值与观测 PM 浓度值的差异作为收敛判据,对珠三角地区污染排放源的空间分配权重函数进行重新优化配置,并调整污染物排放总量,以此降低模式中污染源的不确定性,获取较贴合实际情形的污染源时空分配模型,以提高空气质量模式对珠三角地区的预报水平。

污染排放源的空间分配方法,主要参考了 MODIS 遥感 AOD 值分布、星地协同监测近地面 NO_2 浓度分布、夜间灯光指数分布、星地协同监测近地面散射系数分布。由于夜间灯光指数最能反映城市布局、人口密度、道路交通、经济活动强度等综合信息,因此,以夜间灯光指数分布为空间分配的主要权重因子。

普通排放源清单中,污染物是按照标准污染物的形式来报告的,即 SO_2、NO_x、CO、VOCs、PM_{10} 和 $PM_{2.5}$ 等形式。而空气质量模型中包含的一系列方程(等式)则是通过模型物种(model species)来描述大气的化学性质的。因而,排放源清单处理必须把污染物转换成模型物种的形式,把这一过程称为化学分配(也称物种分配)。由于清华大学的清单已经对 VOC 进行分配,分配机制为碳键机制 2005 年版(CB05),并没有对 $PM_{2.5}$ 进行物种分配,所以参考 2006 年洲际化学传输试验 B 期计划(Intex-B)珠三角排放源清单颗粒物物种分配方案进行分配,包括不同 BC、OC、硫酸盐、硝酸盐等。NO_x 按 $NO:NO_2=0.9:0.1$ 的质量比进行分配。

6.2.3 CMAQ 大气光化学污染预测模型

目前,常用的化学模型包括多尺度空气质量模拟平台(Multiscale Air Quality Simulation Platform,MAQSIP)、CUACE、CHEM、综合空气质量模型与扩展(CAMx)及 CMAQ 模型。美国国家环境保护局研制的第三代空气质量预报和评估系统(Models-3)的核心化学模型采用 CMAQ 模型,是由美国国家环境保护局大气模型处和美国国家海洋大气局合作开发的。此模型代表着当前主流的大气化学、污染物迁移和沉降的最新研究成果,已被美国国家环境保护局选作大气质量规范性模型。CMAQ 模型是一个多尺度的能够模拟从城市到区域的欧拉型大气质量模型,它能模拟多个污染物在大气中的迁移扩散和化学反应,包括臭氧、气溶胶和颗粒物成分(PM_{10} 和 $PM_{2.5}$)及酸沉降等。该模式系统可用于多尺度、多污染物的空气质量的预报、评估和决策等多种用途。

引进研发了 CMAQ(Community Multiscale Air Quality)光化学模型。CMAQ 模式需要气象模式的结果作为气象驱动场。CMAQ 模式包括有四个模块,包括初值和边界模块(ICON 和 BCON)、光解率计算模式(JPROC)和大气化学输送模块(CCTM)。ICON 为模式提供两种初始条件的选择,一种是模式默认的污染物浓度初值,一般第一次模拟的时候选用;另一种是前一天第 24 h 的模拟结果作为第二天的初始值。BCON 同样也为模拟提供两种边界条件的选择。一种是模式默认的污染物浓度边界值,一般模拟第一重嵌套时选用;另一种是母嵌套的模拟结果作为子嵌套的边界条件。CCTM 是 CMAQ 的核心模块,用于对主要大气化学过程、输送和沉降过程进行模拟。共包含有下列数种机制:平流、扩散和对流算法;气相化学:模式包括区域酸沉降模式第 2 版(Regional Acid Deposition Model,RADM2)、CB05(Carbon-Bond version 5)和洲际空气污染研究中心(Statewide Air Pollution Research Center,SAPRC)等气相化学机制;云混合与液相化学;气溶胶模块:CMAQ 中的气溶胶部分是从区域粒子模式(RPM)演化而来。RPM 是建立在区域酸沉降模式(RADM)的原型之上。气溶胶粒子被分为两部分,即细粒子和粗粒子。二者有着不同的生成机制和化学特点。细粒子往往是由燃烧过程和化学转化过程产生。粗粒子主要是由风吹尘和海盐组成;干沉降过程和网格烟团过程。CMAQ 所做的嵌套在 BCON 模块中完成,只是单向嵌套,即子嵌套对母嵌套并没有反馈作用。

模式可预报多种污染物,其种类可达 80 多种。化学输送模式中可选择两种化学机制:CB05 和 RADM2。其中 CB05 包括 51 种化学反应物、156 种化学反应和 11 种光分解率,而 RADM2 包括 57 种化学反应物、158 种化学反应和 21 种光分解率。GRACEs 系统采用 CB05 机制。

6.2.4 模式参数设置和输入数据

(1)网格设置:模拟采用三重单向嵌套网格(图 6.2),网格数及网格距分别为:第一重 182 ×138,网格距为 27 km,覆盖东亚大部分地区;第二重 220×170,网格距为 9 km,覆盖泛华南地区;第三重 152×110,网格距为 3 km,以广州为中心,覆盖珠三角范围(表 6.2)。垂直分层为 25 层。

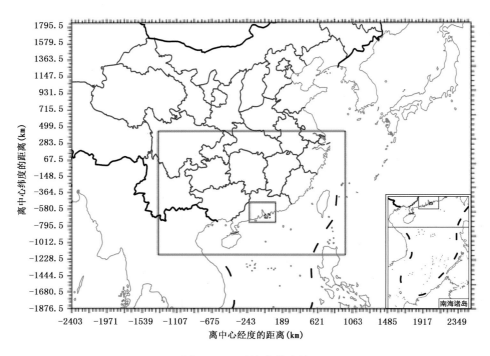

图 6.2　三重嵌套模式域

表 6.2　模式模拟区域设计

区域	网格数	分辨率	覆盖区域	预报时长
D01	182×138	27 km	东亚	120 h
D02	220×190	9 km	泛华南	96 h
D03	152×110	3 km	珠三角	72 h

(2)物理过程设置:水平平流和垂直对流采用分段抛物线法(PPM)解法;垂直扩散采用克兰克—尼科尔森(Crank-Nicholson)解法;考虑了干沉降和湿沉降过程。

(3)化学机理:选用改进的 CB05 机理;该机理同时考虑了液相和气溶胶化学;化学机理利用 QSSA 解法求解,考虑海盐的影响。CB05(Carbon Bond 2005,碳键机制)是 Yarwood 等

(2005)研发的大气化学反应机制,是基于其前体反应机制 CB4 在 2005 年的升级版本,它是用于研究对流层臭氧、细颗粒、能见度、酸沉降以及其他大气有毒物质的化学机制。其物种分配是依据碳氢化合物的碳原子的化学键类型进行分类,如碳单键类、碳双键类。CB05 包括 51 个物种和 156 个化学反应,并考虑了基于化学烟雾箱得到的反应机制。较 CB4 相比,CB05 增加了 aldehyde(ALDX,醛类)、internal olefin(内烯烃)的相关反应物种,这使得光化学反应的模拟更趋于完善,同时,由于增加了有机过氧化氢类物种,对硫酸盐的氧化模拟也得到了改进。总体而言,CB05 的发展是大气化学反应机制的一个里程碑,该机制已在大气化学模式中得到了广泛的应用。

气溶胶模块是区域空气质量模式的重要核心之一,CMAQ 模式系统中考虑了一次排放颗粒物和二次生成的颗粒物,其中,一次排放颗粒物是指通过自然排放源或人为活动直接排放到大气中的颗粒物;二次颗粒物是指通过物理化学反应生成,其中包括气相的化学反应,液相的碰并、凝核,以及在云中反应过程。CMAQ 中气溶胶的模块源于区域颗粒物模式“Regional Particulate Model(RPM)”,该模式参考了 Regional Acid Deposition Model(RADM)的颗粒物框架,并将颗粒物分为两类:细颗粒物(fine particle)和粗颗粒物(coarse particle)。细颗粒物的形成是通过燃烧过程或化学反应后的产物,这些产物经过和已有的颗粒物碰并或核化生成;粗颗粒物常指沙尘类颗粒物或海盐类颗粒物,其中人为活动尤其是以工业源为代表的活动是粗颗粒物的重要来源。

CMAQ 中对于气溶胶的粒径分类是基于正态分布的模态分类的,即爱根(Aitken)核模态、积聚(accumulation)模态和粗粒子模态(coarse-mode),其中爱根核模态(i-mode)代表了核化反应或一次排放的“新鲜”颗粒物,而积聚模态(j-mode)代表了老化的颗粒物。每个模态都可以通过碰并增长,并且二者也可以通过凝化作用(coagulation)相互影响。在模式里,不同模态的描述如下:

$$n(\ln D) = \frac{N}{\sqrt{2\pi}\ln\sigma_g}\exp\left[-0.5\left(\frac{\ln\dfrac{D}{D_g}}{\ln\sigma_g}\right)^2\right] \tag{6.1}$$

式中,N 是颗粒物的数浓度,D 是颗粒物的粒径,D_g 是几何粒径,σ 是分布的标准偏差。

由于 CMAQ 考虑了颗粒物的物种和模态,因此,对颗粒物的源清单也有要求。对于气溶胶 AE5 机制,一次排放的 $PM_{2.5}$ 包括 PEC(元素碳颗粒物)、POC(有机碳颗粒物)、PNO_3(硝酸盐颗粒物)、PSO_4(硫酸盐颗粒物)和 PMFINE(其他细颗粒物);对于 AE6 机制,在 AE5 分类的基础上,还引入了 PH_2O、PCL、PNCOM、PCA、PSI、PMG、PMN、PNA、PNH4、PAL、PFE、PTI、PK 和 PMOTHR 等颗粒物。尽管 AE6 的机制比 AE5 更加精细,引入的气溶胶化学反应机制更加完善,但考虑到编排高精细的气溶胶组分排放源清单是一项非常困难的工作,因此 GRACEs 业务运行采用的是 AE5 机制。

CMAQ 输出的结果是分物种的不同模态下的气溶胶成分,因此,AE5 机制下得到的 $PM_{2.5}$ 预报结果需要通过以下公式诊断:

PM_SULF(硫酸盐)＝ASO₄I＋ASO₄J (6.2)

PM_NITR(硝酸盐)＝ANO₃I＋ANO₃J (6.3)

PM_AMM(铵盐)＝ANH₄I＋ANH₄J (6.4)

PM_ORG(有机碳)＝AORGAI＋AORGAJ＋1.167(AORGPAI＋AORGPAJ)＋

$$AORGBI + AORGBJ \tag{6.5}$$

$$PM\_EC(元素碳) = AECI + AECJ \tag{6.6}$$

$$PM\_OTH(地壳元素) = A25I + A25J \tag{6.7}$$

$$PM_{2.5} = PM\_SULF + PM\_NITR + PM\_ORG + PM\_EC + PM\_OTH \tag{6.8}$$

$$PM\_COR(粗粒子) = ACORS + ASEAS + ASOIL + ANAK + ACLK \tag{6.9}$$

$$PM_{10} = PM_{2.5} + PM\_COR \tag{6.10}$$

(4)气象场输入:逐时的气象场输入采用 GRAPES 的模拟结果,包括高度和气压场、风场、温度场、水汽场、云量、降水以及垂直扩散系数等。GRAPES 模式作为一个独立的气象模式,为大气化学模式 CMAQ 提供气象场。不同模式之间的有机耦合,需要对坐标以及分辨率方式进行转换,以及计算与污染物密切相关的气象要素的二阶扰动量。处理后输出的气象场文件包括有网格和坐标描述文件、时间独立二维的边界气象场、时间独立的二维和三维交叉网格点气象场、时间独立的二维网格点气象场、随时间变化的三维边界气象场、随时间变化的二维和三维交叉网格点气象场、随时间变化三维网格点气象场。

(5)源排放输入:第一嵌套源清单数据来自 2010 年版清华大学排放源清单。第二、三重嵌套结合清华大学 2010 年版和广东省机动车 2012 版和广东省环境科学研究院 2012 年珠三角源清单。另外,清单的时空和物种分配处理参考 2006 年华南理工珠三角版清单。

(6)初始条件和边界条件设置:为减少初始条件的影响,利用前一次模拟结果作为下一次模拟的初始条件,外层模拟结果作为内层模拟的边界条件减少边界条件的影响,模拟分析工作一般在第二、三层嵌套区域内进行。初始条件通过 ICON 模块生成,ICON 模块为 CCTM 提供单一时间步长的化学初始条件,既可以来自模式提供的默认廓线,也可以来自于之前的模拟结果。如果是前者,初始条件在每个模式层的水平分布是一样的,如果是后者,初始条件依赖于前一次的模拟结果。在这两种选择上,必须在编译之前先指定。选择"profile"为默认廓线,选择"m3conc"为前一次的模拟结果。如果前一次模拟结果和初始条件选择的物种不同,还要在编译前选好物种的转换。同样,BCON 模块为 CCTM 提供边界条件,既可以来自模式提供的默认廓线,也可以来自于外层的模拟结果。

(7)光解条件:大气的很多种化学反应需要有太阳光,JPROC 模块为 CCTM 计算光解率。同样,光解率的计算既可以依赖模式提供的默认大气廓线,该廓线来自于气候上臭氧柱总量的资料,也可以依赖于总臭氧分光计资料来计算。光解率的计算需要提供分子吸收截面和分子数量(CSQY),如果要改进模式的光解率的机制,需要提供新的 CSQY 资料。另外还需要如下输入文件:宇宙射线的波长函数、臭氧和气溶胶以及温度气压随季节变化的函数、卫星上臭氧分光计的臭氧柱含量、氧气分子吸收截面和数量的波长函数、臭氧分子吸收截面和数量的波长函数。

大气中光化学反应主要靠痕量气体的光解驱动。光化辐射是光化学反应的驱动力,光解率会影响参与光化学反应物种的反应强度及生命周期。因此,准确地估算光化辐射通量和物种的光解率,对空气质量模式模拟与光化学反应密切相关的物种时空分布的合理性至关重要。光化辐射是指能使大气组分发生光解的太阳光辐射,主要指紫外辐射与可见光辐射。在大气中能够发生光解反应的组分主要包括臭氧、羰基化合物、过氧化物和含氮化合物等。不同物种发生光解的波段有所不同,如波长 305～320 nm 的光使得 O_3 发生光解;波长 310～396 nm 的光使得 HNO_2 发生光解;波长 190～350 nm 的光使得 H_2O_2 发生光解;波长 301～356 nm 的光使得 CH_2O 发生光解;波长 202～422 nm 的光使得 NO_2 发生光解;波长 277～332 nm 的光

使得 CH_3COCH_3 丙酮光解；波长 $232\sim332$ nm 的光使得 CH_3COCHO 光解；波长 $190\sim$ 315 nm 的光使得 HNO_3 光解等。可见，光化辐射及物种的光解率在大气中光化学反应十分重要。整个空气质量系统的精确模拟高度依赖于准确的光解率计算。

利用 2009—2014 年星载激光雷达（CALIOP）观测资料，反演并整理成不同季节的气溶胶消光系数廓线（图 6.3），并进行参数化。使用两段指数拟合参数，单项式指数公式 $y=a\exp(-x/b)$ 拟合气溶胶消光廓线，系数 a 是地面气溶胶消光系数（在第一段），b 是气溶胶标高。气溶胶标高是消光系数降到地面 $1/e$（e 为数学中的自然常数，其值约等于 2.718）处的高度，标高越高从侧面反映了混合层越高，气溶胶扩散得越高。建立了中国东南部（珠三角）不同季节的气溶胶廓线（单项式指数）参数化方案，替换模式默认的气溶胶垂直廓线，改进了模式的光化学计算精度。

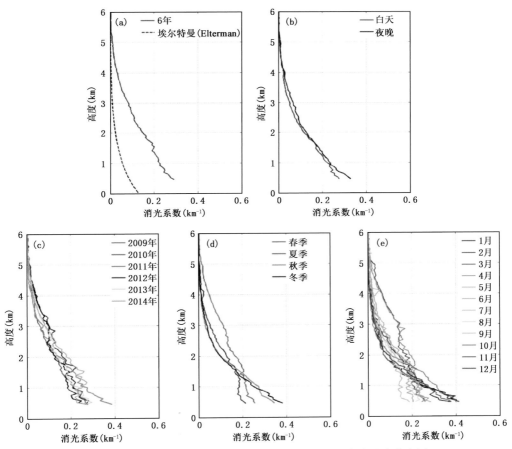

图 6.3 中国东南部多时间尺度的 CALIOP 气溶胶廓线垂直分布图
(a)6 年平均；(b)昼夜平均；(c)逐年平均；(d)逐季平均；(e)逐月平均

6.2.5 业务方案

在 IBM 高性能计算机群上建立三重嵌套 GRACEs 模式预报系统，建立的主要业务系统步骤如下：06、18 时(UTC)启动排放源处理程序和光解率模块，3 种分辨率排放源串行前处理大约 20 min。07、19 时(UTC)启动第一、二重嵌套业务脚本,11、23 时(UTC)启动第三重嵌套业务脚本,启动时间主要以气象模式运算结束的时间。先判断 GRAPES 是否正常结束,不正常循环等待 1 min,正常开始运行气象化学转化接口程序,接着运行初始场模块、边界场模块和大气化学主模块,最后是后处理模块。其中初始场模块优先选取前 12 h 起报的预报结果作为初始场,缺省选取前 24 h 起报的结果,依次选取,如选取的预报时间跨度不够,则选用默认的廓线当初始场,以确保业务的稳定性。在边界层方面,除了第一重嵌套选取默认的廓线,内层圈套前 12 h 起报的预报结果作为边界场,缺省选取前 24 h 起报的结果,依次选取,如选取的预报时间跨度不够,则选用默认的廓线当初始场,以确保业务的稳定性。边界场的设置可以保证三重嵌套同时运行。主模块采用并行计算,由于积分步长采用不固定方式,所以每次运行的时间不一样。用时最长的是第二重圈套——泛华南区域,经长时间测试,大约在 1.5～2 h 之间。其他圈套大约在 45～90 min 之间。前处理和后处理大约 30 min 左右。后处理包括 PM、雾、霾、AQI 的诊断,将等千米数据转换成等经纬度数据上传到广东省气象信息中心入库。

6.3
GRAPES 和 UCM、CMAQ 模式的耦合

6.3.1　GRAPES 与 UCM 的耦合技术

目前与 GRAPES 中尺度数值模式耦合的城市冠层模式为单层城市冠层模式,如图 6.4 所示。T_a 为参考高度 Z_a 处的大气温度,H 为参考高度上的感热交换。T_R 为建筑物屋顶温度,T_w 为建筑物墙壁温度,T_G 为道路温度,T_s 为 Z_T+d 高度的温度。H_a 为从街谷到大气的感热通量,H_w、H_G 分别为从墙壁到街谷、道路到街谷的感热通量,H_R 为屋顶到大气的感热通量。该模式不清晰分辨每一栋建筑物,而是以城市街区为单元,区分屋顶、墙面和路面的不同影响。在街区内的屋顶、墙面和路面分别采用能量平衡方程,计算三种表面的表层温度、三种不同表面与街区大气间的感热交换、能量及动能在地表及大气之间的交换。

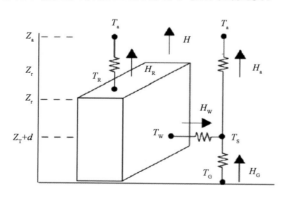

图 6.4　单层城市冠层模式温度及能量通量示意图

GRAPES 模式采用非静力可压缩方案,模拟域以观测点为中心,模式计算域为 $20°\sim25°N$, $110°\sim115°E$,水平格距 3 km。垂直方向上采用拉伸网格,在近地层内网格距为 20m。模式物理过程采用:MRF 边界层方案、Goddard 短波辐射方案和 RRTM 长波辐射方案等。参考 WRF3.3 中城市冠层模式(UCM)的引入和设置,中尺度数值模式 GRAPES 的陆面 NOAH 方案中引入 UCM,进行城市效应的研究。模式中的城市地表形态参数通过 Landsat 等卫星资料获取,城市建筑的辐射和热力等参数采用模式原有值,城市人为热的选取参考何晓凤等的文献。应用涡动相关系统观测的原始数据进行了湍流通量计算,并与耦合了冠层模式的 GRAPES 模拟结果进行对比分析。结果表明:城市冠层效应使城市气温升高,感热通量及向上长波辐射增加,热岛效应增强;城区风速减小而风速的脉动增大;GRAPES-UCM 模式对城市地表温度、风速、净辐射通量及感热通量等的模拟结果与实际观测更为接近。城市冠层模式的引入对 GRAPES 模式在城市下垫面的模拟效果有显著的提升作用。

6.3.2　GRAPES 与 CMAQ 的耦合技术与业务化

目前驱动 CMAQ 的官方气象模式只有中尺度 MM5 和 WRF 气象模式,我国自主研发的本地精细化气象模式 GRAPES 经过多年的业务运行,在本地具有很好的业务运行能力以及预报准确性,将其结果作为气象场驱动大气化学模式 CMAQ,替换 MM5/WRF 可望能提高空气质量预报的准确性以及业务运算能力,同时可以节省计算资源,为建立大气成分(空气质量)预报数值模式系统提供更科学、更合适的本地化气象场。

由于空气质量特别是霾天气受局地气象因子的控制,在空气质量模式/霾天气的数值预报中局地精细气象因子的作用凸显重要,GRAPES 的精细气象场将比 WRF/MM5 更加适用于空气质量模式与污染源排放模式。GRAPES 作为一个独立的气象模式,要代替 MM5 和 WRF 模式,需要做大量的研究工作,尤其是气象模式与大气化学模式 CMAQ 的数据耦合问题需要研究与明确。同时,关键问题是由 GRAPES 的模拟结果代替 MM5 和 WRF 输入到 CMAQ 模式的可行性与稳定性测试以及效果检验。

需要重新编写 GRAPES TO CMAQ 的耦合模块,包括以下几方面的内容。

6.3.2.1　水平分辨率一致化

模式水平分辨率不一致,以及分辨方式不一致,GRAPES 按照等经纬度划分水平网格,CMAQ 按照等千米划分水平网格,两者的耦合水平方向需要重新插值。确定网格点与交叉格点上的变量,另外,垂直分层上,GRAPES 模式式按照气压分层,而且在边界层内分层较少。源排放处理模式(SMOKE)和城市多尺度空气质量化学模式(CMAQ)需要输入按照 σ 分层的气象数据,垂直按照气压对数线性插值。重新抽取边界层条件,确定 σ 层以及半 σ 的变量。模式分层由气压面转化成 σ 面。另外模式数据格式不同,需要二进制转化为网络通用数据格式(NetCDF)。一般前处理都是串行处理,这样对于大量的计算会比较慢,有时会由于数据量太大而导致编译或者运行中断,采取分步处理,网格点上的在同一个模块处理,交叉格点数据利用另一模块处理,这样可以同时利用多个 CPU 处理,既快速有保证运行的稳定性。

由于 GRAPES 模式水平网格是按照经纬度均匀分布的,而 CMAQ 是按照水平距离均匀分配,两者不一致,尤其在大的区域范围或者高纬度地区两者的差异较大,即使在小范围或者低纬度地区差异较小,但随着计算步数的增加,这种差异会累积越来越大。需要确定中心网格以及等比例投影的两条纬度。抽取大气化学和排放源模式需要的最外层边界。确定网格点与交叉格点上的变量,先用地形模块模拟出排放源清单所需不均匀的经纬度,水平上再按照不均匀的经纬度线性插值。

需要确定的变量类型有:

(1)GRIDDESC、GRIDBDY2D 是二维边界随时间独立的变量;

(2)GRIDCRO2D 是二维的交叉点随时间独立的变量;

(3)GRIDCRO3D 是三维的交叉点随时间变化的变量,按照 GRIDCRO2D 是二维的交叉点的变量来插值,插值的变量有每个模式层的高度和半层的高度;

(4)GRIDDOT2D 是二维的网格点随时间独立的变量;

(5)METBDY3D 是三维边界随时间变化的变量,按照 GRIDBDY2D 二维边界随时间独立的变量来插值,需要插值的边界变量:温度、气压、模式层的高度和半层的高度、垂直风速、水汽含量、雨水含量和云水含量等;

(6)METCRO2D 是二维的交叉点随时间变化的变量,按照 GRIDCRO2D 二维的交叉点的变量来插值,插值的变量有:地表气压、地表温度、感热、潜热、长短波辐射、10 m 风温以及边界层高度等;

(7)METCRO3D 是三维的交叉点随时间变化的变量,按照 GRIDCRO3D 交叉点随时间变化的变量插值,插值的变量有:温度、半层气压、模式层的高度和半层的高度、垂直风速、水汽含量、雨水含量和云水含量等;

(8)METDOT3D 是三维的网格点随时间变化的变量,按照 GRIDDOT2D 插值,插值的变量为水平风速。

在水平格点上既有矢量也有标量。标量(T、q 等)定义在交叉格点,而向东(u)和向北(v)的风分量位于网格点上。垂直方向上的变量(u、v、T、q、p)都被定义在了模式垂直层的中间,即半 σ 层上。垂直风速存在于完整的 σ 层上。搞清楚每个变量所定义的位置,才能准确地利用经纬度信息和高度信息进行插值。

6.3.2.2 垂直分层一致化

模式分层由气压面转化成 σ 面。在垂直插值上由两个值比较重要,即:地面气压和模式顶气压。地面气压是一个水平分布,每个格点都可能不一样;模式顶气压为一个常数,有的取 0,有的为大于 0 的数,如 2 hPa、10 hPa 等。这里取值为 10 hPa,和 GRAPES 模式一样。包括垂直插值,诊断分析并重新指定数据的格式。把各变量从气压层插值到 σ 层上,水平风速是关于气压(P)是线性的,位温是关于气压的对数($\ln P$)是线性的。

由于污染物主要在边界层以内,所以在边界层内分较多的层数,较好地描述边界内气象场的特征,使得大气化学模式能更好地模拟污染物的演变。从气压层到 σ 层的过程仅要求有严格的界限内插。由于 σ 坐标被定义在最大和最小的气压之间,所以无需外推。

静力气压被定义为:

$$P_{i,j,k} = \mathrm{SA}_k \cdot P_{i,j} + P_{\mathrm{top}} \tag{6.11}$$

式中,SA_k 是 1 维的垂直坐标,$\mathrm{SA}_k = 1$ 表示在地面,$\mathrm{SA}_k = 0$ 表示在模式顶;P 是 2 维地面气压场和一个常值(P_{top})的算术差。P_{top} 是模式顶处的常值气压。

选取的 σ 分层一共是 25 层,依次是:1、0.9979、0.9956、0.9931、0.9904、0.9875、0.9844、0.9807、0.9763、0.9711、0.9649、0.9575、0.9488、0.9385、0.9263、0.912、0.8951、0.8753、

0.8521、0.7939、0.7229、0.641、0.4985、0.285、0,在边界层内部分层较为细致。

6.3.2.3 GRACEs(GRAPES-CMAQ)实现业务化

实现了业务中尺度气象模式 GRAPES 替换 WRF/MM5 驱动 CMAQ 化学模式,完成了 GRACEs 业务模式系统的构建。GRACEs 模式系统成功移植至高性能 IBM 全自动运行,实现了每天运行 2 次,预报时长为 72~120 h,计算时长由原来的 15 h 缩短到 4 h。对已业务运行的珠三角雾/霾模式系统(CMAQ/haze-fog)进一步改进升级,提高了雾/霾模式系统应用本地精细化气象模式的能力。建立了空间分辨率为 3 km×3 km、时间分辨率为逐小时的高分辨率的华南(覆盖广东、广西、海南、福建、湖南、江西、南海海域等泛珠三角区域)大气成分(雾/霾、空气质量)数值预报预警系统。

6.4
GRACEs 物理化学机理改进与后端释用技术

6.4.1 光解计算模块的改进

整个空气质量系统的精确模拟高度依赖于准确的光解率计算。物种在某一波段光解率 J 采用如下公式计算:

$$J = \int_{\lambda_1}^{\lambda_2} F(\lambda)\sigma(\lambda)\phi(\lambda)\mathrm{d}\lambda \tag{6.12}$$

式中,λ 为波长,$\sigma(\lambda)$ 和 $\phi(\lambda)$ 分别为物种的吸收截面和光化学量子产率,与物质固有的分子特性有关。$F(\lambda)$ 为光化辐射通量,与入射太阳光强、地表反照率、大气中散射与吸收等有关。

大气中存在很多物质对太阳辐射有吸收和散射的作用,从而影响到光化辐射通量和光解率,其中气溶胶的吸收和散射对光化辐射通量有重要影响,尤其在污染较比较严重的地区。因此,光化辐射通量的计算必须考虑当地气溶胶的影响。考虑气溶胶对辐射的影响时,通常用气溶胶光学厚度(AOD)来表示大气中的气溶胶对辐射的削弱能力,单散射反照率来表示气溶胶的散射占总消光的比例,不对称因子表示前向散射的相对强度。光化辐射通量和光解率对以上三个因子的变化都非常敏感,然而仅仅知道整层气溶胶光学特性对提高模式对光化辐射通量和光解率计算能力是远远不够的,深入了解气溶胶消光特性的垂直结构对计算每一层光化辐射通量和光解率非常关键。

基于星地协同的观测资料,建立了代表区域的气溶胶垂直廓线参数化方案,利用 2009—2014 年 MODIS_Aqua(C6)和地基激光雷达(MPL)的气溶胶消光数据,定量检验了星载激光雷达(CALIOP)气溶胶消光数据在中国东南部的区域水平和垂直分布上具有较高的精度和区域适用性。反演并整理成不同季节的气溶胶消光系数廓线,并进行参数化。

分析 2009 年 11 月 21—30 日和 2010 年 11 月的地基激光雷达数据(图 6.5)。气溶胶的消光系数(和能见度成反比关系,其单位是 km^{-1})是大气中各种气溶胶成分对太阳辐射衰减综合的描述。消光系数越大,能见度越低,即灰霾越严重。

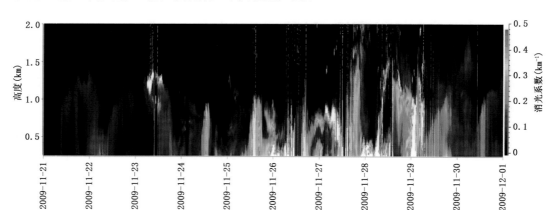

图 6.5　2009 年 11 月 21—30 日气溶胶消光系数廓线

利用激光雷达反演出来的最低层(255 m)的气溶胶消光系数加上空气分子的消光系数换算成能见度和地面能见度仪观测得到的能见度进行比较,可见两者有很好的一致性,2009 年的相关系数为 0.74,2010 年的相关系数达 0.81。255 m 比当地面能见度略高,说明激光雷达消光系数反演的正确性。

由图 6.6 可见,清洁日平均气溶胶消光系数随高度增加呈线性递减分布,拟合出的公式见式(6.13),相关性 $R^2 = 0.97$,标高为 1490 m。清洁日的平均气溶胶廓线与 Elterman 廓线接近。

$$\sigma_1(r) = -r/25000 + 0.0943 \tag{6.13}$$

而在灰霾过程,气溶胶消光系数随高度分布基本呈指数递减,灰霾日平均气溶胶消光系数随高度增加呈指数递减分布,拟合出的公式见下式(6.14),相关性 $R^2 = 0.96$,标高为 789.5 m。

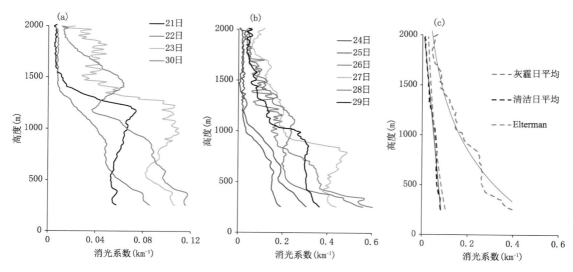

图 6.6　2009 年 11 月气溶胶消光系数廓线
(a)清洁日;(b)灰霾日;(c)平均值

$$\sigma_1(r) = 0.603\ e^{-r/789.5} \tag{6.14}$$

从 2010 年 11 月气溶胶垂直分布特征来看(图 6.7—图 6.8),灰霾日的气溶胶消光系数随高度递减比较明显,在 1000 m 附近有明显的突变,而清洁日由于边界层较高,气溶胶混合比较均匀,气溶胶消光系数随高度缓慢递减。清洁日平均气溶胶消光系数随高度增加呈线性递减分布,拟合出的公式见式(6.15),相关性 $R^2 = 0.95$,标高为 1441 m。灰霾日平均气溶胶消光系数随高度增加呈指数递减分布,拟合出的公式见式(6.16),相关性 $R^2 = 0.96$,标高为 750 m。拟合结果与 2009 年相差不大,拟合出的公式可以直接代入模式。

$$\sigma_1(r) = -r/21428.6 + 0.1064 \tag{6.15}$$

$$\sigma_1(r) = 0.868\ e^{-r/750} \tag{6.16}$$

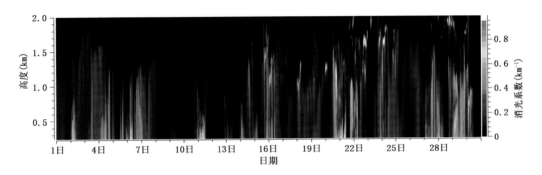

图 6.7　2010 年 11 月气溶胶消光系数廓线

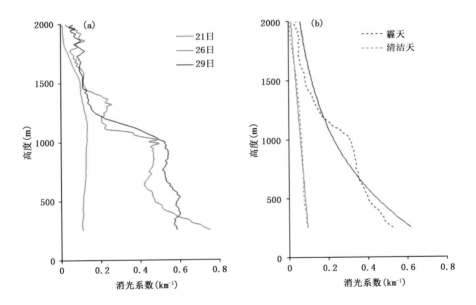

图 6.8　2010 年 11 月气溶胶消光系数廓线

(a)个例;(b)平均值

利用 2009—2014 年星载激光雷达(CALIOP)观测资料,建立了中国东南部(珠三角)不同季节的气溶胶廓线(单项式指数)参数化方案(图 6.9),替换模式默认的气溶胶垂直廓线,改进了模式的光化学计算精度。表 6.3 是单项式指数参数化方案,在第一段,年均、春、秋和冬季的高度范围在本段的标高以下,而夏季的高度范围在 1900 m 以下。参数化结果是地面气溶胶消光系数冬季最大(0.58 km^{-1}),夏季最小(0.25 km^{-1}),夏季不及冬季的一半,气溶胶标高是夏季最大(3500 m),冬季最小(1230 m),这意味着夏季气溶胶消光随高度上升降低缓慢,而冬季降低更加迅速。在第二段,年均、春、秋和冬季的高度范围在第一段的标高以上,而夏季的高度范围在 1900 m 以上。系数 a(在第二段不代表地面消光系数),春季最大(1.44 km^{-1}),秋冬季最小(0.75 km^{-1})。气溶胶标高差别不大,春季最高(1440 m),其他季节为 1000 m。这意味春季气溶胶扩散得更高。年平均和四季的气溶胶廓线拟合精度都很高,拟合的 R^2 均超过 0.99,均方根误差 RMSE 低于 0.01。冬季拟合效果略好于其他季节。

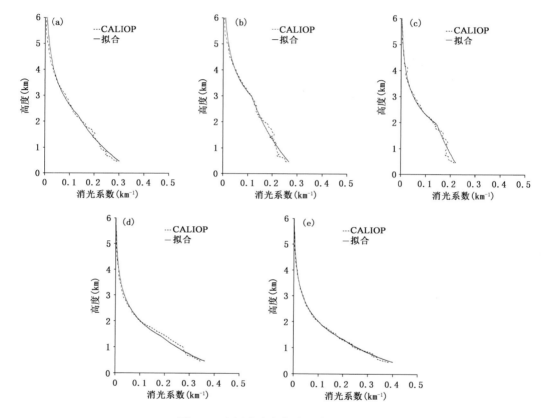

图 6.9　中国东南部气溶胶廓线参数化

(a)6 年平均;(b)春季平均;(c)夏季平均;(d)秋季平均;(e)冬季平均

表 6.3　气溶胶廓线的单项式指数参数化方案

	高度(m)	a	b	R^2	RMSE
6 年平均	<2200	0.37	2200	0.997	0.006
	≥2200	0.70	1350		
春季	<3000	0.31	3000	0.995	0.006
	≥3000	1.44	1180		
夏季	<1900	0.25	3500	0.996	0.005
	≥1900	1.90	1000		

续表

	高度(m)	a	b	R^2	RMSE
秋季	<1400	0.50	1400	0.996	0.007
	$\geqslant1400$	0.75	1000		
冬季	<1230	0.58	1230	0.999	0.004
	$\geqslant1230$	0.75	1000		

注:单项式指数拟合 $y=a\exp(-x/b)$, a 、 b 为拟合系数, x 为高度(单位:m)。

气溶胶廓线参数化方案成功应用于 GRACEs 模式系统。在选取个例的过程中,需要考虑到天空云量对光解率的变化有显著的作用。而 CMAQ 模式对云的模拟来自气象模式,目前气象模式对云量以及分布具有很大的不确定性,难以准确描述广州地区特定时间内云量的详细变化特征。选取 2012 年 10 月 2 日和 10 月 10 日两个晴天无云的个例进行光解率实测与模拟值的比较(图 6.10)。设计 3 种情景与 NO_2 光解率的观测资料进行对比,分别为:①模式默认廓线:Elterman 气溶胶廓线(单散因子为 0.99,不对称因子为 0.61);②本地灰霾日廓线 1(haze1,单散因子取 0.9,不对称因子取 0.61);③本地灰霾日廓线 3(haze3,单散因子取 0.9,不对称因子取 0.3)。模式默认自带的 Elterman 廓线计算出来的光解率会高估,考虑了本地气溶胶光学参数计算出来的光解率与实测值比较接近。

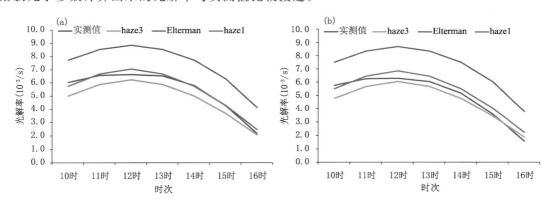

图 6.10　个例光解率 $J(NO_2)$ 模拟值与观测值比较

(a)10 月 2 日;(b)10 月 10 日

6.4.2　能见度吸湿增长计算本地化

GRACEs 模式直接预报产品为颗粒态和气态污染物。颗粒态污染物包含巨核、积聚核和爱根核模态的硫酸盐、硝酸盐、铵盐、有机碳、元素碳。气态污染物包括二氧化硫、二氧化氮、一氧化氮、一氧化碳、臭氧等。$PM_{2.5}$ 为积聚核和爱根核模态的粒子总和,PM_{10} 是在 $PM_{2.5}$ 的基础上增加巨核模态的粒子。模式并没有直接输出 AQI、雾、霾和能见度,需要对预报产品进一步释用。

利用本地区观测的气溶胶吸湿增长特性资料,根据 CMAQ 模式中的气溶胶模块计算的各成分谱和 GRAPES 模式计算的含水量进行参数化,计算得到气溶胶和水的消光系数,再进一步计算得到霾指数和能见度,参考中国气象局发布的行业标准《霾的观测和预报等级》(QX/

T 113—2010)进行预报产品释用,计算出高分辨率能见度、雾/霾分类分等级预报。依据气象行业标准《霾的观测和预报等级》和国家标准《雾的预报等级》(GB/T 27964—2011),提供霾等级、雾等级、能见度预报产品。

气象能见度是雾/霾最直观体现,能见度与表征气溶胶光学特性参数的消光系数成倒数关系,能见度的高低实质上由气溶胶的消光特性所决定。气溶胶主要由三部分构成:水溶性成分(硫酸盐、硝酸盐、铵盐、海盐等)、碳气溶胶(有机碳气溶胶 OC 与元素碳气溶胶 EC)和地壳元素(土壤尘、Si、Al、Fe 等)。气溶胶的消光特性由上述各类气溶胶所决定。模式对各种气溶胶成分谱对能见度的消光作用进行参数化,采用以下公式:

$$\beta_e = 10_{空气分子} + 3 \times f(\text{RH})_{湿度增长函数} [1.375 \times (\text{SO}_4^{2-})_{硫酸盐} + 1.29 \times (\text{NO}_3^-)]_{硝酸盐} +$$
$$4 \times 1.4(\text{OC})_{有机气溶胶} + 10 \times (\text{EC})_{元素碳} + 1 \times (\text{Soil})_{地壳元素} + 0.6 \times (\text{CM})_{海盐与土壤尘等粗粒子} +$$
$$128 \times (\text{H}_2\text{O})_{水汽密度} \tag{6.17}$$

式中,β_e 为大气消光系数,单位是 Mm^{-1};$f(\text{RH})$ 是气溶胶的湿度增长数,RH 为相对湿度,气溶胶和水汽密度的单位是 $\mu g/m^3$。

霾判识标准:能见度小于 10 km,排除降水、沙尘暴、扬沙、浮尘、烟幕、吹雪、雪暴等视程障碍。相对湿度小于 80%,判别为霾,相对湿度 80%~95% 时,根据地面气象观测规范的描述或大气成分指标进一步判别(表 6.4)。

表 6.4　霾判识标准

指标	代码	限值(日均值)	单位
小于 2.5 μm 的颗粒物质量浓度	PM$_{2.5}$	75.0	$\mu g/m^3$
小于 1 μm 的颗粒物质量浓度	PM$_1$	65.0	$\mu g/m^3$
气溶胶散射系数+气溶胶吸收系数		480	Mm^{-1}

雾是由大量悬浮在近地面空气中的微小水滴或冰晶组成的气溶胶系统,是近地层气温低于露点温度时,过饱和的水汽凝结(或凝华)成水滴(或冰晶)生成的产物。雾的存在会降低空气透明度,使能见度恶化,如果目标物的水平能见度降低到 1000 m 以内,就称为雾;如果目标物的水平能见度降低到 50~1000 m,就称为浓雾;如果目标物的水平能见度降低到 50 m 以内,就称为强浓雾;目标物的水平能见度降低到 1000~10000 m 称为轻雾。形成雾时大气湿度应该是饱和的(相对湿度接近 100%,实际预报中取相对湿度大于 95%)。

6.4.3　GRACEs 预报产品的业务应用

华南区域大气成分数值预报模式系统(GRACEs)在研发过程中紧紧围绕区域环境气象业务发展与社会发展需求,以新型城市群复合污染,能见度恶化与灰霾天气、光化学污染与区域大气污染联防联控等需求为业务导向,开展大气成分数值模式系统研发与应用服务研究。为区域环境气象业务提供数值预报指导产品。建设了华南区域环境气象业务平台(图 6.11)。实时显示灰霾、雾、能见度、颗粒物质量浓度、臭氧、氮氧化物、二氧化硫、一氧化碳、AQI 等十几种预报产品,在日常公众预报业务服务中发挥了很好的作用。

图 6.11　华南区域环境气象业务平台（EMOS）

6.5
GRACEs 预报产品的效果检验

　　使用广东省 102 个国控站点观测资料对 2016—2019 年 GRACEs 预报结果进行检验,以了解 GRACEs 对广东省空气质量的预报能力(李婷苑 等,2021)。环境空气质量指数(AQI)根据中华人民共和国国家环境保护标准 HJ 633—2012 分别计算得到观测与模式预报的 AQI 值。误差分析包括平均误差 MB、绝对误差 ME、归一化平均误差 NMB、归一化绝对误差 NME、均方根误差 RMSE,具体公式如下:

$$\mathrm{MB} = \frac{1}{N}\sum_{i=1}^{N}(M_i - O_i) \tag{6.18}$$

$$\mathrm{NMB} = \frac{1}{N}\sum_{i=1}^{N}(M_i - O_i)/O_i \tag{6.19}$$

$$\mathrm{RMSE} = \left[\frac{1}{N}\sum_{i=1}^{N}(M_i - O_i)^2\right]^{\frac{1}{2}} \tag{6.20}$$

式中,M 代表预报值,O 代表观测值,N 为样本总数。

　　对于首要污染物及空气质量等级的预报采用 TS 评分方法进行检验,评分项目包括 TS 评分和首要污染物预报准确率 TR,具体计算方法如下:

$$\mathrm{TS} = \frac{\mathrm{NA}}{\mathrm{NA} + \mathrm{NB} + \mathrm{NC}} \tag{6.21}$$

$$\mathrm{TR} = \frac{N_t}{N} \times 100\% \tag{6.22}$$

对应某个预报等级，NA 是预报正确的站（次）数，NB 是空报站（次）数，NC 是漏报站（次）数。当预报等级与实况等级相同，则判定为预报正确；预报在某等级内而实况没出现在该等级内，则为空报；预报不在某等级内，而实况出现在该等级内，则为漏报。

对首要污染物的检验，N_t 为预报正确的站（次）数，N 为预报的总站（次）数。当 AQI>50 时，若预报的首要污染物与实况一致，则判定为首要污染物预报正确，否则为错误。当 AQI ≤ 50 时，若预报出 AQI 为一级，则首要污染物预报评定正确，否则为错误。

6.5.1 空气质量预报概况

图 6.12 给出 2016—2019 年广东省 102 个国控站点 AQI、$PM_{2.5}$、O_3 和 NO_2 观测与 GRACEs 模式预报年平均值变化图，可见，2016—2019 年 AQI 值波动变化，略有上升，$PM_{2.5}$ 质量浓度呈波动下降的趋势，O_3-8 h 呈逐年上升的趋势，臭氧生成的前体物 NO_2 质量浓度则相对较为稳定。对于 GRACEs 模式预报而言，整体上看模式对各要素的预报值均偏低，2018 年 AQI 预报值与观测值最为接近，从污染要素来看 O_3-8 h 质量浓度预报仍然偏低，$PM_{2.5}$ 和 NO_2 质量浓度预报偏高；2019 年 AQI 和 O_3-8 h 质量浓度预报值与观测值偏差最大。从模式 24 h、48 h 和 72 h 预报来看，$PM_{2.5}$ 和 NO_2 质量浓度随着预报时效的增大，预报值与观测值的差距也逐渐增大，但 O_3-8 h 质量浓度 72 h 预报值与观测值最为接近，24 h 预报偏低最多。

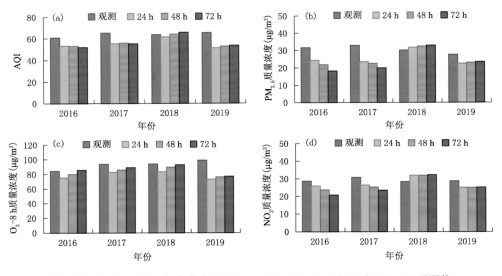

图 6.12 2016—2019 年广东省 AQI(a)、$PM_{2.5}$(b)、O_3-8 h(c) 和 NO_2(d) 观测值与 GRACEs 模式预报值逐年变化

图 6.13 给出广东省 102 个国控站点 AQI、$PM_{2.5}$、O_3-8 h 和 NO_2 观测与 GRACEs 模式预报月平均值变化图。AQI、O_3-8 h 和 NO_2 月平均质量浓度呈双峰变化，AQI 峰值出现在 3 月和 9 月，O_3-8 h 质量浓度峰值出现在 5 月和 9 月，NO_2 质量浓度峰值出现在 3 月和 12 月；$PM_{2.5}$ 月平均质量浓度呈单峰变化，峰值出现在 12 月。从 GRACEs 模式 24 h、48 h 和 72 h 预报来看，各预报要素变化趋势较为一致，当 AQI 及污染要素观测值较低时，模式预报结果与观测值较为接近。GRACEs 模式能较好地预报 $PM_{2.5}$ 和 O_3-8 h 质量浓度峰值趋势，但对于 O_3-8 h 质量浓度 9 月峰值预报明显偏低。模式对 NO₂ 质量浓度的预报相对较差,12 月峰值预报明显偏低,未预报出 3 月峰值,且预报出 9 月"虚高"峰值。

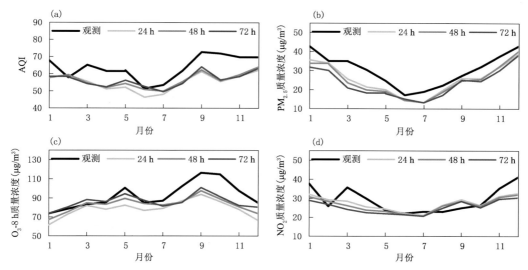

图 6.13　广东省 AQI(a)、PM₂.₅(b)、O₃-8 h (c)和 NO₂(d)观测值与 GRACEs 预报值逐月变化

图 6.14 给出 PM₂.₅、O₃ 和 NO₂ 质量浓度观测及预报值日变化图。可以看到,PM₂.₅ 和 O₃ 质量浓度日变化为单峰型,峰值分别出现在 20 时和 15 时,NO₂ 质量浓度日变化为双峰型,峰值出现在 08 时和 21 时;白天随着边界层高度的抬升,PM₂.₅ 和 NO₂ 质量浓度在 15 时左右降至最低。从 GRACEs 模式预报来看,24 h,48 h 和 72 h 预报的 O₃ 和 NO₂ 日变化趋势与观测值较为一致,模式对 08 时 NO₂ 峰值预报偏低,20 时 NO₂ 峰值预报偏高;模式对夜间段 O₃ 质量浓度预报偏高,而对 15 时峰值预报偏低,从实测数据来看 09—12 时 O₃ 质量浓度明显增大,结合 NO₂ 质量浓度日变化图可以看到,由于 09—12 时模式对 NO₂ 质量浓度预报明显偏低,13—15 时 NO₂ 预报值也略低于观测值,从而可能导致 O₃ 质量浓度预报增幅偏小;对于 PM₂.₅ 而言,模式预报整体偏低,且预报 PM₂.₅ 质量浓度为双峰型,与观测值的单峰型不一致。

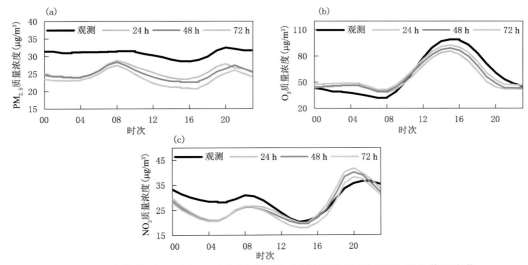

图 6.14　广东省 PM₂.₅(a)、O₃-8 h(b)和 NO₂(c)观测值与 GRACEs 预报值日变化

6.5.2 AQI 与污染物质量浓度日平均预报效果检验

为进一步检验 GRACEs 模式对 AQI、PM$_{2.5}$、O$_3$-8 h 和 NO$_2$ 质量浓度的日平均值预报效果，表 6.5 给出 2016—2019 年广东省 102 个国控站点 AQI 和 3 种污染物日平均质量浓度的均方根误差（RMSE）、平均偏差（MB）和归一化偏差（NMB）。可见，2016—2018 年 AQI 的24 h、48 h、72 h 预报 RMSE 大致介于 15～20 之间，差别较小，但 2019 年则在 25 左右，说明2019 年 GRACEs 模式预报能力略差。2016—2017 年 PM$_{2.5}$ 质量浓度的 24 h、48 h、72 h 预报RMSE 介于 12.97～18.41 之间，2018—2019 年 RMSE 介于 11.03～13.88 之间，预报值与观测值差值逐渐减小，说明近 4 年模式对于 PM$_{2.5}$ 浓度的预报能力有所提升。2016—2018 年O$_3$-8 h 质量浓度的 24 h、48 h、72 h 预报 RMSE 介于 22.14～30.41 之间，2019 年则增大至 41以上，结合前面的臭氧质量浓度年、月、日变化图可推断，由于臭氧质量浓度呈逐年上升的趋势，而模式对于臭氧质量浓度峰值预报明显偏低，从而导致预报偏差有所加大，因此在臭氧质量浓度逐渐上升的情况下，亟须提升模式对臭氧质量浓度的预报能力。对于 NO$_2$ 质量浓度预报方面，近 4 年 24 h、48 h、72 h 预报 RMSE 介于 8.61～12.40 之间，模式对 NO$_2$ 质量浓度的预报相对稳定。除 2018 年外，AQI 和 3 种大气污染物的 MB 值和 NMB 值均为负值，说明2018 年 GRACEs 模式 3 个污染要素在广东省的预报结果偏高于实测值，而 2016、2017 和2019 年则偏低于实测值。2016—2019 年 AQI 和 3 种大气污染物 24 h、48 h 和 72 h 的 MB 值和 NMB 值波动较大，这也体现了广东省空气质量预报的复杂性。

表 6.5　2016—2019 年广东省 GRACEs 模式预报结果检验

要素	年份	24 h 预报			48 h 预报			72 h 预报		
		RMSE	MB	NMB(%)	RMSE	MB	NMB(%)	RMSE	MB	NMB(%)
AQI	2016	15.39	−7.84	−11.04	16.68	−7.96	−11.75	17.13	−8.44	−12.14
	2017	18.12	−10.15	−11.80	19.88	−9.29	−9.37	22.25	−9.66	−9.29
	2018	16.16	−1.65	2.86	17.75	0.87	7.65	18.90	2.46	10.46
	2019	24.97	−14.16	−15.33	25.01	−12.45	−12.28	26.40	−11.44	−9.98
PM$_{2.5}$	2016	12.97	−7.29	−23.29	15.36	−9.85	−32.60	17.51	−13.33	−43.30
	2017	15.46	−9.55	−27.11	16.13	−10.28	−29.87	18.41	−12.79	−36.52
	2018	12.90	1.52	12.58	13.42	2.24	15.94	13.88	2.87	18.82
	2019	11.03	−5.16	−16.56	11.84	−4.57	−14.43	12.80	−4.03	−11.30
O$_3$	2016	22.19	−8.79	−5.09	22.14	−4.14	1.83	22.37	2.53	13.10
	2017	25.92	−11.09	−5.10	27.39	−7.48	0.56	30.41	−3.79	5.83
	2018	24.57	−9.68	−2.16	26.84	−3.80	6.62	28.42	−0.51	11.38
	2019	41.87	−25.24	−16.19	42.25	−21.98	−11.05	44.70	−20.87	−8.87
NO$_2$	2016	8.61	−2.88	3.86	10.28	−5.16	−12.50	12.11	−8.00	−23.02
	2017	9.23	−4.25	−9.07	10.76	−5.20	−11.60	12.40	−6.90	−16.81
	2018	11.27	3.64	21.42	11.64	3.52	21.00	12.16	3.81	21.99
	2019	10.39	−3.63	−4.49	11.20	−3.85	−4.76	11.16	−3.48	−3.11

图 6.15 给出广东省 102 个国控站点 AQI、PM$_{2.5}$、O$_3$-8 h 和 NO$_2$ 观测日均值与 GRACEs 模式预报日均值的相关系数,可见,随着预报时效的增长,AQI 及 3 种大气污染物的观测值与预报值的相关系数逐渐减小,O$_3$ 质量浓度在 3 个时次的相关系数差别较大,PM$_{2.5}$ 质量浓度在 3 个时次的相关系数差别较小,说明模式对 PM$_{2.5}$ 质量浓度的预报较为稳定;NO$_2$ 质量浓度观测值与预报值的相关系数最小,介于 0.35~0.67 之间。2016—2017 年 AQI 相关系数较高,分别为 0.78 和 0.77,但 2018 年相关系数降为 0.64,2019 年进一步下降为 0.62,结合图 6.15 和表 6.5 可知,2018 年 PM$_{2.5}$ 和 NO$_2$ 质量浓度预报偏高,而 O$_3$ 质量浓度预报仍然偏低,从而导致 AQI 波动较大,影响相关性;2019 年由于 O$_3$ 质量浓度进一步上升,但模式对于 O$_3$ 峰值的预报能力不足,从而影响 AQI 相关性。在 $\alpha=0.01$ 或 $\alpha=0.05$ 的显著性水平下,GRACEs 模式预报的 AQI、PM$_{2.5}$ 质量浓度、O$_3$ 质量浓度、NO$_2$ 质量浓度与观测值均为显著相关。

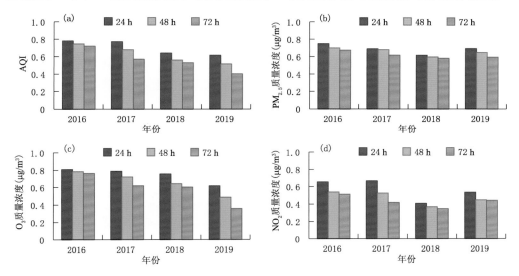

图 6.15　广东省 AQI(a)、PM$_{2.5}$(b)、O$_3$-8 h(c)和 NO$_2$(d)观测值与 GRACEs 模式预报值的相关系数

6.5.3　空气质量等级和首要污染物预报检验

按 AQI 为 0~50、51~100、101~150、151~200、>200 分为 5 个等级,采用 TS 评分法对不同等级空气质量的预报结果进行评分,包括 TS 评分和首要污染物预报准确率 TR。图 6.16 为 2016—2019 年广东省 21 地市 GRACEs 模式 24 h、48 h 和 72 h 预报的 TS 评分平均值逐年变化图,可见,对于 24 h 预报,2017 年五个等级 TS 评分总和最高,为 1.24,其次为 2016 年总和为 1.10,最低为 2019 年,为 0.87;对于 48 h 和 72 h 预报,五个等级 TS 评分总和逐年降低。2016 年 48 h 预报五个等级 TS 评分总和略高于 24 h,48 h 预报为 1.11,其余年份随着预报时效的增长,五个等级 TS 评分总和略有降低,说明整体上看预报时效越短 GRACEs 模式预报能力略好。对于等级为优的预报,24 h、48 h 和 72 h 预报 TS 评分最高均为 2016 年,分别为 0.55、0.53 和 0.53;对于等级为良的预报,24 h、48 h 和 72 h 预报 TS 评分最高均为 2018 年,分别为 0.45、0.45 和 0.42;对于等级为轻度的预报,24 h、48 h 和 72 h 预报 TS 评分最高为 2017 年、2016 年和 2018 年,分别为 0.12、0.12 和 0.11;对于等级为中度的预报,24 h、

48 h 和 72 h 预报 TS 评分最高均为 2017 年，分别为 0.10、0.05 和 0.05；对于等级为重度的预报，24 h、48 h 和 72 h 预报 TS 评分最高为 2017 年、2017 年和 2016 年，分别为 0.16、0.11 和 0.05。由以上分析可见 GRACEs 模式对于轻度污染及以上等级的 TS 评分显著偏低，亟须提升模式对污染天气的预报能力。

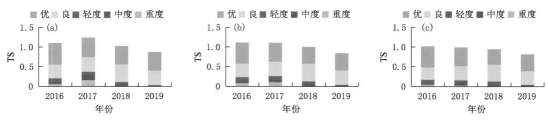

图 6.16 2016—2019 年广东省 GRACEs 模式预报的 TS 评分
(a) 24 h；(b) 48 h；(c) 72 h

图 6.17 给出 2016—2019 年广东省 21 地市平均首要污染物预报准确率逐年变化图，首要污染物预报准确率逐年下降，随着预报时效的变长，首要污染物预报准确率逐渐降低，2016 年 24 h、48 h 和 72 h 预报的 TR 差别较小，说明模式对 2016 年的预报较为稳定。

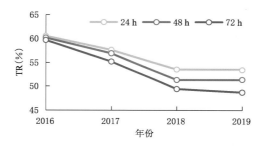

图 6.17 2016—2019 年广东省 GRACEs 的首要污染物预报准确率

目前，GRACEs 的预报效果还不够理想。造成整个模式系统的预报性能偏差有多方面的原因，不同要素预报性能差异的原因并不完全一样。总体上，模式的预报精度主要取决于：①准确的精细化气象场；②准确的污染源清单；③适合的化学机制；④准确的初始场等。GRACEs 模式系统预报的 PM 值往往偏低，这极大可能与气象模式预报的地面风场偏大以及边界层高度偏高有关。中尺度气象模式可以较好地预报出边界层以上大、中尺度的天气形势，而对于城市尺度乃至街区尺度的微气象变化，模式模拟得到的风速往往偏大。其次，GRACEs 模式采用本地的排放源数据更新明显滞后，存在很多的不确定性，尤其对于排放 VOC 的源清单。在化学机制上尚未开展有效的本地化化学模式机理，目前所采用的化学机制在二次有机气溶胶（SOA）与臭氧的模拟上仍有很大的不足，二次有机气溶胶的形成机理在国际上还是个难点问题。对于光化学污染而言，辐射场尤其是光化学辐射通量的模拟更为重要。目前整个模式系统没有考虑气溶胶等物质对气象场的辐射反馈作用，有研究表明，气溶胶会改变大气层结的稳定度、物种光解率，影响云和降水。另外，目前 GRACEs 模式系统采用单向耦合，排放源模式和大气化学模式利用气象模式输出的数据 1 h 结果插值到每一个计算步长，会产生一定的误差，还没有考虑污染物对气象场的反馈作用，进一步实现气象—排放源—化学模式的在线耦合有望提高整个系统的模拟精度。

6.6
珠三角空气质量模式初始场同化初步研究

资料同化方法在大气化学模式的应用是当前国际上的一个研究热点,它为改善模式预报精度提供了一种有效的方法。随着技术的发展,从应用简单、背景场误差定常的最优插值法发展到考虑背景场误差随时间变化的集合卡尔曼滤波,资料同化方法被广泛应用于模式各种不确定性因素的订正。

6.6.1　常用资料同化方法介绍

(1)逐步订正法,利用观测与模式背景值相减所得增量,对其进行加权得到分析增量,进而更新得到分析场。其中权重属于经验权重函数。常用的权重函数有:

$$w(r) = \begin{cases} \dfrac{R^2 - r^2}{R^2 + r^2} \\ e^{\frac{-4r^2}{R^2}} \end{cases} \tag{6.23}$$

式中,r 为分析格点与观测点的距离,R 为影响半径。逐步订正法第一次引入了背景场,只有影响半径范围内的观测才对分析场起作用,简单易行,其缺点是影响半径由经验确定,不是统计上的最优。

(2)最优插值法(optimal interpolation,简称 OI),由 Eliassen 在 1954 年首先提出,Gandin 在 1963 年采用最优插值法把不规则观测站点的温度内插到规则网格,实现了将最优插值法引入客观分析领域中。OI 法是在统计意义上通过使分析方差最小来得到最优分析值,它相对于其他同化方法而言,具有计算复杂度和计算量较小的特点,缺点是没有考虑误差在预报中的传播和发展,背景误差协方差恒定,是一种静态局地分析法。一般形式如下:

$$\boldsymbol{x}_a = \boldsymbol{x}_b + \boldsymbol{K}(\boldsymbol{y} - \boldsymbol{H}\boldsymbol{x}_b)$$

$$\boldsymbol{K} = \boldsymbol{B}_b \boldsymbol{H}^T (\boldsymbol{H}\boldsymbol{B}_b \boldsymbol{H}^T + \boldsymbol{R})^{-1} \tag{6.24}$$

式中,$\boldsymbol{x}_a$ 为同化后分析场,$\boldsymbol{x}_b$ 为背景场,$\boldsymbol{y}$ 为观测场,$\boldsymbol{H}$ 为线性观测算子,将状态量从模式空间转换到观测空间,$\boldsymbol{B}_b$ 表示背景场误差协方差矩阵,$\boldsymbol{R}$ 表示观测场误差协方差矩阵,$\boldsymbol{K}$ 为结合了背景误差协方差和观测误差协方差得到的权重算子。上标"T"和"-1"分别表示矩阵的转置和求逆。

(3)变分法,通过构造代价函数,将求解最优场的问题转化为求解代价函数最小值的问题。主要包括三维变分法(three dimensional variational assimilation,简称 3DVAR)和四维变分法(four dimensional variational assimilation,简称 4DVAR),3DVAR 的代价函数为:

$$J(\boldsymbol{x}) = (\boldsymbol{x} - \boldsymbol{x}_b)^T \boldsymbol{B}^{-1}(\boldsymbol{x} - \boldsymbol{x}_b) + (\boldsymbol{y} - \boldsymbol{H}\boldsymbol{x})^T \boldsymbol{R}^{-1}(\boldsymbol{y} - \boldsymbol{H}\boldsymbol{x}) \tag{6.25}$$

式中,观测算子 $\boldsymbol{H}$ 可以为较复杂和弱非线性,但无法利用后面时刻的观测资料对前面时刻的分析结果进行订正,可能会出现时间上不连续的问题。4DVAR 是将 3DVAR 在某一时刻的空间全局最优,拓展为一段时间内的时空全局最优。即可同化不同时刻的观测资料,背景误差

协方差随模式呈隐式发展,可在代价函数中加上一些弱约束。其代价函数为:

$$J(x) = (x - x_b)^T B^{-1}(x - x_b) + \sum_{i=1}^{N}(y_i - Hx_i)^T R^{-1}(y_i - Hx_i) \tag{6.26}$$

式中,i 表示不同的时刻。主要缺点是需要编写伴随程序,对于复杂系统而言工作量很大,且需引入切线性假设且假设模式完美,计算代价比 3DVAR 大很多。

(4)卡尔曼滤波(Kalman filter,简称 KF)是一种顺序资料同化方法,通过将当前观测值与模式状态量的背景估计值进行加权平均得到状态量的后验估计值。OI 法的背景场误差协方差是定常的,KF 法则在其分析基础上,通过模式预报来不断更新背景场误差协方差,不仅得出最优分析解,同时提供分析误差协方差。其主要缺点是假设了动力系统为线性,且需要耗费大量的计算时间和存储量。

集合卡尔曼滤波(ensemble Kalman filter,简称 EnKF)由 Evensen 在 1994 年提出,是卡尔曼滤波(Kalman filter)的蒙特卡罗近似,通过有限样本来计算背景场误差协方差,避免了卡尔曼滤波在实际应用中背景场误差协方差矩阵估计和预报以及计算和储存代价大的问题,同时解决了卡尔曼滤波在非线性系统中应用的近似问题,避免了伴随模式的使用且可以有效实现并行计算,应用方便,提高计算效率。集合卡尔曼滤波在继承了传统卡尔曼滤波优点的基础上有所改进,克服了卡尔曼滤波的一些缺点,但其自身仍有一部分缺点。有限集合样本数是引起集合卡尔曼滤波各种问题的根本原因,它导致了不满秩,滤波发散问题,在实际应用还需考虑平衡、复杂的非线性观测算子、高密度观测资料的同化等问题。集合卡尔曼滤波在求解增益矩阵时,需要对 $HB_bH^T + R$ 求逆,而 HB_bH^T 和 R 都是由集合样本统计而来,意味着 HB_bH^T 的秩不大于集合样本数。一般情况下,集合样本数要少于观测维数,使得 $HB_bH^T + R$ 为一个不满秩矩阵。如果集合样本数和观测维数相差较小,可通过特征值分解近似求逆,而当两者相差过大,则无法得到正确的增益矩阵。滤波发散,经过多次同化后,分析场与背景场越来越接近,集合的离散度越来越低,最终完全排斥观测资料。对观测进行扰动、无法正确估计分析格点与远距离观测站点间相关性、模式系统误差等,都会引起滤波发散的问题。滤波发散是影响集合卡尔曼滤波同化效果的一个关键问题。协方差局地化、协方差膨胀,都是为了缓解滤波发散而研究出的方法。

最初的集合卡尔曼滤波,因为同化观测值为定值,导致同化后集合方差小于理论方差,所以 EnKF 衍变出了多种变形来解决这个问题,其中一类是在观测中加入高斯扰动的观测误差,另一类是通过改变同化后集合扰动的更新方案来使得同化后的集合方差与理论一致,主要有集合平方根滤波(ensemble square root filter,简称 EnSRF),集合转换滤波(Ensemble Tranform Filter,简称 ETKF)和集合调整滤波(Ensemble Adjustment Filter,简称 EAKF)。

本节所采用的是由 Whitaker 等(2002)提出的不加入观测扰动的集合平方根滤波,每同化一个观测数据更新一次分析场,然后将更新的分析场作为同化下一个观测资料的背景场,直到用完所有观测资料(陈懿昂 等,2017)。因为没有对观测加以扰动,分析误差协方差 $A = (I - KH)B_b(I - KH)^T + KRK^T$ 中最后一项关于观测误差的部分会被舍去,造成分析误差被低估,降低同化效果和导致滤波发散等问题。因此在 EnSRF 方法引入了一个参数 α 以维持原来的分析误差。其一般形式如下:

$$\bar{X}_a = \bar{X}_b + K(\bar{y} - H\bar{X}_b)$$
$$x'_a = x'_b - \tilde{K}HX'_b$$

$$\boldsymbol{K} = \boldsymbol{B}_b \boldsymbol{H}^{\mathrm{T}} (\boldsymbol{H} \boldsymbol{B}_b \boldsymbol{H}^{\mathrm{T}} + \boldsymbol{R})^{-1} \tag{6.27}$$

$$\widetilde{\boldsymbol{K}} = \alpha \boldsymbol{K}, \boldsymbol{B}_b = \frac{\boldsymbol{x}'_b \boldsymbol{x}'^{\mathrm{T}}_b}{N-1}$$

$$\alpha = \left(1 + \sqrt{\frac{\boldsymbol{R}}{\boldsymbol{H} \boldsymbol{B}_b \boldsymbol{H}^{\mathrm{T}} + \boldsymbol{R}}} \right)^{-1}$$

$$\boldsymbol{x}_a = \overline{\boldsymbol{X}}_a + \boldsymbol{x}'_a$$

式中，N 为样本个数，上标"－"和"'"分别表示样本平均和样本偏差，其余字母符号意义同上，$\boldsymbol{K}$ 为集合样本平均的权重算子，$\widetilde{\boldsymbol{K}}$ 为集合样本增量的权重算子。

6.6.2　选取的 OI 与 EnSRF 同化方案

最优插值法（OI），方法简单、计算量小，但其假设背景场误差协方差是定常。对于集合平方根滤波法而言，背景场协方差是随时间而变，通过集合预报来统计得出，虽其计算量大，但其在物理意义上更优，更符合实际情况。两种方法的最主要区别在于背景场误差的计算，背景场误差对同化效果有重要影响，因此，本节选用这两种方法进行同化试验，并比较其效果。

背景误差协方差是资料同化的核心部分，它决定着观测信息在同化分析中的传播。对于最优插值法，这里采用美国国家气象中心（National Meteorological Center，NMC）的方法来计算背景场误差协方差，即利用同一时刻的两个不同预报时效（$\boldsymbol{x}_{12}^f$ 和 $\boldsymbol{x}_{24}^f$ 分别表示 12 h 和 24 h 预报场）的预报结果之差来表示背景场误差。

$$\boldsymbol{B}_b \approx \overline{\langle (\boldsymbol{x}_{24}^f - \boldsymbol{x}_{12}^f)(\boldsymbol{x}_{24}^f - \boldsymbol{x}_{12}^f)^{\mathrm{T}} \rangle} \tag{6.28}$$

背景误差场可分解为误差标准差矩阵和相关系数矩阵两部分，对于相关系数矩阵，又可分水平和垂直相关，水平相关系数 C_x 和 C_y，假设水平各向同性，采用一维的高斯分布函数来表示：

$$C = e^{[-(\Delta x)^2 / 2(L)^2]} \tag{6.29}$$

式中，Δx 表示两点间的水平距离，L 表示相关系数的消减尺度。而对于垂直相关系数 C_z，因为垂直相关在不同的高度非均匀性强，一般难以像水平相关那样用相关函数来表示，所以这里直接利用模式预报结果进行直接计算，这样所得相关系数能较好体现垂直相关结构对地面观测信息合理向上传播十分关键。

模式资料包括自 2013 年 11 月 25 日—12 月 30 日一个月的预报结果，其中 11 月 25—30 日为模式预运行（spin-up）时间段。模式分别从每天 00 时和 12 时起报，预报 24 h，所以每天 00 时的预报场有两个，一个是 24 h 的预报结果，另外一个是 12 h 的预报结果，将两个预报场作差，共得到 30 对预报差值场，用作 NMC 方法的背景误差场。

而对于集合平方根滤波法，则是通过对初始扰动样本进行一定时间集合预报，利用模拟所得集合背景场来计算背景场误差协方差 $\boldsymbol{B}_b = \dfrac{\boldsymbol{x}'_b \boldsymbol{x}'^{\mathrm{T}}_b}{N-1}$。样本的生成方法参考 Evensen（2003）提出的三维随机场生成方法，生成均值为 0，方差为 1 的随机扰动场，将初始值加上一定大小的扰动形成 N 个初始样本，进行一定时间的集合预报，得到背景场。其中相关尺度是一个经验的调整参数，会随动力系统和化学反应尺度等不断变化。

造成集合卡尔曼滤波实际应用困难的问题之一就是其昂贵的计算代价，而计算代价又很大程度取决于集合样本数的大小，为了降低计算代价，会尽量减少集合样本数，但样本数过低又会造成虚假相关的引入,低估分析误差协方差等问题,所以为了使计算代价和同化效果达到较好平衡,样本数是方法应用研究的主要问题之一。白晓平等(2008)运用集合卡尔曼滤波对NO_x和SO_2进行同化试验,结果表明,30个集合样本能够取得较好的同化效果。唐晓等(2013)对集合卡尔曼滤波的集合样本数进行敏感性试验,结果表明,集合样本数为50时效果较好,而当样本数减小为20个时效果相近,参考上述,设置集合样本数为30。

6.6.3 初始场同化试验及其对预报的影响

采用WRF-CMAQ对2013年12月珠三角的SO_2进行模拟,利用最优插值法(OI)和集合均方根法(EnSRF)对SO_2开展初始场同化预报试验,对比不同方法的同化效果,对初始场同化效果进行系统分析,并初步讨论了初始场同化对模式预报的影响(图6.18—6.20,表6.6—表6.7)。

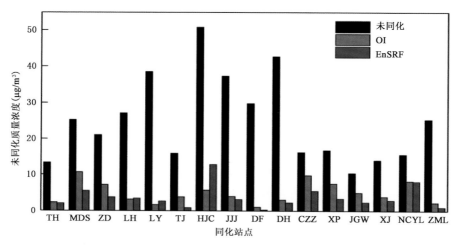

图6.18 同化站点同化前后RMSE对比

(TH:广州天湖;MDS:广州磨碟沙;ZD:广州竹洞;LH:广州麓湖;LY:深圳荔园;TJ:珠海唐家;
HJC:佛山惠景城;JJJ:佛山金桔咀;DF:江门端芬;DH:江门东湖;CZZ:肇庆城中子站;
XP:惠州下埔;JGW:惠州金果湾;XJ:惠州西角;NCYL:东莞南城元岭;ZML:中山紫马岭)

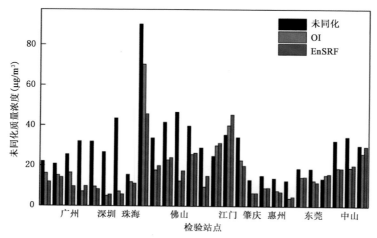

图6.19 检验站点同化前后RMSE对比

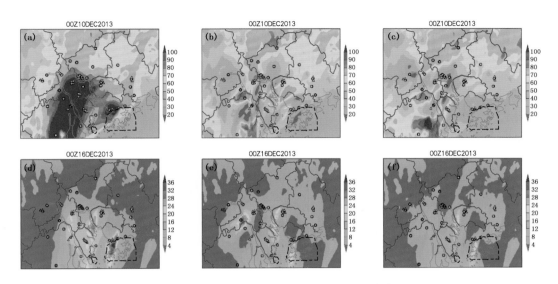

图 6.20　污染过程和清洁过程的 SO_2 区域分布图

(a)—(c)污染过程；(d)—(f)清洁过程((a)、(d)未同化；(b)、(e)OI；(c)、(f)EnSRF)

表 6.6　同化站点及检验站点同化前后 RMSE 对比

数据类型		同化前均值	同化后均值	平均下降比例(%)	最小下降比例(%)	最大下降比例(%)	下降站点比例(%)
同化站点	OI	27.08	6.84	73.01	30.97	96.26	100
	EnSRF	27.08	4.65	82.59	48.00	98.99	100
检验站点	OI	29.48	17.60	38.98	13.29	83.05	89
	EnSRF	29.48	17.08	39.42	−1.65	−86.46	89

表 6.7　所有站点均值的预报场与观测值统计对比

统计	未同化	OI	EnSRF
平均绝对偏差(MAGE)	4.51	3.80	2.92
均方根误差(RMSE)	5.19	4.98	4.13
相关系数(CORR)	0.87	0.92	0.92

取得的主要科学认识与结论有：

(1)WRF-CMAQ 的模拟结果表明，模式对气象要素模拟较好，对 SO_2 的模拟整体偏高。背景场分析结果表明，背景场误差高值区主要位于江门一带，模式对边界层内特别 400 m 以下 SO_2 的模拟不确定性较大。集合预报所得背景场误差的变化趋势与浓度场变化趋势一致。

(2)对同化站点数和相关尺度的敏感性试验结果进行分析发现，同化站点的均方根误差随着同化站点数的增多而增大，相比于未同化时的误差均有所减小。分析场的误差随相关尺度的增大而变大。试验时间段内 OI 方法的最优化尺度为 20 km，在同样的相关性下，EnSRF 方法对初始场的订正效果要优于 OI 方法。

(3)对比 OI 与 EnSRF 方法对初始场的同化效果，同化后站点的平均相对误差和均方根误差均有所下降，同化站点和检验站点的均方根误差分别下降 73% 和 38% 左右。同化调整了污染物浓度场的分布型态,与观测场更为吻合,为模式提供了与实际更接近的初始场。EnSRF 方法对污染过程的调整效果优于 OI 方法,对清洁过程的订正效果则相反。整体上,EnSRF 方法对 SO_2 的初始场改善效果要优于 OI 方法。

(4)对比 OI 与 EnSRF 所得分析场对预报场的影响,同化预报试验的误差均比未同化的预报场的要小,相关性有所提高。两种方法对预报场的优化效果相近,其中 EnSRF 方法所得预报场的误差较小。仅对集合进行初始值扰动的影响较小,随同化模拟而逐渐减少,集合离散度迅速减小,EnSRF 方法出现滤波发散问题,12 h 后无法继续进行后续同化预报。

(5)运用 OI 方法进行不同站点数目的 6 h 同化预报试验,发现同化初值对 SO_2 模拟偏高有所缓解。预报 1~6 h 的均方根误差相对于未同化试验的降低幅度从 80% 减少到 4%,随着预报时间增加,不同站点数方案的预报场间差异逐渐减小。

目前,GRACEs 业务模式系统尚未开展初始场同化试验,此项业务的开展还需要投入大量的人力与计算资源的支持,任重而道远。

第7章 珠三角区域大气污染联防联控试验研究

本章主要介绍了珠三角区域大气污染联防联控的目的意义,开展了各种不同情景下的区域大气污染联防联控数值试验分析研究。

7.1 目的意义

随着中国未来经济的持续发展,将面临更加严峻的能源消耗、用电需求和持续增长的汽车保有量。因此,在城市化和经济不断发展的同时,环境与资源问题已成为制约珠三角可持续发展的重大因素,防治大气污染和改善空气质量的需求迫在眉睫。

依托于一个先进的、已业务运行的、适用于珠三角的精细化大气成分业务数值预报模式系统(GRACEs),通过开展多元化珠三角大气污染防治和区域联防联控试验,对珠三角大气污染物进行来源解析,探索不同污染源结构、不同污染源区域对珠三角空气质量的影响,研究典型污染气象条件对空气质量的影响。同时,通过分析历史高污染案例和预报未来情景的空气质量,探索紧急减排和可持续性减排的可行性方案,为改善空气质量提出有效策略,以便多管齐下,科学施策,使珠三角区域空气质量得到切实改善。

7.1.1 国外概况

在美国,光化学烟雾污染可以追溯到1940年的"洛杉矶烟雾"。数据显示,1940年的洛杉矶汽车保有量为250万辆,每天大约消耗1100 t汽油,排出1000多吨碳氢化合物,700多吨一氧化碳,加上工厂、供油站等化石燃料燃烧,致使城市笼罩在浅蓝色的烟雾下。1951年,Haagen-Smit(1952)最先指出O_3是由氮氧化物、碳氢化合物通过光化学反应生成,是光化学烟雾的重要指示物,自此之后,O_3的光化学反应机理研究逐渐展开。美国正式向空气污染宣战的标志是1970年的《清洁空气法案》颁布并实施。《清洁空气法案》的颁布构建了美国环境大气质量标准与排放总量控制相结合的大气污染防治策略体系。美国国家环境保护局(EPA)在全国设立了247个州内控制区和263个州际控制区,各州对其所管辖区域内的空气质量负有主要责任。这一阶段美国主要通过对电厂和其他重工业废气的净化,以及对汽车尾气排放控制的策略来实现空气质量的改善。1977年《清洁空气法案》修正案颁布,将全美划分为防止严重恶化区和非达标区。为了达到国家环境空气质量标准,各州都制定了固定源和移动源相关污染物的排放标准,并以州实施计划的形式给出各州空气质量达标和改善的时限和具体措施及可行性分析,EPA批准并对其执行情况进行监督检查。1990年《清洁空气法案》第二次修正议案将酸雨、城市空气污染、有毒空气污染物排放三方面的内容纳入到法案中,制定和实施酸雨计划,并规定了二氧化硫排放许可证和排污交易制度。Jaffe 等(2007)评估了美国西部地区的 O_3 变化,发现在 1987—2004 年间 O_3 浓度以每年 0.26 ppbv 的幅度逐年上升。事实表明,美国政府也意识到这个问题,并于 2005 年通过 EPA 进一步发布了《清洁空气州际法规》,该法案旨在通过同时削减 SO_2 和 NO_x 帮助各州的近地面 O_3 和细颗粒物达到环境空气质量标准。

在欧洲,19 世纪中后期煤烟型污染愈演愈烈,欧洲多个城市遭受了严重的烟雾事件侵袭,其中以"伦敦烟雾"广为人知。Wilkins(1954)指出,伦敦 1952 年 12 月的一次连续 5 日的烟雾污染导致 4000 余人死亡,区域烟雾浓度的峰值达到 4.46 mg/m^3。为了防止空气质量的深入恶化,以英国为首的欧洲国家采取了提高烟囱高度、消灭低矮点源和大规模开发应用消烟除尘、脱硫技术的控制策略。直到 20 世纪 40 年代,欧洲国家通过燃料替代的方式,将煤炭改为天然气和油,困扰多年的煤烟型污染才得以解决。到 70 年代,酸雨与污染物跨界传输问题的凸显,促使欧洲开始采取积极的总量削减控制策略,1985 年的赫尔辛基公约首次对 SO_2 提出了削减 50% 的目标,此后在不同的公约中又分别增加了对 NO_x 和 VOC 的削减目标。为了实现污染物的削减目标,欧盟通过实施大型燃烧装置大气污染物排放限制加强燃煤电厂污染物排放的控制,1987 年出台了首部《大型燃煤企业大气污染物排放限制指令》(88/609/EEC),对新建电厂的 SO_2、NO_x 和颗粒物排放进行控制。从 1994 年硫议定书修正案以来,基于不同生态环境,充分考虑地区间差异的临界负荷概念被提出,各缔约国根据自身对酸雨的敏感性程度来制定减排目标和进程,有效地调动了各国的减排积极性,同时也使主要污染物排放在原本已获得较好成效的基础上得到了进一步的控制。1999 年发布的哥德堡公约以控制酸化、富营养化和近地面 O_3 的排放为目标,分别对硫、氮氧化物、VOCs、重金属和氨的排放上限进行了限制,并进一步提出了对排放量较大和削减成本相对较低的国家进行大幅削减的计划。2001 年欧盟进一步推行了欧洲清洁空气计划,该计划利用综合性酸雨模型(RAINS)从人体健康、建筑物、农作物和生态系统 4 个方面对 2000—2020 年污染物浓度及其影响进行了基线情景研究,并展开相应的费效分析。2002 年《大型燃煤企业大气污染物排放限制指令》(2001/80/EC)出台,进一步加严了对污染物排放量的控制指标。

7.1.2 国内概况

在我国,人们不断追求经济发展的同时,愈发意识到大气污染、空气质量变差的问题。早在 30 年前,酸雨已成为我国普遍的污染问题。1982 年的酸雨普查发现,除吉林、甘肃和宁夏外,其他二十多个省、直辖市、自治区均出现酸雨,酸雨的覆盖面积为国土面积的 40%。1999 年 106 个城市的 pH 值监测结果表明,降水年均 pH 值范围在 4.3~7.47。而今,酸沉降依旧是一个严峻的问题,2010 年的统计显示,全国 494 个监测站有 249 个遭受了酸雨侵袭,超过了 50%;自 1995—2010 年,全国降雨 pH 值小于 5.0 的区域始终保持稳定,并且占据国土的 30%~40%。发现,我国华北、华东和华南降水中 SO_4^{2-} 同 NO_3^- 比例发生了显著的变化,从 20 世纪 90 年代的 4~10 变成 2009 年的 2~3,这是由于我国近些年 SO_2 和 NO_x 排放较以往发生了明显的变化。事实上,我国 SO_2 的排放治理早在"十五"(2001—2005 年)规划里就有了相应政策,"十五"规划计划到 2005 年 SO_2 的总排放较比 2001 年降低 10%,然而由于化石燃料的需求激增,加上低效的脱硫设备及高效脱硫技术的缓慢引入,导致 2005 年的 SO_2 实际总排放为 25.49 千吨,比 2000 年的 1995 千吨升高了 27.8%。接下来的"十一五"规划(2006—2010 年)则着重强调以高严格的脱硫方法来治理高浓度的 SO_2 排放,规划制定到 2010 年,每单位 GDP 的产出对应的能源的消耗降低 20%,SO_2 的排放降低 10%。为达到该项目标,国家推行了一系列相关政策:督促新旧电场安装高效的烟气脱硫装置(FGD)、关闭较小或低效的发电场等。截至 2010 年,全国超过 81% 的燃煤发电厂安装了烟气脱硫装置,煤炭洗选量从 2005 年的 0.7 亿吨增长到 2010 年的 1.65 亿吨。该类措施成功地使得全国的 SO_2 排放总量降低了 14.29%(Mep,2011),作为核心城市群的珠三角也不例外,根据数据显示,2006—2011 年珠三角的 SO_2 年均浓度降低了 48.9%,分别伴随着 13.5% 的 PM_{10} 和 14.1% 的 $PM_{2.5}$ 年均浓度下降;"十二五"规划(2011—2015 年)首次将氮氧化物(NO_x)协同 SO_2 纳入治理计划。在"十二五"之前,我国并没有出台明确的 NO_x 限量文件,各地区的 NO_x 减排措施都仅限于电厂和机动车,据资料统计,2000—2010 年我国的热电厂和机动车保有量分别增加了 195% 和 300%,伴随 NO_x 的排放分别增加了 100% 和 200%。部分研究表明,我国华北地区 NO_x 的排量存在明显的增长趋势(Ritcher et al.,2005;Zhang et al.,2007)。为落实"十二五"的内容,珠三角推行的减排措施以要求发电厂安装脱硫设施、收紧车辆的排放标准及油品规格和淘汰珠三角内较污染的工业设施等为主。数据表明,2014 年珠三角的 NO_2 年均浓度为 37 $\mu g/m^3$,较 2006 年下降了 20%。

　　我国大气污染的另一个重要问题是以颗粒物(PM)为主的雾/霾污染。过去 10 年的数据显示,我国超标频率最严重的是 PM_{10},平均 113 个城市的 PM_{10} 年均浓度为 82 $\mu g/m^3$,是发达国家的 4~6 倍。2005—2012 年北京 PM_{10} 的年均浓度在 114~127 $\mu g/m^3$。2012 年前,我国检测 $PM_{2.5}$ 的数据非常有限,Wu 等(2008)表明广州的 $PM_{2.5}$ 同 PM_{10} 的比例高达 58%~77%;$PM_{2.5}$ 在北方城市的平均浓度为 80~100 $\mu g/m^3$,在南方城市的平均浓度为 40~70 $\mu g/m^3$,分别是美国空气质量标准的 5~6 倍和 2~5 倍(Yang et al.,2011)。数值模式的结果表明,高浓度的 $PM_{2.5}$ 覆盖了我国大部分区域,其中硫酸盐、硝酸盐和铵盐是 $PM_{2.5}$ 的主要成分,这也意味着二次生成的气溶胶占重要比例。细粒子污染是区域灰霾的主要成因,数据表明我国 2005 年的年均能见度比 20 世纪 60 年代降低了 7~15 km;Tan 等(2009)监测到广州一次持续十天的灰霾日,期间最低的能见度低至 2 km;《广东省灰霾天气公报》指出 2013 年广州 12 月出现了一次持续 6 天的典型灰霾过程,其中番禺区日均能见为 1.9 km,能见度小时均值最低仅 0.7 km。对于颗粒物的污染防治,我国在 2003 年颁布了《火电厂大气污染物排放标准》,文件针对火电厂制订了严格的颗粒物排放标准,自此之后,我国有 92% 的煤粉工厂安装了静电除尘装置。随着该项文件的执行,实际上电厂源的 $PM_{2.5}$ 排放因子在 1990—2005 年间降低了 7%~69%(Lei et al.,2011),然而我国颗粒物质量浓度居高不下的原因是其他工业行业的激增,例如钢铁业、水泥业和制铝业的显著发展。2013 年,国务院印发了最新的《大气污染防治行动计划》,计划制定到 2017 年,全国地级以上城市 $PM_{2.5}$ 浓度比 2012 年下降 10% 以上,优良天数逐年提高;京津冀、长三角和珠三角等区域 $PM_{2.5}$ 浓度分别下降 25%、20% 和 15% 左右。近年来,珠三角的霾日与 $PM_{2.5}$ 已呈明显的下降趋势。2020 年,广东全省平均灰霾日数为 13.3 天,较近三十年平均值偏少 27.8 天,为 1980 年以来最少(创 40 年新低);珠三角 9 市平均灰霾日数为 11 天,比全省平均灰霾日数少,这是首次出现珠三角城市群霾日少于全省平均霾日的新现象。

　　此外,我国还面临的一类严重的大气污染,即光化学烟雾。光化学烟雾是由汽车/工厂等污染源排入大气的碳氢化合物(HC)和氮氧化物在紫外光的作用下发生光化学反应生成的二次污染物,参与光化学反应的一次污染物和二次污染物的混合物所形成的烟雾污染现象。其中,近地层 O_3 是光化学烟雾的重要指示物。近地层 O_3 污染在我国城市群频发,Wang 等 (2006)记录了一次北京郊区 O_3 严重超标的现象,O_3 小时峰值高达 286 ppbv;Zhao 等(2009)指出,华东区域常遭受 O_3 污染,8 h 均值为 93 ppbv;对于珠三角,近些年的数据显示 O_3 的变化呈现出逐年上升的态势(Wang et al.,2009;Zhong et al.,2013b)。例如,2014 年较 2006年珠三角的 O_3 年均值上升了 19%,上升速率约为每年 1.1 $\mu g/m^3$,这也意味着珠三角的光化学污染日趋严重。2015 年起臭氧超过 $PM_{2.5}$ 成为广东首要污染物,臭氧呈明显的上升态势。2019 年,珠三角、长三角、"2+26"城市、苏皖鲁豫交界和汾渭平原等重点区域 O_3 质量浓度水平明显高于全国平均水平,分别是全国平均水平的 1.2 倍、1.1 倍、1.3 倍、1.2 倍和 1.2 倍,臭氧浓度同比 2018 年分别上升 17.3%、7.2%、7.7%、9.1%和 4.3%,珠三角的上升态势最明显(2019 年较 2018 年上升了 17.3%),意味着区域光化学污染愈发严重。

7.2
源清单分析

进行珠三角区域空气质量联防联控和大气污染物减排防治的一个重要前提是了解该区域及其周边的污染源排放情况。本节对广东省及其周边省份和广东省各市进行污染来源分析统计。

7.2.1 华南各省污染物源清单分析

有研究通过后向轨迹分析得到珠三角地区输送通道主要路径存在以下三条:北路,途经湖南东部、江西中西部地区,由广东东北部到达广东地区,大部分为边界层内部污染物输送;东北路,途经浙江福建沿海地区,沿东南海岸线输送,一半左右为从边界层外部进入边界层;南路,源自海洋地区,基本在边界层以内输送。由于浙江到广东的输送通道较长,污染物在输送途中多沉降或清洁,而海洋气团一般较为清洁,因此,对源清单的分析仅限于广东、湖南、福建和江西的污染物对广东本地污染的影响。

图 7.1 为广东、湖南、江西和福建省的 NH_3、NO_x、$PM_{2.5}$、PMC、SO_2、VOC 的排放总量及各污染物在各省占的比例,可以看到广东和湖南两省的各污染物排放量在四省当中居于首要两位,其中 NO_x、PMC、SO_2、VOC 在广东的排放量最大,六种污染物在广东省的排放分别为0.3718、1.5352、0.441、0.1934、1.1181、1.5884 百万吨,在四省各污染物排放总量中的分担率分别为 28.63%、43.63%、32.39%、31.39%、36.49%、49.96%。NH_3、$PM_{2.5}$ 在湖南排放量最大,分别在四省占到了 40.93%、34.57%。而六种污染物分别在福建省和江西省所占的比例基本不足 20%(Wang et al.,2018)。

由图 7.2 可以看到,在所有部门里工业是主要的污染物排放源,除 NH_3 外,其余五种污染物排放工业源的分担率最大,大多数分别占了一半以上。广东工业部门的 NO_x、$PM_{2.5}$、SO_2和 VOC 的排放分别为 0.4883、0.2207、0.7444、1.1635 百万吨,其在这四种污染物的分担率

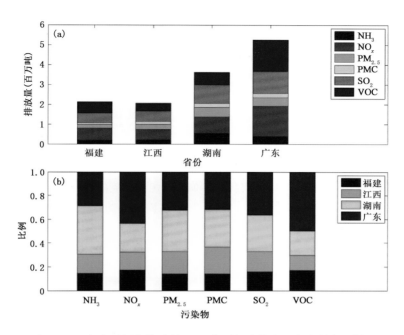

图 7.1　四省主要污染物总量(a)及主要污染物在四省中所占比例(b)

分别达到了 31.81％、50.03％、66.58％和 73.25％。湖南工业部门的 NO_x、$PM_{2.5}$ 和 SO_2 排放与广东工业排放相当,排放量分别为 0.41394、0.25881、0.63227 百万吨,在这三种污染物的分担率分别达到了 49.14％、54.97％、67.66％,而其 VOC 则仅有广东排放的三分之一。福建和江西工业部门的 NO_x、$PM_{2.5}$、SO_2 和 VOC 排放仅有广东的一半左右。因此,研究广东本地污染时,工业排放是首先考虑的因素。当考虑工业部门的影响时,广东工业部门的排放应重点关注,当有湖南污染物输送过来时,其 NO_x、$PM_{2.5}$ 和 SO_2 的影响可能会比较大,输送较强且盛行风路径经过时福建和江西的工业排放也应适当考虑。

能源部门是第二大源排放部门,尤其是 NO_x 和 SO_2 的排放,因为 SO_2 和 NO_x 排放主要来自化石燃料(如煤炭、重油等)的燃烧使用过程,几乎没有 VOC 排放。广东省能源部门的 NO_x、$PM_{2.5}$ 和 SO_2 的排放分别为 0.5787、0.0488 和 0.3323 百万吨,能源部门排放的这三种污染物在总体排放中的分担率分别达到了 37.7％、11.07％和 29.72％,可见能源部门是主要的 NO_x 排放源。而福建、江西和湖南省能源部门的主要污染物排放相对较少,多数不及广东省的一半。因此在考虑能源部门的影响时,应重点考虑广东能源部门的 NO_x 和 SO_2 排放,当有较强输送时可综合考虑各省排放对广东的影响(Huang et al.,2018)。

由图 7.2 可以看到,移动源也是 NO_x 主要排放源之一,其对 VOC 排放也有一定的贡献。广东省移动源的 NO_x 和 VOC 排放分别为 0.4338、0.2128 百万吨,移动源排放在各污染物总排放中的分担率分别为 28.26％和 13.4％。与能源部门排放类似,福建、江西和湖南省移动源的主要污染物排放相对较少,多数不及广东省的一半,这与广东省机动车数量远多于其他各省有关。因此,在研究移动源排放对广东本地污染影响时仍应重点关注广东移动源的 NO_x 和 VOC 排放,在输送较强时可以适当考虑省外对本地的影响,但是由于 NO_x 与 VOC 都是反应活性较高的物质,考虑输送时应注意输送过程中化学反应的问题。

由图 7.2 可以看到,农业部门是最大的 NH_3 排放贡献源,四省的农业部门的 NH_3 分担率

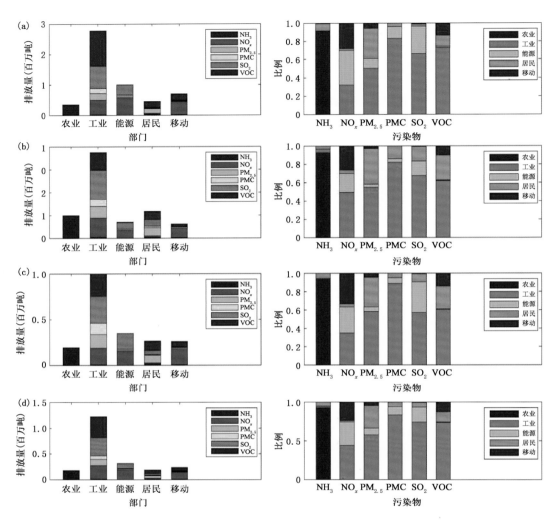

图 7.2　各部门主要污染物总量及其所占比例
(a)广东；(b)湖南；(c)江西；(d)福建

都达到了 90% 以上,这与农业生产过程中化肥施用、畜牧业等有关。广东省农业的 NH_3 排放为 0.3401 百万吨,湖南省排放比广东省多,为 0.4924 百万吨,这与湖南省农业在总经济中占有重要地位有关,福建省和江西省的排放仅湖南的一半左右。因此,在考虑农业排放的影响时,广东本地源和湖南省的输送是重点关注对象。

　　广东的居民源排放相对其他部门排放来说较小,其中 $PM_{2.5}$ 和 VOC 排放较多,分别为 0.1464、0.1971 百万吨,在各污染物总排放中的分担率分别为 33.18% 和 12.41%。可以看到,湖南居民源的排放占有比较重要的地位,其中 $PM_{2.5}$ 和 SO_2 的排放比广东多,分别为 0.1824、0.15 百万吨,广东居民源 SO_2 排放仅 0.0258 百万吨,NO_x 和 VOC 排放比广东略低。江西居民源排放中 SO_2 的排放略多于广东,其他污染物排放相对于广东排放较小。福建的居民源排放相对来说所占比例较小。因此,在考虑居民源排放时,应多关注湖南的居民源排放以及江西居民源中的 SO_2 排放。

7.2.2　广东省各市主要污染物源清单分析

由图 7.3 可以看到,大多数城市以 NO_x、SO_2 和 VOC 的排放为主,工业和交通较发达的广州、佛山和深圳的 NO_x、SO_2、VOC 的排放总量远大于其他各市,三市的这三种物质的排放总量之和甚至大于广东省其他各市排放总量之和。广州这三种污染物的排放分别达到了273790、236820、263260 t,在各市各污染物排放总量中的分担率分别为 19.94％、22.35％及17.11％;佛山分别为 142980、147600、194070 t,在各市各污染物排放总量中的分担率分别为10.41％、13.93％及 12.62％;深圳分别达到了 109700、136200、213330 t,在各市各污染物排放总量中的分担率分别为 7.99％、12.85％及 13.87％。三市 NO_x、SO_2、VOC 分担率分别达到38.34％、49.31％和43.60％,除 NO_x 相对较小外,SO_2 和 VOC 的分担率接近整个广东省的一半。而一些经济较不发达的地区,如粤西、粤北和粤东的一些城市,由农业排放为主的 NH_3排放也成为了它们的主要排放污染物。而对于 $PM_{2.5}$ 的排放情况,从总量来看依然是以广州、佛山和深圳贡献为主,排放量分别为 63620、39950、39130 t,在各市各污染物排放总量中的分担率分别为 14.92％、9.37％及 9.18％,三市总分担率达到 33.47％,其他各市的 $PM_{2.5}$ 排放都不足 6％(Huang et al.,2018)。

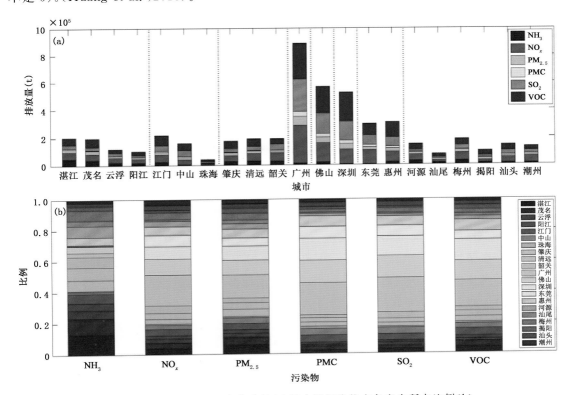

图 7.3　广东省各市污染物总量(a)及主要污染物在各市中所占比例(b)

前面提到了污染物的输送路径为北路、东北路及南路,因此,根据广东各市地理位置及污染物排放量的大小将广东分为 8 个区域,即粤西(包括湛江、茂名、云浮、阳江)、江中珠(包括江门、中山、珠海)、肇清韶(包括肇庆、清远、韶关)、广州、佛山、深圳、东惠(包括东莞、惠州)和粤东(包括河源、汕尾、梅州、揭阳、汕头、潮州),来研究广州市本地污染影响源。

由图7.4可看到,虽然除广州、佛山和深圳外其他各市的污染物排放较小,但整个区域的排放总量是比较大的,如东惠的NO_x、SO_2和VOC排放量分别为176750、137090和192860 t,分担率分别为12.87%、12.94%和12.54%,粤东的NO_x、SO_2和VOC排放量分别为239960、123410和221520 t,分担率分别为17.48%、11.65%和14.4%,其量级与广州、佛山、深圳排放相当;而对于NH_3来说,其他区域的排放总量相对于广州、佛山、深圳要大得多,如粤西、肇清韶和粤东的NH_3排放量分别为120460、78780和88200 t,分担率分别为33.35%、21.81%和24.41%,分担率和达到了79.57%,这与这几个区域的农业产业仍占较大比重有关。

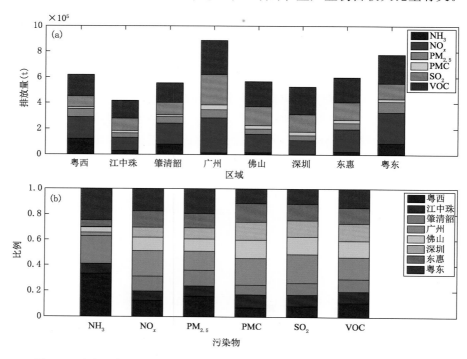

图7.4 广东省各区域污染物排放总量(a)及主要污染物在各区域所占比例(b)

由图7.5可以看到,工业部门排放占有主导地位,PMC、SO_2和VOC排放中工业源中的分担率最大,多数城市的NO_x和$PM_{2.5}$中工业源分担率也最大,且大多数占了一半以上,粤西、肇清韶和粤东由于工业较落后,工业排放较少,其他部门的排放总量与工业部门排放相当,因此,工业部门各污染物排放所占比例与其他地区相比相对较小。广州工业部门的NO_x、$PM_{2.5}$、SO_2和VOC的排放分别为96920、43350、147640和223510 t,分担率分别为35.4%、68.13%、62.34%和84.9%,可以看到广州工业排放除NO_x相对较小外,其他污染物排放都是工业部门占主导;佛山这四种污染物的排放分别为74820、33910、113790和171740 t,分担率分别达到了52.33%、84.88%、77.09%和88.49%,其工业占比比广州更大;深圳的排放分别是86331、37356、132060和199310 t,分担率分别为78.7%、95.47%、96.96%和93.43%,可见工业排放为深圳最主要排放源;东惠的排放分别是67987、31619、103530和158000 t,分担率分别为38.47%、67.26%、75.52%和81.92%。粤西、江珠中、肇清韶和粤东的工业排放较小,但在当地仍是SO_2和VOC的主要污染排放源。

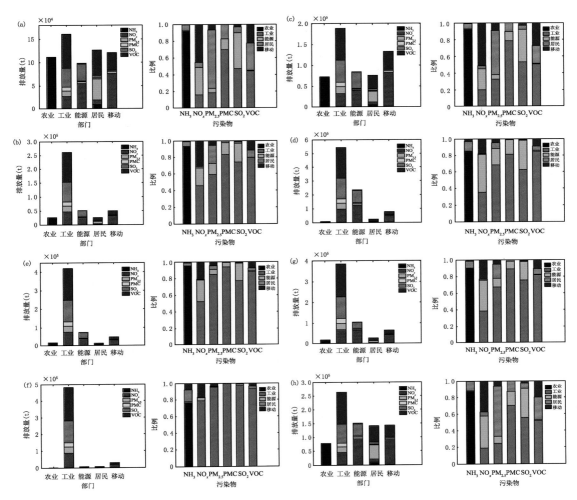

图 7.5　广东各区域各部门主要污染物排放总量及其所占比例
（a）—（h）依次为粤西、江珠中、肇清韶、广州、佛山、深圳、东惠、粤东

能源部门是大部分城市的第二大源排放部门，尤其是 NO_x 和 SO_2 的排放，主要来自化石燃料（如煤炭、重油等）的燃烧使用过程。广州能源部门的排放最大，是其他区域的两倍以上，其 NO_x 和 SO_2 排放分别为 126080、85230 t，分担率分别为 46.05%、35.99%；佛山的排放分别为 37430、31360 t，分担率分别为 26.18%、21.25%；粤西的排放分别为 55093、36468 t，分担率分别是 32.93%、42.66%，其能源部门的 NO_x 排放甚至超过了工业部门；肇清韶的排放分别是 40377、38911 t，分担率分别为 21.4%、23.12%；东惠的排放分别是 65645、30570 t，分担率分别为 37.14%、22.3%，其能源排放的 NO_x 排放达到了广州的一半多；粤东的排放分别是 93803、43627 t，两者的排放都达到了广州的一半多，分担率分别为 39.09%、35.35%。江珠中和深圳的能源排放总量较少，占比也不大。

移动源在部分城市的排放相对较少，但也是主要的 NO_x 和 VOC 的排放来源，且这两种污染物也是造成臭氧污染的主要物质。广州移动源排放的 NO_x 和 VOC 分别为 49090、23510 t，分担率分别为 17.93%、8.93%；佛山的排放分别为 29790、14310 t，分担率分别为 20.84%、7.37%；粤西的排放分别为 75886、37181 t，分担率分别是 45.35%、22.49%，其移动源排放的

NO_x 和 VOC 在该区域比重较大;肇清韶的排放分别为 82397、41756 t,比广州移动源排放高接近两倍,比佛山高接近 4 倍,其分担率分别为 51.21%、27.57%,可见肇清韶的移动源排放较大,NO_x 排放甚至超过了工业源排放;东惠的排放分别为 41191、20450 t,与广州移动源排放相当,分担率别是 23.3%、10.6%;粤东的排放分别是 90100、44390 t,其排放也比广州高接近两倍,分担率分别为 37.55%、20.04%,是该区域较重要的 NO_x 和 VOC 排放源。深圳、江珠中的移动源排放较小,在当地的排放比重也不大。

由图 7.5 可以看到,农业部门是所有地区的最大的 NH_3 排放贡献源,而农业部门的排放也只统计了 NH_3 的排放。粤西、江珠中、肇清韶、广州、佛山、深圳、东惠和粤东农业部门的 NH_3 排放总量分别为 111410、26238、73057、8221.9、14879、927.85、17356 和 77875 t,广州、深圳的农业生产很少,因此其排放的 NH_3 也少,除这两个城市外,其他地区的农业排放的 NH_3 的分担率占到了 85%以上。可以看到粤西、肇清韶和粤东的农业 NH_3 排放相对其他地区来说大得多,说明这三个地区的农业生产占有较大的比重,而其他地区则以第二产业为主导。

居民源排放主要的排放贡献是 $PM_{2.5}$ 和 VOC,和农业排放类似,由于第二产业相对不发达,粤西、肇清韶和粤东的居民源排放在当地也占有较大的比重,尤其是 $PM_{2.5}$,一半以上的排放都来源于居民排放。粤西居民排放的 $PM_{2.5}$ 和 VOC 分别为 46162、53400 t,分担率分别为 69.77%、32.3%;肇清韶的排放分别为 27388、32153 t,分担率分别是 52.77%、21.23%;粤东的排放分别为 50354、59370 t,分担率分别是 60.92%、26.8%。其他地区的居民源排放量相对小得多,分担率也很低。

7.3
珠三角区域联防联控试验探究

7.3.1 珠三角区域联防联控——珠三角试验分析

7.3.1.1 试验设计

长时间序列的观测数据表明,影响珠三角空气质量最差的月份在每年 10—12 月到次年 1—4 月出现,在大部分污染日中,首要污染物为可吸入颗粒物(2015 年后为臭氧)。针对空气污染严重的珠三角区域,利用 GRACEs 模式系统做了多种敏感性研究试验,研究不同天气情景下,不同区域排放源对本地区(广东省)及珠三角区域的污染贡献。主要目的为得到在无明显天气形势下和有明显天气形势下典型污染物(可吸入颗粒物)的分布水平,力求在典型污染形势下珠三角污染物尤其是可吸入颗粒物浓度的影响来源,进而为实现珠三角地区联防联控及污染治理提供科学依据。

此次试验采取清华大学研发的 2010 年全国排放源清单作为输入源文件,利用区域空气质量/灰霾数值预报系统进行不同天气形势下、不同排放特征的情景模拟和敏感性试验。为此,设计了以下试验(表 7.1)。

试验一,在没有明显天气系统下选取污染个例,本试验以 2014 年 11 月 20—24 日为例,分区域调控排放源:对于 27 km 的模式网格,分别考虑①正常排放源,即是从源清单获取排放源的背景试验,②只考虑广东省的排放源,即扣除了外省排放源的影响,考察本地排放源对本地的空气质量的影响;对于 9 km 的模式网格,分别考虑①正常排放源,即背景试验,②考虑所有地区的排放源,但是不考虑珠三角(广州、东莞、佛山、惠州、江门、深圳、肇庆、中山和珠海)区域的排放源,旨在考察珠三角区域的排放源对广东省的污染贡献,③考虑所有地区的排放源,但是剔除了广佛深(广州、佛山、深圳)的排放源影响,也就是考察对珠三角核心区域广佛深(GFS)区域减排后的空气质量。

试验二,选取了有明显天气形势的个例,即冷空气南下造成大范围降温,对于 9 km 的网格,分别考虑①以模式理想边界条件为边界输入场,在这种情况下,不考虑外来输送的影响;②以母网格(27 km,d01)的模拟结果为边界场,也就是考虑了外来输送的影响。

对于此次试验,主要考察的污染物为 PM_{10}、$PM_{2.5}$ 并以能见度为污染参考。为了更好地表现控制试验相对于背景试验的变化,对于 PM_{10}、$PM_{2.5}$ 和能见度,采取用控制试验得到的结果减去背景试验的结果(如:Only_GD－Base1,Only_PRD－Base2 等),并且计算在污染时间内所得差值的平均值,平均值所取的时刻是 08:00LST(或 20:00LST)(高浓度颗粒物、低能见度时刻),以此来反应减排后和减排前的整体变化。

此外,为了刻画特定区域的减排效果,这里引入了单位特定区域面积减排平均浓度差值(记为 SRR,senario reduction ratio),和特定区域减排百分比(SERP,specific emission reduction percentage)。对于 SRR(见 R1),其中 C 是减排试验的颗粒物浓度,grid 表示该颗粒物的选取范围是特定区域所在的网格,如考察广州、佛山、深圳区域,那么 C_{grid} 表示广州、佛山、深圳区域所在网格对应的颗粒物浓度,同理,B_{grid} 代表相应网格背景试验的颗粒物浓度,ngrid 代表关注区域所占网格的总数。该值(SRR,单位为 $\mu g/m^3$)能够反映出单位特定区域面积减排前后的变化。对于 SERP(见 R2),C_{grid} 是减排试验的颗粒物浓度,B_{grid} 代表相应网格背景试验的颗粒物浓度,该值用于反映减排前后特定区域颗粒物浓度的百分比变化。

$$(R1)\,SRR = \frac{\sum_{grid=1}^{ngrid}(C_{grid} - B_{grid})}{ngrid}$$

$$(R2)\,SERP = \frac{\sum_{grid=1}^{ngrid}(C_{grid} - B_{grid})}{\sum_{grid=1}^{ngrid} B_{grid}}$$

(7.1)

表 7.1　试验设计

	网格分辨率	试验内容	试验简称	试验目的
试验一 无明显天气系统 (2014 年 11 月 20— 24 日)	27 km d01	正常排放源	Base1	考察本省及外省的排放源对广东及珠三角的影响
		只考虑广东省的排放源	Only_GD	
	9 km d02	正常排放源	Base2	考察珠三角区域、广州、佛山、深圳区域的排放源对广东及珠三角的影响
		正常排放源,但剔除了珠三角的排放源	NO_PRD	
		正常排放源,但剔除了广州、佛山、深圳的排放源	NO_GFS	
试验二 冷空气南下	9 km d02	理想边界场	Base3	考察明显天气形势对广东及珠三角的影响
		d01 的结果为边界场	BCON	

7.3.1.2 试验一:静稳天气

(1) 27 km网格联防联控结果

图7.6为广东省气象业务网公布的试验一中所选个例时间段21日的空气质量指数(AQI)。AQI的定级是基于考虑大气中细颗粒物、可吸入颗粒物、二氧化硫、臭氧、氮氧化物和一氧化碳等污染物浓度,故而能够反映大气受大气污染物的影响。由图可见,广东省整体的空气质量均不理想,珠三角内核心城市以广州、深圳、中山、佛山等为代表受到一定的轻度或中度污染。据数据公布,广州21日09时PM_{10}浓度达到149 $\mu g/m^3$,日均浓度高达169 $\mu g/m^3$,$PM_{2.5}$的小时浓度达到134 $\mu g/m^3$,日均浓度达也超过130 $\mu g/m^3$。同时粤东、粤北、粤西的部分站点AQI值也超过了100。

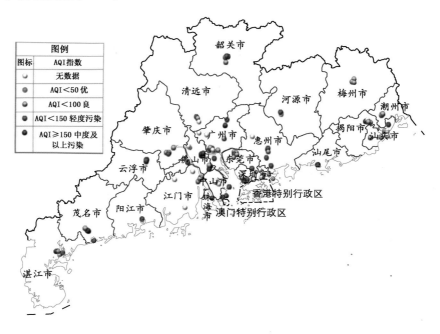

图7.6 2014年11月21日广东省AQI分布

对于该污染案例,通过搭建的GRACEs模式系统分别做了不同情境的排放源开、关控制试验。这组试验主要考察在没有明显天气形势下,广东省排放源和非广东省的排放源对广东及珠三角地区的空气质量影响。

图7.7分别展示了这段时间内08时Base1试验$PM_{2.5}$、PM_{10}、能见度(Vis)的平均浓度分布。由图7.7可见,污染物浓度分布覆盖了珠三角大部分区域面积。其中,颗粒物高污染的区域主要集中在珠三角的核心城市,如广州、肇庆、佛山、中山、江门等(PM_{10}和$PM_{2.5}$最高平均值均超过100 $\mu g/m^3$),并呈现出以广州、佛山、肇庆为中心,向四周辐散的污染特点。能见度的分布特征与PM_{10}和$PM_{2.5}$的分布呈现反相关的特征,当对应颗粒物浓度高时,该区域的能见度较低,特别是以广佛肇交界的高雾/霾污染地段,该区域能见度低于7 km,由此可见颗粒物的污染对降低能见度有明显的影响。

在仅考虑广东省排放源的情况下(图7.8),可以了解到污染主要集中在粤中和粤北交界处,如广州、佛山、肇庆、清远等地区。该区域的本地污染源排放是当地的高雾/霾污染的主要

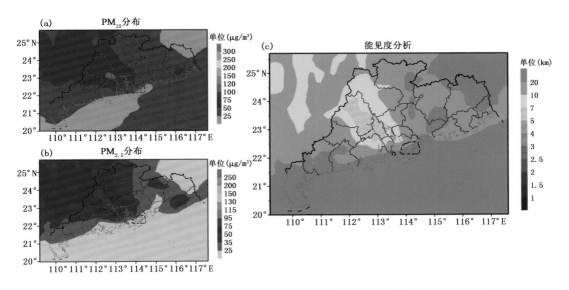

图 7.7 污染时间内 Base1 试验 PM$_{10}$(a)、PM$_{2.5}$(b)和能见度(Vis)(c)的区域分布

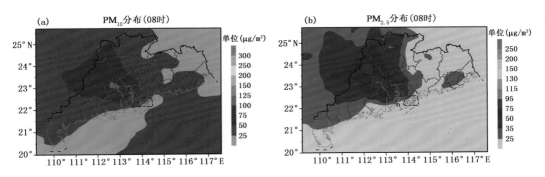

图 7.8 Only_GD 试验下 PM$_{10}$(a)和 PM$_{2.5}$(b)区域平均分布

原因。PM$_{2.5}$ 和 PM$_{10}$ 的浓度均维持在低浓度水平,小于 50 $\mu g/m^3$,也就意味着粤北区域主要受其东部及东北部邻省(如湖南、江西、福建)的污染传输影响。

为了更进一步刻画出非广东省排放源对广东和珠三角的影响,这里分析了 Only_GD 试验和 Base1 试验的差值结果(图 7.9)。由 PM$_{10}$、PM$_{2.5}$ 和能见度的分布来看,效果较为显著的是东部和东北部,如梅州、河源、揭阳等地区,PM$_{10}$ 和 PM$_{2.5}$ 最高减量均超过了 -15 $\mu g/m^3$,再次表明,即使没有明显的天气形势,广东东部和东北部也受外省排放源一定的影响。而粤中、粤北、粤西的变化相对不大,相比 Base1,PM$_{10}$ 和 PM$_{2.5}$ 的变化维持在 $-3\sim0$ $\mu g/m^3$,也就意味着粤中、粤北、粤西在没有明显天气形势的情况下,受外省排放源的影响不大。这也与之前单独分析广东省排放源所推断的结果一致。

(2) 9 km 网格联防联控结果

模式 9 km 网格(domain 02)延用 27 km 网格(domain 01)的结果作为边界场和初始场,同样关注 2014 年 11 月 20—24 日期间无明显天气形势的污染个例。由粗网格的试验得到针对此次无明显天气形势的污染个例,广东省和珠三角区域的污染主要是由本地排放污染造成的,

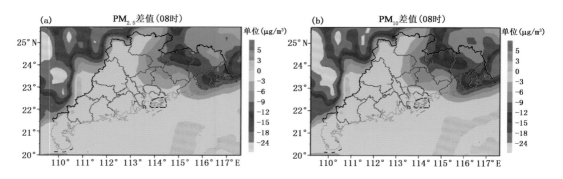

图 7.9　27 km 网格 Only_GD 与 Base1 试验差值的结果

（a）$PM_{2.5}$；（b）PM_{10}

因此,对于这组试验精细到广东省的珠三角区域(广州、佛山、东莞、深圳、江门、肇庆、惠州、珠海、中山)和珠三角的核心污染城市广州、佛山、深圳(广佛深)。其中,背景试验是采用正常排放源模拟得到的结果(Base2),在这两个敏感性试验中,一个是考虑所有排放源,但是剔除了珠三角区域的排放源,另一个同样也考虑所有排放源,但是剔除了广佛深区域的排放源。

　　由于此次背景试验(Base2)与 Base1 关注的个例相同,并使用 Base1 的结果为输入的边界场和初始场,故而得出精细化的结果与 Base1 相似:高浓度的颗粒物(PM_{10}、$PM_{2.5}$)主要集中在肇庆、佛山、广州交界的地方,并以此为中心向四周辐散。高污染区域的 PM_{10} 和 $PM_{2.5}$ 平均浓度分别超过了 100 $\mu g/m^3$ 和 75 $\mu g/m^3$。同样,广东省大部分区域的能见度低于 10 km,并且能见度的分布呈现出与颗粒物相反的关系,尤其是在高颗粒物污染区表现出低能见度的现象(图 7.10)。

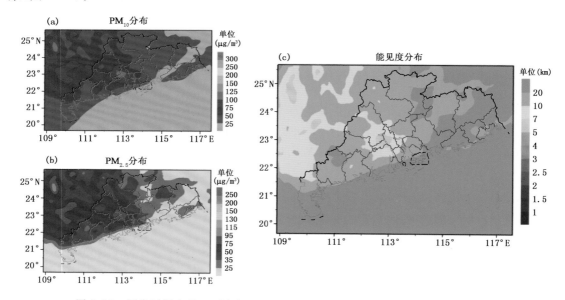

图 7.10　污染时间内 Base2 试验 PM_{10}(a)、$PM_{2.5}$(b)和能见度(Vis)(c)的区域分布

　　为了更好地了解 NO_PRD 和 NO_GFS 两组试验的结果,依旧分析控制试验与背景试验的平均差值(NO_PRD－Base2,NO_GFS－Base2)分布。图 7.11 展示了 NO_PRD－Base2 和

NO_GFS－Base2 的 PM$_{10}$ 浓度分布。由图 7.11a 和图 7.11c 可见,在不考虑珠三角区域的排放情况下,PM$_{10}$ 和 PM$_{2.5}$ 的减排分布特征相似,一方面表明二者的来源相似,另一方面也肯定了此次污染是由本地排放主导所致。整体上,粤中、粤西和粤南的减排效果较为明显,其中以粤中地区为首,即珠三角核心区域,对应的城市分别为:肇庆、佛山、广州、中山、东莞等市,这些区域的 PM$_{10}$ 和 PM$_{2.5}$ 的下降均超过了 25 μg/m³。相比而言,粤东如河源、梅州、潮州等区域减排效果不大,结合 Only_GD 试验,再次印证了这些区域在此次污染事件中主要受外地排放所致。由图 7.11b 和图 7.11d 可见,在只扣除广州、佛山、深圳区域的排放源情况下,PM$_{10}$ 和 PM$_{2.5}$ 仍旧表现类似的分布特征。粤中小部分区域得到了显著的改善,PM$_{10}$ 和 PM$_{2.5}$ 的减排超过了 25 μg/m³。除了广州、佛山、深圳之外,肇庆东部、中山和江阳东北部也得到了明显的改善,表明在对广州、佛山、深圳实行减排的情况可以在一定程度上对其周边城市有所改善。

在分析完颗粒物的差值分布后,接下来考察 NO_PRD 和 NO_GFS 与 Base2 的能见度平均差值。由图 7.12a 可见,在仅不考虑珠三角的排放情况下,大部分区域(广州、东莞、佛山、东莞、深圳、肇庆南部)的能见度得到明显改善,为 10～20 km,其中以佛山、江门、肇庆、东莞为首。这也是由于非珠三角城市的减排,造成空气清洁。由图 7.12b 可见,在剔除了广州、佛山、深圳的排放源后,可见广州、佛山、深圳区域有 2～7 km 的能见度改善,最好的体现在广州,能见度的提升有 5～7 km。值得一提的是,粤东的能见度有显著的提高,但是由于距离离减排区域相距较远,故而可能是其他原因导致。

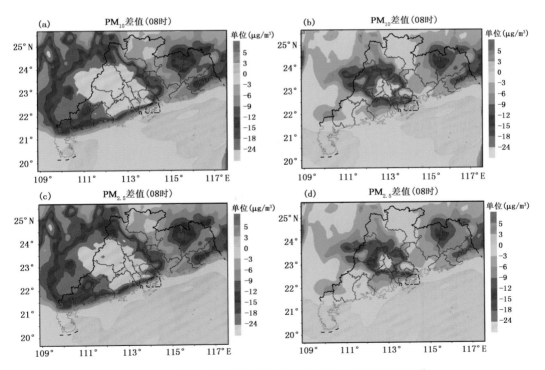

图 7.11 控制试验与背景试验 PM$_{10}$ 和 PM$_{2.5}$ 的平均浓度差值
(a)Only_PRD－Base2 的 PM$_{10}$ 结果;(b)NO_GFS－Base2 的 PM$_{10}$ 结果;
(c)NO_GFS－Base2 的 PM$_{2.5}$ 结果;(d)NO_GFS－Base2 的 PM$_{2.5}$ 结果

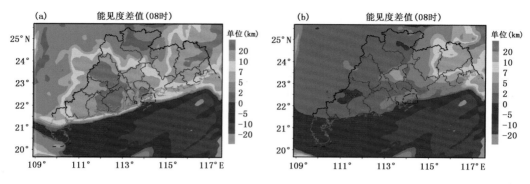

图 7.12　控制试验与背景试验能见度的平均差值

（a）Only_PRD－Base2 的结果；（b）NO_GFS－Base2 的结果

（3）特定区域减排变化

　　为了更好地了解试验一中不同控制试验所控制区域的减排效果，引入了单位特定面积减排平均浓度差值（SSR）和特定区域减排百分比（SERP），二者的计算方法在上文试验设计中已经介绍。这里考察试验一中 3 种控制试验的效果，分别是单位广东省区域平均浓度差（由 Only_GD 与 Base1 计算得到，特定面积是广东省）、单位珠三角区域平均浓度差（由 NO_PRD 与 Base2 计算得到，特定面积是珠三角地区）和单位广州、佛山、深圳区域平均浓度差（由 NO_GFS 与 Base2 计算得到，特定面积是广州、佛山、深圳）。

　　由图 7.13 和图 7.14 可见，三种控制试验得到 PM_{10} 和 $PM_{2.5}$ 的减排变化相似，再次印证了此次无明显天气形势的污染个例，主要是由于当地污染源排放造成。其中，在只有广东省排放源的情况下，Only_GD－Base1 减排所占比重是三种试验中最低的，由表 7.2 可见，PM_{10} 和 $PM_{2.5}$ 的 SSR 小时平均分别是 $-3.2\ \mu g/m^3$ 和 $-2.9\ \mu g/m^3$，由于未考虑外省的排放源，因此差值的意义主要是外省的污染物对广东省的贡献，结合二者的减排百分比：9.4% 和 10.1%，故而可以得到省外污染物在此次污染事件中对广东的影响不大。NO_PRD－Base2 的试验结果可以反映出珠三角的排放源对珠三角区域的贡献，可得到 PM_{10} 和 $PM_{2.5}$ 的 SSR 小时平均为 $-24.0\ \mu g/m^3$ 和 $-20.8\ \mu g/m^3$，减排百分比分别为 60.4% 和 63.4%，因此，珠三角地区的排

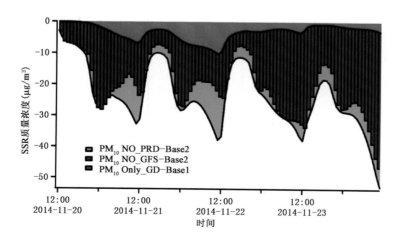

图 7.13　由 Only_GD、NO_PRD 和 NO_GFS 得到的 PM_{10} 单位特定区域面积平均减排比

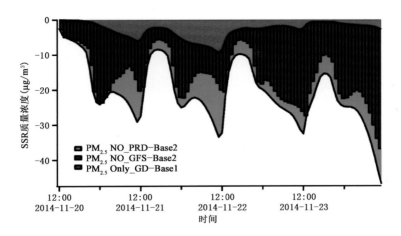

图 7.14　由 Only_GD、NO_PRD 和 NO_GFS 得到的 $PM_{2.5}$ 单位特定区域面积平均减排比

放对空气质量影响十分明显。NO_GFS－Base2 的试验结果代表了广州、佛山、深圳三城的排放贡献,由表 7.2 可得 PM_{10} 和 $PM_{2.5}$ 的 SSR 小时平均分别为－20.8 $\mu g/m^3$ 和－16.5 $\mu g/m^3$,减排百分比为 37.1％和 35.4％,尽管低于 NO_PRD－Base2,但减排百分比超过了 30％,从经济减排的角度来看,虽然对珠三角进行整体调控效果最优,但是需付出不菲的经济代价,而控制广州、佛山、深圳三城的排放也能达到不错的效果。

表 7.2　三种控制试验和背景试验的小时平均 SSR

	Only_GD－Base1		NO_PRD－Base 2		NO_GFS－Base 2	
	PM_{10}	$PM_{2.5}$	PM_{10}	$PM_{2.5}$	PM_{10}	$PM_{2.5}$
SSR 小时平均值（$\mu g/(m^3 \cdot h)$）	－3.2	－2.9	－24.0	－20.8	－20.8	－16.5
特定区域减排百分比（％）	9.4	10.1	60.4	63.4	37.1	35.4

考虑到政府部门时而会进行紧急减排以应急地方紧急事件(如运动会、国际会议等),因此,关注实施减排后减排效果在第几天最为明显,以便为今后制定相应的方针提供有利依据。表 7.3 给出了控制珠三角地区(NO_PRD)和控制广佛深地区(NO_GFS)的试验与 Base2 的每日减排百分比。可以看出两组试验都表现出减排百分比随天数增加的现象,并能得到在减排第四天可以达到最大效果,控制 PRD 的排放能使 PM_{10} 和 $PM_{2.5}$ 下降 72％和 76％,控制广州、佛山、深圳三市的排放能使 PM_{10} 和 $PM_{2.5}$ 下降 41％和 40％。第一天控制 PRD 和广州、佛山、深圳的排放能够使得 $PM_{2.5}$ 下降分别为 48％和 29％,第二天为 61％和 35％,第三天为 68％和 35％。

表 7.3　NO_PRD 试验 NO_GFS 试验与背景试验的每日减排百分比（％）

每日减排百分比	NO_PRD－Base 2		NO_GFS－Base 2	
	PM_{10}	$PM_{2.5}$	PM_{10}	$PM_{2.5}$
第一天	46	48	31	29
第二天	59	61	37	35
第三天	64	68	36	35
第四天	72	76	41	40

7.3.1.3 试验二:冷空气过境

此次个例的时间为 2014 年 12 月 7—10 日,根据气象模式模拟出的天气形势可知,在该时段内有较强的冷空气南下,其影响范围覆盖广东省和珠三角区域,表现出大范围的降温和较强的偏北主导风(图 7.15)。为了体现出气象场对空气质量的影响,开展了两组子试验,分别考虑:以模式理想边界条件为边界输入场,在这种情况下,不考虑外来输送(记为 Base3)以母网格(27 km,d01)的模拟结果为边界场,也就是考虑了此次冷空气南下带来的外来输送(记为TCON)。

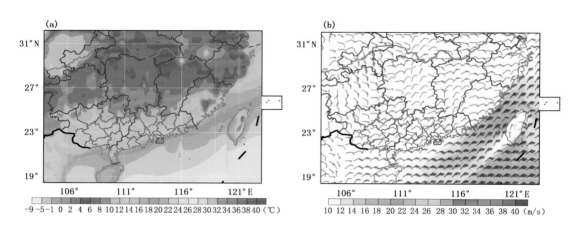

图 7.15 天气形势图

(a)2 m 温度;(b)10 m 风场

图 7.16 展示了 Base3 和 BCON—Base3 的 PM_{10} 和 $PM_{2.5}$ 分布。由图 7.16a 和图 7.16c 可见,在没有背景场的情况下,即没有气象因素作用下,PM_{10} 和 $PM_{2.5}$ 维持在较低的水平,二者在广东省大部分区域的浓度维持在 $0\sim25\ \mu g/m^3$,而在广州南部、佛山南部、深圳、江门等处的浓度维持在 $25\sim50\ \mu g/m^3$,整体表现出非常可观的清洁现象。而在考虑气象作用后图 7.16b 和图 7.16d 可见,冷空气南下后,造成了广东省和珠三角区域颗粒物浓度的明显抬升,明显的地方体现在粤北,如肇庆、清远、韶关等地。这些区域的浓度的提升超过了 $20\ \mu g/m^3$。粤东部分地区,如惠州、河源也有一定程度的提高。根据特定区域减排百分比(SERP)计算可得,在此次冷空气南下的试验中,珠三角区域受天气形势作用导致 PM_{10} 和 $PM_{2.5}$ 分别增加了 19.0% 和 26.5%。由此可见,在考虑气象因素的情况,由北南下的主导气流将华中区域的污染传输而来,造成污染物在广东、珠三角等处积累。

图 7.17 描述了 Base3 和 BCON—Base3 的能见度变化分布,由图 7.17a 可见,在背景条件下,华南区域呈现出能见度非常好的现象,诸多区域的能见度超过 20 km,仅在珠江口邻近的城市呈现出 $15\sim20$ km 的能见度。然而在考虑气象因素之后,d02 整体的能见度呈现出明显的下降。而邻绕珠江口的城市及西南靠海的城区的能见度下降不太明显,为 $0\sim10$ km,表现出珠三角的核心城市主要受当地的污染影响。

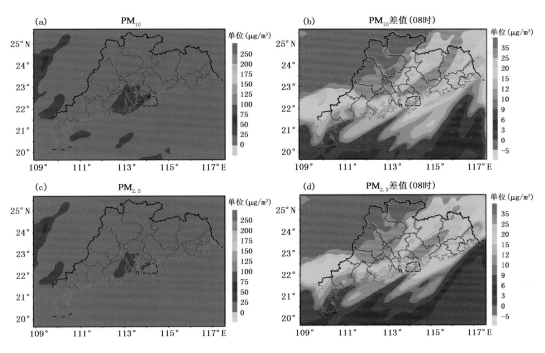

图 7.16　Base3 和 BCON－Base3 的 PM₁₀ 和 PM₂.₅ 分布

（a）、（c）为 Base3 情景 PM$_{10}$ 和 PM$_{2.5}$ 分布；（b）、（d）为 BCON－Base3 情景的 PM$_{10}$ 和 PM$_{2.5}$

（可理解为边界场的作用）

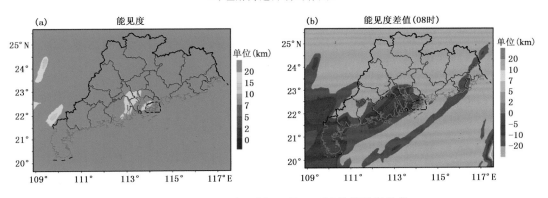

图 7.17　Base3(a) 和 BCON－Base3(b) 的能见度分布

7.3.2　珠三角区域联防联控——广州、佛山紧急减排分析

7.3.2.1　试验设计

根据源清单分析结果，将试验区域分为省外及广东省内 8 个区域共 9 个区域进行减排试验（Huang et al.，2018），如图 7.18，广东分为粤西（包括湛江、茂名、云浮、阳江）、江中珠（包括江门、中山、珠海）、肇清韶（包括肇庆、清远、韶关）、广州、佛山、深圳、东惠（包括东莞，惠州）和粤东（包括河源、汕尾、梅州、揭阳、汕头、潮州）8 个区域。

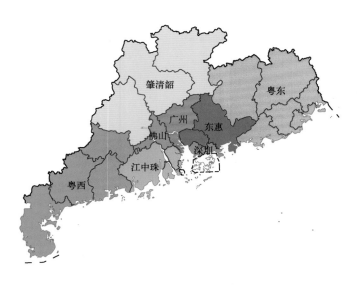

图 7.18　广东省试验区域划分示意图

　　试验方法采用强制关停法（BFM），即将研究的贡献地的排放源作全部削减，通过对控制试验和敏感性试验作差得到贡献地排放源的贡献。该方法广泛应用于国内外的源减排试验中，2008 年北京奥运会就利用这种方法做了一些研究（Streets et al.，2007；Wang et al.，2008），以便决策部门做进一步调控。

　　试验分为一个控制试验和九个敏感性试验，如表 7.4 所示。Ctr 为控制试验，即不关闭源排放，作为背景场；Sim 为敏感性试验，即分别减关闭上述 9 个减排区域的所有排放源，共得到 9 组试验数据。选取广州番禺市桥环境监测站和佛山南海气象局环境监测站为考察对象，计算各区域排放源对这两个站点的贡献浓度及相对贡献率。其中，贡献浓度和相对贡献率的计算如下：

$$P_x = \mathrm{Ctr} - \mathrm{Sen}_x \tag{7.2}$$

$$C_x = (\mathrm{Ctr} - \mathrm{Sen}_x)/\mathrm{Ctr} \tag{7.3}$$

$$\mathrm{RC}_x = P_x / \sum_{x=1}^{9} P_x \tag{7.4}$$

式中，P_x 为减排区域源排放对考察站点 $PM_{2.5}$ 浓度的贡献浓度；C_x 为减排区域源排放对考察站点 $PM_{2.5}$ 浓度的贡献率，RC_x 为减排区域源排放对考察站点 $PM_{2.5}$ 浓度的相对贡献率，即对 C_x 进行归一化后的贡献率；Ctr 为控制试验中考察站点的 $PM_{2.5}$ 浓度，Sen 为敏感性试验中考察站点的 $PM_{2.5}$ 浓度，$x=1$：9。

表 7.4　试验模拟方案

试验名称	关闭排放源	试验名称	关闭排放源
Ctr	不进行屏蔽	Sim_sw	广东省外
Sim_gz	广州	Sim_fs	佛山
Sim_sz	深圳	Sim_zqs	肇清韶
Sim_yx	粤西	Sim_zjz	珠江中
Sim_dh	东惠	Sim_yd	粤东

7.3.2.2　结果分析

图 7.19 为各试验区域对广州、佛山代表站点 $PM_{2.5}$ 浓度的贡献量,由于大部分区域贡献较小,因此将贡献较小的区域统一起来分析。可以看到广州主要贡献来源于省外和广州本地排放,其中省外排放贡献浓度为 0.62~25.8 $\mu g/m^3$,广州本地排放贡献浓度为 3.77~46.15 $\mu g/m^3$,其他所有区域的贡献浓度为 -0.5~40.2 $\mu g/m^3$。佛山主要贡献来源于省外、广州和本地排放,其中省外排放贡献浓度为 0.8~29.62 $\mu g/m^3$,广州贡献为 -0.08~40.18 $\mu g/m^3$,佛山本地贡献为 2.06~42.85 $\mu g/m^3$,其他区域的贡献为 -0.32~42.59 $\mu g/m^3$。出现负贡献(减排后污染反而加重)及减排后 $PM_{2.5}$ 浓度之和与模拟 $PM_{2.5}$ 浓度不相等,是由于硝酸气溶胶的半挥发性及硫酸根—硝酸根—铵根气溶胶间复杂的平衡系统等原因导致的,Wang 等(2008)做了相关的试验,讨论了 PM_{10} 贡献的非线性响应的影响,发现这种试验误差在可接受范围内,尤其是在冬季,且本次试验中,负贡献多出现在非污染期间,因此,不影响污染时段的贡献研究。同时,不同污染期间的贡献呈不同的变化,这与污染期间的天气型有很大的关系,且污染期间长距离的贡献率明显减小,而本地及短距离区域的贡献率较大,说明污染期间稳定的气象条件不利于污染物的远距离输送,但有利于污染物在本地积累和短距离输送。下面就从天气型入手讨论研究期间各污染过程各试验区域的贡献情况。

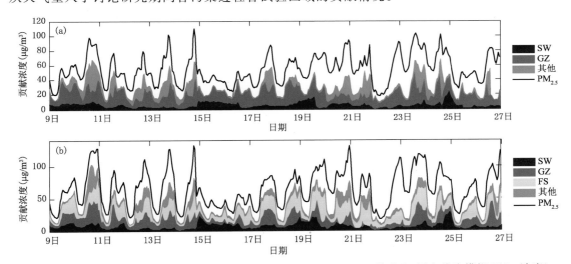

图 7.19　2010 年 11 月 9—27 日各试验区域对广州、佛山的 $PM_{2.5}$ 贡献浓度(黑实线为模拟 $PM_{2.5}$ 浓度)
(a)广州番禺市桥环境监测站;(b)佛山南海气象局环境监测站
(SW:省外;GZ:广州;FS:佛山)

为了分析每次污染过程污染物的输送路径,选取广州番禺大气成分观测站(23.16°N,113.34°E)为轨迹终点,作四次污染过程的 72 h 后向轨迹图,如图 7.20 所示。第一个污染过程气流由东北方向而来,气团经过湖南、江西交界处进入粤东、粤北交界,再进入珠三角,可以看到污染发生期间气团基本在广州、佛山、深圳和东惠一带徘徊;第二个过程也是东北气流,但气团移动非常缓慢,基本位于广东省内,低层气流由粤东一带经过东惠最后流入广州、佛山地区;第三个过程整个华南地区为大范围均压场控制,偏南气流有所加强,可以看到该期间气流经由东部沿海进入珠三角南部城市,流入广州、佛山地区;第四个过程的气流流向与第一个过程比较相似,但此次过程的气团直接由东北移动入广州、佛山地区,不存在在广州、佛山附近徘徊的情况。可见此次研究期间气流基本为东北气流和偏南气流,且以东北气流为主,为珠三角干季污染期间的典型形势。

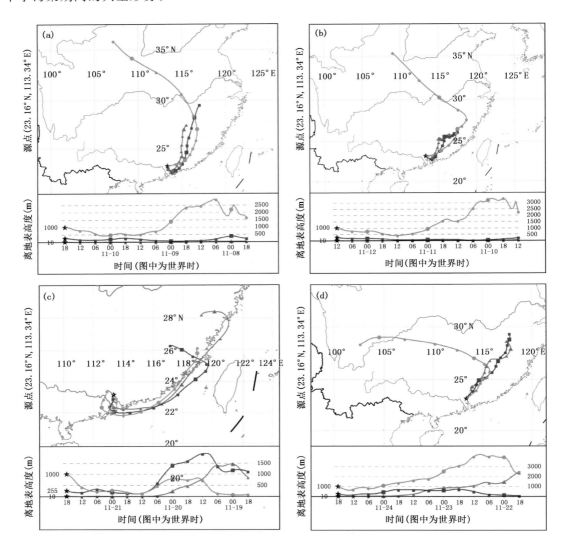

图 7.20 四次污染过程前 72 h 后向轨迹图
(a)11 月 10 日 18:00(世界时);(b)11 月 12 日 12:00(世界时);
(c)11 月 21 日 18:00(世界时);(d)11 月 24 日 18:00(世界时)

由图 7.21 可以看到,三次东北气流控制的污染期间,广州 PM$_{2.5}$ 浓度的主要来源为气流来向区域——省外、广州本地和东惠,而第四次污染过程由于气团没有在广州、佛山地区附近徘徊,因此,不像前两次过程,深圳排放在此次过程无明显贡献。第一次过程中省外、广州、深圳和东惠的 PM$_{2.5}$ 贡献浓度分别为 8.2~12.33 $\mu g/m^3$、5.6~31.62 $\mu g/m^3$、0~13.07 $\mu g/m^3$、0.78~36.34 $\mu g/m^3$;污染时段(PM$_{2.5}$ 浓度超过 75 $\mu g/m^3$ 的时段)各区域的平均贡献浓度为 10.64 $\mu g/m^3$、19.96 $\mu g/m^3$、4.66 $\mu g/m^3$、21.7 $\mu g/m^3$;第二次过程中省外、广州、深圳和东惠的 PM$_{2.5}$ 贡献浓度分别为 1.63~13.04 $\mu g/m^3$、3.77~39.8 $\mu g/m^3$、0~16.55 $\mu g/m^3$、0.03~

25.08 $\mu g/m^3$,污染时段各区域的平均贡献浓度为 4.55 $\mu g/m^3$、25.35 $\mu g/m^3$、3 $\mu g/m^3$、17.01 $\mu g/m^3$;第四次过程中省外、广州和东惠的 $PM_{2.5}$ 贡献浓度分别为 3.8~25.8 $\mu g/m^3$、5.24~46.15 $\mu g/m^3$、0~27.98 $\mu g/m^3$;污染时段各区域的平均贡献浓度为 9.14 $\mu g/m^3$、24.96 $\mu g/m^3$、9.85 $\mu g/m^3$。

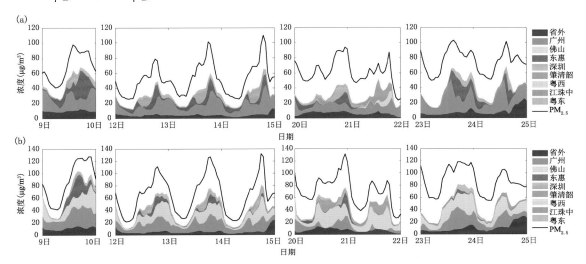

图 7.21　四次污染过程各区域对广州、佛山地区 $PM_{2.5}$ 的贡献浓度(黑实线为模拟 $PM_{2.5}$ 浓度)

(a)广州番禺市桥环境监测站;(b)佛山南海气象局环境监测站

第三次过程中的偏南气流也带来了南边一些区域排放的污染物,深圳、江珠中和佛山的贡献率有所增大。省外、广州、佛山、东惠和江珠中的 $PM_{2.5}$ 贡献浓度分别为 0.94~9.21 $\mu g/m^3$、4.36~24.46 $\mu g/m^3$、0~14.09 $\mu g/m^3$、0~14.57 $\mu g/m^3$、0~26.13 $\mu g/m^3$,污染时段各区域的平均贡献浓度为 7.61 $\mu g/m^3$、13 $\mu g/m^3$、1.5 $\mu g/m^3$、7.68 $\mu g/m^3$、1.34 $\mu g/m^3$。

而佛山由于位于广州的下风向,因此,广州对佛山 $PM_{2.5}$ 浓度的贡献也很大。第一次过程中省外、广州、佛山和东惠的 $PM_{2.5}$ 贡献浓度分别为 7.44~14.5 $\mu g/m^3$、11.7~36.04 $\mu g/m^3$、3.61~38.98 $\mu g/m^3$、0.14~36.74 $\mu g/m^3$,污染时段各区域的平均贡献浓度为 12.87 $\mu g/m^3$、32.3 $\mu g/m^3$、18.54 $\mu g/m^3$、24.26 $\mu g/m^3$;第二次过程中省外、广州、佛山、深圳和东惠的 $PM_{2.5}$ 贡献浓度分别为 1.69~23.05 $\mu g/m^3$、4.41~29.89 $\mu g/m^3$、2.06~35.15 $\mu g/m^3$、0~14.18 $\mu g/m^3$、0~15.84 $\mu g/m^3$,污染时段各区域的平均贡献浓度为 5.13 $\mu g/m^3$、18.87 $\mu g/m^3$、17.84 $\mu g/m^3$、7.05 $\mu g/m^3$、7.52 $\mu g/m^3$;第四次过程中省外、广州和佛山的 $PM_{2.5}$ 贡献浓度分别为 4.21~29.62 $\mu g/m^3$、2.53~36.67 $\mu g/m^3$、4.6~37.86 $\mu g/m^3$,污染时段各区域的平均贡献浓度为 8.98 $\mu g/m^3$、22.19 $\mu g/m^3$、23.68 $\mu g/m^3$。

第三次过程中的偏南气流使得江珠中对佛山的贡献率有所增大,广州的贡献明显减小。省外、广州、佛山、深圳、东惠和江珠中的 $PM_{2.5}$ 贡献浓度分别为 0.8~13.16 $\mu g/m^3$、0~21.66 $\mu g/m^3$、4.14~41.08 $\mu g/m^3$、0~11.69 $\mu g/m^3$、0.02~20.65 $\mu g/m^3$、0~18.69 $\mu g/m^3$,污染时段各区域的平均贡献浓度为 9.66 $\mu g/m^3$、10.09 $\mu g/m^3$、20.31 $\mu g/m^3$、4.51 $\mu g/m^3$、7.05 $\mu g/m^3$、3.34 $\mu g/m^3$。

可以看到,各区域的贡献与气团的移动路径有较大的关系。第一次过程由于气团在珠三角移动,使得排放较大且距广州、佛山较近的东惠地区贡献相对较大,对广州贡献与广州本地排放贡献相当,对佛山贡献与广州、佛山本地排放相当。第二次过程气团也在珠三角内缓慢移动,但移动距离明显小于第一次过程,因此,贡献大小也明显呈现本地排放贡献为主,距离最近的排放量较大的城市贡献为次,如广州 PM$_{2.5}$来源主要为广州,东惠为次,佛山来源为广州和佛山本地排放相当,佛山贡献率相比其他过程有明显提高。第三次过程与其他几次过程不同,为偏南气流控制,因此,南边城市排放的贡献都有所提高,但对于广州来说,主要的贡献仍是本地排放,东惠次之,而对佛山来说,由于广州不是在上风向,因此,佛山本地排放贡献率明显提高了,为主要贡献城市,广州和东惠贡献次之。第四次过程偏南气流很弱,因此,南边城市贡献很小,在前面有较大贡献的东惠对广州贡献明显减小,对佛山几乎无影响。

图 7.22、图 7.23 为各试验区域对广州、佛山地区 PM$_{2.5}$组分的相对贡献率,其中星标为相对贡献率平均值。总的来看,各组分的主要贡献来源仍为省外、广州、佛山和东惠,其他地区贡献率很小,但贡献大小与前面分析的 PM$_{2.5}$贡献浓度大小明显不一致。

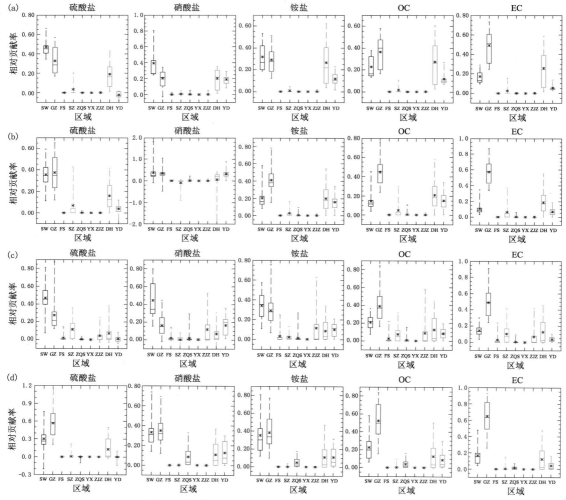

图 7.22　各区域对广州 PM$_{2.5}$主要组分的相对贡献率

(a—d 依次为四次污染过程,星标为平均值)

(SW:省外;GZ:广州;FS:佛山;SZ:深圳;ZQS:肇庆、清远、韶关;YX:粤西;
ZJZ:珠海、江门、中山;DH:东莞、惠州;YD:粤东)

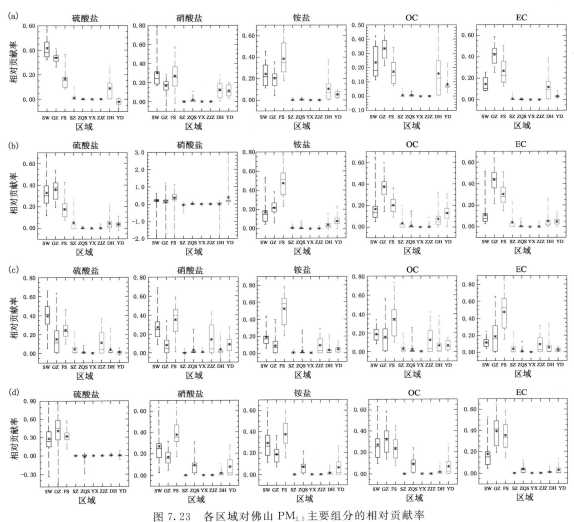

图 7.23 各区域对佛山 $PM_{2.5}$ 主要组分的相对贡献率

（a—d 依次为四次污染过程,星标为平均值,区域名称同图 7.22）

对广州来说,省外的 $PM_{2.5}$ 贡献总量相对广州小得多,但其 SO_4^{2-} 相对贡献率却比较大,甚至超过广州,说明省外贡献的 $PM_{2.5}$ 中 SO_4^{2-} 有较大的比重,从前面源清单分析也可以看到湖南的 SO_2 排放与广州相当,江西和福建 SO_2 为广州的一半左右,而且在 SO_2 主要排放部门工业和能源排放中,SO_2 排放比重相对广州来说大。东惠的 SO_4^{2-} 贡献相对于 $PM_{2.5}$ 贡献小,主要为能源排放中 SO_2 的比重相对较小。平均来说,第一次过程中省外、广州和东惠的 SO_4^{2-} 相对贡献率为 46.99%、32.78%、18.99%;第二次过程为 35.49%、37.38%、16.14%;第四次过程为 30.12%、56.38%、12.9%;第三次过程中省外、广州、深圳、珠江中和东惠的平均相对贡献率为 46.87%、27.31%、11.42%、4.36%、6.93%。

可以看到 NO_3^- 的相对贡献率与其他组分有明显不同,更容易出现负贡献的情况,这与前面提到的化学反应的非线性有关。广州与东惠的 NO_3^- 相对贡献率与 $PM_{2.5}$ 贡献差不多,但省外、粤东和第四次过程中的肇清韶则相对较大。这可能与这几个地区相对不发达,从而农业排放较大,即 NH_3 排放要远高于珠三角地区,而关闭这些地区排放后,使 NH_3 浓度大大减少,当

NH_3 偏少时，SO_2 与 NO_x 会产生竞争，而 SO_2 竞争较强，同时 NO_x 的存在会进一步促进 SO_4^{2-} 的生成，因此，虽然这几个地区 NO_x 排放相对广州小得多，但其 NH_3 排放的减少使得 NO_3^- 有明显减少。第一次过程中省外、广州、东惠和粤东 NO_3^- 相对贡献率为 39.31%、20.14%、20.12%、18.87%；第二次过程中省外、广州和粤东的平均相对贡献率为 36.73%、33.99%、16.14%；第四次过程省外、广州、肇清韶、东惠和粤东的平均相对贡献率为 33.15%、34.88%、8.49%、10.8%、12.64%；第三次过程中省外、广州、珠江中、东惠和粤东的平均相对贡献率为 44.5%、16.06%、11.65%、6.79%、16.33%。

与 NO_3^- 相似，几个农业排放较大的地区的 NH_4^+ 贡献相对 $PM_{2.5}$ 大。第一次过程中省外、广州、东惠和粤东的 NH_4^+ 相对贡献率为 31.74%、29.09%、26.51%、11.59%；第二次过程为 20.34%、40.86%、20.01%、15.77%；第四次过程省外、广州、肇清韶、东惠和粤东的平均相对贡献率为 35.11%、38.17%、4.83%、10.9%、10.83%；第三次过程中省外、广州、珠江中、东惠和粤东的平均相对贡献率为 33.99%、29.08%、11.45%、8.5%、9.88%。

广州 VOC 排放相对其他区域大得多，因此，其 OC、EC 相对贡献贡献率也较大。对于 OC 来说，第一次过程中省外、广州、东惠和粤东的相对贡献率为 22.74%、36.37%、27.36%、11.6%；第二次过程为 14.36%、44.45%、20.88%、15.12%；第四次过程为 22.37%、52.2%、12.6%、8.67%；第三次过程中省外、广州、深圳、珠江中、东惠和粤东的平均相对贡献率为 20.59%、38.79%、7.36%、8.72%、12.52%、8.37%。对于 EC 来说，第一次过程中省外、广州和东惠的相对贡献率为 17.08%、49.02%、25.7%；第二次过程为 10.76%、57.13%、18.76%；第四次过程为 16.54%、64.81%、12.21%；第三次过程中省外、广州、深圳、珠江中、东惠的平均相对贡献率为 14.21%、48.95%、10.24%、6.76%、12.58%。

佛山 SO_2 排放比重相对广州小，因此，在 $PM_{2.5}$ 贡献浓度相当的情况下，其 SO_4^{2-} 贡献率也相对广州小。平均来说，第一次过程中省外、广州、佛山和东惠的 SO_4^{2-} 相对贡献率为 41.65%、33.7%、16.65%、8.74%；第二次过程中省外、广州和佛山的相对贡献率为 32.99%、35.76%、17.69%；第四次过程为 28.04%、40.84%、31.9%；第三次过程中省外、广州、佛山和珠江中的平均相对贡献率为 39.58%、14.88%、24.77%、11.04%。

佛山 NO_x 排放相对广州小得多，可能其 NH_3 排放量相对广州较大，根据前面提到的原因，其 NO_3^- 的贡献相对较大。第一次过程中省外、广州、佛山、东惠和粤东 NO_3^- 相对贡献率为 30.02%、16.81%、27.01%、12.41%、11.37%；第二次过程中省外、广州、佛山和粤东的平均相对贡献率为 20.53%、10.79%、35.51%、38.09%；第四次过程省外、广州、佛山、肇清韶和粤东的平均相对贡献率为 26.83%、16.73%、37.81%、9.2%、7.68%；第三次过程中省外、广州、佛山、珠江中和粤东的平均相对贡献率为 27.27%、8.08%、35.31%、14.02%、8.61%。

对于 NH_4^+ 来说，第一次过程中省外、广州、佛山、东惠和粤东的 NH_4^+ 相对贡献率为 24.41%、20.39%、38.59%、10.47%；第二次过程为 17.13%、21.76%、47.51%、38.16%、7.9%；第四次过程省外、广州和佛山的平均相对贡献率为 29.34%、18.55%、37.39%；第三次过程中省外、广州、佛山和珠江中的平均相对贡献率为 19.09%、8.8%、52.43%、8.97%。

对于 OC 来说，第一次过程中省外、广州、佛山、东惠和粤东的相对贡献率为 23.65%、33.5%、17.14%、15.81%、8.36%；第二次过程为 16.77%、37.35%、20.25%、7.56%、12.91%；第四次过程中省外、广州、佛山、肇清韶和粤东为 27.1%、32.1%、23.56%、8.88%、6.72%；第三次过程中省外、广州、佛山、珠江中、东惠和粤东的平均相对贡献率为 18.74%、

15.78%、34.35%、12.43%、6.37%、6.54%。对于 EC 来说,第一次过程中省外、广州、佛山和东惠的相对贡献率为 14.48%、42.31%、26.9%、11.71%;第二次过程中省外、广州和佛山为 10.87%、43.84%、30.28%;第四次过程 17.77%、39.36%、35.47%;第三次过程中省外、广州、佛山、珠江中的平均相对贡献率为 11.42%、18.73%、48.15%、9.07%。

7.3.3　珠三角区域联防联控——未来情景

在过去的数十年里,国家和地方政府一直在致力于污染源减排的治理。需要注意的是,在改善空气质量的战役里,区域大气污染防治是一个长久的,且持续性的战役。珠三角作为我国核心的城市群,获悉该区域未来情景下大气污染源治理对空气质量的影响具有重要的战略指导意义。为完成未来情景下的空气质量治理的评估,本节通过调研历年的珠三角污染源清单,结合国家和地方政府的大气污染治理文件,利用区域空气质量/灰霾数值预报系开展了多种未来减排情景的试验,为改善质量空气提供科学支撑(Wang et al.,2016)。

7.3.3.1　试验设计

采用 WRF-CMAQ 模式进行数值模拟,其中 WRF 模式的版本为 WRFv3.3,微物理方案采用 WRF 单矩 5 类微物理(single-moment 5-class microphysics)方案,短波辐射为戈达德(Goddard)方案,长波辐射为快速辐射传输模式(RRTM)方案,边界层方案为非对称对流模式版本 2(ACM2),积云参数化采用了格雷尔—德维尼集合(Grell-Devenyi ensemble)方案。CMAQ 模式的版本为 CMAQv5.0,化学机制采用 CB05,气溶胶方案为气溶胶第 5 版(AERO5)方案。气象模式由美国国家环境预报中心(NCEP)的最终分析(fnl)再分析资料驱动,该资料的分辨率为 $1° \times 1°$。WRF 模式的气象结果用以驱动 CMAQ 模式。城市多尺度空气质量化学模式(Community Multi-scale Air Quality,CMAQ)是一个多尺度欧拉型大气质量模型,它能模拟多个污染物在大气中的物理、化学过程,包括臭氧、气溶胶及各种污染性气体等。CMAQ 模式需要气象模式的结果和随时空变化的排放源数据作为驱动,综合考虑了气象过程、气相与液相化学过程、非均相化学过程、气溶胶过程和干湿沉降过程,能够很好地模拟各种气溶胶对能见度的消光贡献以及霾现象的发生、持续和消亡过程。

模拟试验采用双层嵌套方案,外层区域为内层区域提供边界条件。区域设置如图 7.24 所示,图中黑框为 WRF 模式覆盖的领域,黑框为 CMAQ 模式覆盖的领域。WRF-CMAQ 的外

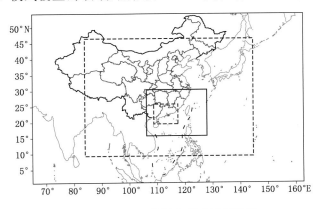

图 7.24　WRF-CMAQ 模式网格设置

层网格分辨率为 27 km,包括了我国大部分地区,内层网格分辨率为 9 km,包括了广东省的整个地域范围,其中涵括的珠三角区域是本节的重点区域。

为了更好地评估未来排放源对珠三角区域空气质量的影响,本节以 2010 年为基准年,拟评估 2020 年珠三角空气质量的情况。为此,本节设计了三种情景,详见表 7.5。Case1 是背景试验(Base),该情景以 2010 年的实际排放为输入的源清单,即清华大学编制的全国 2010 年的中国多尺度排放清单(multi-resolution emission inventory for China,MEIC)清单,经由 WRF-CMAQ 模拟计算的结果作为背景试验,该试验可代表 2010 年实际大气的真实情况;在过去的数年里,我国的减排措施是一直在实行的,Case2 便是按照历史的减排力度和减排趋势执行到 2020 年,评估在这种情景下珠三角区域的空气质量,也就是减排照常试验(control as usual,记为 CAU);Case3 参考了国家和地方政府的减排文件,以文件中的减排目标为基准,计算出政府计划目标下 2020 年的排放源清单,从而评估严格按照政府计划执行得到的目标年的空气质量。此外,为了剔除基准年和目标年气象条件的干扰,以上三种情景均采用 2010 年的气象场。

表 7.5 三种情景试验介绍

	情景	描述
Case 1	背景试验	以基准年的源清单为基准排放(如 2010 年、2012 年),不做任何调控
Case 2	控制照常	在过去的 10 年里,减排调控一直在进行。此情景考虑了以往的减排效果,并按照以往的减排力度执行至目标年
Case 3	按计划控制	按照政府文件对源清单进行减排,减排力度与目标年相同

表 7.6 给出了 2006—2012 年广东省和珠三角的 SO_2、NO_x、$PM_{2.5}$ 和 VOCs 的排放。这七年涵括了我国"十一五"的下半程阶段和"十二五"的上半程阶段。其中,"十一五"和"十二五"分别着重强调对 SO_2 和 NO_x 的减排,珠三角的 SO_2、NO_x 和 $PM_{2.5}$ 均呈现一定程度的下降趋势,下降斜率分别为 -0.14、-1.38 和 -0.25,这表明过去的两个五年计划在珠三角区域发挥了较好的作用,然而 VOCs 却呈现上升的趋势,上升斜率为 3.8,这也意味着以 VOCs 为前体物的二次生成物,如 O_3 和 SOA 会有潜在的上升可能。为了获得历史的减排力度和减排趋势,通过调研过去近 10 年的排放源清单,将排放源类型进行归类,分别归为交通源(transportation,tra)、居民源(residential,res)、工厂源(industry,ind)和电厂源(power,pow)。根据历年

表 7.6 2006—2012 年广东省和珠三角污染物排放清单统计

物种 (百万吨)	区域	2006 年 (Zheng et al.,2009)	2008 年 (MEIC)	2010 年 (MEIC)	2012 年 (MEIC)
SO_2	GD	—	113.4	112.1	112.9
	PRD	71.1	69.1	77.8	67.3
NO_x	GD		145.4	148.7	148.1
	PRD	89.2	84.2	94.7	79.7
$PM_{2.5}$	GD		56.1	43.2	42.7
	PRD	20.4	29	24.7	20.4
VOCs	GD		148.2	162.9	172.4
	PRD	118	88.4	105.4	103.1

注:GD 为广东;PRD 为珠三角。

的变化规律,建立统计映射关系,以获得 2020 年 CAU 情景下的排放源清单。

$$EI_{cau} = f_x(EI_{past}, activity, time) \tag{7.5}$$

式中,EI_{cau} 为 CAU 情景下的排放源清单,EI_{past} 分别为 2006、2008、2010 和 2012 年的排放源清单,activity 包括了相应年份的交通排放、居民排放、工厂排放、发电厂排放。time 为时间(a)。另一方面,为了获得 CAP 情景下 2020 年的排放源清单,参考了粤港政府合作为改善珠江三角洲地区空气素质的《清新空气蓝图》,该文件计划到 2020 年使得珠三角的 SO_2、NO_x 和 VOCs 的排放分别比 2010 年下降 20%～35%、20%～40% 和 15%～25%。在此均取中间数,即拟定 CAP 情景下目标年 SO_2、NO_x 和 VOCs 的排放分别下降 25%、30% 和 20%,并由此比例分配进入源清单。图 7.25 给出了 Base、CAU 和 CAP 三类情景的排放源,可见,按历史减排力度进行(CAU 情景),SO_2 和 NO_x 的排放将在目标年降低 10% 和 18%,然而 VOCs 的排放将在目标年升高 28%,这也是由于已有的减排政策多关注于 SO_2 和 NO_x 的管控。若严格按照政策的减排执行(CAP 情景),SO_2、NO_x 和 VOCs 的排放分别降低 30%、30% 和 20%。工业源和电厂源是 SO_2 的主要来源,CAU 情景下工业和电厂的排放将分别减少 14% 和增加 1%,而 CAP 情景下二者将分别减少 33% 和 20%。工业、交通和居民分别是 VOCs 的主要来源,由于

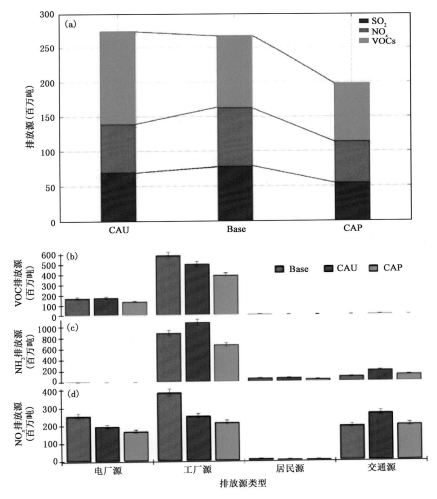

图 7.25　三种情景试验下排放源变化(Wang et al.,2016)

以往的减排措施对 VOCs 的管控尚存不足,CAU 情景下目标年的 VOCs 是上升的,三类主要排放源将分别上升 21%、113% 和 7%,其中交通源的上升最为显著,这也与珠三角机动车保有量的年际变化趋势相似。由于 CAP 情景考虑了 VOCs 排放的管控,除交通源外,各类排放源的 VOCs 排放较 Base 有不同程度的下降。对于 NO_x 而言,电厂源、工业源和交通源是主要的排放源,在 CUA 情景和 CAP 情景下,除交通源外,其他两类排放源对 NO_x 的贡献均比 Base 有所降低,而交通源的 NO_x 排放上升是因为考虑到未来情况下机动车保有量会升高。

7.3.3.2 模式结果验证

在对数值模式的结果进行深入分析前,需要对模式的结果进行验证。由于空气质量模式的模拟精度很大程度取决于气象场的模拟结果,因此需要分别对气象结果和化学结果进行验证。本节通过使用统计学方法,将珠三角地表观测站点的数据同模式相应格点的模拟结果进行对比。各参数统计的计算公式如下(Obs 为观测值,Sim 为模式模拟值,n 为样本数):

均值偏差(mean bias,MB):

$$MB = \frac{1}{n} \sum_{i=1}^{n} [Sim_i - Obs_i] \tag{7.6}$$

平均绝对误差(mean absolute gross error,MAGE):

$$MAGE = \frac{1}{n} \sum_{i=1}^{n} |Sim_i - Obs_i| \tag{7.7}$$

均方根误差(root mean squared error,RMSE):

$$RMSE = \sqrt{\frac{1}{n} \sum_{i=1}^{n} [Sim_i - Obs_i]^2} \tag{7.8}$$

平均标准偏差(normal mean bias,NMB):

$$NMB = \frac{1}{n} \sum_{i=1}^{n} [Sim_i - Obs_i]/Obs_i \tag{7.9}$$

平均标准误差(normal mean error,NME):

$$NME = \frac{1}{n} \sum_{i=1}^{n} |Sim_i - Obs_i|/Obs_i \tag{7.10}$$

平均残差率(fractional bias,FB):

$$FB = \frac{1}{n} \sum_{i=1}^{n} \frac{Sim_i - Obs_i}{0.5 \times [Sim_i + Obs_i]} \tag{7.11}$$

相关系数(correlation coefficient,R):

$$R = \frac{\sum_{i=1}^{n} \{[Sim_i - \overline{Sim}][Obs_i - \overline{Obs}]\}}{\sqrt{\sum_{i=1}^{n} [Sim_i - \overline{Sim}]^2 \sum_{i=1}^{n} [Obs_i - \overline{Obs}]^2}} \tag{7.12}$$

吻合指数(interobserver agreement,IOA):

$$IOA = 1 - \frac{n\,RMSE^2}{\sum_{i=1}^{n} [|Sim_i| + |Obs_i|]^2} \tag{7.13}$$

(1)气象模拟结果验证

对于气象场的验证,本节选取了珠三角的 9 个地面观测站点数据,分别代表珠三角整个区域的气象场,他们分别是广州、顺德、深圳、珠海、中山、惠州博罗、东莞、江门新会和肇庆四会。

由于模拟时间长 4 个月,现以 11 月的结果为例。图 7.26—图 7.28、表 7.7—表 7.9 分别给出了珠三角九站 11 月的温度对比、湿度对比和风速对比。

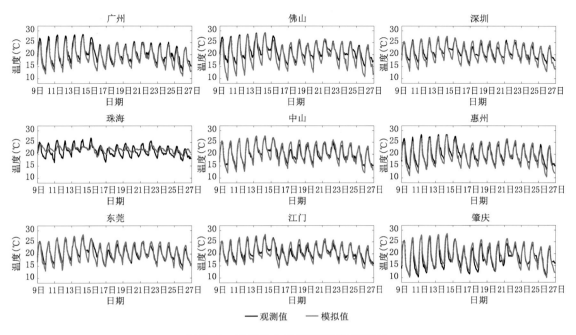

图 7.26　珠三角九站温度观测模拟对比

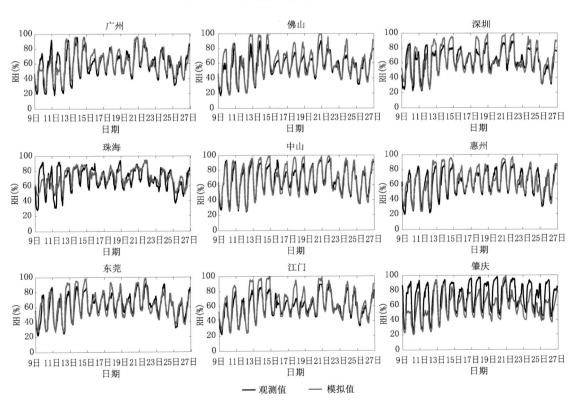

图 7.27　珠三角九站相对湿度对比

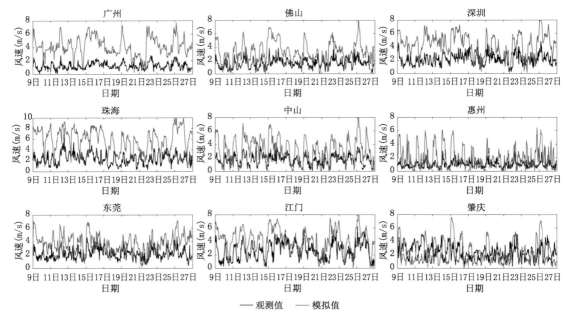

图 7.28　珠三角九站风速对比

　　通过对比观测和模式的小时变化曲线可以看出,观测数据与模拟数据有较好的一致性,各类气象参数的日变化均得到相应的体现。经表 7.7—表 7.9 格统计可以看出,气象场的模拟与观测有较好的统计结果。例如,珠三角 9 个站点温度的平均一致性指数 IOA 高达 0.903,均方根误差为 1.7,其中仅肇庆的 IOA 低于 0.8;相对湿度的相关系数为 0.87,与观测的相对偏差为 0.11,9 站平均 IOA 为 0.90,表现了较好的吻合。值得一提的是,模式对地表风的模拟较差,这是因为本网格分别率较粗,为 9 km,不能真实地反映城市下垫面的地形。总体而言,说明了模式气象模式的模拟结果是可靠的,可以为大气化学模式提供准确、精细的气象场数据。

表 7.7　珠三角温度(℃)模拟结果验证

站点	观测均值	模拟均值	MB	MAGE	RMSE	NMB	NME	FB	R	IOA
广州	20.444	19.349	−1.096	1.363	1.719	−0.056	0.069	−0.06	0.938	0.945
佛山	21.636	19.964	−1.672	2.017	2.631	−0.086	0.101	−0.097	0.919	0.88
深圳	21.258	20.58	−0.678	1.313	1.655	−0.037	0.065	−0.041	0.936	0.923
珠海	21.403	21.912	0.509	1.66	1.915	0.031	0.08	0.027	0.501	0.614
中山	20.402	20.389	−0.013	1.074	1.347	−0.005	0.055	−0.008	0.945	0.96
惠州	20.135	19.557	−0.578	1.342	1.663	−0.032	0.071	−0.037	0.928	0.952
东莞	20.597	20.475	−0.121	1.118	1.465	−0.008	0.055	−0.011	0.912	0.945
江门	20.829	20.601	−0.228	1.102	1.357	−0.014	0.054	−0.016	0.929	0.947
肇庆	18.489	19.187	0.697	1.366	1.686	0.041	0.08	0.036	0.938	0.961

表 7.8　珠三角相对湿度(%)模拟结果验证

站点	观测均值	模拟均值	MB	MAGE	RMSE	NMB	NME	FB	R	IOA
广州	59.245	60.558	1.313	6.502	8.503	0.047	0.121	0.035	0.877	0.933
佛山	55.924	59.845	3.921	7.09	9.468	0.067	0.126	0.055	0.905	0.925
深圳	62.486	64.819	2.333	7.781	9.544	0.044	0.13	0.031	0.866	0.918
珠海	69.356	71.297	1.94	7.967	10.419	0.058	0.132	0.042	0.717	0.821
中山	67.5	67.712	0.212	6.028	7.485	−0.002	0.092	−0.008	0.929	0.957
惠州	62.41	63.548	1.138	6.782	8.678	0.033	0.118	0.021	0.872	0.931
东莞	62.565	63.324	0.759	6.163	7.777	0.019	0.105	0.01	0.897	0.944
江门	59.102	63.165	4.064	6.754	8.853	0.063	0.113	0.053	0.92	0.93
肇庆	71.755	57.143	−14.612	15.121	18.072	−0.198	0.204	−0.23	0.827	0.791

表 7.9　珠三角风速(m/s)模拟结果验证验证

站点	观测均值	模拟均值	MB	MAGE	RMSE	NMB	NME	FB	R	IOA
广州	1.238	4.185	2.948	2.958	3.188	3.055	3.064	1.065	0.513	0.245
佛山	1.591	3.313	1.727	1.846	2.171	1.463	1.54	0.637	0.502	0.406
深圳	2.163	4.368	2.205	2.295	2.613	1.207	1.255	0.627	0.494	0.4
珠海	2.384	6.033	3.667	3.722	4.163	2.149	2.167	0.858	0.289	0.302
中山	1.714	3.291	1.74	1.864	2.195	1.36	1.467	0.568	0.62	0.44
惠州	0.971	1.979	1.008	1.277	1.767	1.218	1.508	0.357	0.407	0.362
东莞	2.178	3.759	1.582	1.746	2.063	0.939	1.003	0.504	0.322	0.432
江门	2.556	4.28	1.725	1.839	2.172	1.175	1.24	0.499	0.638	0.616
肇庆	2.37	2.335	−0.028	1.775	2.105	0.32	0.937	−0.153	−0.105	0.306

(2)大气化学模拟结果验证

为了充分验证模式的效果,本节采用了珠江三角洲大气成分数据共享平台的大气成分数据(http://172.22.1.250:8000/ac_prd/photo_PMMUL.php? apparatus=1)和香港环保署(HKEPD)的历史监测数据(http://epic.epd.gov.hk/EPICDI/air/station/)与模式结果进行验证。与气象场验证一样,这里采用11月的结果为例。大气化学模式的总体效果验证参见表7.10。验证的站点包括了番禺站 PY、佛山站 FS、南沙站 NS、东莞站 DG 和香港的沙田站 ST。

表 7.10　大气化学模式效果验证统计

污染物	观测均值	模拟均值	MB	RMSE	IOA
O_3 浓度(ppbv)	42.8	46.9	4.1	16.7	0.71
$PM_{2.5}$ 浓度($\mu g/m^3$)	60	63	−6.4	25	0.61
NO_x 浓度(ppbv)	37.9	23.4	20.0	28.0	0.58

图 7.29 和图 7.30 分别给出了珠三角区域的观测和模式的 O_3、$PM_{2.5}$ 和 NO_x 的统计结果,可以看出三类污染物的模拟效果与实况较为接近,一致性指数分别为 0.71、0.61 和 0.58,

其中 O_3 的均方根误差为 16.7 ppbv,相对偏差为 4.1 ppbv,表明模拟结果与观测比较接近。值得一提的是,O_3 的变化在香港的沙田站没有较好地再现,这是因为模式 9 km 的分辨率的网格超过了沙田站的实际面积,故而不能较好区分沙田的信息,建议今后使用更高分辨率的网格。

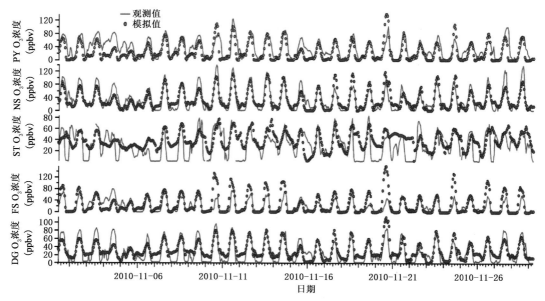

图 7.29　珠三角 O_3 模拟结果验证

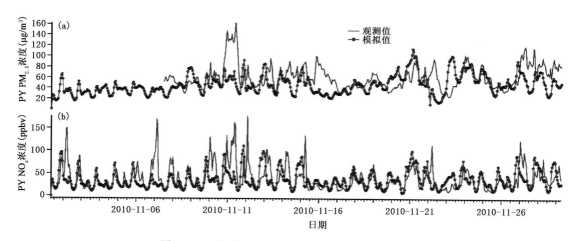

图 7.30　珠三角 $PM_{2.5}$(a)和 NO_x(b)模拟结果验证

　　综上统计验证,本节的气象模式和大气化学模式的结果都能和观测数据有较好的一致性,这也表明本试验的背景试验能够代表实际的情况,可以作为深入的敏感性试验。

7.3.3.3　SO_2 情景

　　由于源清单中 SO_2 的排放受到控制,大气中的 SO_2、硫酸盐(SO_4^{2-} PM)和硫沉降(SO_4^{2-} deposition)均会受到相应的变化。图 7.31 给出了三种情景下 SO_2、硫酸盐、硫沉降的变化。由 Base 情景可以看到,2010 年珠三角受含硫物质影响较高的城市有广州、佛山、深圳和东莞等。在 CAU 情景下（按以往的力度持续进行减排），SO_2、硫酸盐和硫沉降均表现出一定程度的下降，这也意味着我国颁布的大气污染防治政策，如"十一五""十二五"和《大气国十条》等对珠三角含硫物质的控制表现出成效。其中，SO_2 的下降变化为 $0.55\%\sim10.2\%$，硫酸盐和硫沉降的下降变化均为 $0.6\%\sim0.8\%$。另一方面，CAP（严格按照政府政策执行减排）情景下珠三角含硫物种的降低更为明显，SO_2 的变化为 $2.1\%\sim28.1\%$，硫酸盐和硫沉降的变化均下降了 2% 左右，其中广州、佛山、中山、东莞、深圳含硫化合物下降的变化最为明显。

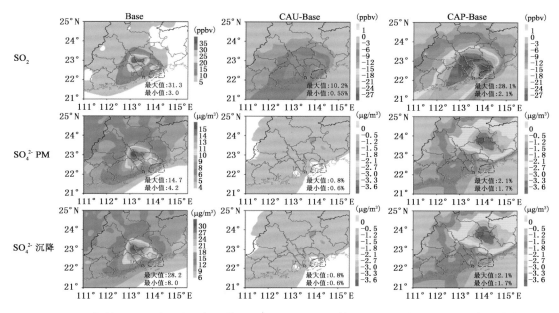

图 7.31　控制 SO_2 试验下珠三角区域 Base、CAU 和 CAP 情景下 SO_2、硫酸盐和硫沉降的分布

　　图 7.32 给出了珠三角九市 1 月、4 月、7 月和 11 月共四月平均后的日均 SO_2 值。可以看出，尽管 CAU 情景会使 SO_2 下降，但下降幅度较 CAP 的有限，CAU 下 SO_2 平均下降比例仅为 4.5%，而 CAP 下 SO_2 的下降比例为 21%，下降比例约为 CAU 的 6 倍。

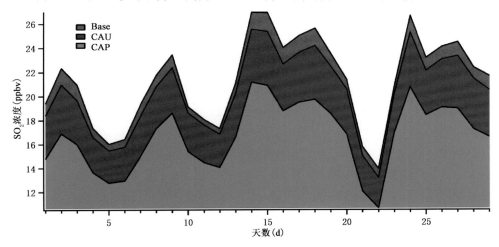

图 7.32　控制 SO_2 试验下珠三角九市 SO_2 的平均月变化

7.3.3.4 NO$_x$ 情景

图 7.33 给出了三种情景下 NO$_x$、硝酸盐和氮沉降的变化。NO$_x$ 的分布与 SO$_2$ 的分布相似,高值区集中在珠三角的广州、佛山、深圳和东莞等区域,而硝酸盐颗粒物和氮沉降的区域分别集中在这些城市的周围。在 CAU 情景下,NO$_x$ 的变化有增有减,其中,NO$_x$ 在肇庆和珠三角东南处的海域是上升的,要知道 NO$_x$ 一个重要的源是机动车排放,该情景下目标年交通源的排放是上升的,故而机动车排放是肇庆区域 NO$_x$ 上升的重要原因。此外,由于 CAU 试验中珠三角的总 NO$_x$ 排放是下降的,NO$_x$ 排放的下降会造成光化学产物 O$_3$ 的上升(珠三角区域是 VOC-limited),相应地会伴其他二次光化学产物如含氮物质的 PAN、RONO$_2$ 的上升,这些物质在输送到海洋上分解成 NO$_x$,从而造成海洋上 NO$_x$ 的上升。同 CAU 相比,CAP 情景下珠三角的 NO$_x$ 基本上呈较为明显的下降的变化,变化范围为 $-22.1\%\sim0.4\%$。对于硝酸盐和氮沉降的变化来说,CAU 情景和 CAP 情景下珠三角均呈略微下降的变化,如 CAU 的变化范围是 $-3\%\sim0.6\%$,而 CAP 的变化范围是 $-6.1\%\sim-0.1\%$。

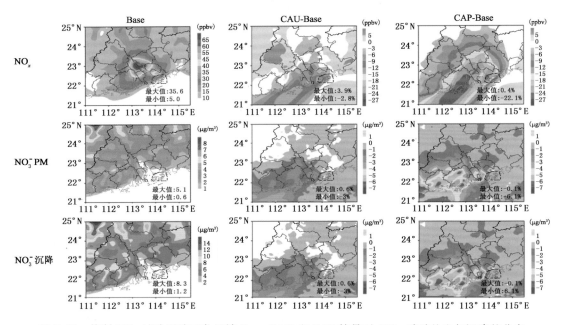

图 7.33　控制 NO$_x$ 试验下珠三角区域 Base、CAU 和 CAP 情景下 NO$_x$、硝酸盐和氮沉降的分布

图 7.34 给出了珠三角九市 1 月、4 月、7 月和 11 月共四月平均后的日均 NO$_x$ 值,该图可以反映城市区域在未来减排情景下 NO$_x$ 的变化。可以看出,CAU 情景下 NO$_x$ 的变化与 Base 十分接近,仅下降了 0.9%,虽然 CAU 情景下 NO$_x$ 总的减排是下降的,但排放源类型中交通源的排放是明显上升的,从而导致减排效果不明显。这也意味着按照过去的力度执行 NO$_x$ 减排是远远不够的,尤其是在机动车排放的控制上需要做更多努力。同 CAU 相比,CAP 情景下 NO$_x$ 的下降较为明显,平均下降 18%。

7.3.3.5 VOC 情景

挥发性有机物 VOC 是大气中二次污染物如 O$_3$、SOA 的重要前体物。目前我国的空气质量标准并未制定 VOC 的浓度标准,但在一定程度上,VOC 的浓度水平决定了该地区的光学污

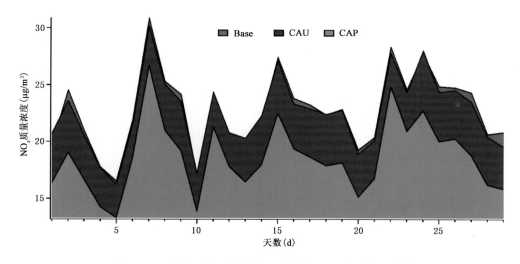

图 7.34　控制 NO_x 试验下珠三角九市 NO_x 的平均月变化

染的程度。图 7.35 给出了三种情景下珠三角区域 VOC 水平分布。可以看出,在 2010 年, VOC 的高值区主要集中在广州、佛山、深圳、东莞、江门等地方,部分区域的 VOC 超过了 400 ppbv,结合之前的源清单分析可以知道,珠三角区域 VOC 的主要来源是工厂排放和机动车排放。在 CAU 情景下,由于政府对 VOC 的管控尚存不足,在未来 2020 年,珠三角的 VOC 仍会

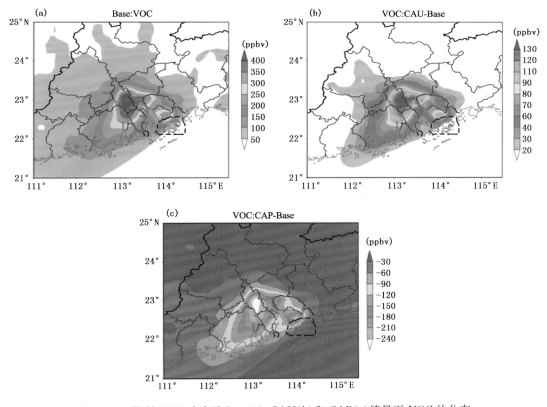

图 7.35　控制 VOC 试验下 Base(a)、CAU(b)和 CAP(c)情景下 VOC 的分布

上升,且高值区仍分布在广佛深等区域。若未来严格按照政府的文件执行,VOC 会有一定程度的下降,下降幅度为 30~240 ppbv,且下降幅度明显的地方为广佛深区域,由此可知,珠三角区域尤其是广佛深地区未来的 VOC 管控有较大的减排空间。

图 7.36 给出了珠三角九市 1 月、4 月、7 月和 11 月共四月平均后的日均 VOC 值,分别反映出城市区域在 Base(当前情景下)、CAU(按过去减排力度执行到目标年)和 CAP(按政府政策执行 VOC 减排)的 VOC 变化。可以看出,CAU 情景下 VOC 的变化较 2010 年有明显的上升,日均值为 372 ppbv,高出 Base 情景大约 2 倍(187 ppbv),而 CAP 情景下 VOC 得到了较好的控制,平均值为 142 ppbv,较 Base 降低了 25％左右。

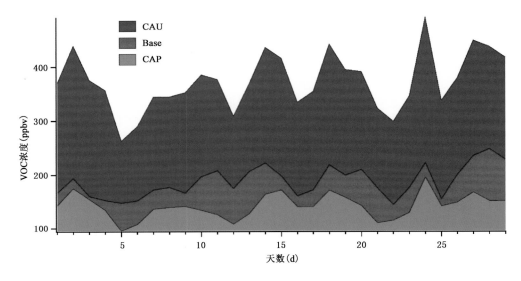

图 7.36　控制 VOC 试验下珠三角九市 VOC 的平均月变化

7.3.3.6　NO_x-VOC-O_3 化学情景

目前,珠三角空气质量面临的一个非常严峻的问题是区域光化学污染,O_3 是光化学反应生成的二次产物,一般情况下 O_3 的浓度越高,代表光化学反应的程度越强烈。不少研究指出,珠三角区域的 O_3 浓度在呈逐年上升的趋势。在此,本节分析讨论三种调控情景下,NO_x 和 VOC 对 O_3 的影响。

通常情况下,光化学污染是在午后进行的最剧烈,因为这时太阳辐射最强烈,且温度最高,有利于光化学反应的进行,往往臭氧的峰值也会在此时出现。因此,本节重点分析四个月每月 14:00 时刻 O_3 浓度对应其前体物的变化。

图 7.37 和图 7.38 分别给出控制 VOC 试验和控制 NO_x 试验 CAU-Base 和 CAP-Base 的 O_3 变化分布。以往研究表明,珠三角属于 VOC 控制区,即减少 VOC 能使臭氧相应减少。该观点在本节也得到了验证,可见,在 CAU 情景下,由于 VOC 的排放升高,O_3 的浓度也随之相应的升高,且高 O_3 的区域主要集中在广州、佛山、深圳等城市,1 月 O_3 的上升最为明显,广州、佛山、深圳区域超过了 16 ppbv;另一方面,在 CAP 情景下,由于 VOC 的排放减少,O_3 的浓度也呈现出相应减少的情况,可见,1 月 O_3 减少的区域多集中在珠三角的中部和西部,4 月和 7 月 O_3 的减少集中在广佛深等地区,11 月 O_3 的减少集中在珠三角的中部和西南沿海一带。

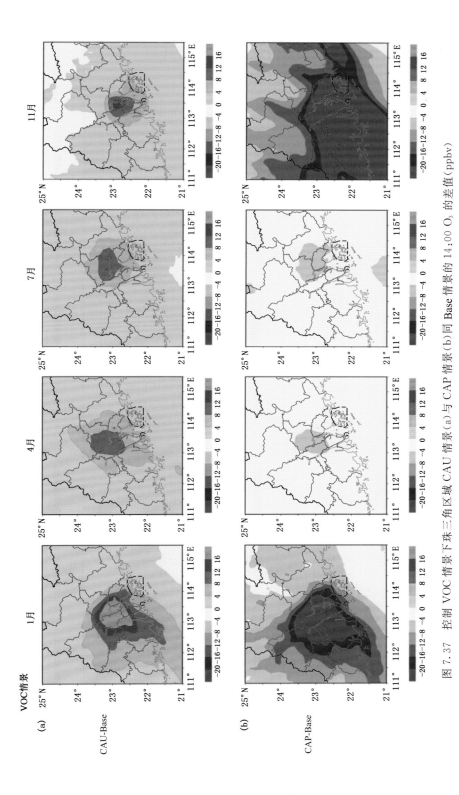

图 7.37 控制 VOC 情景下珠三角区域 CAU 情景(a)与 CAP 情景(b)同 Base 情景的 14∶00 O₃ 的差值(ppbv)

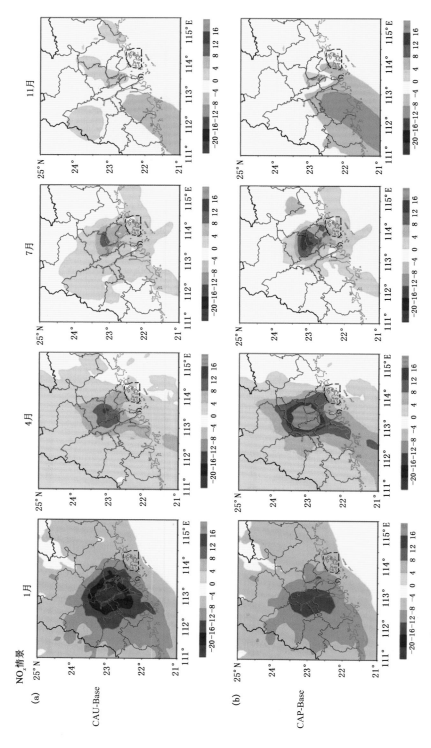

图 7.38 控制 NO$_x$ 情景下珠三角区域 CAU 情景(a)与 CAP 情景(b)同 Base 情景的 14:00 O$_3$ 的差值(ppbv)

　　在控制 NO_x 的情况下,这里得出了有趣的结果,减少 NO_x 的排放,会使 O_3 即有升高又有降低的现象。结果发现,在干季(1、11 月),减少 NO_x 的排放会使 O_3 的峰值相应减少,即珠三角的下午也是 NO_x 控制区,这也意味着可以通过减少珠三角下午的 NO_x 排放从而使 O_3 的峰值降低;然而在湿季(4、7 月)减少 NO_x 的排放反而会使 O_3 升高(VOC 控制区)。为了更好地了解 NO_x 控制下 O_3 的变化,现以湿季节的 4 月和干季的 11 月为代表,分别考察三种情景下珠三角九市 O_3 的日变化曲线(图 7.39),可以看到干湿季节下 O_3 的日变化曲线确实不同。在湿季,减排 NO_x 会使 O_3 的浓度上升,且随着 NO_x 减排量增加,O_3 的升高的幅度也增加,如 CAU 下 14:00 的 O_3 比 Base 升高了 1.7 ppbv,CAP 下 14:00 的 O_3 比 Base 升高了 3.9 ppbv。在干季,可以看到减排 NO_x 会使 O_3 在午夜—上午—正午的浓度升高,然后在正午—下午,减排 NO_x 会使 O_3 相应的减小,在傍晚—夜晚—午夜,减排 NO_x 会使 O_3 的浓度升高。这也意味着珠三角区域 O_3 的控制区呈现出从 VOC 控制到 NO_x 控制再到 VOC 控制的一个变化。因此,可以通过下午对 NO_x 的减排从而使 O_3 的浓度降低。

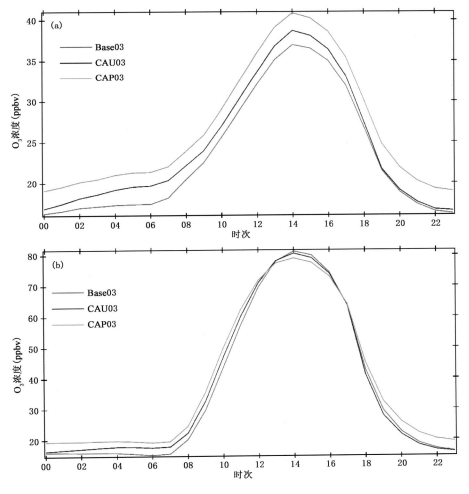

图 7.39　控制 NO_x 情景下珠三角九市干、湿季 O_3 的日变化

(a)4 月;(b)11 月

本章主要介绍了珠三角区域开展碳源汇相关研究的目的意义,构建了珠三角区域碳源汇模式系统(CarbonTracker),介绍了该模式系统对珠三角区域碳源汇分布的模拟分析与评估验证。为了进一步突破区域高分辨率碳源汇数值评估技术,研建了高分辨率碳源汇数值模式系统(GHGs),模拟分析了区域大气 CO_2 浓度及其组分的时空分布。

8.1
目的意义

当前,全球变化正在逐步深入地影响世界经济秩序、政治格局和国际关系,引起了各国政府和科学家的普遍关注。CO_2 是导致全球变化的主要温室气体之一(IPCC,2007),其对全球辐射强迫增长率的贡献超过 80%(WMO,2011)。探明 CO_2 源、汇特征及其影响机制,是当今全球变化研究中的焦点问题。

大气 CO_2 主要源有海洋释放、生物呼吸、化石燃料燃烧、土地利用变化等,陆地生态系统光合作用、海洋吸收、碳沉积等是 CO_2 的重要汇(Raich et al.,1995;Gunter et al.,1998)。人们利用涡度相关技术对陆地生态系统与大气间净 CO_2 交换量开展了长期观测(de Araújo et al.,2008;焦振 等,2011),初步获取了不同植物生态系统碳通量强度、通量的长时间序列分布特征及其影响因素(王春林 等,2006;王兴昌 等,2008),特别是 2002 年建立的中国通量观测网(ChinaFLUX),极大地推动了我国生态系统地表碳通量的研究(于贵瑞 等,2006;周凌晞 等,2006)。然而,由于传统的地面观测受到站点数量和分布的限制,无法准确掌握区域 CO_2 排放源和吸收汇的动态变化及区域输送机制。

利用模式反演的方法能及时、准确捕捉区域近地层大气成分分布及输送的动态变化,是未来温室气体评估研究的重要趋势。国外学者基于卫星遥感的归一化植被指数(NDVI)、增强植被指数(EVI)以及气象观测资料建立了 WRF-VPRM(生态系统光合与呼吸模型)(GHGs)模式(Ahmadov et al.,2007;Mahadevan et al.,2008),并开展了模式的验证和应用研究(Ahmadov et al.,2009;Kretschmer et al.,2012),使人们初步掌握了高时空分辨率的近地层碳通量模式评估手段。也有学者发展了生物地球化学模式,如卡内基—艾姆斯—斯坦福生态系统模式(CASA)(Potter et al.,1993)、简化的卡内基—艾姆斯—斯坦福生态系统模式(SiB-CASA)(Schaefer et al.,2008),并用于近地层生物圈 CO_2 通量、柱浓度分布和传输(Keppel-Aleks et al.,2011)的模拟研究。相比而言,由 NOAA/ESRL(地球系统研究实验室)开发的 CarbonTracker 模式不仅能准确捕获近地层碳通量特征,还可以有效计算碳通量不同排放源和吸收汇的类型及其强度(Peters et al.,2005,2007),在探明气候变化人为源和自然汇相对贡献研究中具有明显优势(http://www.esrl.noaa.gov/news/2007/CarbonTracker/)。一些学者利用 CarbonTracker 模式开展了近地层碳通量评估及其验证研究（Masarie et al.，2011；Keppel-Aleks et al.，2011），也有科学家根据不同地区和国家的状况，引进、发展了该模式，形成具有区域特点的反演模式系统，如欧洲版 CT（CT-Europe）、亚洲版 CT（CT-Asia）、美国版 CT（CT-America）等。对我国而言，有关近地层温室气体反演的模式模拟研究工作仍未全面开展，与国外相比存在明显的滞后性和局限性，无法满足我国温室气体观测、评估及气候变化的研究需求。

珠三角地区是中国经济最发达、最具活力的都市群之一，同时也是温室气体排放高值区。研究发现，该区域温室气体有明显的地域特点，CO_2 浓度低于北京地区，可能与植物的光合作用能力强、冬季无需供暖能源的消耗有关（邓雪娇 等，2006a）。此外，区域碳通量和潜热通量的季节变化在陆—气能量平衡中具有非常重要的作用，是反映区域气候变化的强烈信号（Bi et al.，2007）。然而，珠三角地区近地层 CO_2 通量的分布特征以及区域相互影响机制如何，目前尚不清楚。利用碳源汇数值模式系统（CarbonTracker，GHGs）在珠三角地区开展近地层碳通量的模式验证及模拟研究，初步分析净碳通量的区域、季节变化特征，估算人为排放源和自然汇的相对贡献，为了解区域温室气体分布和相互影响，客观、准确地评估碳源汇的变化机制提供理论支持。

8.2
全球碳源汇数值模式（CarbonTracker）

8.2.1 CarbonTracker 模式介绍

CarbonTracker 是 NOAA/ESRL/GMD 的模式小组基于大气传输模型 TM5 研发的一种大气碳源汇为数值模式模型，它将大气传输模型与集合卡尔曼滤波法相结合，从大气的角度估算地球表面二氧化碳吸收和释放随时间变化的情况。通过与全球观测结果比较，进而追踪大气二氧化碳源汇。这个模式系统从"大气的观点"来评估二氧化碳的交换，可以处理多个生态系统和海洋数据；估算海洋、火灾等自然源，化石燃料燃烧等人类活动释放和吸收的碳；区别自然界碳循环和人类活动导致的碳排放变化。

图 8.1 是该模式的流程图。首先假设一个 CO_2 的源和汇作为模型的先验源（步骤 1），并将其输入到大气传输模型 TM5 中，用来模拟全球大气混合比率（步骤 2），当某个时间和地点的测定结果可用时，就输出对应时间地点模拟的二氧化碳克分子数（步骤 3），再将模拟的二氧化碳浓度与相应的测定值进行比较（步骤 4），最后，通过同化处理来修订假设的二氧化碳源汇，最大程度地缩小模拟的二氧化碳浓度与观测值之间的误差（步骤 5）。

8.2.2 CarbonTracker 对 CO_2 的主要计算过程

大气中 CO_2 的源和汇信息都可通过观测和已知的传输过程计算出来。在 CarbonTracker 模式系统中，地表净生态碳交换通量（NEE）考虑了 4 种来源，分别为：化石燃料燃烧、火灾灾

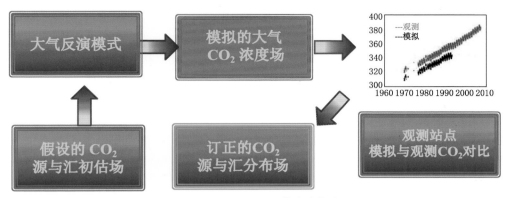

图 8.1　CarbonTracker 模式计算流程

情、陆地生物圈交换和海—气交换通量。其中,化石燃料燃烧通量和火灾灾情通量主要通过
"自下而上"的方法,估算不同区域通量的分布和强度,而生物圈和海洋通量使用了数据同化技
术,将模拟的碳通量信息与观测值进行匹配(Peters et al., 2007)。模式中瞬时碳通量的计算
过程如下:

$$F(x,y,t) = \lambda_r \cdot F_{bio}(x,y,t) + \lambda_r \cdot F_{oce}(x,y,t) + F_{Ff}(x,y,t) + F_{fires}(x,y,t) \quad (8.1)$$

式中,$F(x,y,t)$ 为大气 CO_2 净通量。λ_r 代表了一定时间内不同区域需要评估的通量线性标度
因子的集合。若时间分量不变,集合中的每个 λ_r 将由特定区域的碳通量分布特征决定。Car-
bonTracker 将全球海洋圈分为 30 个区域,同时根据生态系统类型和地理位置的特点,将陆地
圈分为 11 个区域,每个区域包含了 19 种植被生态系统(Gurney et al.,2002)。因此,理论上
模式中的 r 应该为 239,但实际上 $r=156$,主要是因为模式未考虑雪盖区、湖泊区和沙漠等的
影响。当 λ_r 确定后,参照 Peters 等(2005)的方法,利用卡尔曼(Kalman)滤波器对 λ_r 数据集进
行优化,从而降低 CarbonTracker 模式模拟的碳通量与观测值误差。F_{bio}、F_{oce}、F_{Ff} 和 F_{fires} 分别
代表生物圈、海洋、化石燃料燃烧以及野火灾情的通量。以下将对上述通量的计算和分配过程
分别进行描述。

(1)生物圈通量(F_{bio})

F_{bio} 主要通过生物地球化学模式——CASA 模式提供。该模式通过气象模式来驱动生物
物理过程,结合卫星遥感的归一化植被指数(NDVI)来追踪植物的气候学特征,进而计算全球
生物圈碳通量。计算过程如下:

$$NEE(t) = GPP(I,t) + R_E(T,t) \quad (8.2)$$

$$GPP(t) = I(t) \cdot \left[\sum (GPP) / \sum (I) \right] \quad (8.3)$$

$$R_E(t) = Q_{10}(t) \cdot \left[\sum (R_E) / \sum (Q_{10}) \right] \quad (8.4)$$

$$Q_{10}(t) = 1.5[(T_{2m} - T_0)/10.0] \quad (8.5)$$

式中,NEE 为净生态碳交换通量;R_E 为植物呼吸通量;GPP 为总初级生产力;土壤呼吸速率采
用 Q_{10} 模型进行计算;$T=2$ m 气温,I 为入射的太阳辐射量,t 为时间。

(2)野火通量(F_{fires})

在 CarbonTracker 模式中,主要利用 CASA 模式来评估生物质燃烧所排放的碳通量
(F_{fires}),其输入数据来源于全球火灾排放源数据库(GFED)。该数据库包含了全球 $1° \times 1°$ 格点
的逐月火灾面积、可燃物载荷、燃烧程度和火灾排放的化学物质等,其中火灾面积是基于

500 m 空间分辨率的 MODIS 卫星产品进行统计计算。当全球火灾的面积确定后,通过CASA模式就可以估算植被覆盖和土壤生物量燃烧量的季节变化特征,结合燃烧物负荷量、燃烧程度和燃烧效率,进而估算生物质燃烧所排放的 CO_2 通量。

(3)化石燃料燃烧通量(F_{Ff})

CarbonTracker 模式采用了两种不同的化石燃料燃烧排放源数据库来估算化石燃料燃烧的通量,以降低通量格点化引起的时间和空间分配误差。两个数据库分别为"米勒(Miller)"和"人为二氧化碳开放数据清单(ODIAC)",均使用了全球大气研究排放数据库(EDGAR v4.0)源排放清单和 CO_2 信息分析中心(CDIAC)的排放源清单资料,不同之处在于两个数据库中的排放源在时间和空间上的分配量。

(4)海洋通量(F_{oce})

海洋 CO_2 先验源通量采用 Takahashi 的 P_{CO_2} 方案进行估算(Takahashi et al.,2002,2009)。其中,海水 CO_2 分压的表述方程如下:

$$(P_{CO_2})_{sw} = X_{CO_2}(P_{eq} - P_w) \tag{8.6}$$

式中,X_{CO_2} 为干空气中 CO_2 的摩尔分数,P_{CO_2} 为一定温度下海水的 CO_2 分压,P_{eg} 为平衡气压力,P_w 为一定海水温度(T_{eq})和盐度下的水汽压。当湿载气中 CO_2 混合比确定时,P_w 为 0。由于 P_{eg} 会受到船舶扰动的影响,需要对 CO_2 分压进行订正,其表达式为:

$$(P_{CO_2})_{sw} = (P_{CO_2})'_{sw} \exp\{0.0433(T - T_{eg}) - 4.35 \times 10^{-5}[T^2 - (T_{eq})^2]\} \tag{8.7}$$

式中,T 为海水温度,T_{eg} 为海—气平衡温度,$(P_{CO_2})_{sw}$ 为海水温度 T 下的 CO_2 分压,$(P_{CO_2})'_{sw}$ 为海—气平衡温度 T_{eg} 下的 CO_2 分压。

大气 CO_2 分压的表述方程如下:

$$(P_{CO_2})_{air} = X_{CO_2}(P_{baro} - P_{sw}) \tag{8.8}$$

式中,P_{baro} 为海水表面的气压,P_{sw} 为混合层中一定温度和盐度下的水汽压。

综合式(8.6)—(8.8),海—气 CO_2 分压差可表述为:

$$\Delta P_{CO_2} = (P_{CO_2})_{sw} - (P_{CO_2})_{air} \tag{8.9}$$

当计算得到的 ΔP_{CO_2} 为正值时,表明该海域为大气 CO_2 的排放源区,负值时则为 CO_2 吸收汇区。

当 ΔP_{CO_2} 确定后,海—气净 CO_2 通量(F_{oce})可通过下式进行计算:

$$F_{oce} = k\alpha \Delta P_{CO_2} = T_r \Delta P_{CO_2} \tag{8.10}$$

式中,k 为 CO_2 的输送速度,α 为海水中 CO_2 的溶解度,T_r 为海—气交换系数,ΔP_{CO_2} 为海—气 CO_2 分压差。

(5)动力学模型

CarbonTracker 模式利用动力学模式计算不同区域通量的线性标度因子 λ,其描述方程如下:

$$\lambda_t^b = (\lambda_{t-2}^a + \lambda_{t-1}^a + \lambda^p)/3.0 \tag{8.11}$$

式中,a、b、p 均为标记符号,λ_{t-2}^a、λ_{t-1}^a 分别为 $t-2$、$t-1$ 积分步长中确定的 λ 值,λ_t^b 为新积分步长的 λ 值,λ^p 为先验源的 λ 值。

8.2.3 先验源、气象场及数据同化资料来源

随着温室气体观测数据更易于获取,背景区通量观测研究提供了丰富的 CO_2 资料,提高

了温室气体反演的可靠性。CarbonTracker 输入的资料包括源排放,观测资料和气象场数据。源排放资料包括海洋反演通量、火灾通量、生物圈通量、化石燃料燃烧通量。其中,海洋反演通量采用 Takahashi PCO₂ 方案(Takahashi et al.,2002,2009)进行通量估算;火灾通量来源于全球火灾排放数据库 (GFEDv2);生物圈通量来源于 CASA 模型的模拟结果,其中陆地圈净生态碳交换通量(NEE)的日变化由总初级生产力(GPP)和生态系统的呼吸作用(Re)共同确定;化石燃料燃烧通量源于 EDGAR 和 CDIAC 排放源清单数据库。此外,气象模式由每 6 h 时次的欧洲中期天气预报中心(ECMWF)数据驱动;CO₂ 通量、浓度的观测数据来源于全球各个背景站、区域站的地基观测结果,包括美国的冒纳罗亚(Mauna Loa)背景站、中国的瓦里关站以及高山、高塔站等。

8.3
CarbonTracker 模式在珠三角地区的应用

8.3.1　模拟区域设置

本节通过 TM5 大气传输模式驱动 CarbonTracker,采用了地形追随坐标,总共 25 层,第一层和最顶层高度分别离地面 34.5 m 和 80.0 km。CarbonTracker 设置了两重网格嵌套区域,其中,全球区域的空间分辨率为 3°×2°,在中国和珠三角区域(110°~118°E,20°~26°N)均为 1° × 1°。图 8.2 为 CarbonTracker 设置的广东省模拟区域及地形海拔高度分布图,模式的模拟时间从 2000 年 1 月开始,至 2009 年 12 月结束,每 3 h 输出一次模拟结果(麦博儒 等,2014a,2014b)。

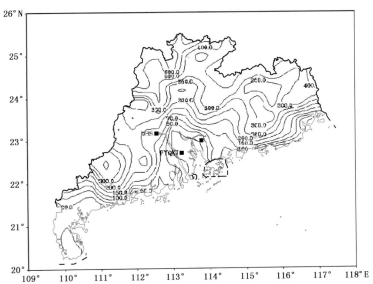

图 8.2　CarbonTracker 设置的广东省模拟区域及地形海拔高度(单位:m)分布
(黑色方框为番禺气象局、鼎湖山以及东莞的碳通量观测站)

8.3.2　观测站点及观测数据介绍

采用了瓦里关全球本底站、番禺气象局站、鼎湖山站和东莞站观测的 CO_2 资料对 Carbon-Tracker 模式系统进行验证与对比分析。

瓦里关站（36.28°N，100.90°E，海拔 3816.00 m）大气 CO_2 浓度的瓶（Flask）采样观测始于 1990 年，样本收集频率为每周 1 次，并参照 WMO/GAW 推荐的方法进行数据测量和质量控制（Komhyr et al.，1983；赵玉成 等，2006；刘立新 等，2009）。在 2006 年以前，该站收集到的观测数据均由 NOAA/ESRL 实验室分析，2006 年以后采用了 4 瓶串联的方法采样，其中 2 瓶在中国气象局大气化学重点开放实验室分析，另 2 瓶送往美国 NOAA/ESRL 进行分析（刘立新 等，2009）。

番禺气象局站（22.43°N，113.23°E，海拔 12.5 m）的 CO_2 浓度及其通量的观测时间为 2004 年 6 月—2005 年 5 月，观测仪器为涡动相关系统（eddy covariance）。该系统由三维超声风温仪（CSAT3，Campbell Scientific，Inc.）和开路 CO_2/H_2O 分析仪（Li-7500，LiCor Inc.，USA）组成，探测器离地面 3.5 m，采样频率为 10 Hz，获取的观测资料进行了数据订正和质量控制（邓雪娇 等，2006a）。由于 CarbonTracker 模拟结果的输出频率为每 3 h 一个时次，因此需要将每 30 min 平均的观测数据转化为逐时次值，再进一步与模式输出结果进行匹配。在此基础上，利用观测数据对模式的反演结果进行比对验证。

鼎湖山站（23.17°N，112.51°E，海拔 240 m）位于广东省肇庆市东北部的鼎湖山自然保护区内，周围森林是目前保存下来的最为典型、最为完整的南亚热带常绿针阔叶混交林生态系统，可代表地带性植被。东莞站（22.95°N，113.73°E，海拔 56 m）位于东莞市植物园内的气象台观测场中，属低丘地貌，区内植被丰富，是一个由乔灌草植物构成的典型公园绿地生态系统。鼎湖山站和东莞站的碳通量观测时间分别为 2003 年 5 月—2004 年 4 月和 2008 年 10 月—2009 年 11 月，观测仪器与番禺气象局站的一致。其中，东莞站的通量观测探头安装在 20 m 高度，而鼎湖山站的探头高度为 27 m（第 5 层平台），代表林冠层顶/大气界面的通量。

8.3.3　模式模拟与观测的 CO_2 浓度对比分析

8.3.3.1　青海瓦里关全球本底站与番禺气象局站的模拟与观测对比

图 8.3、图 8.4 分别为青海瓦里关全球本底站、番禺气象局站观测的 CO_2 浓度与 Carbon-Tracker 反演结果的比较，发现在番禺气象局站模式反演结果与地基观测值具有很好的一致性，线性回归的决定系数（R^2）为 0.430（$p < 0.01$），相对误差为 3.63%。相比而言，Carbon-Tracker 模式在瓦里关地区模拟的一致性更高，模拟值与观测值的相对误差达 1.18%，决定系数（R^2）为 0.584（$p < 0.01$），这与 Cheng 等（2013）的研究结果一致。

表 8.1 反映了不同观测站 CO_2 浓度的反演值与观测结果的统计学特征。可以看出，瓦里关站的残差为 4.49 ppmv，略高于 Peters 等（2007）在北美地区进行的 CO_2 柱浓度的对比结果。2003—2009 年瓦里关地面观测的年平均增长率约为 2.03 ppmv，相应模式反演的年增长率约为 2.34 ppmv，差值小于 0.4 ppmv。由于番禺气象局站的观测时间只有 1 年，因此，无法

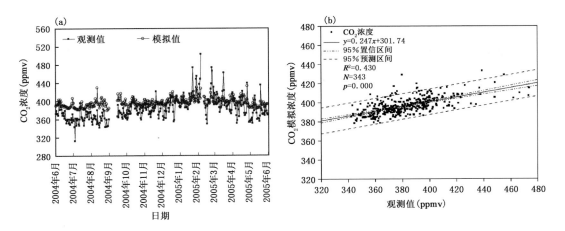

图 8.3　2004 年 6 月—2005 年 5 月番禺气象局站反演的日均值与观测值的比较(a)及
模拟与观测结果的线性回归分析(b)

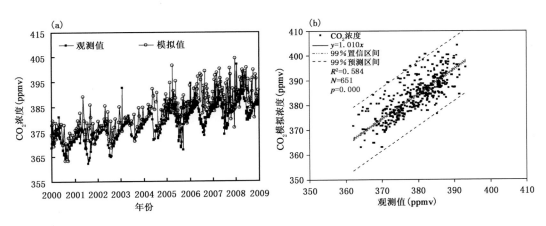

图 8.4　2000—2008 年瓦里关站反演值与观测值的比较(a)及
模拟与观测结果的线性回归分析(b)

得到 CO_2 浓度的年增长率,但其反演均值与观测值的残差为 13.89 ppmv,线性回归方程的斜率为 0.247,表明模式模拟的 CO_2 总体偏高,同时也高于瓦里关地区的对比结果。其原因可能是由于珠三角地区近地层碳排放源非常复杂,人为扰动大,给 CO_2 浓度的准确模拟带来很大困难。相比而言,本底站的人为扰动极低,CO_2 主要表现为植物的光合、呼吸作用及土壤呼吸过程,因此,模式的干扰因素少、模拟精度较高。从表 8.1 中还可以看出,瓦里关站、番禺气象局站模拟值与观测值的标准误差分别为 4.96 和 6.82 ppmv,说明模拟值与观测的偏离程度较大,其原因一方面是由于 CarbonTracker 模式的空间分辨率较低(1°×1°),模拟值反映的是网格内 CO_2 浓度的平均状态,因此,限制了模式对较小尺度近地层 CO_2 浓度的捕获能力。另一方面,由于验证站为单点观测,受局地水汽、气温、辐射等因素的影响较大,特别是在珠三角地区的夏、秋季,由于大气的水平对流和垂直交换剧烈,会导致模式值明显高于观测值。此外,模式的底层高度为 35 m,反映的 CO_2 空间范围较大,而观测站点的采样高度为较低(1.0~3.5 m),代表的空间范围有限。两种不同高度所反映的大气 CO_2 的分布和浓度水平的差异可能也是导致模式结果总体偏高的主要因素之一。

表 8.1 不同观测站与 CarbonTracker 模式反演 CO_2 浓度结果的统计学特征

站点	年增长率 （ppmv/a）		年均值 （ppmv）		残差 （ppmv）	S.D （ppmv）	R.E （%）
	观测	模拟	观测	模拟			
瓦里关	2.03	2.34	379.40	383.89	4.49	4.96	1.18
番禺气象局	—	—	382.48	396.37	13.89	6.82	3.63

注：S.D-Standard error 标准差；R.E-Reletive error 相对误差。

总体来看，CarbonTracker 模式能较好地反映近地层 CO_2 浓度的分布状况，在珠三角地区模拟值与观测值的线性回归决定系数为 0.430，残差为 13.89 ppmv，相对误差为 3.63%。国外相关的验证结果（Peters et al.，2007）也表明，CarbonTracker 具备了反映陆地生态系统 CO_2 分布和变化的能力。然而，由于模式分辨率较低、观测站点空间代表性有限及气象因子等方面的影响，导致模式的结果总体偏高。

8.3.3.2 珠三角观测站的模拟与观测对比

图 8.5 为珠三角番禺气象局、鼎湖山站和东莞站 CO_2 通量模拟值与观测值的比较。可见净通量的模拟值和观测值较一致，3 个站的残差均值为 1.81 $\mu mol/(m^2 \cdot s)$，均方根误差在 1.59~2.58 $\mu mol/(m^2 \cdot s)$ 之间，相关系数（r）为 0.67~0.71，通过了 99% 的显著性检验，说明 CarbonTracker 模式具有较强的模拟能力。从回归方程的拟合参数来看，番禺气象局站的斜率、截距均与东莞站的相当，但明显低于鼎湖山站，这可能与鼎湖山站较高的植被指数有关。总体来看，3 个观测站的方程斜率为 0.260~0.431，截距为 0.43~1.29，表明模式模拟的净通量整体偏高。其原因一方面可能是由于观测站点所在的生态系统尺度较小，受局地水汽、气温、辐射等因素的影响较大，而 CarbonTracker 模式的空间分辨率较低（1°×1°），反映的是较大范围通量分布的平均状态，因此，对较小尺度生态系统碳通量扰动的捕获能力不足。另一方面，珠三角是我国乃至世界上最活跃的经济区之一，该区域下垫面河网交错，地表植被和土壤类型多样，温室气体来源复杂，复杂的地形和海—陆—气相互作用也给碳通量数值模拟带来很大难度。

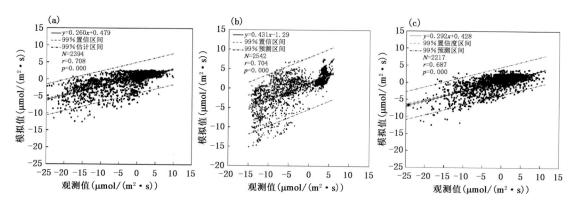

图 8.5 珠三角三个观测站 CO_2 通量模拟值与观测值的 1:1 比较
（a）番禺气象局站；（b）鼎湖山站；（c）东莞站

图 8.6 为 CarbonTracker 反演的碳通量日均值与观测结果比较及其残差的时间序列。可以看出，模式反演值与观测值的一致性较好，在 3 个站点的拟合相关系数均高于 0.60($p <$ 0.001)；3 个观测站残差的日均值为 1.689 $\mu mol/(m^2 \cdot s)$，高于该模式系统在瓦里关、上甸子等背景站(http://www.esrl.noaa.gov/gmd/ccgg/ CarbonTracker/co2timeseries.php)，以及北美地区的模拟结果。其主要原因在于本底站的人为扰动很低，碳通量可以反映较大范围的生态系统源汇过程，因此，模式的干扰因素少、模拟精度较高。相比而言，珠三角地区近地层碳排放源非常复杂，人为扰动大，给 CO_2 通量的准确模拟带来很大困难。3 个站的残差波动比较

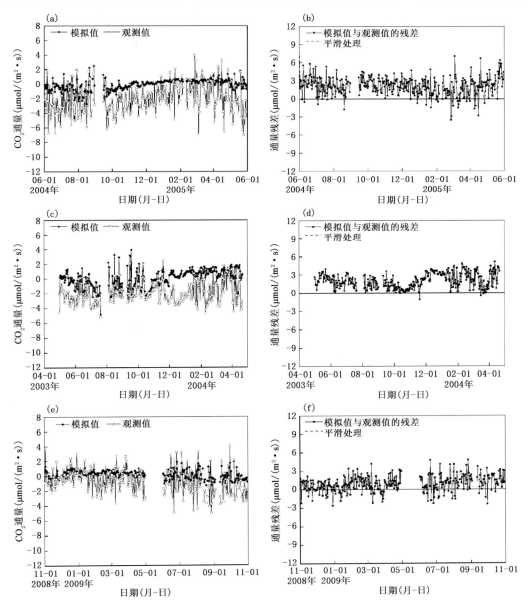

图 8.6   CarbonTracker 反演的碳通量日均值与观测结果比较及其残差的时间序列
(a)、(b)番禺气象局站；(c)、(d)鼎湖山站；(e)、(f)东莞站

大,这主要与模式空间分辨率较粗有关。此外,观测仪器高度和模式底层所反映的近地层碳通量的差异也是导致这种波动的重要原因。本节中,3 个代表站的碳通量探头高度为 $3.5 \sim 27$ m,反映了不同植被生态系统白天光合作用和夜间呼吸排放的通量在气象条件影响下的情形,而模式的底层高度为 35 m,其碳通量同时受到了垂直输送和近地层区域传输的影响。相对而言,东莞站碳通量的模拟在冬、春季最好,残差均值分别为 0.695 和 0.830 $\mu mol/(m^2 \cdot s)$,在夏、秋季相当,残差分别为 1.063 和 1.119 $\mu mol/(m^2 \cdot s)$;与东莞站相似,番禺气象局站碳通量的模拟在冬、春季最好,模拟与观测的残差分别为 1.517 和 2.149 $\mu mol/(m^2 \cdot s)$,在夏、秋季稍差,残差分别为 2.274 和 2.461 $\mu mol/(m^2 \cdot s)$。鼎湖山站则相反,为秋、夏季最好,春、冬季较差,残差均值分别为 1.206、1.712、2.395 和 2.910 $\mu mol/(m^2 \cdot s)$。

图 8.7 为 CarbonTracker 反演的碳通量与观测值的季节变化。可以看出,CarbonTracker 模式系统一定程度上能反映 3 种生态系统碳通量的季节分布特征,其中以草地生态系统的相关系数最高($r=0.94, p<0.01$),城市绿地生态系统次之($r=0.78, p<0.01$),地带性植被较差($r=0.50, p>0.05$)。从观测结果来看,3 种生态系统均表现出较强的碳汇,净碳通量在 7—10 月最低,这与夏秋季植被较强的光合能力有关;从模拟结果来看,鼎湖山站、番禺气象局站均在 12—次年 4 月表现为碳源区,5—11 月为碳汇区,同时两站模拟值与观测值的差异相当,残差年均值分别为 2.056 和 2.100 $\mu mol/(m^2 \cdot s)$。相对而言,CarbonTracker 对东莞站的模拟值与观测值最接近,残差年均值为 0.964 $\mu mol/(m^2 \cdot s)$,但各月的模拟值均表现为碳源,异于观测结果。

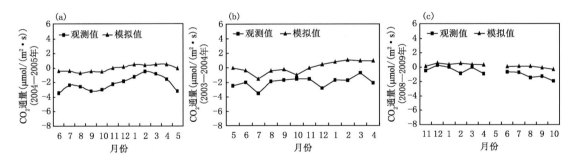

图 8.7　Carbon Tracker 反演的碳通量与观测值的季节变化

(a)番禺气象局站;(b)鼎湖山站;(c)东莞站

图 8.8 为 CarbonTracker 反演的碳通量日变化与观测值比较,以及风场的日变化。可以看出,3 个站中碳通量日变化的反演值与观测值均在 20:00 至次日 06:00 基本稳定,且处于一天中的高值区,这主要与夜间植物生态系统停止了光合作用、大气混合层的稳定度加强、湍流扩散的 CO_2 减弱有关。日出后植物光合作用固定了大量 CO_2,同时空气对流增强(图 8.8b、d、f),使得大气中 CO_2 下降,在正午前后达到最低值。总体而言,在 3 个观测站中,CarbonTracker 反演的碳通量日变化比观测值平均高估了 1.84 $\mu mol/(m^2 \cdot s)$,其中在夜间的模拟效果较好,两者仅相差 -0.66 $\mu mol/(m^2 \cdot s)$,白天的效果较差,残差为 4.33 $\mu mol/(m^2 \cdot s)$,在 14:00 残差高达 7.65 $\mu mol/(m^2 \cdot s)$。从风场的日变化来看,正午前后植物的光合作用在一天中最强、空气对流剧烈,同时局地风向出现了明显的转变(图 8.8b、d、f),这可能是 CarbonTracker 未能有效捕获生态系统碳通量,导致模拟的碳通量出现系统性偏高的重要原因。风场是影响区域 CO_2 输送的主要因素之一,对其准确模拟能显著提高温室气体的评估能力。国

外相关研究也表明,由于对风场(风向、风速)评估不足,WRF-VPRM、化学传输模式第 3 版(TM3)和法国气象动力实验室模式(LMDZ)等模式模拟的 CO_2 浓度日变化均出现了较大的偏差。

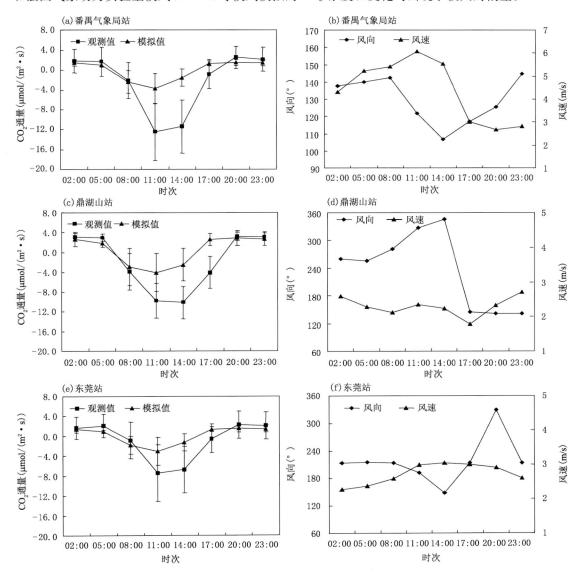

图 8.8　CarbonTracker 反演的碳通量日变化与观测值比较以及风场的日变化

CarbonTracker 模拟的珠三角城市绿地、地带性植被,以及草地生态系统碳通量与地面观测结果具有较好的一致性,其拟合相关系数(r)整体高于 $0.6(p<0.01)$,小时、逐日、逐月以及日变化的残差低于 $2.0\ \mu mol/(m^2 \cdot s)$,可以捕捉到通量的季节波动特征。Peters 等(2007)的结果也表明:CarbonTracker 模式具备了反映陆地生态系统碳通量分布和变化的能力。然而,由于模式的网格分辨率较粗,再加上观测仪器高度和模式底层所反映的近地层碳通量的差异,限制了模式系统对较小尺度生态系统的模拟性能。此外,在正午期间,由于近地层的风场会出现剧烈变化,导致 CarbonTracker 捕获生态系统碳通量的能力下降,是模拟结果出现系统性偏高的重要原因。

8.3.4 珠三角区域 CO_2 通量的时空分布特征

卫星反演结果显示,中国区域对流层中层 CO_2 分布总体呈北高南低的分布特征,高值区集中在 $35°\sim45°$N,在 $20°\sim30°$N 为 CO_2 低值区,然而卫星监测并不能够很好地揭示人类或者自然 CO_2 源排放的特征。相对而言,利用模式手段能及时捕捉近地层源排放及其输送的动态变化。由图 8.9 可以看出,2004—2005 年期间珠三角近地层净碳通量为 3.43 $\mu mol/(m^2 \cdot s)$,其中冬季(12 月—次年 2 月)最强,为 1.4 $\mu mol/(m^2 \cdot s)$,春季(3—5 月)次之,为 1.35 $\mu mol/(m^2 \cdot s)$,秋季(9—11 月)和夏季(6—8 月)最低,分别为 0.51 和 0.18 $\mu mol/(m^2 \cdot s)$。整个区域在冬、春两季均为强的碳源区,但在夏、秋季,粤北和粤东大部分地区为较弱的碳汇区。深圳、东莞、广州、佛山以及中山等珠江口外围区域在四季中均为 CO_2 通量高值中心(即强碳源区),此外,潮州、汕头、揭阳等粤东区域也存在另一个净通量次高值区(即次强碳源区)。

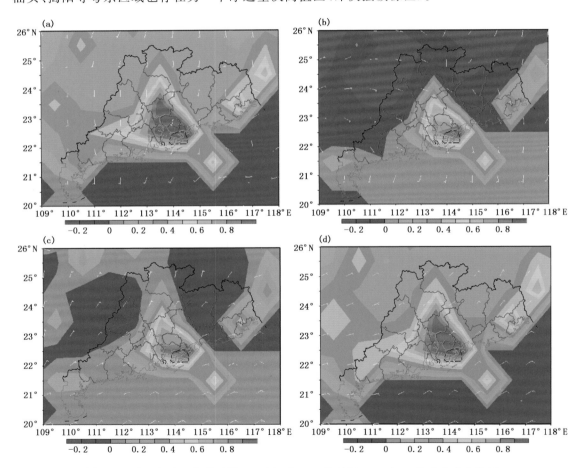

图 8.9 珠三角地区净碳通量($\mu mol/(m^2 \cdot s)$)及风场(975 hPa)的季节分布特征

(a)春季;(b)夏季;(c)秋季;(d)冬季

珠三角属南亚热带海洋季风气候区。该区域日照充足、温湿多雨,植被四季常青,植物的光合作用活跃。独特的气候特点显著影响通量的季节变化。冬季的气温最低,植物的生理活性弱直接影响了大气 CO_2 吸收,同时冬季近地层(975 hPa)盛行东北风,风速较强,有利于内陆 CO_2 向低纬度地区输送,成为 CO_2 通量最高的季节。春季,植物和土壤的呼吸作用强烈而植物光合作用相对较弱,同时近地层盛行偏南风,海洋清洁气团促进了高污染地区 CO_2 向高纬度地区输送,因此通量相对较低。夏季的植物枝叶茂密,光照充足,气温高,降水充沛,植物光合作用强烈,可快速固定大气中的 CO_2,再加上夏季盛行东南风,空气水平输送和垂直交换剧烈,有利于近地层 CO_2 向高纬和对流层中高层扩散,因而夏季近地层净通量在全年最低。此外,粤北及广西、湖南、江西等邻省交界区域为较强碳汇区,说明这些区域的植被对大气 CO_2 的吸收量远高于人类活动排碳量。秋季,植被进入成熟衰弱期,光合碳汇弱于夏季,但仍然表现出较强的碳吸收能力,在肇庆西北部、河源以及广西、江西等邻省交界区域出现较强的碳汇区。此外,整个珠三角区域的净通量呈现出由东北向西南分布的趋势,这可能是近地层风场输送造成的。

8.3.5　广东省区域碳总量及其组分估算

大气中的 CO_2 被陆地和海洋中的植物吸收,然后通过生物或地质过程以及人类活动干预,又以 CO_2 的形式返回到大气层(周存宇,2006),形成了碳循环。研究表明,全球自然和人为 CO_2 排放总量约为 250 PgC(1 PgC$=10^{15}$ gC),而全球海陆和大气 CO_2 总吸收量约为 230 PgC,即地球总排放量与吸收量之间收支不平衡,增加的大气 CO_2 浓度是否都是人为排放,尚不清楚(方精云 等,2011)。珠三角城市群是中国乃至全球人口密集、工业比较发达的地区,人类活动显著影响该区域温室气体分布和区域输送,因此,深入研究近地层通量的变化特征,有助于了解区域温室气体人为源和自然汇的相对贡献。国外 CarbonTracker 模式的相关研究显示(Peters et al.,2007),在 2001—2005 年期间,北美陆地生态系统碳通量为 -0.65 PgC/a,化石燃料燃烧通量为 1.85 PgC/a,净 CO_2 通量为 1.20 PgC/a,模拟的误差在 $-0.4\sim1.0$ PgC/a 之间。图 8.10 给出了 2004—2005 年广东区域生物圈(Bio)、化石燃料燃烧(Ff)、火灾灾情(Fires)、海洋(Ocean),以及净 CO_2 通量(Net)的季节分布,可以看出该区域碳通量强度以 Bio 和 Ff 为主,两种通量占净通量的比例超过 99%。区域净 CO_2 通量在夏、秋季最低,平均值分别为 3.84×10^{-3} 和 1.05×10^{-2} PgC,在冬季最高,为 2.85×10^{-2} PgC,全年总量为 0.21PgC,与匡耀求等(2010)利用源清单方法评估的结果相当(0.36 PgC)。值得注意的是,区域净通量在 8 月为碳汇(低于 0),这主要是由于植被光合作用对 CO_2 的强烈吸收所致。

生物圈通量主要包括了植物通过光合作用吸收,以及呼吸作用所排放的 CO_2 总量。CO_2 的肥效作用、土地利用和植被覆盖的变化、氮沉降、森林大火及区域水汽循环等均能影响植物生态系统的碳源汇(Nemani et al.,2002)。方精云等(2007)对中国陆地植被碳汇进行了估算研究,发现在 1981—2000 年间,中国陆地植被年均总碳汇为 $0.096\sim0.106$ PgC/a,相当于同期中国工业 CO_2 排放量的 $14.6\%\sim16.1\%$。本节的结果表明(图 8.11),在 2004—2005 年期间珠三角地区生物圈通量为 -0.024 PgC,相当于同时期工业排放 CO_2 的 10.09%,略低于方精云等(2007)的研究结果。其中,农作物/生活聚居地,草地/灌木,以及针叶/阔叶混合林是吸收 CO_2 的主要生态系统,其净通量占生物圈通量的比率分别为 42.01%、31.46% 和 26.53%。CarbonTracker 低估了广东地区生物圈通量,原因可能有两方面:①CASA 模式为 CarbonTracker 所提供的生物圈先验源过低,影响了模式的评估结果。国外相关研究表明,在植物生

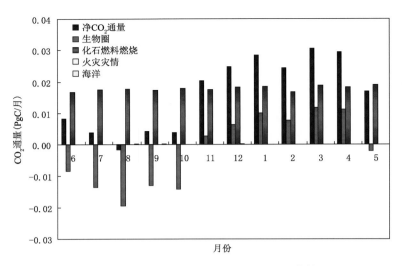

图 8.10 2004—2005 年广东地区碳总量估算

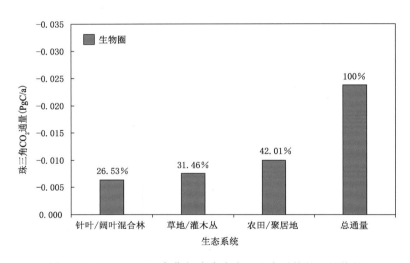

图 8.11 2004—2005 年期间广东省主要生态系统的通量特征

育期,CASA 模式计算的生物圈通量在北半球中纬度及其经向梯度方向普遍低于观测值,其中对 NEE 低估了大约 40%(Keppel-Aleks et al.,2011),在广东地区可能也存在同样的低估现象;②土地利用历程被认为是改变陆地生态系统碳、汇的主要因子(Houghton et al.,1999;Caspersen et al.,2000;Pacala et al.,2001;Hurtt et al.,2002)。近几十年来,由于经济和城市化快速发展,广东地区大量森林、耕地、灌木丛等具有较强碳汇功能的生态系统发生了剧烈变化,一定程度上也会影响通量线性标度因子(λ_r)在时间和空间尺度的分配精度,导致CarbonTracker 计算的生物圈通量过低。在 5—10 月,生物圈表现出明显的碳汇特征,通量平均值为 -0.01 PgC,特别是在 8 月,生态系统的碳吸收能力最强,通量值最低,为 -0.02 PgC,这与我国瓦里关、上甸子、临安、龙凤山等本底站(刘立新 等,2009),以及北京地区 CO_2 浓度的变化趋势一致(王跃思 等,2002;王长科 等,2003);11 月—次年 4 月通量平均值为 -9.8×10^{-3} PgC,在 3 月最高,为 3.37×10^{-2} PgC,表明广东区域植被在冬、春季的 CO_2 呼吸作用强于光合作用,因此,排放了大量的 CO_2,尽管如此,在一年中植被仍能保持较高的碳吸收能力,有利于植物光合产物积累和生长发育。

总体而言,化石燃料燃烧通量在全年均保持较高值,月增长率约为 1.6×10^{-4} PgC/月,年总量为 0.24 PgC,与利用排放源清单计算结果非常一致(0.25 PgC),这与广东地区经济规模,以及工厂、机动车大量排放 CO_2 有关。

8.4
高分辨率碳源汇数值模式(GHGs)在珠三角地区的应用

由于时空分辨率限制,全球模式(如 CarbonTracker)不能准确反映中小尺度天气过程(如风场)等对 CO_2 时空分布的影响,其结果用于碳源汇反演时会造成较大误差(麦博儒 等,2014a,2014b;刁一伟 等,2015)。三维数值模式可以全面考虑各种人为源排放、植被吸收、边界层湍流扩散及输送等过程,模拟大气中 CO_2 的时空演变及不同源的贡献。基于此,利用三维天气模式与植被生态系统模式进行耦合,成为反演中小尺度区域高时空分辨率碳通量分布并揭示其驱动机制的重要发展趋势。Ahmadov 等(2007)发展了一个中尺度大气—植被耦合模式(GHGs),用于模拟区域大气 CO_2 的时空分布,结果比全球模式如 LMDZ(Laboratoire de Météorologie Dynamique)和 TM3(The Chemistry Transport Model version3)等更符合观测值(Ahmadov et al. ,2009)。

8.4.1　模式介绍及资料获取

8.4.1.1　GHGs 简介

GHGs 是由中尺度天气研究与预报模式 WRF 与植被光合呼吸模型 VPRM 直接动态耦合的大气—植被光合呼吸模式。它能直接计算陆地生态系统与大气中之间 CO_2 的相互交换,考虑大气中的扩散、输送等过程对 CO_2 的影响,模拟和预报 CO_2 在时间和空间上的分布和演变。

WRF 模式是 20 世纪 90 年代后期由美国国家大气研究中心(NCAR)发展而来的中尺度天气模式,已被广泛应用于大气、海洋、环境等多个领域的研究和业务预报。WRF 一方面提供给植被模型 VPRM 计算所需的气象场,另一方面,利用 VPRM 提供的温室气体通量,计算温室气体的时空演变。

VPRM 模型是一种陆地生态系统温室气体诊断模型。利用卫星观测资料反演得到地表水分指数 LSWI、增强型植被指数 EVI 等参数,结合 WRF 输出的 2 m 气温(air temperature at 2 m,简称 T2)和太阳短波辐射(download shortwave ,简称 SWDOWN),估算生态系统净交换 NEE。

GHGs 中净生态碳交换通量(NEE)的计算包括两部分:由光照驱动计算的 GEE 项和由温度驱动的生态系统呼吸项(R_{eco}),表达式如下:

$$NEE = -\lambda \times T_{scale} \times W_{scale} \times P_{scale} \times EVI \times \frac{1}{1 + PAR/PAR_0} \times PAR + \alpha \times T + \beta$$

$$(8.12)$$

式(8.12)中,生态系统呼吸项 $R_{eco}=\alpha \times T+\beta$;λ 为最大光量子效率、$PAR_0$ 为半饱和光强,均是植被生态系统关键的光合作用参数。PAR 为光合有效辐射($\mu mol/(m^2 \cdot s)$)。EVI 为增强植被指数,T_{scale}、W_{scale} 和 P_{scale} 分别表示温度、水分胁迫和叶面性状对光合作用的影响函数,它们的计算公式如下:

$$EVI = G \times \frac{\rho_{nir}-\rho_{red}}{\rho_{nir}+(C_1 \times \rho_{red}-C_2 \times \rho_{blue})+L} \tag{8.13}$$

$$T_{scale} = \frac{(T-T_{min})(T-T_{max})}{(T-T_{min})(T-T_{max})-(T-T_{opt})^2} \tag{8.14}$$

$$W_{scale} = \frac{1+LSWI}{1+LSWI_{max}} \tag{8.15}$$

$$P_{scale} = \frac{1+LSWI}{2} \tag{8.16}$$

$$LSWI = \frac{\rho_{nir}-\rho_{swir}}{\rho_{nir}+\rho_{swir}} \tag{8.17}$$

式中,$G=2.5$,$C_1=6$,$C_2=7.5$,$L=1$。ρ 代表相应波段的地表反照率,下标 nir、red、blue 和 swir 分别代表近红外(841～876 nm)、红(620～670 nm)、蓝(459～479 nm)和短波红外波段(1628～1652 nm)。式(8.14)中,T 代表气温(℃),T_{min}、T_{max} 和 T_{opt} 分别代表光合作用的最小、最大和最适温度。当空气温度低于 T_{min} 时,T_{scale} 取值为 0(Xiao et al.,2004a,2004b)。

植被类型对于 NEE 的计算至关重要。采用 Jung 等(2006)开发的 SynMAP(a synergetic map of global land cover products for carbon cydy modeling,用于碳循环建模的全球土地覆盖产品协同图)资料,分辨率为 1 km。植被类型分为 8 种,VPRM 模型中不同植被类型参数设定如表 8.2 所示(Mahadevan et al.,2008)。

表 8.2　VPRM 各参数的设置(Mahadevan et al.,2008)

植被类型	PAR_0^*	λ^*	α^*	β^*	T_{min}(℃)	T_{max}(℃)	T_{opt}(℃)
常绿林	570	0.127	0.271	0.25	0	40	20
落叶林	262	0.234	0.244	0.1457	0	40	20
混交林	629	0.123	0.244	−0.24	0	40	20
灌丛	321	0.122	0.028	0.48	0	40	20
稀树草原	3241	0.057	0.012	0.58	0	40	20
作物	2051	0.064	0.209	0.2	0	40	20
草原	542	0.213	0.028	0.72	0	40	20
裸土和建成区	0	0	0	0	0	40	20

注:* PAR_0 的单位为 $\mu mol/(m^2 \cdot s)$;λ 的单位为 $\mu mol(CO_2)/(m^2 \cdot s)/\mu mol(PAR)/(m^2 \cdot s)$;$\alpha$ 的单位为 $\mu mol(CO_2)/(m^2 \cdot s \cdot ℃)$;$\beta$ 的单位为 $\mu mol(CO_2)/(m^2 \cdot s)$。

为了定量评估不同源对大气 CO_2 浓度的贡献,GHGs 将 CO_2 信号分成 5 种(Ahmadov et al.,2007):CO_2 总浓度(C1);植被光合与呼吸引起的 CO_2 浓度变化(C2);人为排放引起的 CO_2 浓度变化(C3);生态系统生物质燃烧引起的 CO_2 浓度变化(C4);全球背景 CO_2 浓度(CB)。GHGs 能模拟大气 CO_2 时空变化,并定量评估各个信号量对大气 CO_2 总浓度变化的相对贡献。

8.4.1.2　模式设置

根据珠三角地域、植被等特征,模拟区域尺度 CO_2 的时空变化时将采用三重嵌套(图

8.12),最外层区域包括南海、东亚、中国区域,第二层区域为华南地区,第三层为珠江三角洲区域。水平网格分辨率分别为 36 km×12 km×4 km。垂直方向有 40 层并采用不等距分层,其中第一层大约为 15 m,模式顶高约 50 hPa。

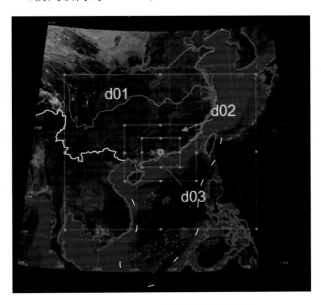

图 8.12　GHGs 数值模式嵌套设置

WRF 模拟采用的物理过程参数化方案主要包括:RRTM 长波辐射方案(Iacono et al.,2008),Dudhia 短波辐射方案(Dudhia,1989),YSU 边界层参数方案(Hong et al.,2006),Noah LSM 陆面参数方案(Chen et al.,2001),WSM3 类简单冰微物理过程方案(Hong et al.,2004)、Kain-Fritsch 集运参数化方案(第一和第二嵌套区域)(Kain,2004)。

气象场初始条件和边界条件采用 NCEP(National Centers for Environmental Prediction)第三代再分析产品 NCEP Climate Forecast System Version 2 (CFSv2)(Climate Forecast System Reanalysis,http://rda.ucar.edu/datasets/ds094.0),其第一层水平分辨率为 0.25°×0.25°,其他层分辨率为 0.5°×0.5°,时间间隔 6 h。各类 CO_2 总浓度场(C1—CB)的初始条件和边界条件采用 CT2019B(CarbonTracker,http://www.esrl.noaa.gov/ gmd/ ccgg/ CarbonTracker/)的全球输出产品(Peters et al.,2007),空间分辨率为 3°×2°,垂直 34 层,时间步长为 3 h,输出场包括 CO_2 总浓度、生物燃烧源浓度、化石燃料源浓度等。

人为排放源中,2012 年的模拟采用 V4.2 版本的全球人为排放源的数据库 EDGAR(Emission Database for Global Atmospheric Research vension4.2),2019 年的模拟采用 V5.0 版本的 EDGAR。两种排放源数据库的空间分辨率均为 0.1°×0.1°(http://edgar.jrc.ec.europa.eu[2011-11-01])。植被对 CO_2 的吸收和释放由 VPRM 模式在线计算。由于没有明显的生物质燃烧过程,因此,在模拟过程中将不考虑生物质燃烧排放源的贡献。

8.4.1.3　观测资料

大气 CO_2 浓度资料来源于两观测站:一个是华东区域临安大气背景站,观测时间为 2012 年、2019 年,梯度高度均为 21 m 和 55 m;另一个是深圳气象塔,观测时间为 2019 年,垂直高度为 50 m。两个观测站均使用美国 Picarro G2301 仪器观测 CO_2 浓度,资料均进行了严格的质量控制,观测精度优于 0.1 ppmv,时间分辨率为 1 h。

8.4.2　GHGs 模拟的 CO_2 浓度垂直梯度检验

8.4.2.1　GHGs 模拟的气象场要素在背景地区的检验

图 8.13 给出了 GHGs 模拟的太阳辐射、2 m 气温以及风速在华东区域临安大气本底站的比对。可以看出,GHGs 能较好地反映区域太阳辐射的分布特征,模拟的辐射值与观测值的相关系数为 0.86($p<0.001$),但均方根误差为 134.18 W/m^2,主要原因是观测的辐射为总辐射,而模式计算的是短波辐射。总体来看,2012、2019 年期间 GHGs 计算的短波辐射比观测的总太阳辐射低了 17.58 W/m^2。GHGs 模拟的 2 m 气温与观测值高度一致,两者的相关系数为 0.97($p<0.001$),均方根误差为 2.11 ℃,相对误差为 -1.36 ℃。与辐射和气温相比,GHGs 模拟的 10 m 风速与观测值的一致性相对较差,但相关系数亦达到显著水平($R=0.41,p<0.001$),均方根误差为 1.55 m/s,相对误差为 -1.58 m/s。

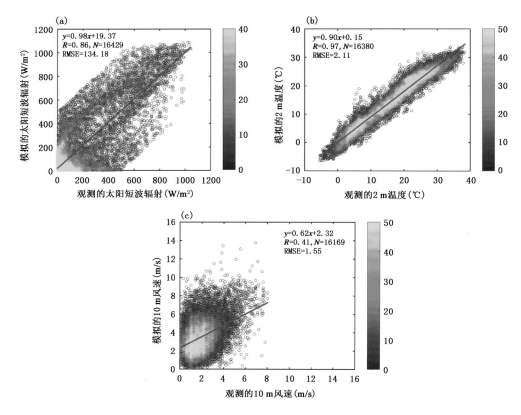

图 8.13　GHGs 模拟的辐射(a)、气温(b)及风速(c)在临安大气本底站的检验

8.4.2.2　GHGs 模拟的 CO_2 浓度在本底地区的检验

图 8.14 给出了 GHGs 模拟的大气 CO_2 总浓度与临安大气本底站 2012、2019 年观测值的比对。可以看出,GHGs 很好地捕获到了本底地区 CO_2 浓度的分布特征,模拟和观测值的相关系数在 21 m 和 55 m 高度高于 0.72,均方差(RMSE)小于 10.22 ppmv。相对而言,GHGs

在 21 m 高度的模拟性能优于 55 m 高度的评估值,其线性拟合函数的斜率更高,截距更低。主要原因是观测塔 21 m 高度与模式的底层较接近(15 m),但 55 m 高度与模式第二层(91 m)的差距比较大,因此,模拟与观测的 CO_2 浓度会出现一定偏差。

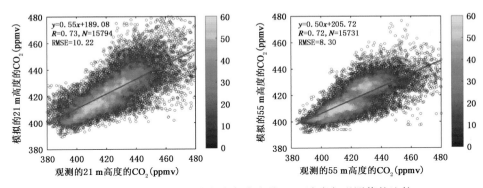

图 8.14　GHGs 模拟的临安大气本底站 CO_2 浓度与观测值的比较

为进一步检验 GHGs 对大气 CO_2 日变化的模拟性能,利用临安大气本底站 21 m 高度的观测值比对分析了模式模拟的 CO_2 日变化特征(图 8.15)。春季,GHGs 模拟的 CO_2 日变化

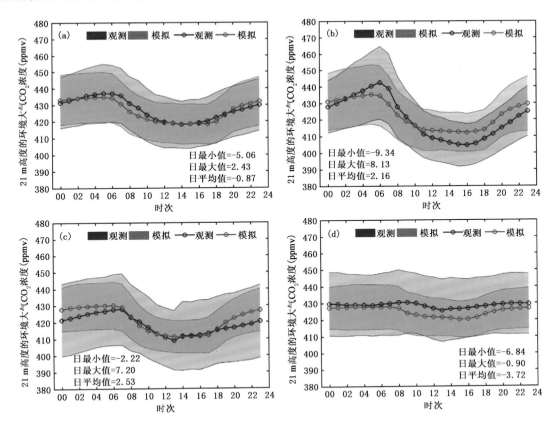

图 8.15　GHGs 模拟的临安大气本底站 CO_2 浓度日变化与观测值(21 m 高度)的比较

圆点表示平均值,阴影表示标准差

(a)春季;(b)夏季;(c)秋季;(d)冬季

（均值为（426.46±6.56）ppmv）与观测值（均值为（427.33±6.67）ppmv）高度一致，最大、最小偏差分别为 2.43 和−5.06 ppmv，平均偏差为−0.87 ppmv。夏季，GHGs 模拟的 CO_2 日变化均值为（423.01±8.83）ppmv，观测的日均值为（420.85±12.63）ppmv，模拟值比观测值平均偏高了 2.16 ppmv，主要偏差来源于早晨（06：00）和午后（14：00—17：00），可能与夏季剧烈的混合层大气输送和扩散有关。秋季，GHGs 模拟和观测的 CO_2 日变化趋势较一致，其中模拟的 CO_2 日变化均值为（421.21±7.55）ppmv，观测的日变化均值为（418.68±5.79）ppmv。两者平均偏差 2.53 ppmv，GHGs 对 CO_2 日变化的高估主要发生在夜间。冬季，GHGs 也较好地反映了 CO_2 的日变化趋势，但比观测值低估了 3.71 ppmv。模拟和观测的 CO_2 日变化均值分别为（424.95±2.81）ppmv 和（428.67±1.33）ppmv，偏差主要发生在日间（09：00—18：00），最大、最小偏差分别为−6.84 ppmv 和−0.9 ppmv。总体来看，GHGs 能较好地反映了临安背景站 CO_2 浓度的日变化分布特征。该站 CO_2 在 4 个季节均呈现明显的单峰型分布结构，其中变幅在夏季最明显，主要原因是由于临安地区植被覆盖较好，且离城市较远，因此，CO_2 浓度日变化受到植物光合作用和呼吸作用的影响较大，人类活动的影响相对较小（浦静姣 等，2012）。

　　图 8.16 给出了 GHGs 模拟的临安大气本底站逐月 CO_2 浓度与观测值的比较。可以看出，模式计算的月均 CO_2 浓度与观测值很接近，并且不同月份的 CO_2 变化趋势较一致。其中，模拟和观测的 CO_2 在 21 m 高度均值分别为（424.19±3.05）ppmv 和（424.29±5.07）ppmv，两者偏差−0.1 ppmv。在 55 m 高度，GHGs 模拟与观测的 CO_2 浓度月均值分别（418.68±3.98）ppmv 和（424.32±5.70）ppmv，相对偏差比 21 m 高度的大（为−5.6 ppmv），主要原因是由于模式高度（91 m）高于该层的 CO_2 观测高度。从 GHGs 模拟与观测的逐月 CO_2 可以看出，临安站 21 m、55 m 高度的月均 CO_2 浓度不存在显著差异，但各个月份的差别很大。比如：21 m 高度的 CO_2 浓度最高值出现在 4 月，最低值出现在 7—8 月，而 55 m 高度的最高值出现在 12 月，最低值出现在 8—9 月。这种差异除了受到下垫面植被生态系统光合与呼吸作用的影响之外，近地层 CO_2 的区域输送以及垂直扩散可能也是重要的影响因素。

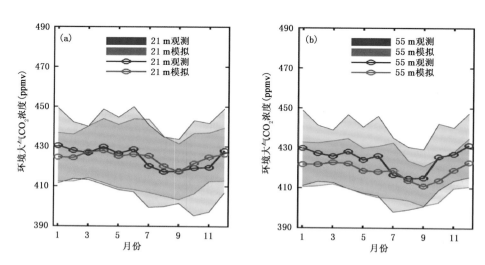

图 8.16　GHGs 模拟的临安大气本底站逐月 CO_2 浓度与观测值的比较

圆点表示平均值，阴影表示标准差

（a）21 m；（b）55 m

8.4.2.3 GHGs 模拟的 CO₂ 浓度在珠三角城市群的检验

为了检验 GHGs 在珠三角城市群高污染地区大气 CO_2 的模拟性能,分别采用 2010 年的 EDGAR_V4.2 版本(EM_4.2)的短寿命人为 CO_2 通量清单,以及 2018 年版本的 EDGAR_V5.0(EM_5.0)的短寿命 CO_2 清单开展个例模拟。模式运行时间为 2019 年 3 月 1—11 日。采用深圳气象塔 50 m 的高精度 Picarro 浓度数据检验模式的模拟能力。由图 8.17 可以看出,GHGs 能较好地捕获到了大气 CO_2 浓度的分布特征,其中在 50 m 高度,利用两种 CO_2 源清单的 GHGs 模拟与观测的 CO_2 浓度相关系数约为 0.5。

从不同版本排放源清单对模式的影响差异来看,采用 EM_V5.0 排放源清单后,GHGs 对 CO_2 的模拟有明显改进,其中在 50 m 高度模拟的 CO_2 总浓度与观测值符合较好,相关系数(R)为 0.52,模拟值与观测值的平均误差为 0.28 ppmv。采用 EM_V4.2 排放源清单后,GHGs 对 CO_2 的模拟性能略低于采用 EM_V5.0 排放源清单的模拟结果,其相关系数(R)为 0.49,模拟与观测值的误差为 -0.67 ppmv。

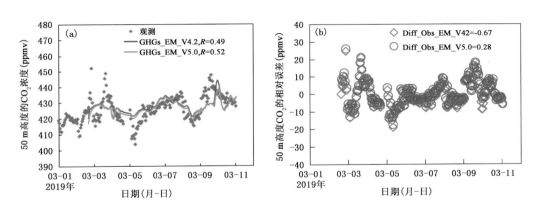

图 8.17　GHGs 模拟的大气 CO_2 在深圳气象塔的检验,其中(a)为观测和模拟的总 CO_2 浓度时间序列,(b)为模拟与观测的相对误差,EM_V4.2 和 EM_V5.0 分别为 EDGAR_V4.2 版本和 EDGAR_V5.0 版本的排放源清单

8.4.3　珠三角地区大气 CO₂ 浓度的季节特征

8.4.3.1　2012 年 CO₂ 总浓度的季节特征

图 8.18 给出了 2012 年期间珠三角区域 4 km 分辨率的大气 CO_2 总浓度季节分布。可以看出,在春季,珠三角区域的 CO_2 均值为 412.74 ppmv,其中韶关中部、广州—佛山交界、江门中部地区分别为高值中心,粤东的汕尾—揭阳—河源一带,以及粤西的阳江—茂名一带的 CO_2 浓度较低。夏季,植被的光合作用较强,区域 CO_2 浓度均值下降至 408.98 ppmv,其中粤北、粤东、粤西的 CO_2 浓度下降明显,但江门中部的高值中心仍然维持。秋季,植被光合碳汇吸收作用在一年中最强,区域 CO_2 浓度均值最低,为 408.44 ppmv,其中粤北、粤东、粤西的 CO_2 浓度低至 406 ppmv,表现出明显的碳汇特征。冬季,植被的光合作用弱,再加上供暖能源的消耗,珠三角地区的 CO_2 浓度达到最高值,为 414.35 ppmv。全年来看,区域的 CO_2 浓度由北向

南依次存在三个高值中心,分别为韶关中部、广州—东莞—佛山、江门中部地区。这三个高值中心在冬、春季特别明显,其 CO_2 浓度的极值均超过了 426 ppmv。值得关注的是,云浮、深圳地区的 CO_2 浓度尽管低于上述三个高值中心,但仍然表现出较明显的增长潜势。

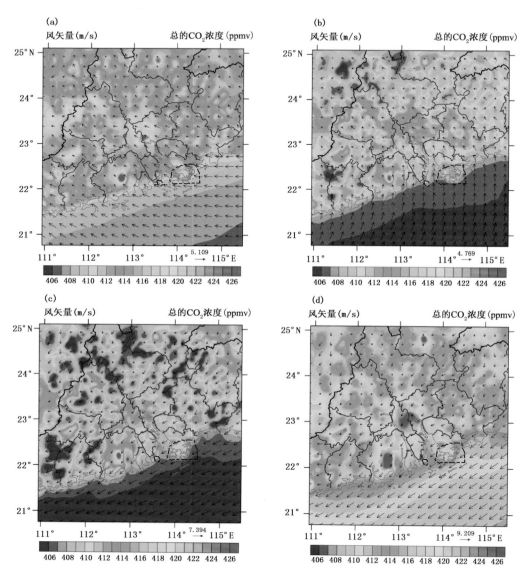

图 8.18 2012 年期间珠三角区域大气 CO_2 总浓度的季节特征
(a)春季;(b)夏季;(c)秋季;(d)冬季

8.4.3.2 2019 年 CO_2 总浓度的季节特征

图 8.19 给出了 2019 年珠三角地区 4 km 分辨率的大气 CO_2 总浓度季节分布特征。春、夏、秋和冬季的 CO_2 区域均值分别为 429.80、426.07、424.77 和 431.04 ppmv。春季,广东地区大气 CO_2 浓度整体呈由南向北递增的趋势,与风场的分布较一致,风速低的地区大气扩散条件较差,对应的 CO_2 浓度也较高。粤西的茂名、阳江地区,以及惠州东南部 CO_2 浓度低于

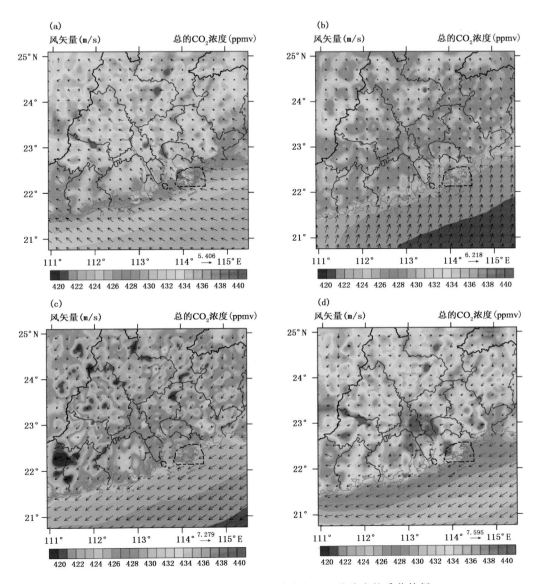

图 8.19　2019 年期间珠三角区域大气 CO_2 总浓度的季节特征

(a)春季；(b)夏季；(c)秋季；(d)冬季

428 ppmv。高浓度 CO_2（＞434 ppmv）主要集中在珠三角、粤北、粤西的西北部区域,其中在深圳、东莞、佛山、广州、清远和韶关形成由南向北分布的带状高值区,粤西的肇庆、云浮地区 CO_2 浓度极值也超过了 440 ppmv。夏季,大气 CO_2 浓度的分布与春季的类似,由南向北呈现递增的趋势。区域 CO_2 除了受风场的作用之外,还受到植被光合碳汇吸收的显著影响。CO_2 高值区主要分布在肇庆、清远和韶关一带,平均浓度为 430 ppmv。茂名—阳江—江门—珠海—深圳—汕头等沿海地区的 CO_2 浓度低于 426 ppmv,并且在海洋干洁气团的影响出现由海洋—沿海—内陆逐步递增的特征。秋季,广东地区的植被光合碳汇进一步增强,粤西、粤北和粤东表现出明显的碳汇区域特征,其 CO_2 浓度极小值低于 420 ppmv。在东北主导风的作用下区

域 CO_2 呈现由北向南增加的趋势,高值区主要集中在珠三角以及江门地区。冬季,尽管区域风速在一年中最强,但 CO_2 浓度也达到四季中的最高值,表明局地人为排放扮演了重要的作用。以广州—东莞—佛山—中山—江门—深圳为核心的珠三角地区为大气 CO_2 的高值中心。这些地区的工业发达,人口密集,是广东经济最活跃的核心区,其 CO_2 浓度均值超过了 440 ppmv,并向粤北、粤西和粤东呈辐射状递减的特征。值得关注的是,在江门南部沿海地区、广州和佛山交界地区、东莞西部、深圳、云浮北部、清远东北部以及韶关中部等地区一年中均存在 CO_2 高值中心,可能与当地工厂排放源有关。

8.4.4 广东地区大气 CO_2 浓度组分与碳源汇特征

8.4.4.1 广东地区大气 CO_2 总浓度的逐月变化及植被的碳汇吸收作用

2010 年国家发展和改革委员会将广东省确定为全国"五省八市"的低碳试点之一,提出了绿色低碳的经济社会发展要求。为了进一步探明广东省大气 CO_2 的分布特征,研究分析了2019 年和 2012 年 GHGs 模拟的 CO_2 总浓度、总生态系统交换(GEE)的逐月分布(图 8.20)。CO_2 总浓度在 2012、2019 年的逐月分布很类似,年均值分别为 410.62 和 427.49 ppmv,其中最高值均发生在 1—2 月,原因是受到了弱的植被生态系统的光合碳汇吸收以及较强的人为排放的综合影响。大气 CO_2 总浓度的最小值均在 9 月,与卫星遥感监测的结果一致(麦博儒 等,2014c),其原因与同时期植物光合碳汇吸收,以及 CO_2 浓度水平输送和垂直交换有直接关系。10 月以后,植物的光合生理特性开始衰退,对大气 CO_2 的吸收能力减弱,因此,近地层 CO_2 浓度逐步上升。

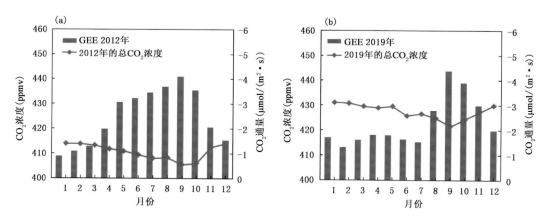

图 8.20 广东区域大气 CO_2 总浓度及总生态系统交换(GEE)的逐月特征

(a)2012 年;(b)2019 年

从植被光合作用的分布特征来看,广东地区 GEE 的逐月变化与大气 CO_2 总浓度显著负相关($R_{2012} = -0.97$,$R_{2019} = -0.81$,$p < 0.001$),其极小值($GEE_{min,2012} = -4.08\ \mu mol/(m^2 \cdot s)$,$GEE_{min,2019} = -4.36\ \mu mol/(m^2 \cdot s)$)均在 9 月,极大值($GEE_{max,2012} = -0.98\ \mu mol/(m^2 \cdot s)$,$GEE_{max,2019} = -1.5\ \mu mol/(m^2 \cdot s)$)均在 1—2 月,与 CO_2 总浓度的最大、最小值相对应。在非生长季(1—4 月,9—12 月),2012、2019 年 GEE 的均值分别为 -2.06、$-2.46\ \mu mol/(m^2 \cdot s)$。

2019 年广东区域较低的 GEE 不仅表明由植被增加所引起的光合碳汇吸收增强,同时也会抵消工业活动所引起的 CO_2 排放量。图 8.21 进一步给出了广东区域秋季(9—11 月)的 GEE 在 2012 年和 2019 年之间的显著变化。从区域平均来看,2019 年秋季 GEE 的均值为 −3.75 $\mu mol/(m^2 \cdot s)$,2012 年的为 −3.23 $\mu mol/(m^2 \cdot s)$,表明 2019 年广东地区植被生态系统具有更强的光合碳汇吸收能力。在广州南部、东莞、佛山、深圳等珠三角工业核心区,2019 年和 2012 年秋季 GEE 的差异不明显,可能与发达地区可利用的土地资源有限有关。除了珠三角地区之外,2019 年粤东、粤西和粤北地区的 GEE 均显著低于 2012 年的值,其中粤东和粤北的均值比 2012 年降低超过 3 $\mu mol/(m^2 \cdot s)$,显示了很强的碳汇特征。

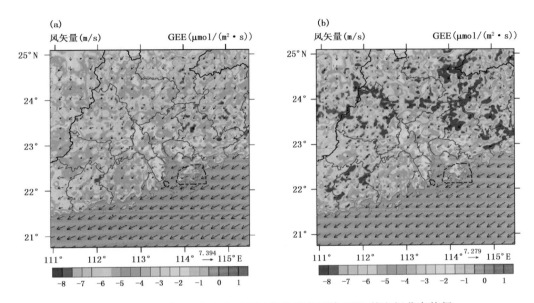

图 8.21　2012 年(a)和 2019 年(b)秋季广东区域 GEE 的空间分布特征

8.4.4.2　广东地区大气 CO_2 总浓度在 2019 年和 2012 年的时空差异

图 8.22 给出了广东区域大气 CO_2 总浓度在 2019 年和 2012 年的空间差异。在春、夏、秋和冬季,广东区域大气 CO_2 总浓度在 2019 年比 2012 年分别增加了 17.41、17.08、16.33 和 16.69 ppmv。各季节之间的 CO_2 差值不存在显著性差别,但春、夏季的粤北地区差值相对较高。全年来看,在江门南部沿海地区、东莞西部、深圳、云浮北部、清远东北部以及韶关中部等地区均存在 CO_2 浓度增高中心,整体反映了广东省劳动密集型高污染产业由珠三角地区向粤北山区及粤东、粤西转移的产业布局。此外,茂名东部、江门中部出现 CO_2 浓度差的负值中心,可能与当地高污染源的清除有关。

8.4.4.3　广东地区不同源对 CO_2 总浓度的贡献

为进一步阐述广东区域不同排放源对 CO_2 总浓度的贡献,分别计算了 2012、2019 年人为排放源(化石燃料燃烧)以及植被活动产生的 CO_2 浓度(图 8.23)。可以看出,2012 年广东地区平均排放了 44.43 ppmv 的人为 CO_2 浓度,其中冬季最高,春季次之,夏、秋季最低,春、夏、秋和冬季分别为 43.97、44.52、43.78 和 45.09 ppmv。至 2019 年,广东地区人为排放的平均 CO_2 浓度增加到了 83.79 ppmv,是 2012 年排放量的 1.89 倍。CO_2 人为浓度在 6、7 月最低

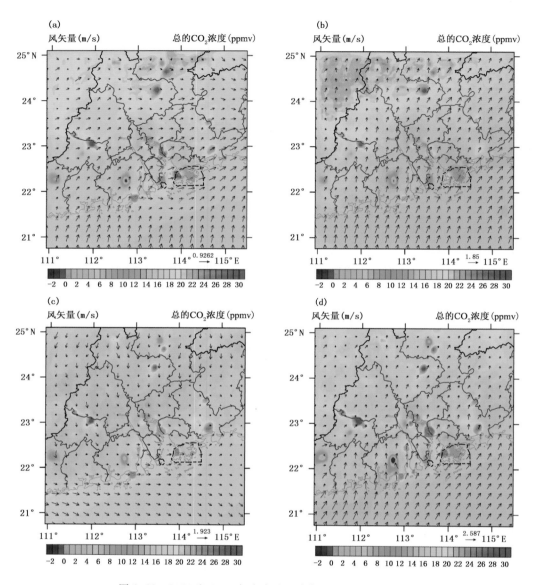

图 8.22　2019 和 2012 年广东地区大气 CO_2 总浓度的差异

(a)春季;(b)夏季;(c)秋季;(d)冬季

(分别为 80.66 ppmv 和 80.82 ppmv),12 月最高(为 88.07 ppmv),春、夏、秋和冬季分别排放了 82.43、81.20、86.15 和 85.41 ppmv。值得关注的是,2019 年人为排放的 CO_2 浓度比 2012 年高了 39.36 ppmv 的排放量,但并未等同于总浓度的差异(2019 年比 2012 年高了 16.87 ppmv),主要原因是植被生态系统也同样吸收了大量的人为 CO_2。

　　图 8.23 也给出了植被光合与呼吸作用产生的 CO_2 浓度。在 GHGs 碳源汇数值模式中,植被的光合作用通量主要由辐射和植被指数驱动,而呼吸作用通量由气温驱动的线性方程计算,植被排放的 CO_2 浓度反映了光合碳汇吸收与呼吸作用,以及气象场输送的复杂过程。广东地区植被排放的 CO_2 远低于人为排放的浓度,2012 年的均值为 5.49 ppmv,最低、最高值分

别在 7 月(4.32 ppmv)和 11 月(6.82 ppmv),表明受到了植被光合与呼吸作用的显著影响。由于受到 2019 年 5—8 月气象场数据的影响,本节重点关注非生长季植被排放的 CO_2 特征。可以看出,广东地区非生长季植被排放的 CO_2 浓度均值为 5.77 ppmv,与 2012 年相应的月份相当(为 5.75 ppmv),但 11 月的浓度比 2012 年的低了 1.23 ppmv。

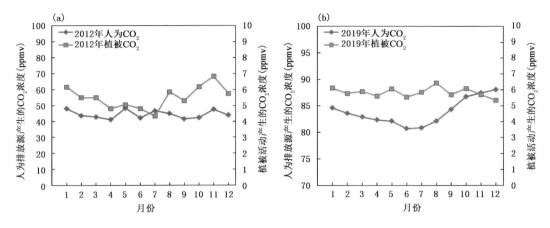

图 8.23 广东地区人为排放源(a)以及植被活动(b)产生的 CO_2 浓度

(a)2012 年;(b)2019 年

从 CO_2 人为排放浓度的空间分布来看(图 8.24),在 2019 年以广州、东莞、佛山、中山、深圳为核心的珠三角区域一年四季均存在高浓度人为排放源中心,其中夏季的高值浓度不明显,可能与海洋清洁气团的稀释以及区域扩散有关。除了夏季外,上述排放源中心的人为 CO_2 浓度均值在春、秋和冬季分别超过了 86、90 和 93 ppmv。此外,在江门南部沿海地区、云浮北部、清远东北部以及韶关中部等地区在一年中也均存在 CO_2 高值中心,其浓度极高值超过了 92 ppmv,表明当地企业排放了大量的 CO_2。

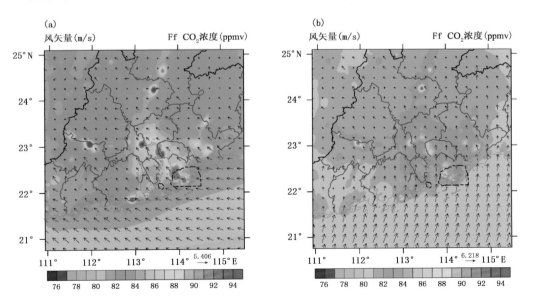

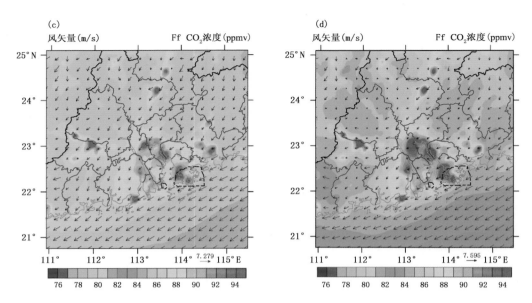

图 8.24　2019 年广东区域人为排放的 CO_2 浓度

(a)春季;(b)夏季;(c)秋季;(d)冬季

参考文献

白晓平,李红,方栋,等,2008.资料同化方法在空气污染数值预报中的应用研究[J].环境科学,29(2): 283-289.

车慧正,张小曳,石广玉,等,2005.沙尘和灰霾天气下毛乌素沙漠地区大气气溶胶的光学特征[J].中国粉体技术,3:1-7.

车慧正,石广玉,张小曳,2007.北京地区大气气溶胶光学特性及其直接辐射强迫的研究[J].中国科学院研究生院学报,24(5):699-704.

陈懿昂,邓雪娇,朱彬,等,2017.珠三角 SO_2 初始场同化试验研究[J].中国环境科学,37(5):1611-1619.

程雅芳,2007.珠江三角洲新垦地区气溶胶的辐射特性——基于观测的模型研究[D].北京:北京大学.

崔虎雄,2013.上海市春季臭氧和二次有机气溶胶生成潜势的估算[J].环境科学,34(12):4529-4534.

邓涛,张镭,陈敏,等,2010.高云和气溶胶辐射效应对边界层的影响[J].大气科学,34(5):979-987.

邓涛,邓雪娇,吴兑,等,2012a.珠三角灰霾数值预报模式与业务运行评估[J].气象科技进展,2(6):38-44.

邓涛,吴兑,邓雪娇,等,2012b.珠三角一次典型复合型污染过程的模拟研究[J].中国环境科学,32(2): 193-199.

邓涛,吴兑,邓雪娇,等,2013.珠三角空气质量暨光化学烟雾数值预报系统[J].环境科学与技术,36(4): 62-68.

邓雪娇,吴兑,游积平,2003.广州市地面太阳紫外线辐射观测和初步分析[J].热带气象学报,19(S1):119-125.

邓雪娇,毕雪岩,吴兑,等,2006a.广州番禺地区草地陆气相互作用观测研究[J].应用气象学报,17(1):59-66.

邓雪娇,黄健,吴兑,等,2006b.深圳地区典型大气污染过程分析[J].中国环境科学,26(S1):7-11.

邓雪娇,王新明,赵春生,等,2010a.珠江三角洲典型过程 VOCs 的平均浓度与化学反应活性[J].中国环境科学,30(9):1153-1161.

邓雪娇,周秀骥,吴兑,等,2010b.广州地区光化辐射通量与辐照度的特征[J].中国环境科学,30(7):893-899.

邓雪娇,周秀骥,吴兑,等,2011.珠江三角洲大气气溶胶对地面臭氧变化的影响[J].中国科学 D 辑:地球科学, 41(1):93-102.

邓雪娇,周秀骥,铁学熙,等,2012.广州大气气溶胶对到达地表紫外辐射的衰减[J].科学通报,57(18): 1684-1691.

邓雪娇,邓涛,麦博儒,等,2016.华南区域大气成分业务数值预报模式 GRACEs 系统[J].热带气象学报,32 (6):900-907.

邓玉娇,胡猛,林楚勇,等,2016.基于 FY-3A/MERSI 资料分析广东省气溶胶光学厚度分布[J].气象,42(1): 61-66.

刁一伟,黄建平,刘诚,等,2015.长三角地区净生态系统碳通量及大气二氧化碳浓度的数值模拟[J].大气科学,39(5):849-860.

董自鹏,2010.长江三角洲地区气溶胶光学特性及其辐射强迫[D].南京:南京信息工程大学:34-36.

方精云,郭兆迪,朴世龙,等,2007.1981—2000 年中国陆地植被碳汇的估算[J].中国科学 D 辑:地球科学,37 (6):804-812.

方精云,朱江玲,王少鹏,等,2011.全球变暖、碳排放及不确定性[J].中国科学 D 辑:地球科学,41(10): 1385-1395.

方双喜,周凌晞,臧昆鹏,等,2011.光腔衰荡光谱(CRDS)法观测我国 4 个本底站大气 CO_2[J].环境科学学报,31(3):624-629.

韩丽,张剑波,王凤,2012.2010 年世博会期间上海大气中 PAN 和 PPN 的监测分析[J].北京大学学报(自然科学版),49(3):497-503.

蒋哲,陈良富,王中挺,等,2013.珠江三角洲对流层气溶胶时空变化特征分析[J].地球物理学报,56(6):1835-1842.

焦振,王传宽,王兴昌,2011.温带落叶阔叶林冠层 CO_2 浓度的时空变异[J].植物生态学报,35(5):512-522.

匡耀求,欧阳婷萍,邹毅,等,2010.广东省碳源碳汇现状评估及增加碳汇潜力分析[J].中国人口·资源与环境(20):12,56-61.

李成才,2002. MODIS 遥感气溶胶光学厚度及应用于区域环境大气污染研究[D]. 北京:北京大学.

李放,吕达仁,1996.北京地区气溶胶光学厚度中长期变化特征[J].大气科学,20(4):385-394.

李菲,黄晓莹,张芷言,等,2014.2012 年广州典型灰霾过程个例分析[J].中国环境科学,34(8):1912-1919.

李菲,邓雪娇,谭浩波,等,2015a.微量振荡天平法与激光散射单粒子法在气溶胶观测中的对比试验研究[J].热带气象学报,31(4):497-504.

李菲,谭浩波,邓雪娇,等,2015b.2006—2010 年珠三角地区 SO_2 特征分析[J].环境科学,36(5):1530-1537.

李菲,谭浩波,邓雪娇,等,2019.珠三角地区利用 $PM_{2.5}$ 反演气溶胶数浓度谱方法[J].环境科学,40(2):525-531.

李婷苑,吴乃庚,邓雪娇,等,2021.华南区域大气成分数值模式 GRACEs 预报性能评估[J].热带气象学报,37(2):207-217.

刘立,胡辉,李娴,等,2014.东莞市大气亚微米粒子 PM_1 及其中水溶性无机离子的污染特征[J].环境科学学报,34(1):27-35.

刘立新,周凌晞,张晓春,等,2009.我国 4 个国家级本底站大气 CO_2 浓度变化特征[J].中国科学 D 辑:地球科学,39(2):222-228.

刘新民,邵敏,曾立民,等,2002.珠江三角洲地区气溶胶中含碳物质的研究[J].环境科学,23(sup):54-59.

吕达仁,周秀骥,邱金桓,1981.消光—小角度散射综合遥感气溶胶分布的原理与数值试验[J].中国科学,12:1516-1523.

吕子峰,郝吉明,段菁春,等,2009.北京市夏季二次有机气溶胶生成潜势的估算[J].环境科学,30(4):969-975.

栾天,周凌晞,方双喜,等,2014.龙凤山本底站大气 CO_2 数据筛分及浓度特征研究[J].中国环境科学,35(8):2864-2870.

栾天,方双喜,周凌晞,等,2015.龙凤山站大气 CO_2 浓度 2 种筛分方法对比研究[J].中国环境科学,35(2):321-328.

麦博儒,安兴琴,邓雪娇,等,2014a.珠三角近地层 CO_2 通量模拟分析与评估验证[J].中国环境科学,34(8):1960-1971.

麦博儒,邓雪娇,安兴琴,等,2014b.基于碳源汇模式系统 CarbonTracker 的广东省近地层典型 CO_2 过程模拟研究[J]. 环境科学学报,34(7):1833-1844.

麦博儒,邓雪娇,刘显通,等,2014c.基于卫星遥感的广东地区对流层二氧化碳时空变化特征分析[J].中国环境科学,34(5):1098-1106.

毛节泰,李成才,2005.气溶胶辐射特性的观测研究[J].气象学报,63(5):622-635.

毛节泰,王强,赵柏林,1983.大气透明度光谱和浑浊度的观测[J].气象学报,41(3):322-331.

浦静姣,徐宏辉,顾骏强,等,2012.长江三角洲背景地区 CO_2 浓度变化特征研究[J].中国环境科学,32(6):973-979.

秦瑜,赵春生,2003.大气化学基础[M].北京:气象出版社.

邱金桓,汪宏七,周秀骥,等,1983.消光—小角度散射法遥感气溶胶分布的实验研究[J].大气科学,7(1):33-41.

盛裴轩,毛节泰,李建国,等,2003.大气物理学[M].北京:北京大学出版社.

宋磊,吕达仁,2006.上海地区大气气溶胶光学特性的初步研究[J].气候与环境研究,11(2):203-208.

孙弦,2008.广州市灰霾天气过程气溶胶 OC/EC 谱分析[D].广州:中山大学.

谭浩波,吴兑,邓雪娇,等,2009.珠江三角洲气溶胶光学厚度的观测研究[J].环境科学学报,29(6):1146-1155.

唐晓,朱江,王自发,等 2013.基于集合卡尔曼滤波的区域臭氧资料同化试验[J].环境科学学报,33(3):796-805.

田华,马建中,李维亮,等,2005.中国中东部地区硫酸盐气溶胶直接辐射强迫及其气候效应的数值模拟[J].应用气象学报,16(3):322-333.

王长科,王跃思,刘广仁,2003.北京城市大气 CO_2 浓度变化特征及影响因素[J].环境科学,24(4):13-17.

王春林,于贵瑞,周国逸,等,2006.鼎湖山常绿针阔混交林 CO_2 通量估算[J].中国科学 D 辑:地球科学,36(增刊 I):119-129.

王静,牛生杰,许丹,等,2013.南京一次典型雾霾天气气溶胶光学特性[J].中国环境科学,33(2):201-208.

王兴昌,王传宽,于贵瑞,2008.基于全球涡度相关的森林碳交换的时空格局[J].中国科学 D 辑:地球科学,38(9):1092-1102.

王跃思,王长科,郭雪清,等,2002.北京大气 CO_2 浓度日变化、季变化及长期趋势[J].科学通报,47(14):1108-1112.

王跃思,辛金元,李占清,等,2006.中国地区大气气溶胶光学厚度与 Ångström 参数联网观测(2004208~2004212)[J].环境科学,27(9):1703-1711.

吴兑,1995.南海北部大气气溶胶水溶性成分谱分布特征[J].大气科学,19:615-622.

吴兑,陈位超,常业谛,等,1994.华南地区大气气溶胶质量谱与水溶性成分谱分布的初步研究[J].热带气象学报,10:85-96.

吴兑,甘春玲,何应昌,1995.广州夏季硫酸盐巨粒子的分布特征[J].气象,21(3):44-46.

吴兑,黄浩辉,邓雪娇,2001.广州黄埔工业区近地层气溶胶分级水溶性成分的物理化学特征[J].气象学报,59(增刊):213-219.

吴兑,毕雪岩,邓雪娇,等,2006a.珠江三角洲大气灰霾导致能见度下降问题研究[J].气象学报,64(4):510-517.

吴兑,邓雪娇,叶燕翔,等,2006b.岭南山地气溶胶物理化学特征研究[J].高原气象,25:877-885.

吴兑,廖国莲,邓雪娇,等,2008.珠江三角洲霾天气的近地层输送条件研究[J].应用气象学报,19(1):1-9.

吴兑,毛节泰,邓雪娇,等,2009.珠江三角洲黑碳气溶胶及其辐射特性的观测研究[J].中国科学 D 辑:地球科学,39(11):1542-1553.

夏冬,2007.广州市气溶胶质量谱与水溶性成分谱分析[D].广州:中山大学.

谢绍东,于森,姜明,2006.有机气溶胶的来源与形成研究现状[J].环境科学学报,26(12):1933-1938.

徐记亮,张镭,吕达仁,2011.太湖地区大气气溶胶光学及微物理特征分析[J].高原气象,30(6):1668-1675.

颜鹏,2007.中国东部背景地区大气气溶胶光学特性研究[D].北京:北京大学.

颜鹏,潘小乐,汤洁,等 2008.北京市大气气溶胶散射系数亲水增长的观测研究[J].气象学报,66(1):111-119.

于贵瑞,伏玉玲,孙晓敏,等,2006.中国陆地生态系统通量观测研究网络的研究进展及其发展思路[J].中国科学 D 辑:地球科学,36(增刊 I):1-21.

张芳,周凌晞,许林,等,2013.瓦里关大气 CH_4 浓度变化及其潜在源区分析[J].中国科学 D 辑:地球科学,43:536-546.

张芳,周凌晞,王玉诏,2015.不同源汇信息提取方法对区域 CO_2 源汇估算及其季节变化的影响评估[J].环境科学,36(7):2405-2413.

张美根,韩志伟,2003.TRACE-P 期间硫酸盐、硝酸盐和铵盐气溶胶的模拟研究[J].高原气象,22(1):1-6.

张美根,徐永福,ITSUSHI U,等,2004.东亚地区春季二氧化硫的输送与转化过程研究 I.模式及其验证[J].大气科学,28(3):321-329.

张玉香,胡秀清,刘玉洁,等,2002.北京地区大气气溶胶光学特性监测研究[J].应用气象学报,13(增刊):136-143.

章文星,吕达仁,王普才,2002.北京地区大气气溶胶光学厚度的观测和分析[J].中国环境科学,22(6):495-500.

赵柏林,王强,毛节泰,等,1983.光学遥感大气气溶胶和水汽的研究[J].中国科学 B 辑化学、生物学、农学、医学、地学,10:951-962.

赵秀娟,陈长和,袁铁,等,2005.兰州冬季大气气溶胶光学厚度及其与能见度的关系[J].高原气象,24(4):617-622.

赵玉成,温玉璞,德力格尔,等,2006.青海瓦里关大气 CO_2 本地浓度的变化特征[J].中国环境科学,26(1):1-5.

郑有飞,范进进,刘建军,等,2013. 基于地基遥感数据的太湖地区气溶胶光学厚度和粒子谱变化规律研究[J].环境科学学报,33(6):1672-1681.

中国气象局,2013.环境气象业务发展指导意见,气发〔2013〕36 号[EB/OL].(2013-04-26)[2021-10-21].www.cma.gov.cn/root7/auto13139/201612/t20161213_349555.html.

周存宇,2006.大气主要温室气体源汇及其研究进展[J].生态环境,15(6):1397-1402.

周凌晞,汤洁,温玉璞,等,2002.地面风对瓦里关山大气 CO_2 本底浓度的影响分析[J].环境科学学报,22(2):135-139.

周凌晞,张晓春,郝庆菊,等,2006.温室气体本底观测研究[J].气候变化研究进展,2(2):63-66.

周凌晞,周秀骥,张晓春,等,2007.瓦里关温室气体本底研究的主要进展[J].气象学报,65(3):458-468.

邹宇,邓雪娇,王伯光,等,2013.广州番禺大气成分站挥发性有机物的污染特征[J].中国环境科学,33(5):808-813.

邹宇,邓雪娇,李菲,等,2015.广州大气中异戊二烯浓度变化特征、化学活性和来源分析[J].环境科学学报,35(3):647-655.

邹宇,邓雪娇,李菲,等,2017.广州番禺大气成分站复合污染过程 VOCs 对 O_3 与 SOA 的生成潜势[J].环境科学学报,38(6):2246-2255.

邹宇,邓雪娇,李菲,等,2019.广州番禺大气成分站一次典型光化学污染过程 PAN 和 O_3 分析[J].环境科学,40(4):1634-1644.

ADAM M,PUTAUD J P,SANTOS S M D,et al,2012. Aerosol hygroscopicity at a regional background site (Ispra) in northern Italy[J]. Atmospheric Chemistry and Physics,12:5703-5717.

AHMADOV R,GERBIG C,KRETSCHMER R,et al,2007. Mesoscale covariance of transport and CO_2 fluxes: Evidence from observations and simulations using the WRF-VPRM coupled atmosphere-biosphere model[J]. Journal of Geophysical Research:Atmospheres,112:D22107.

AHMADOV R,GERBIG C,KRETSCHMER R,et al,2009. Comparing high resolution WRF-VPRM simulations and two global CO_2 transport models with coastal tower measurements of CO_2[J]. Biogeosciences,6:807-817.

ALAM K,TRAUTMANN T,BLASCHKE T,2011. Aerosol optical properties and radiative forcing over megacity Karachi[J]. Atmospheric Research,101(3):773-782.

ANDREAE M O,SCHMID O,YANG H,et al,2008. Optical properties and chem-chemical composition of the atmospheric aerosol in urban Guangzhou China[J]. Atmos Environ,42(25):6335-6350.

ANEJA V P,HARTSELL B E,KIM D S,et al,1999. Peroxyacetyl nitrate in Atlanta,Georgia:Comparison and analysis of ambient data for suburban and downtown locations [J]. Journal of the Air & Waste Management

Association,49(2):177-184.

ARTUSO F,CHAMARD P,PIACENTINO S, et al,2009. Influence of transport and trends in atmospheric CO₂ at Lampedusa [J]. Atmospheric Environment,43(19):3044-3051.

ATKINSON R,AREY J,2003. Atmospheric degradation of volatile organic compounds[J]. Chemical Reviews, 103(12):4605-4638.

ATKINSON R,BAULCH D L,COX R A,et al,1997. Evaluated kinetic,photochemical and heterogeneous data for atmospheric chemistry:Supplement V. IUPAC subcommittee on gas kinetic data evaluation for atmospheric chemistry [J]. Journal of Physical and Chemical Reference Data,26(3):521-1011.

ATKINSON R,BAULCH D L,COX R A,et al,2000. Evaluated kinetic and photochemical data for atmospheric chemistry:Supplement VIII,halogen species-IUPAC subcommittee on gas kinetic data evaluation for atmospheric chemistry[J]. J Phys Chem Ref Data,29:167-266.

BARNARD J C,VOLKAMER R,KASSIANOV E I,2008. Estimation of the mass absorption cross section of the organic carbon component of aerosols in the Mexico city Metropolitan Area[J]. Atmos Chem Phys,8: 6665-6679.

BI X Y,GAO Z Q,DENG X J,et al,2007. Seasonal and diurnal variations in moisture, heat, and CO₂ fluxes over grassland in the tropical monsoon region of southern China[J]. J Geophys Res,112:D10106.

BIRCH M E,CARY R A,1996. Elemental carbon-base method for monitoring occupational exposures to particulate diesel exhaust[J]. Aerosol Sci Technol,25:221-241.

BLANDO J D,PORCJA R J,LI T H,et al,1998. Secondary formation and the Smoky Mountain organic aerosol:An examination of aerosol polarity and functional group composition during SEAVS[J]. Environmental Science & Technology,32 (5):604-613.

BOHREN C F,HUFFMAN D R,1998. Absorption and Scattering of Light by Small Particles[M]. New York: John Wiley.

BOTLAGUDURU V S V,KOMMALAPATI R R,HUQUE Z, 2018. Long-termmeteorologically independent trend analysis of ozone air quality at an urban site in the greater Houston area[J]. J Air Waste Manage Assoc, 68:1051-1064.

BOUSQUET P,GAUDRY A,CIAIS P,et al,1996. Atmospheric CO₂ concentration variations recorded at Mace Head,Ireland,from 1992 to 1994 [J]. Physics and Chemistry of the Earth,21(5):477-481.

CAO J J, LEE S C,HO K F,et al,2003. Characteristics of carbonaceous aerosol in Pearl River Delta region, China during 2001 winter period[J]. Atmospheric Environment, 37:1451-1460.

CAO J J, LEE S C,HO K F,et al,2004. Spatial and seasonal variation of atmospheric organic carbon and elemental carbon in Pearl River Delta region, China[J]. Atmospheric Environment, 38: 4447-4456.

CARRICO C M,KREIDENWEIS S M,MALM W C,et al,2005. Hygroscopic growth behavior of a carbon-dominated aerosol in Yosemite National Park[J]. Atmospheric Environment,39:1393-1404.

CARTER W P L,1994. Development of ozone reactivity scales for volatile organic compounds[J]. Journal of Air Waste Management, 44(7):881-899.

CASPERSEN J P,PACALA S W,JENKINS J C,et al,2000. Contributions of land-use history to carbon accumulation in U. S. forests[J],Science,290:1148-1151.

CASS G R,1979. On the relationship between sulfate and visibility with examples in Los Angeles[J]. Atmos Environ,13:1069-1084.

CASTRO L M,C A PIO,HARRISON R M,et al,1999. Carbonaceous aerosol in urban and rural European atmospheres:Estimation of secondary organic carbon concentrations[J]. Atmospheric Environment,33:2771-2781.

CHAMEIDES W L, KASIBHATL P S, YIENGER J, et al, 1994. Growth of continental-scale Metro-Agro-Plex-es, regional ozone pollution and world food production[J]. Science, 264:74-77.

CHAN L Y, CHAN C Y, YIN Y, 1998. Surface ozone pattern in Hong Kong[J]. Journal of Applied Meteorology, 37: 1153-1165.

CHAN L Y, LAU W L, ZOU S C, et al, 2002. Exposure level of carbon monoxide and respirable suspended particulate in public transportation modes while commuting in urban area of Guangzhou, China[J]. Atmos Environ, 36: 5831-5840.

CHARITY C, DILLNER A M, 2007. Trends and sources of particulate matter in the Superstition Wilderness using air trajectory and aerosol cluster analysis[J]. Atmospheric Environment, 41:9309-9323.

CHE H, YANG Z, ZHANG X, et al, 2009a. Study on the aerosol optical properties and their relationship with aerosol chemical compositions over three regional background stations in China[J]. Atmos Environ, 43: 1093-1099.

CHE H, ZHANG X, CHEN H, et al, 2009b. Instrument calibration and aerosol optical depth validation of the China Aerosol Remote Sensing Network[J]. J Geophys Res Atmos, 114:D03206.

CHE H, ZHANG X, XIA X, et al, 2015. Ground-based aerosol climatology of China: Aerosol optical depths from the China Aerosol Remote Sensing Network (CARSNET) 2002-2013[J]. Atmos Chem Phys, 15: 7619-7652.

CHEN F, DUDHIA J, 2001. Coupling an Advanced Land Surface-Hydrology Model with the Penn State-NCAR MM5 Modeling System. Part I:Model Implementation and Sensitivity [J]. Mon Wea Rev, 129:569-585.

CHEN J, ZHAO C S, MA N, et al, 2012. A parameterization of low visibilities for hazy days in the North China Plain[J]. Atmospheric Chemistry and Physics, 12(11): 4935-4950.

CHEN J, XIN J Y, AN J L, et al, 2014. Observation of aerosol optical properties and particulatepollution at background station in the Pearl River Delta region[J]. Atmospheric Research, 143:216-227.

CHENG T, LIU Y, LU D, et al, 2006. Aerosol properties and radiative forcing in Hunshan Dake desert, northern China[J]. Atmos Environ, 40:2169-2179.

CHENG Y L, AN X Q, YUN F H, et al, 2013. Simulation of CO_2 variations at Chinese background atmospheric monitoring stations between 2000 and 2009: Applying a CarbonTracker model[J]. Chinese Science Bulletin, 58(32): 3986-3993.

CHOW J C, WATSON J G, LU Z Q, et al, 1996. Descriptive analysis of $PM_{2.5}$ and PM_{10} at regionally representative locations during SJVAQS/AUSPEX[J]. Atmos Environ, 30:2079-2112.

CHRISTENSEN L E, OKUMURA M, SANDER S P, et al, 2002. Kinetics of $HO_2 + HO_2 = H_2O_2 + O_2$: Implications for stratospheric H_2O_2[J]. Geophys Res Lett, 29:1299.

CLARKE A D, SHINOZUKA Y, KAPUSTIN V N, et al, 2004. Size distributions and mixtures of dust and black carbon aerosol in Asian outflow: Physiochemistry and optical properties [J]. J Geophys Res, 109:D15S09.

COLBECK I, MACKENZIE A R, 1994. Air Pollution by Photochemical Oxidants[M]. Amsterdam:Elsevier.

CORRIGAN C E, RAMANATHAN V, SCHAUER J J, 2006. Impact of monsoon transitions on the physical and optical properties of aerosols[J]. J Geophys Res, 111:D18208.

COVERT D D S, HEINTZENBERG J, HANSSON H-C, 2007. Electro-optical detection of external mixtures in aerosols[J]. Aerosol Science and Technology, 12:446-456.

DAN M, ZHUANG G, LI X, et al, 2003. The characteristics of carbonaceous species and their sources in $PM_{2.5}$ in Beijing[J]. Atmos Environ, 38:3443-3452.

DAY D E, HAND J L, CARRICO C M, et al, 2006. Humidification factors from laboratory studies of fresh smoke from biomass fuels[J]. J Geophys Res,111:D22202.

DE ARAÚJO A C,KRUIJT B,NOBRE A D,et al,2008. Nocturnal accumulation of CO_2 underneath a tropical forest canopy along a topographical gradient[J]. Ecological Applications,18: 1406-1419.

DEMORE W B,2000. Chemical Kinetics and Photochemical Data for Use in Stratospheric Modeling[R]. JPL Publications,Pasadena,California,NASA.

DEMORE W B,SANDER S P,GOLDEN D M,et al,1997. Chemical kinetics and photochemical data for use in stratospheric modeling [R]. JPL Publication 97-4,Pasadena,California,NASA.

DENG X J,TIE X X,ZHOU X J,et al,2008a. Effects of Southeast Asia biomass burning on aerosols and ozone concentrations over the Pearl River Delta (PRD) region[J]. Atmos Environ, 42(36):8493-8501.

DENG X J,TIE X X,WU D,et al,2008b. Long-term trend of visibility and its characterizations in the Pearl River Delta region (PRD) China[J]. Atmos Environ, 42(7):1424-1435.

DENG X J,ZHOU X J,WU D,2011. Effect of atmospheric aerosol on surface ozone variation over the Pearl River Delta region[J]. Sci China Earth Sci,54(5):744-752.

DENG X J,ZHOU X J,TIE X X,et al,2012. Attenuation of ultraviolet radiation reaching the surface due to atmospheric aerosols in Guangzhou[J]. Chin Sci Bull,57(21): 2759-2766.

DENG X J,WU D,YU J Z,et al,2013. Characterizations of secondary aerosol and its extinction effects on visibility over Pearl River Delta region[J]. Journal of the Air and Waste Management Association, 63(9):1012-1021.

DENG H,TAN H,LI F,et al,2016. Impact of relative humidity on visibility degradation during a haze event: A case study[J]. Science of The Total Environment,569-570:1149-1158.

DICHERSON R R,KONDRAGUNTA S,STENCHIKOV G,et al,1997. The impact of aerosols on solar ultraviolet radiation and photochemical smog[J]. Science, 278: 827-830.

DING Y H,CHAN J C L,2005. The East Asian summer monsoon:An overview[J]. Meteorog Atmos Phys, 89:117-142.

DING A J,WANG T,THOURET V,et al,2008. Tropospheric ozone climatology over Beijing: Analysis of aircraft data from the MOZAIC program[J]. Atmos Chem Phys,8:1-13.

DUBOVIK O,KING M D,2000a. A flexible inversion algorithm for retrieval of aerosol optical properties from sun and sky radiance measurements[J]. J Geophys Res Atmos,105(D16):20673-20696.

DUBOVIK O,SMIRNOV A,HOLBEN B N,et al,2000b. Accuracy assessments of aerosol optical properties retrieved from Aerosol Robotic Network (AERONET) sun and skyradiance measurements[J]. J Geophys Res,105:9791-9806.

DUBOVIK O,HOLBEN B N,ECK T F,et al,2002. Variability of absorption and optical properties of key aerosol types observed in worldwide locations[J]. J Atmos Sci,59:590-608.

DUDHIA J,1989. Numerical study of convection observed during the Winter Monsoon Experiment using a mesoscale two-dimensional model [J]. J Atmos Sci,46:3077-3107.

ECK T F,HOLBEN B N,REID J S,et al,1999. Wavelength dependence of the optical depth of biomass burning, urban, and desert dust aerosols[J]. J Geophys Res, D24:31333-31349.

ECK T F,HOLBEN B N,DUBOVIK O,et al,2005. Columnar aerosol optical properties at AERONET sites in central eastern Asia and aerosol transport to the tropical mid-Pacific[J]. J Geophys Res,110:D06202.

ECK T F,HOLBEN B N,SINYUK A,et al,2010. Climatological aspects of the optical properties of fine/coarse mode aerosol mixtures[J]. J Geophys Res,115:D19205.

ELIASSEN A,1954. Provisional report on calculation of spatial covariance and autocorrelation of pressure field [J]. Space Science Reviews-SPACE SCI REV,5.

EVENSEN G,1994. Sequential data assimilation with a nonlinear quasi-geostrophic model using Monte Carlo methods to forecast error statistics[J]. Journal of Geophysical Research Atmospheres,99(C5):10143-10162.

EVENSEN G,2003. The ensemble Kalman filter:Theoretical formulation and practical implementation[J]. Ocean Dynamics,53(4):343-367.

FANG S X,ZHOU L X,TANS P P,et al,2014. In situ measurement of atmospheric CO_2 at the four WMO/GAW stations in China[J]. Atmos Chem Phys,14:2541-2554.

FANG S X,TANS P P,STEINBACHER M,et al,2016. Observation of atmospheric CO_2 and CO at Shangri-La station:Results from the only regional station located at southwestern China[J]. Tellus B, 68:28506.

FORSTNER H J L,FLAGAN R C,SEINFELD J H,1997. Secondary organic aerosol formation from the photo-oxidation of aromatic hydrocarbons:Molecular composition[J]. Environmental Science & Technology,31:1345-1358.

GAFFNEY J S,MARLEY N A,PRESTBO E W,1993. Measurements of peroxyacetyl nitrate at a remote site in the southwestern United States:Tropospheric implications[J]. Environment Science Technology,27(9):1905-1910.

GANDIN L S,1963. Objective Analysis of Meteorological Fields[M]. Leningrad:Gidromet.

GARLAND R M,YANG H,SCHMID O,et al,2008. Aerosol optical properties in a rural environment near the mega-city Guangzhou,China:Implications for regional air pollution and radiative forcing[J]. Atmos Chem Phys Discuss,8:6845-6901.

GASSÓ S,HEGG D A,COVERT D S,et al, 2000. Influence of humidity on the aerosol scattering coefficient and its effect on the upwelling radiance during ACE-2[J]. Tellus Series B-chemical and Physical Meteorology,52: 546-567.

GOBBI G P,KAUFMAN Y J,KOREN I,ECK T F,2007. Classification of aerosol properties derived from AERONET direct sun data[J]. Atmos Chem Phys,7:453-458.

GRAY H A,GASS G R,1986. Characteristics of atmospheric organic and elemental carbon particle concentrations in Los Angeles[J]. Environmental Science and Technology,20:580-589.

GRIMM H,EATOUGH J, 2009. Aerosol measurement:The use of optical light scattering for the determination of particulate size distribution, and particulate mass, including the semi-volatile fraction[J]. J Air and Waste Management Association,59(1): 101-107.

GROSJEAN D,1992. In situ organic aerosol formation during a smog episode estimated production and chemical functionality[J]. Atmospheric Environment,26(6):953-963.

GROSJEAN D,SEINFELD J H,1989. Parameterization of the formation potential of secondary organic aerosols[J]. Atmospheric Environment(1967),23(8):1733-1747.

GU D S,WANG Y H,SMELTZER C,et al,2013. Reduction in NO_x emission trends over China:Regional and seasonal variations[J]. Environmental Science & Technology,47:12912-12919.

GUNTER W D, WONG S, CHEEL D B, et al,1998. Large CO_2 sinks:Their role in the mitigation of greenhouse gases from an international, national (Canadian) and provincial (Alberta) perspective[J]. Applied Energy,61(4): 209-227.

GURNEY K R, LAW R M, DENNING A S, et al,2002. Towards robust regional estimates of CO_2 sources and sinks using atmospheric transport models[J]. Nature,415:626-630.

HAAGEN-SMIT A J, 1952. Chemistry and physiology of Los Angeles smog[J]. Industrial & Engineering Chemistry,44(6):1342-1346.

HAGLER G S,BERGIN M H,SALMON L G,et al,2006. Source areas and chemical composition of fine particulate matter in the Pearl River Delta region of China[J]. Atmos Environ,40:3802-3815.

HANSEN J C,WOOLWINE III W R,BATES B L,et al,2010. Semicontinuous $PM_{2.5}$ and PM_{10} mass and composition measurements in Lindon, Utah, during winter 2007[J]. J Air and Waste Management Association, 60(3): 346-355.

HARTSELL B E,ANEJA V P,LONNEMAN W A,1994. Relationships between peroxyacetyl nitrate,O_3,and NO_y at the rural southern oxidants study site in central Piedmont,North Carolina,site SONIA [J]. Journal of Geophysic Research,99:21033-21041.

HASAN H,DZUBAY T G,1983. Apportioning light extinction coefficients to chemical species in atmospheric aerosol[J]. Atmospheric Environment, 17(8):1573-1581.

HAYWOOD J, BOUCHER O,2000. Estimates of the direct and indirect radiative forcing due to tropospheric aerosols: A review [J]. Reviews of Geophysics, 38(4):513-543.

HE K,YANG F,MA Y,et al,2001. The characteristics of $PM_{2.5}$ in Beijing,China[J]. Atmos Environ,35:4959-4970.

HE Z,KIM Y J,OGUNJOBI K O,et al,2003. Carbonaceous aerosol characteristics of $PM_{2.5}$ particles in northeastern Asia in summer 2002[J]. Atmos Environ,38:1795-1800.

HE L Y,HUANG X F,XUE L,et al,2011. Submicron aerosol analysis and organic source apportionment in an urban atmosphere in Pearl River Delta of China using high-resolution aerosol mass spectrometry[J]. Journal of Geophysical Research,116:D12304.

HILBOLL A,RICHTER A, BURROWS J P, 2013. Long-term changes of tropospheric NO_2 over megacities derived from multiple satellite instruments[J]. Atmos Chem Phys,13:4145-4169.

HILDEMANN L M,CASS G R,MAZUREK M A,et al,1993. Mathematical modelling of urban organic aerosol:Properties measured by high resolution gas chromatography[J]. Environmental Science and Technology, 27:2045-2055.

HO K F,LEE S C,CHAN C K,et al,2003. Characterization of chemical species in $PM_{2.5}$ and PM_{10} aerosols in Hong Kong[J]. Atmos Environ,37:31-39.

HO K F,LEE S C,GUO H, et al, 2004. Seasonal and diurnal variations of volatile organic compounds(VOCs) in the atmosphere of Hong Kong [J]. The Science of the Total Environment, 322: 155-166.

HO K F,LEE S C,CAO J J,et al, 2006. Variability of organic and elemental carbon, water soluble organic carbon, and isotopes in Hong Kong[J]. Atmospheric Chemistry and Physics,6:4569-4576.

HOFZUMAHAUS A,2006. Measurement of Photolysis Frequencies in the Atmosphere,in:Heard D,Analytical Techniques For Atmospheric Measurement [M]. Oxford:Blackwell Publishing:Chapter 9:406-500.

HOLBEN B N,ECK T F,SLUTSKER I,et al,1998. AERONET—A federated instrument network and data archive for aerosol characterization[J]. Remote Sens Environ,66:1-16.

HOLES A,EUSEBI A,GROSJEAN D,et al,1997. FTIR analysis of aerosol formed in the photooxidation of 1,3,5 trimethyl benzene [J]. Aerosol Sci Technol,26:517-526.

HONG S Y,DUDHIA J,CHEN S H,2004. A revised approach to ice microphysical processes for the bulk parameterization of clouds and precipitation [J]. Mon Wea Rev,132:103-120.

HONG S Y,YIGN N,DUDHIA J,2006. A new vertical diffusion package with an explicit treatment of entrainment processes [J]. Mon Wea Rev,134:2318-2341.

HOUGHTON R A,HACKLER J L,1999. Emissions of carbon from forestry and land-use change in tropical Asia[J]. Global Change Biology ,5:481-492.

HUANG Y,DENG T,LI Z,et al,2018. Numerical simulations for the sources apportionment and control strategies of $PM_{2.5}$ over Pearl River Delta,China,part I:Inventory and $PM_{2.5}$ sources apportionment[J]. Science of the Total Environment,634:1631-1644.

HURTT G C,PACALA S W,MOORCROFT P R,et al,2002. Projecting the future of the U. S. carbon sink [J]. Proc Natl Acad Sci U S A,99:1389-1394.

IACONO M J,DELAMERE J S,MLAWER E J,et al,2008. Radiative forcing by long-lived greenhouse gases: Calculations with the AER radiative transfer models [J]. J Geophys Res,113:D13103.

IPCC,2001. Climate Change 2001:Technical Summary[M]. Cambridge:Cambridge University Press.

JACOBI H W,SCHREMS O,1999. Peroxyacetyl nitrate (PAN) distribution over the South Atlantic Ocean [J]. Physical Chemistry Chemical Physics,1(24):5517-5521.

JACOBSON M Z,2001. Strong radiative heating due to the mixing state of black carbon in atmospheric aerosols[J]. Nature,409:695-697.

JAFFE D,RAY J,2007. Increase in surface ozone at rural sites in the western US[J]. Atmospheric Environment,41(26):5452-5463.

JANJAI S,NUNEZ M,MASIRI I,et al,2012. Aerosol optical properties at four sites in Thailand[J]. Atmospheric and Climate Sciences,2:441-453.

JIANG R,TAN H,TANG L,et al,2016. Comparison of aerosol hygroscopicity and mixing state between winter and summer seasons in Pearl River Delta region, China[J]. Atmospheric Research,169 (Part A): 160-170.

JIN X M, HOLLOWAY T, 2015. Spatial and temporal variability of ozone sensitivity over China observed from the ozone monitoring instrument[J]. J Geophys Res Atmos,120:7229-7246.

JIN X M,FIORE A M,MURRAY LT,et al,2017. Evaluating a space-based indicator of surface ozone-NO$_x$-VOC sensitivity over midlatitude source regions and application to decadal trends[J]. J Geophys Res Atmos, 122:10231-10253.

JOHNSON K S,ZUBERI B,MOLINA L T,et al,2005. Processing of soot in an urban environment:Case study from the Mexico city Metropolitan Area[J]. Atmospheric Chemistry Physics,5:3033-3043.

JUNG M,HENKEL K,HEROLD M,et al. 2006. Exploiting synergies of global land cover products for carbon cycle modeling [J]. Remote Sens Environ,101 (4):534-553.

KAIN J S,2004. The Kain-Fritsch convective parameterization:An update [J]. J Appl Meteor,43:170-181.

KAUFMAN Y J, TANRE D, REMER L, et al,1997. Operational remote sensing of tropospheric aerosol over the land from EOS-MODIS[J]. Journal of Geophysical Research,102(14):17051-17068.

KEPPEL-ALEKS G, WENNBERG P O, WASHENFELDER R A,et al,2011. The imprint of surface fluxes and transport on variations in total column carbon dioxide [J]. Biogeosciences Discussions, 8 (4): 7475-7524.

KHALIZOV A F,MIGUEL C Q,ZHANG R Y,et al,2010. Heterogeneous reaction of NO$_2$ on fresh and coated soot surfaces[J]. Journal of Physical Chemistry A,114:7516-7524.

KIM S W,YOON S C,KIM J Y,et al,2007. Seasonal and monthly variations of columnar aerosol optical properties over East Asia determined from multi-year MODIS, LIDAR, and AERONET Sun/sky radiometer measurements[J]. Atmos Environ, 41(8):1634-1651.

KOMHYR W D,WATERMAN L S, TAYLOR W R,1983. Semiautomatic nondispersive infrared analyzer apparatus for CO$_2$ air sample analyses[J]. Journal of Geophysical Research, 88(C2): 1315-1322.

KOTCHENRUTHER R A, HOBBS P V, 1998. Humidification factors of aerosols from biomass burning in Brazil[J]. Journal of Geophysical Research, 103:32081-32089.

KRETSCHMER R,GERBIG C,KARSTENS U,et al,2012. Error characterization of CO$_2$ vertical mixing in the atmospheric transport model WRF-VPRM[J],Atmos Chem Phys,12:2441-2458.

KUMAR K R,SIVAKUMAR V, REDDY R R,et al,2014. Identification and classification of different aerosol types over a subtropical rural site in Mpumalanga, South Africa: Seasonal variations as retrieved from the AERONET sunphotometer[J]. Aerosol and Air Quality Research,14: 108-123.

LACK D A,CAPPA C D,2010. Impact of brown and clear carbon on light absorption enhancement, single scatter albedo and absorption wavelength dependence of black carbon[J]. Atmos Chem Phys,10:4207-4220.

LACK D,TIE X,BOFINGER N D,et al,2004. Seasonal variability of atmospheric oxidants due to the formation of secondary organic aerosol:A global modeling study[J]. J Geophys Res,109:D03203.

LAM K S,WANG T,CHAN L Y,et al,1998. Observation of surface ozone and carbon monoxide at a coastal site in Hong Kong[C]. In:Proceedings of the ⅩⅤⅢ Quadrennial 1996 Ozone Symposium:395-398.

LE QUÉRÉ C, RAUPACH M R, CANADELL J G, et al, 2009. Trends in the sources and sinks of carbon dioxide [J]. Nat Geosci, 2(12): 831-836.

LEE G, JANG Y, LEE H, et al,2008. Characteristic behavior of peroxyacetyl nitrate (PAN) in Seoul Megacity, Korea[J]. Chemosphere, 73(4): 619-628.

LEE G W,SOON C H,LEE T Y,et al,2012. Variations of regional background peroxyacetyl nitrate in marine boundary layer over Baengyeong Island,South Korea[J]. Atmospheric Environment,61:533-541.

LEE J B,YOON J,SOON J K,et al,2013. Peroxyacetyl nitrate (PAN) in the urban atmosphere[J]. Chemosphere,93:1796-1803.

LEE Y C,SHINDELL D T,FALUVEGI G,et al, 2014. Increase of ozone concentrations, its temperature sensitivity and the precursor factor in south China[J]. Tellus Series B-Chemical and Physical Meteorology, 66:16.

LEI Y,ZHANG Q,HE K B,et al,2011. Primary anthropogenic aerosol emission trends for China,1990—2005 [J]. Atmospheric Chemistry and Physics,11(3):931-954.

LEVIN Z,GANOR E,GLADSTEIN V,1996. The effects of desert particles coated with sulfate on rain formation in the eastern Mediterranean[J]. J Appl Meteorol,35:1511-1523.

LEWIS K,ARNOTT W P,MOOSMÜLLER H,et al,2008. Strong spectral variation of biomass smoke light absorption and single scattering albedo observed with a novel dual-wavelength photoacoustic instrument[J]. J Geophys Res, 113:D16203.

LI Z Q,XIA X A,CRIBB M,et al,2007a. Aerosol optical properties and its radiative effects in northern China [J]. J Geophys Res,112:D22.

LI Z,CHEN H,CRIBB M, et al,2007b. Preface to special section on East Asian studies of tropospheric aerosols: An international regional experiment (EAST-AIRE)[J]. J Geophys Res,112:D22S00.

LI Z Q,LEE K H,WANG Y S,et al,2010. First observation-based estimates of cloud-free aerosol radiative forcing across China[J]. J Geophys Res,115:D00K18.

LI Y, LAU K H, FUNG C H, et al,2013. Importance of NO_x control for peak ozone reduction in the Pearl River Delta region[J]. Geophysical Research,118:1-16.

LI S, WANG T J, HUANG X, et al,2018. Impact of East Asian summer monsoon on surface ozone pattern in China[J]. J Geophys Res Atmos,123:1401-1411.

LIGOCKI M P,PANKOW J F,1989. Measurements of the gas/particle distributions of atmospheric organic compounds[J]. Environmental Science and Technology,23:75-83.

LIMBECK A,PUXBAUM H,1999. Organic acids in continental background aerosols[J]. Atmos Environ,33: 1847-1853.

LIU S C,HU M,SLANINA S,et al,2008. Size distribution of ionic compositions of aerosols in polluted periods at Xinken in Pearl River Delta (PRD) of China[J]. Atmos Environ,42(25):6284-6295.

LIU Z, WANG Y H, GU D, et al,2010. Evidence of reactive aromatics as a major source of peroxy acetyl nitrate over China [J]. Environmental Science and Technology, 44(18):7017-7022.

LIU P F, ZHAO C S, GÖBEL T, et al, 2011. Hygroscopic properties of aerosol particles at high relative humidity and their diurnal variations in the north China plain[J]. Atmos Chem Phys, 11:3479-3494.

LIU J J, ZHENG Y F, LI Z P, et al, 2012. Seasonal variations of aerosol optical properties, vertical distribution and associated radiative effects in the Yangtze Delta region of China[J]. J Geophys Res Atmos, 117: D00K38.

LIU F, ZHANG Q, RONALD J V, et al, 2016. Recent reduction in NO_x emissions over China: Synthesis of satellite observations and emission inventories[J]. Environ Res Lett, 11:9.

LIU L, TAN H, FAN S, et al, 2018. Influence of aerosol hygroscopicity and mixing state on aerosol optical properties in the Pearl River Delta region, China[J]. Science of the Total Environment, 627:1560-1571.

LOGAN T, XI B, DONG X, et al, 2013. Classification and investigation of Asian aerosol absorptive properties [J]. Atmos Chem Phys, 13:2253-2265.

LU X, FUNG J C H, 2016. Source apportionment of sulfate and nitrate over the Pearl River Delta region in China[J]. Atmosphere, 7(8):98.

LUO C, ZHOU X J, LAM K S, et al, 2000. An nonurban ozone air pollution episode over eastern China: Observation and model simulations[J]. J Geophys Res, 105:1889-1908.

MA N, ZHAO C S, MÜLLER T, et al, 2012. A new method to determine the mixing state of light absorbing carbonaceous using the measured aerosol optical properties and number size distributions[J]. Atmospheric Chemistry and Physics, 12(5): 2381-2397.

MA Z Q, XU J, QUAN W J, et al, 2016. Significant increase of surface ozone at a rural site, north of eastern China[J]. Atmos Chem Phys, 16:3969-3977.

MADRONICH S, 1987. Photodissociation in the atmosphere, 1. Actinic flux and the effects of ground reflection and clouds[J]. J Geophys Res, 92:9740-9752.

MADRONICH S, CALVERT J G, 1990. Permutation reactions of organic peroxy-radicals in the troposphere [J]. Journal of Geophysical Research, 95:5697-5715.

MADRONICH S, FLOCKE S, 1999. The role of solar radiation in atmospheric chemistry. In: Boule P. Handbook of Environmental Chemistry[M]. Heidelberg: Springer-Verlag: 1-26.

MAHADEVAN P, WOFSY S C, MATROSS D M, et al, 2008. A satellite-based biosphere parameterization for net ecosystem CO_2 exchange: Vegetation Photosynthesis and Respiration Model (VPRM)[J]. Global Biogeochemical Cycles, 22:GB2005.

MAI B R, DENG X J, AN X, et al, 2014. Spatial and temporal distributions of tropospheric CO_2 concentrations over Guangdong province based on satellite observations [J]. China Environmental Science, 34 (5): 1098-1106.

MAI B R, DENG X J, XIA X G, et al, 2017. Column-integrated aerosol optical properties of coarse- and fine-mode particles over the Pearl River Delta region in China[J]. Science of the Total Environment, 622-623:481-492.

MAI B R, DENG X J, LI Z Q, et al, 2018. Aerosol optical properties and radiative impacts in the Pearl River Delta region of China during the dry season[J]. Advances in Atmospheric Science, 35:195-208.

MAI B, DENG X, ZHANG F, et al, 2020. Background characteristics of atmospheric CO_2 and the potential source regions in the Pearl River Delta region of China[J]. Adv Atmos Sci, 37(6):557-568.

MAI B R, DENG X J, LIU X, et al, 2021. The climatology of ambient CO_2 concentrations from long-term observation in the Pearl River Delta region of China: Roles of anthropogenic and biogenic processes[J]. Atmospheric Environment, 251:1-14.

MALM W C,DAY D E,2001. Estimates of aerosol species scattering characteristics as a function of relative humidity[J]. Atmos Environ,35:2845-2860.

MALM W C, SISLER J F, HUFFMAN D, et al,1994. Spatial and seasonal trends in particle concentration and optical extinction in the United States[J]. Journal of Geophysical Research, 99(D1): 1347-1370.

MARLEY N A, GAFFNEY J S, TACKETT M, 2009. The impact of biogenic carbon sources on aerosol absorption in Mexico city[J]. Atmos Chem Phys, 9:1537-1549.

MARTIN R,JACOB D J,YANTOSCAL R M,et al,2003. Global and regional decreases in tropospheric oxidants from photochemical effects of aerosols[J]. J Geophys Res,108(D3):4097.

MASARIE K A,TANS PP,1995. Extension and integration of atmospheric carbon dioxide data into a globally consistent measurement record[J]. Journal of Geophysical Research,100(D6):11593-11610.

MASARIE K A, PÉTRON G, ANDREWS A, et al,2011. Impact of CO_2 measurement bias on CarbonTracker surface flux estimates[J]. Journal of Geophysical Research, 116:D17305.

MAZUREK M A,CASS G R,SIMONEIT B R T,1989. Interpretation of high resolution gas- chromatography and high-resolution gas-chromatography mass-spectrometry data acquired from atmospheric organic samples [J]. Aerosol Science and Technology,10 (2) :408-420.

MCNAUGHTON C S, CLARKE A D, KAPUSTIN V, et al,2009. Observations of heterogeneous reactions between Asian pollution and mineral dust over the Eastern North Pacific during INTEX-B[J]. Atmos Chem Phys, 9: 8283-8308.

MEINRAT O A,CRUTZEN P J,1997. Atmospheric aerosols:Biogeochemical sources and role in atmospheric chemistry[J]. Science,276:1052-1058.

MEP (Ministry of Environment Protection of China),2011. Report on environmental quality in China,2010 [EB/OL]. (2011-09-07)[2022-01-20]. http://www. mep. gov. cn.

MILLS G P,STURGES W T,SALMON R A,et al,2007. Seasonal variation of peroxyacetyl nitrate (PAN) in coastal Antarctica measured with a new instrument for the detection of sub-part per trillion mixing ratios of PAN[J]. Atmospheric Chemistry & Physics Discussions,7(17):4589-4599.

MOFFET R C,PRATHER K A,2009. In-situ measurements of the mixing state and optical properties of soot with implications for radiative forcing estimates[J]. Proc Natl Acad Sci,106:11872-11877.

MOLINA L T,MADRONICH S,GAFFNEY J S,et al,2010. An overview of the MILAGRO 2006 Campaign: Mexico city emissions and their transport and transformation [J]. Atmospheric Chemistry and Physics,10 (18):8697-8760.

MOTEKI N,KONDO Y,MIYAZAKI Y,et al,2007. Evolution of mixing state of black carbon particles:Aircraft measurements over the western Pacific in March 2004[J]. Geophysical Research Letters,34:235-255.

MOVASSAGHI K,RUSSO M V,AVINO P,2012. The determination and role of peroxyacetyl nitrate in photochemical processes in atmosphere[J]. Chemistry Central Journal,6 suppl 2(17):9461-9471.

NATIONAL RESEARCH COUNCIL (NRC),1991. Rethinking the ozone problem in urban and regional air pollution. Committee on Tropospheric Ozone Formation and Measurement[M]. Washington D C:National Academy Press.

NEMANI R, WHITE M, THORNTON P, et al,2002. Recent trends in hydrologic balance have enhanced the terrestrial carbon sink in the United States[J]. Geophys Res Lett, 29(10):1-4.

NESSLER R,WEINGARTNER E,BALTENSPERGER U,2005. Effect of humidity on aerosol light absorption and its implications for extinction and the single scattering albedo illustrated for a site in the lower free troposphere[J]. Journal of Aerosol Science, 36:958-972.

NOVAKOV T,ANDREAE M O,GABRIEL R,et al,2001. Origin of carbonaceous aerosols over the tropical

Indian Ocean:Biomass burning or fossil fuels? [J]. Geophys Res Lett,27:695-697.

O'NEILL N T,ECK T F,SMIRNOV A，et al,2003. Spectral discrimination of coarse and fine mode optical depth[J]. J Geophys Res,108(D17):4559-4573.

ORLANDO J J,TYNDALL G S,BILDE M,et al,1998. Laboratory and theoretical study of the oxy radicals in the OH- and CL-initiated oxidation of ethene[J]. J Phys Chem,A102:8116-8123.

OUIMETTE J R,FLAGAN R C,1982. The extinction coefficient of multicomponent aerosols[J]. Atmospheric Environment ,16:2405-2419.

PACALA S W,HURTT G C,BAKER D,et al,2001. Consistent land- and atmosphere-based U. S. carbon sink estimates[J]. Science,292:2316-2320.

PANDIS S N,HARLEY R A,CASS G R,et al,1992. Secondary organic aerosol formation and transport[J]. Atmospheric Environment,26A:2269-2282.

PANKOW J F,1987. Review and comparative analysis of theories of partitioning between the gas and aerosol particulate phases in the atmosphere[J]. Atmospheric Environment,21:2275-2283.

PANKOW J F,1994. An absorption model of gas/particle partitioning of organic compounds in the atmosphere [J]. Atmospheric Environment,28 (2) :185-188.

PETERS W, MILLER J B, WHITAKER J, et al,2005. An ensemble data assimilation system to estimate CO_2 surface fluxes from atmospheric trace gas observations [J]. Journal of Geophysical Research, 110:D24304.

PETERS W, JACOBSON A R, SWEENEY C, et al,2007. An atmospheric perspective on North American carbon dioxide exchange: CarbonTracker[J]. Proceedings of the National Academy of Sciences of the United States of America, 104(48): 18925-18930.

PETTERS M D,KREIDENWEIS S M,2007. A single parameter representation of hygroscopic growth and cloud condensation nuclei activity[J]. Atmospheric Chemistry and Physics, 7:1961-1971.

PIAO S,FANG J, CIAIS P, et al,2009. The carbon balance of terrestrial ecosystems in China [J]. Nature, 458:1009-1014.

POLLACK I B,RYERSON T B,TRAINER M,et al,2013. Trends in ozone,its precursors,and related secondary oxidation products in Los Angeles,California:A synthesis of measurements from 1960 to 2010[J]. Journal of Geophysical Research Atmospheres,118(11):5893-5911.

POTTER C S,RANDERSON J T,FIELD C B,et al,1993. Terrestrial ecosystem production-a process model based on global satellite and surface data[J]. Global Biogeochemical Cycles,7:811-841.

PRINN R G,WEISS R F,FRASER P G,et al,2000. A history of chemically and radiatively important gases in air deduced from ALE/GAGE/AGAGE[J]. Journal of Geophysical Research,105(D14):17751-17792.

QIN Y M,TAN H B,LI Y J,et al,2017. Impacts of traffic emissions on atmospheric particulate nitrate and organics at a downwind site on the periphery of Guangzhou,China[J]. Atmos Chem Phys,17:10245-10258.

RAICH J W,POTTER C S,1995. Global patterns of carbon dioxide emissions from soil[J]. Global Biogeochemistry Cycle, 9(1): 23-36.

RAMANA M V,RAMANATHAN V, FENG Y, et al, 2010. Warming influenced by the ratio of black carbon to sulphate and the black-carbon source[J]. Nature Geoscience,3:542-545.

RANA S,KANT Y,DADHWAL V K,2009. Diurnal and seasonal variation of spectral properties of aerosols over Dehradun, India[J]. Aerosol Air Qual Res,9: 32-49.

RAO S T,ZURBENKO I G,1994. Detecting and tracking changes in ozone air quality[J]. J Air Waste Manage Assoc,44:1089-1092.

RAO S T,ZURBENKO I G,NEAGU R,et al, 1997. Space and time scales in ambient ozone data[J]. Bull Am

Meteorol Soc,78:2153-2166.

RAPPENGLÜCK B,MELAS D,FABIAN P,2003. Evidence of the impact of urban plumes on remote sites in the eastern Mediterranean[J]. Atmospheric Environment,37:1853-1864.

REID J S, ECK T F,CHRISTOPHER S A, et al,1999. Use of the Angstrom exponent to estimate the variability of optical and physical properties of aging smoke particles in Brazil[J]. J Geophys Res, 104: 27473-27489.

REIMANN S,MANNING A J,SIMMONDS P G,et al,2005. low European methyl chloroform emissions inferred from long-term atmospheric measurements[J]. Nature,433(7025):506-508.

RICHARD M,JOHNSTON P,HOFZUMAHAUS A,et al,2002. Relationship between photolysis frequencies derived from spectroscopic measurements of actinic fluxes and irradiances during the IPMMI campaign[J]. J Geophys Res,107(D5):4042.

RICHTER A,BURROWS J P,NÜß H,et al,2005. Increase in tropospheric nitrogen dioxide over China observed from space[J]. Nature,437(7055):129-132.

ROBERTS J M,FLOCKE F,WEINHEIMER A,et al,2001. Observations of APAN during TexAQS 2000[J]. Geophysical Research Letters,28(22):4195-4198.

ROBERTS J M,FLOCKE F,CHEN G,et al,2004. Measurement of peroxycarboxylic nitric anhydrides (PANs) during the ITCT 2K2 aircraft intensive experiment[J]. Journal of Geophysical Research,109(D23):2425.

ROBERTS J M, MARCHEWKA M,BERTMAN S B,et al,2007. Measurements of PANs during the New England Air Quality Study 2002[J]. Journal of Geophysical Research,112(D20):1-14.

ROGGE W F,MAZUREK M A,HILDEMANNN L M,et al,1993. Quantfication of urban organic aerosols at a molecular level: Identification, abundance and seasonal variation[J]. Atmospheric Environment, 27 (8): 1309-1330.

ROKJIN J P,DANIEL J J,NARESH K,et al,2006. Regional visibility statistics in the United States:Natural and transboundary pollution influences,and implications for the regional haze rule[J]. Atmos Environ,40: 5405-5423.

ROSE D, NOWAK A,ACHTERT P, et al,2010. Cloud condensation nuclei in polluted air and biomass burning smoke near the mega-city Guangzhou, China—Part 1: Size-resolved measurements and implications for the modeling of aerosol particle hygroscopicity and CCN activity[J]. Atmos Chem Phys, 10(7):3365-3383.

RUBIO M A,LISSI E,VILLENA G,2002. Nitrate in rain and dew in Santiago city,Chile. Its possible impact on the early moring start of the photochemical smog[J]. Atmospheric Environment,36:293-297.

RUBIO M A,LISS E,VILLENA G,et al,2005. Estimation of hydroxyl and hydroperoxyl radicals concentrations in the urban atmosphere of Santiago[J]. Journal of the Chilean Chemical Society,50(2):471-476.

RUCKSTUHL A F,HENNE S,REIMANN S,et al,2012. Robust extraction of baseline signal of atmospheric trace species using local regression[J]. Atmospheric Measurement Techniques Discussion,5:2613-52624.

SA E, TCHEPEL O,CARVALHO A, et al, 2015. Meteorological driven changes on air quality over Portugal: A KZ filter application[J]. Atmospheric Pollution Research,6:979-989.

SAFIEDDINE S,BOYNARD A, HAO N,et al, 2016. Tropospheric ozone variability during the East Asian summer monsoon as observed by satellite (IASI), aircraft (MOZAIC) and ground stations[J]. Atmos Chem Phys,16:10489-10500.

SAI SUMAN M M,GADHAVI H,RAVI KIRAN V,et al,2014. Role of coarse and fine mode aerosols in MODIS AOD Retrieval:A case study over southern India[J]. Atmos Meas Tech,7:907-917.

SCHUSTER G L,DUBOVIK O,HOLBEN B N,et al, 2005. Inferring black carbon content and specific absorption from Aerosol Robotic Network (AERONET) aerosol retrievals[J]. J Geophys Res, 110:D10S17.

SCHUSTER G L,DUBOVIK O,HOLBEN B N,2006. Angstrom exponent and bimodal aerosol size distributions[J]. J Geophys Res,111:D07207.

SCHAEFER K,COLLATZ G J,TANS P,et al,2008. The combined Simple Biosphere/CarnegieAmes-Stanford Approach (SiBCASA) Model[J]. J Geophys Res,113:G03034.

SEINFELD JOHN H,PANDIS SPYROS N,1998. Atmospheric Chemistry and Physics:From Air Pollution to Climate Change[M]. New York:Science and Math:Earth Science.

SEO J,YOUN D,KIM J Y,et al,2014. Extensive spatiotemporal analyses of surface ozone and related meteorological variables in South Korea for the period 1999—2010[J]. Atmos Chem Phys,14:6395-6415.

SILLMAN S,1995. The use of NO_y,H_2O_2,and HNO_3 as indicators for ozone-NO_x-hydrocarbon sensitivity in urban locations[J]. J Geophys Res,100:14175-14188.

SILLMAN S,LOGAN J A,WOFSY S C,1990. The sensitivity of ozone to nitrogen oxides and hydrocarbons in regional ozone episodes[J]. Journal of Geophysical Research:Atmospheres,95:1837-1851.

SINGH R P,DEY S,TRIPATHI S N,et al,2004. Variability of aerosol parameters over Kanpur city,northern India[J]. J Geophys Res,109:D23.

SIROSIS A,BOTTENHEIM J W,1995. Use of backward trajectories to interpret the 5-year record of PAN and O_3 ambient air concentrations at Kejimkujik National Park,Nova Scotia[J]. J Geophys Res,100:2867-2881.

SISLER J F,MALM W C,1994. The relative importance of soluble aerosols to spatial and seasonal trends of impaired visibility in the United States[J]. Atmos Environ,28:851-862.

SITU S,GUENTHER A,WANG X,et al,2013. Impacts of seasonal and regional variability in biogenic VOC emissions on surface ozone in the Pearl River Delta region,China[J]. Atmos Chem Phys,13:11803-11817.

SLOANE C S,1983. Optical properties of aerosols—comparison of measurements with model calculations[J]. Atmospheric Environment,17:409-416.

SMIRNOV A,HOLBEN B N,ECK T F,et al,2000. Cloud screening and quality control algorithms for the AERONET data base[J]. Remote Sens Environ,73:337-349.

SOKOLIK I N,TOON O B,1999. Incorporation of mineralogical composition into models of the radiative properties of mineral aerosol from UV to IR wavelengths[J]. J Geophys Res,104:9423-9444.

STEPHENS B B,GURNEY K,TANS P P,et al,2007. Weak northern and strong tropical land carbon uptake from vertical profile of atmospheric CO_2[J]. Science,316(5832):1732-1735.

STREETS D G,FU J S,JANG C J,et al,2007. Air quality during the 2008 Beijing Olympic Games[J]. Atmos Environ,41:480-492.

SUN E J,HUANG M H,1995. Detection of peroxyacetyl nitrate phytotoxic level and its effects on vegetation in Taiwan[J]. Atmospheric Environment,29:2899-2904.

TAKAHASHI T,SUTHERLAND S C,SWEENEY C,et al,2002. Global air-sea CO_2 flux based on climatological surface ocean pCO_2,and seasonal biological and temperature effects[J]. Deep Sea Research II,49(9/10):1601-1622.

TAKAHASHI T,SUTHERLAND S C,WANNINKHOF R,et al,2009. Climatological mean and decadal change in surface ocean pCO_2,and net sea-air CO_2 flux over the global oceans[J]. Deep-Sea Research II,56(8/10):554-577.

TAN J H,DUAN J C,CHEN D H,et al,2009. Chemical characteristics of haze during summer and winter in Guangzhou[J]. Atmos Res,94:238-245.

TAN H B,XU H B,WAN Q L,et al,2013a. Design and application of an unattended multifunctional H-TDMA system[J]. J Atmos Oceanic Technol,30(6):1136-1148.

TAN H B,GU X S,XU H B,et al,2013b. An observational studies of the hygroscopic properties of aerosol over the Pearl River Delta region[J]. Atmospheric Environment,77:817-826.

TAN H, YIN Y, LI F,et al,2016a. Measurements of particle number size distributions and new particle formations events during winter in the Pearl River Delta region, China[J]. Journal of Tropical Meteorology, 22:191-199.

TAN H,LIU L,FAN S, et al,2016b. Aerosol optical properties and mixing state of black carbon in the Pearl River Delta, China[J]. Atmospheric Environment,131:196-208.

TANG I N,MUNKELWITZ H R,1994. Water activities,densities,and refractive indices of aqueous sulfates and sodium nitrate droplets of atmospheric importance[J]. J Geophys Res,99:18801-18808.

TANG G,LI X,WANG Y,et al,2009. Surface ozone trend details and interpretations in Beijing,2001－2006 [J]. Atmos Chem Phys,9:8813-8823.

TANG J,XU X B,BA J,et al,2010. Trends of the precipitation acidity over China during 1992－2006[J]. Chinese Science Bulletin,55(17):1800-1807.

TANIMOTO H,FURUTANI H,KATO S,et al,2002. Seasonal cycles of ozone and oxidized nitrogen species in northeast Asia 1. Impact of regional climatology and photochemistry observed during RISOTTO 1999－ 2000[J]. Journal of Geophysical Research Atmosphere,107(D24):ACH 6-1-ACH 6-20.

TAYLOR O C,1969. Importance of peroxyacetyl nitrate (PAN) as a phytotoxic air pollutant[J]. J Air Pollut Contro Assoc,19:347-351.

TIE X,CAO J,2009. Aerosol pollutions in eastern China:Present and future impacts on environment[J]. Particuology,7:426-431.

TIE X,BRASSEUR G,EMMONS L,et al,2001. Effects of aerosols on tropospheric oxidants: A global model study[J]. J Geophys Res,106:22931-22964.

TIE X,MADRONICH S,STACY WALTERS,et al,2005. Assessment of the global impact of aerosols on tropospheric oxidants[J]. J Geophys Res,110:D03204.

TONNESEN G S,DENNIS R L,2000. Analysis of radical propagation efficiency to assess ozone sensitivity to hydrocarbons and NO_x 1. Local indicators of instantaneous odd oxygen production sensitivity[J]. J Geophys Res,105:9213-9225.

TSUTSUMI Y, MORI K, IKEGAMI M, et al, 2006. Long-term trends of greenhouse gases in regional and background events observed during 1998－2004 at Yonagunijima located to the east of the Asian continent [J]. Atmospheric Environment,40(30):5868-5879.

TURPIN B J,HUNTZICKER J J,1995. Identification of Secondary organic aerosol episodes and quantification of primary and secondary organic aerosol concentrations during SCAQS[J]. Atmospheric Environment ,29: 3527-3544.

TYNDALL G S,COX R A,GRANIER C,et al,2001. Atmospheric chemistry of small organic peroxy radicals [J]. J Geophys Res,106:12157-12182.

US EPA,2003. Guidance for estimating natural visibility conditions under the regional haze rule[R]. US EPA OAQPS report,EPA 454/B-03-005,Research Triangle Park,NC.

WANG T,WU Y Y,CHENUG T F,et al,2001. A study of surface ozone and the relation to complex wind flow in Hongkang[J]. Atmos Environ,35:3203-3215.

WANG T J,LAM K S,XIE M, et al,2006. Integrated studies of a photochemical smog episode in Hong Kong and regional transport in the Pearl River Delta of China[J]. Tellus, 58B:31-40.

WANG W, REN L H, ZHANG Y H,et al,2008. Aircraft measurements of gaseous pollutants and particulate matter over Pearl River Delta in China[J]. Atmospheric Environment, 42(25): 6187-6202.

WANG T,WEI X L,DING A J,et al, 2009. Increasing surface ozone concentrations in the background atmosphere of southern China, 1994—2007[J]. Atmos Chem Phys, 9:6217-6227.

WANG B,SHAO M,ROBERTS J M,et al.2010. Ground-based on-line measurements of peroxyacetyl nitrate (PAN) and peroxypropionyl nitrate (PPN) in the Pearl River Delta, China [J]. International Journal of Environmental Analytical Chemistry,90(7): 548-559.

WANG N, LYU X, DENG X, et al,2016. Assessment of regional air quality resulting from emission control in the Pearl River Delta region, southern China[J]. Science of the Total Environment, 573: 1554-1565.

WANG W N,CHENG T H,GU X F,et al, 2017. Assessing spatialand temporal patterns of observed ground-level ozone in China[J]. Sci Rep, 7:12.

WANG N,LING Z H,DENG X J,et al,2018. Source contributions to $PM_{2.5}$ under unfavorable weather conditions in Guangzhou city,China[J]Advances in Atmospheric Sciences,35(9):1145-1159.

WEI F,TENG E,WU G,et al,1999. Ambient concentrations and elemental compositions of PM_{10} and $PM_{2.5}$ in four Chinese cities[J]. Environ Sci Technol,33(23) :4188-4193.

WHITAKER J S,HAMILL T M,2002. Ensemble data assimilation without perturbed observations[J]. Monthly Weather Review,130(7):1913-1924.

WILKINS E T,1954. Air pollution and the London fog of December,1952[J]. Journal of the Royal Sanitary Institute,74(1):1-21.

WISE E K, COMRIE A C, 2005a. Extending the Kolmogorov-Zurbenko filter: Application to ozone, particulate matter, and meteorological trends[J]. J Air Waste Manage Assoc,55:1208-1216.

WISE E K, COMRIE A C, 2005b. Meteorologically adjusted urban air quality trends in the southwestern United States[J]. Atmos Environ,39:2969-2980.

WMO,2011. Greenhouse Gas Bulletin[R/OL]. (2012-11-19)[2021-10-21]. http://www. wmo. int/pages/prog/arep/gaw/ghg/GHGbulletin. html.

WU D,TIE X,DENG X J,2006. Chemical characterizations of soluble aerosols in southern China[J]. Chemosphere,64:749-757.

WU D,BI X Y,DENG X J, et al,2008. Effect of atmospheric haze on the deterioration of visibility over the Pearl River Delta[J]. Acta Meteorologica Sinica,21(2):215-223.

WU D, MAO J T, DENG X J, et al,2009. Black carbon aerosols and their radiative properties in the Pearl River Delta region[J]. Sci China (Series D),52(8):1152-1163.

WU C, WU D, YU J Z,2018. Quantifying black carbon light absorption enhancement by a novel statistical approach[J]. Atmospheric Chemistry and Physics, 18:289-309.

XIA X G,2010. Spatiotemporal changes in sunshine duration and cloud amount as well as their relationship in China during 1954—2005[J]. J Geophys Res-Atmos,115:13.

XIA X, WANG P, CHEN H, et al, 2005. Ground-based remote sensing of aerosol optical properties over north China in spring[J]. J Remote Sens, 9:429-437.

XIA X G, LI Z Q, HOLBEN B, et al,2007a. Aerosol optical properties and radiative effects in the Yangtze Delta region of China[J]. Journal of Geophysical Research,112:D22S12.

XIA X Z, LI P, WANG H, et al, 2007b. Estimation of aerosol effects on surface irradiance based on measurements and radiative transfer model simulations in northern China[J]. J Geophys Res, 112:D22S10.

XIA D,CHEN L,CHEN H,et al,2016. Influence of atmospheric relative humidity on ultraviolet flux and aerosol direct radiative forcing: Observation and simulation[J]. Asia-Pacific Journal of Atmospheric Sciences,52 (4):341-352.

XIAO X M,HOLLINGER D,ABER J,et al,2004a. Satellite-based modeling of gross primary production in an evergreen needleleaf forest[J]. Remote Sensing of Environment,89:519-534.

XIAO X M,ZHANG Q Y,BRASWELL B,et al,2004b. Modeling gross kprimary production of temperate deciduous broadleaf forest using satellite images and climate data[J]. Remote Sensing of Environment,91:256-270.

YANG G,ZHANG J B,WANG B,2009. Analysis on correlation and concentration variation of atmospheric PAN and PPN in Beijing [J]. Acta Scientiarum Naturalium Universitatis Pekinensis,45(1):144-150.

YANG F M,TAN J H,ZHAO Q,et al,2011. Characteristics of $PM_{2.5}$ speciation in representative megacities and across China[J]. Atmospheric Chemistry and Physics,11(11):5207-5219.

YARWOOD G,RAO S,YOCKE M,et al,2005. Updates to the Carbon Bond Chemical Mechanism:CB05[R]. Final Report to the US EPA:EPA Report RT-0400675.

YE B,JI X,YANG H,et al,2003. Concentration and chemical compositon of $PM_{2.5}$ in Shanghai for a 1-year period[J]. Atmos Environ,37:499-510.

YE X,TANG C,YIN Z,2013. Hygroscopic growth of urban aerosol particles during the 2009 Mirage-Shanghai Campaign[J]. Atmospheric Environment, 64:263-269.

YIN C Q,SOLMON F,DENG X J,et al,2019a. Geographical distribution of ozone seasonality over China[J]. Science of the Total Environment ,689:625-633.

YIN C Q,DENG X J,ZOU Y,et al,2019b. Trend analysis of surface ozone at suburban Guangzhou,China[J]. Science of the Total Environment,695:133880.

YOON S C,KIM J,2006. Influences of relative humidity on aerosol optical properties and aerosol radiative forcing during ACE-Asia[J]. Atmospheric Environment,40:4328-4338.

YU J Z,TUNG J W T,WU A W M,et al,2004. Abundance and seasonal characteristics of elemental and organic carbon in Hong Kong PM_{10}[J]. Atmos Environ,38(10):1511-1521.

YU H,YU H,KAUFMANY J,et al,2006. A review of measurement-based assessments of the aerosol direct radiative effect and forcing[J]. Atmos Chem Phys,6:613-666.

YU X,ZHU B,YIN Y,et al,2011. Seasonal variation of columnar aerosol optical properties in Yangtze River Delta in China [J]. Advances in Atmospheric Sciences, 28 (6): 1326-1335.

ZHANG J B,TANG X Y,1994. Atmospheric PAN measurements and the formation of PAN in various systems [J]. Environmental Chemistry, 13(1):30-39.

ZHANG Q,STREETS D G,HE K B,et al,2007. NO_x emission trends for China,1995—2004:The view from the ground and the view from space[J]. Journal of Geophysical Research,112:D22306.

ZHANG R,KHALIZOV A F,PAGELS J,et al,2008. Variability in morphology,hygroscopicity,and optical properties of soot aerosols during atmospheric processing[J]. Proceedings of the National Academy of Sciences,105:10291-10296.

ZHANG J M,WANG T,DING A J,et al,2009. Continuous measurement of peroxyacetyl nitrate (PAN) in suburban and remote areas of western China[J]. Atmospheric Environment,43:228-237.

ZHANG H,XU X,LIN W,et al,2012. Wintertime peroxyacetyl nitrate (PAN) in the megacity Beijing:The role of photochemical and meteorological processes[J]. Journal of Environmental Sciences,12:83-96.

ZHANG Q, YUAN B, SHAO M,et al, 2014. Variations of ground-level O_3 and its precursors in Beijing in summertime between 2005 and 2011[J]. Atmos Chem Phys,14:6089-6101.

ZHANG X Y,OGREN J A,2015a. Observations of relative humidity effects on aerosol light scattering in the Yangtze River Delta of China[J]. Atmospheric Chemistry and Physics, 15:2853-2904.

ZHANG Y L,CAO F,2015b. Fine particulatematter ($PM_{2.5}$) in China at a city level[R/OL]. (2015-10-15) [2022-04-23]. https://www. nature. com/articles/srep14884.

ZHANG G,MU Y J,ZHOU L X,et al,2015c. Summertime distributions of peroxyacetyl nitrate(PAN) and peroxypropionyl nitrate(PPN) in Beijing：Understanding the sources and major sink of PAN [J]. Atmospheric Environment,103：289-296.

ZHAO C,WANG Y H,ZENG T,2009. East China plains：A "basin"of ozone pollution[J]. Environmental Science and Technology,43(6)：1911-1915.

ZHENG M,GAYLE S W HAGLER,LIN K,et al,2006. Composition and sources of carbonaceous aerosols at three contrasting sites in Hong Kong[J]. Journal of Geophysical Research,111：D20313.

ZHENG J Y,ZHANG L J,CHE W W,et al,2009. A highly resolved temporal and spatial air pollutant emission inventory for the Pearl River Delta region,China and its uncertainty assessment [J]. Atmospheric Environment,43：5112-5122.

ZHONG L J,LOUIE P K K,ZHENG J Y,et al,2013a. Science policy interplay：Air quality management in the Pearl River Delta region and Hong Kong[J]. Atmos Environ,76：3-10.

ZHONG L,LOUIE P K K,ZHENG J,et al,2013b. The Pearl River Delta regional air quality monitoring network-regional collaborative efforts on joint air quality management[J]. Aerosol Air Qual Res,13：1582-1957.

ZHU J,CHE H,XIA X,et al,2014. Column-integrated aerosol optical and physical properties at a regional background atmosphere in north China plain[J]. Atmos Environ，84：54-64.

ZIEGER P，FIERZ-SCHMIDHAUSER R，WEINGARTNER E，et al，2013. Effects of relative humidity on aerosol light scattering：Results from different European sites[J]. Atmos Chem Phys，13：10609-10631.

ZIEGER P,FIERZ-SCHMIDHAUSER R,POULAIN L,et al,2014. Influence of water uptake on the aerosol particle light scattering coefficients of the Central European aerosol[J]. Chemical and Physical Meteorology,66(1)：22716.

ZOU Y,DENG X J,ZHU D,et al,2015. Characteristics of one-year observational data of VOCs，NO_x and O_3 at a suburban site in Guangzhou, China[J]. Atmos Chem Phys,15：6625-6636.

ZOU Y,DENG X J,DENG T,et al,2019a. One-year characterization and reactivity of isoprene and its impact on surface ozone formation at a suburban site in Guangzhou, China [J]. Atmosphere,10：201.

ZOU Y,CHARLESWORTH E,YIN C Q ,et al,2019b. The weekday/weekend ozone differences induced by the emissions change during summer and autumn in Guangzhou, China [J]. Atmospheric Environment,199：114-126.